科学出版社“十三五”普通高等教育本科规划教材
高等学校水土保持与荒漠化防治特色专业建设教材

水土保持林学

（第二版）

吕月玲　张永涛　主编

科学出版社
北　京

内 容 简 介

“水土保持林学”是水土保持与荒漠化防治专业的核心课程之一，本书作为该课程的配套教材，主要内容包括绪论、林木种子与品质检验、苗木培育、造林立地与树种选择、造林密度和种植点的配置、混交造林理论与技术、水土保持造林整地工程、造林方法、生产建设项目植被营建技术、幼林的抚育管理、水土保持林规划设计、水土保持林体系及林种配置和水土保持林的作用与功能。本教材紧密结合我国水土保持与植被建设的实践，总结了已取得的经验与研究成果。

本教材不仅可作为高等农林院校水土保持与荒漠化防治专业本科生的教学用书，还可供环境生态类本科生，以及农、林、水利、环境保护等管理部门与科研单位有关技术人员参考使用。

图书在版编目（CIP）数据

水土保持林学 / 吕月玲，张永涛主编．—2 版．—北京：科学出版社，2020.11

科学出版社“十三五”普通高等教育本科规划教材　高等学校水土保持与荒漠化防治特色专业建设教材

ISBN 978-7-03-066271-2

Ⅰ．①水…　Ⅱ．①吕…　②张…　Ⅲ．①水土保持林－高等学校－教材
Ⅳ．① S727.22

中国版本图书馆 CIP 数据核字（2020）第184268号

责任编辑：王玉时 / 责任校对：杨　赛
责任印制：赵　博 / 封面设计：迷底书装

科 学 出 版 社 出版
北京东黄城根北街 16 号
邮政编码：100717
http://www.sciencep.com

北京凌奇印刷有限责任公司印刷
科学出版社发行　各地新华书店经销

*

2012年 6 月第　一　版　开本：787×1092　1/16
2020年11月第　二　版　印张：19　1/2
2025年 2 月第五次印刷　字数：462 000

定价：79.80元

《水土保持林学》（第二版）
编写人员名单

主　编： 吕月玲　张永涛

副主编： 薛智德　雷泽勇

编　委（按姓氏笔画排序）：

王　琤（西北农林科技大学）
吕月玲（西北农林科技大学）
刘宝勇（辽宁工程技术大学）
李凯荣（西北农林科技大学）
李雅素（西北农林科技大学）
何淑勤（四川农业大学）
张永涛（山东农业大学）
张光灿（山东农业大学）
张青峰（西北农林科技大学）
赵　璠（西北农林科技大学）
格尔乐（内蒙古农业大学）
雷泽勇（辽宁工程技术大学）
薛智德（西北农林科技大学）
戴全厚（贵州大学）

主　审： 李凯荣（西北农林科技大学）

第二版前言

教育、科技、人才是全面建设社会主义现代化国家的基础性、战略性支撑。必须坚持科技是第一生产力、人才是第一资源、创新是第一动力，深入实施科教兴国战略、人才强国战略、创新驱动发展战略，开辟发展新领域新赛道，不断塑造发展新动能新优势。

《水土保持林学》教材作为普通高等教育“十二五”规划教材、高等学校水土保持与荒漠化防治特色专业建设教材，自出版以来，在科学出版社的大力支持下，已在全国多所本科高校中使用，深受广大师生的欢迎。近年来，随着国家生态文明战略的实施，绿色发展理念进一步深入人心，科技工作者在水土保持工作中更加注重恢复、重建近自然生态，提高生态功能和服务价值；更加注重把解决群众生产生活问题作为解决生态问题的前提。在《水土保持林学》（第二版）编写过程中，我们把新时期国家生态文明战略对水土保持的要求融入各章节的内容，并在前版的基础上，增加了生产建设项目植被营建技术，为重建和恢复生态提供支撑；增加了林木种子与品质检验、苗木培育等内容，以提高植被恢复的质量与水平，在提高水土保持林生态效益的同时，提高其经济效益；适当增加了相关的数字资源，以“互联网＋”技术拓展学生的视野。

本教材由西北农林科技大学牵头，联合山东农业大学、四川农业大学、内蒙古农业大学、辽宁工程技术大学、贵州大学等单位共同编写而成。各章的分工如下：绪论，吕月玲；第一章，吕月玲、赵璠；第二章，吕月玲、赵璠；第三章，吕月玲；第四章，何淑勤、李凯荣；第五章，戴全厚、李凯荣；第六章，戴全厚；第七章，刘宝勇、雷泽勇；第八章，薛智德、赵璠；第九章，格尔乐、吕月玲；第十章，张青峰、王琤、李凯荣、李雅素；第十一章，雷泽勇、李凯荣、吕月玲；第十二章，张永涛、张光灿。全书由吕月玲、薛智德修改统稿，李凯荣教授担任本教材主审。

在本教材编写过程中，我们引用了大量文献中的资料、数据与图表，在此向相关专家及同行谨表深切谢意。鉴于我们水平有限，书中缺点在所难免，敬请读者批评指正。

编　者

2020 年 5 月

第一版前言

我国山地丘陵面积约占总国土面积的三分之二，为大范围发生水土流失形成了潜在的环境背景。长期的植被破坏，导致水土流失严重，生态环境恶化。水土流失已成为我国最严重的生态环境问题。只有控制和防止水土流失，才能保障山地丘陵区的农牧业生产，保障江河下游的生态安全。半个多世纪的实践证明，以水土保持林体系建设为主体的水土保持综合治理是防治水土流失十分重要的途径。在水土流失综合治理中，水土保持工程是应急保障措施，水土保持林草措施是根本性措施和长远的战略性措施。在水土流失地区，只有采用自然恢复、人工促进自然恢复和人工造林种草，恢复林草植被，才能根本改善生态环境。2009 年 5 月，在西北农林科技大学召开了“全国水土保持与荒漠化防治特色专业建设研讨会”。针对现用的一些教材内容陈旧、重复严重等问题，根据水土保持与荒漠化防治专业人才培养方案的要求，确定编写系列教材，水土保持林学是其中之一。本教材主要内容包括水土保持林学的发展历史与展望、造林立地与树种选择、造林密度与种植点的配置、混交造林理论与技术、造林整地工程、造林技术、幼林抚育管理、水土保持林规划设计、水土保持林体系与林种配置以及水土保持林的作用与功能。

本教材由西北农林科技大学牵头，联合山东农业大学、四川农业大学、内蒙古农业大学、辽宁工程技术大学、南昌工程学院等单位共同编写。绪论和第一章由吕月玲编写，第二章由何淑勤和李凯荣编写，第三章由李凯荣编写，第四章由吴丁丁编写，第五章由雷泽勇和吴祥云、李凯荣编写，第六章由格尔乐和李凯荣编写，第七章由李凯荣和张青峰编写，第八章由吴祥云和李凯荣编写，第九章由张光灿和张永涛编写。全书由李凯荣教授统稿，并经张广军教授主审。

在本教材编写过程中，我们引用了大量文献中的资料、数据与图表，在此向相关专家及同行谨表深切谢意。鉴于我们水平有限，书中缺点在所难免，敬请读者批评指正。

编　者

2011 年 3 月

目　　录

绪　论

【内容提要】

营造水土保持林是防治水土流失的根本措施，在水土保持中具有十分重要的作用。本章主要包括水土保持林概述，水土保持林学的主要内容及相关学科和水土保持林学的发展历史与展望。

水土保持林学是根据林学和生态学原理，结合山地丘陵区水土保持和资源综合利用，主要阐述造林基本原理与培育技术，水土保持林规划设计与体系配置建设技术，以及水土保持林体系多种功能与效益的一门应用学科。

一、水土保持林概述

（一）水土保持林的概念

水土保持林（soil and water conservation forest）是指在水土流失地区，调节地表径流，防治土壤侵蚀，减少河流、湖泊和水库泥沙淤积，保护水源，改善山地丘陵区的农牧业生产条件，提供一定林副产品的天然林和人工林。

（二）水土保持林在水土保持工作中的地位

水土流失和洪涝灾害已成为全球性的问题，在中国尤为突出和严重。干旱和季节性干旱也是限制我国山区经济发展的主要因素。在干旱季节和年份，土壤水分供应严重不足，使人工造林和自然植被恢复遇到极大的困难。干旱不仅发生在北方的干旱、半干旱地区，就是在降水量大的广东沿海一带丘陵区，也出现“红色沙漠”，土壤水分严重亏缺，其根本原因就在于植被破坏导致的水土流失。水土流失引起的土壤干旱、水体污染、石漠化、河道淤积等问题制约着我国的经济和社会发展。在山区水土保持工作中，林草措施不仅是根本性措施，还是长远的战略性措施，它能截留吸收部分降雨，削弱降雨动能；保护地表免遭侵蚀；增加地表粗糙度，分散、滞缓和拦截地表径流；改善土壤结构，增强土壤入渗能力；根系固持网络土壤，提高土壤的抗蚀抗冲性。因此，扩大林草植被覆盖率，建设多林种、多树种、多效益相结合的水土保持林体系已成为人们的共识。

除了水土流失之外，洪涝灾害也是山区最突出的生态问题。所以，在一些生态环境条件恶劣的山区，尤其是水资源贫乏的地区，防护林建设应以保护和改善生态环境为宗旨，以控制水土流失、涵养水源为核心，重点加强水土保持林和水源涵养林的建设。森林涵养水源的本质在于森林对水资源的有益影响，而且对水资源的影响不仅限于森林所在的地区，对邻近地区，尤其是对江河下游的影响更为突出。

生活在我国主要江河上游山区的居民众多，而江河水是生产、生活的主要水源，所以，在江河的中、上游山区小流域内建设水土保持林体系必须以水土保持林和水源涵养林为核心，并通过合理的林分结构充分发挥其水文效应和防治土壤侵蚀效应。只有做到"蓄水于山，蓄水于林"，才能从根本上防治水土流失，改善流域及其下游的水资源状况。在水土保持界颇有建树的专家学者，经过科学的调查研究已提出诸多观点：山区林业建设应以水土保持林、水源涵养林为主，涵养水源、调节地表径流，从根本上防治干旱、淤积等自然灾害；江河上游应以营造水源涵养林为主，以调节地表径流、消洪增枯、涵养水源为目的；上、中游山区应以营造水土保持林为主，以截缓径流、防治水土流失、改善农业生态环境为目的。这些观点充分肯定了水土保持林体系生态功能的基础地位，以及涵养水源、保持水土功能在改善山区生态环境中的核心地位。

60多年的实践证明，在水土流失综合治理中，水土保持林草措施是根本性措施和长远的战略性措施。水土保持林对于控制水土流失、涵养水源、保护生态环境、造福人类发挥着巨大的作用。近年来，随着人们对生态环境的日益关注，水土保持林建设水平有了显著提高，水土保持林已发展成为特色鲜明、多林种相结合的水土保持林体系，成为全球水土保持与生态环境建设的重要组成部分。在水土流失地区，只有采用自然恢复、人工促进自然恢复和人工造林种草，恢复林草植被，才能从根本上改善生态环境，促进经济发展。

（三）水土保持林的作用

通过配置和营造水土保持林形成森林环境，控制水土流失（soil and water loss）和涵养水源（water conservation），充分发挥水土保持林防护作用。水土保持林的作用与功能主要表现在以下几个方面。

1. 调节地表径流　在流域集水区或其他用地上配置水土保持林，通过林分的乔、灌木林冠层截留降雨来改变林下的降雨量和降雨强度，减少雨滴对地表直接打击的能量，延缓径流形成的时间。林下灌木和草本植物及枯枝落叶，不仅保护地面土壤免遭雨滴的冲击，减少了击溅侵蚀，还增加了地表粗糙度，削弱了地表径流，在很大程度上降低了径流挟带泥沙的能量。枯落物层腐烂后，在土壤中形成团粒结构，有利于大量微生物活动，有效地增加了土壤的孔隙度，从而使森林土壤对降水有极强的吸收和渗透作用，增大了土壤水容量和渗透系数，有利于水分的下渗，发挥了良好的径流调节作用。

2. 涵养水源　水土保持林可以增加、保持、滞蓄下渗水分，调节河川流态，消减洪峰流量，延长径流历时，增加枯水期河流流量，从而减轻洪水危害。

3. 增强土壤的抗蚀抗冲性　通过设计、建造和调控形成合理结构的水土保持林，依靠林分乔、灌、草浓密的地上部分及其强大的根系网络，调节径流冲刷和固持土壤，改善土壤理化性质和结构。强大的根系也可发挥良好的固岸、固坡、防冲、护滩、缓流挂淤，以及减少滑坡、崩塌等作用，增强土壤的抗蚀抗冲性。此外，水土保持林还有改善农牧业用地小气候条件和改良土壤等作用。

此外，在山丘区，特别是无林少林的水土流失区，水土保持林具有林业特有的生态屏障功能，并为当地提供多种林特产品，包括木材、燃料、饲料、干鲜果品及其他林特产品，具有多种社会经济功能。

二、水土保持林学的主要内容及相关学科

（一）水土保持林学的主要内容

1. 水土保持造林原理与营林技术　在大多数水土流失地区，生物气候条件和造林

立地质量较差，造林的关键问题在于能否保证水土保持林正常成活、生长和发育，达到生物学稳定性。所以，从造林原理与营林技术角度来讲，其主要内容为以下几个方面。

1）针对水土流失地区无林少林的特点，重点分析和阐述造林立地分类与评价，以及适生乔、灌木树种的选择。树种选择时应根据植被地带性分布规律，重点选择水土保持作用强的乡土适生树种。此外，还应选择一些抗性强、适应性广、具有较高经济价值的树草种。

2）从发挥水土保持林体系多林种、多树种、多效益的总体要求出发，水土保持林的树种选用与搭配，要特别注重树种的混交理论和技术措施的应用。

3）在水土流失地区造林技术中，整地工程及集流技术等旨在改善造林地土壤水分物理性质，为幼树成活与生长创造良好的生境条件，同时，还要注重各个造林技术环节（如苗木规格、造林密度、混交造林、造林方法、幼林抚育管理措施等）间的联结，以及造林技术的规范化与科学化，提高造林工程的质量与水平。

2. 水土保持林体系配置　在水土流失地区，由于降雨特征、地形条件、土地质量和利用特点不同，水土流失形式和强度也不同，为了发挥水土保持林的生态防护功能，充分利用立地生产潜力，达到生态经济的目的，必须研究水土保持林体系内各林种的特点、树种选择、配置形式及林种内树种的水平和立体结构的配置技术与方法。在流域水土保持林体系配置中，要根据水土流失的特点，考虑流域的上、中、下游，坡、沟、川，左、右岸之间的关系，使体系内各个林种在防护作用上达到相互协调和互补。同时，要注意水土保持林配置与其他水土保持措施的有机结合，要注意保护和培育现有林，使之成为流域内水土保持林体系的组成部分。

（二）相关学科简述

水土保持林学是一门综合性较强的自然科学，与其他一些基础性自然科学和应用科学有着密切的联系。

1. 与自然基础科学的关系

（1）与气象学、水文学的关系　各种气象因素和不同的气候类型对水土流失都有直接或间接的影响，并形成不同的水土流失特征。水土保持工作者要根据气象、气候因素对水土流失的作用及径流、泥沙移动规律，营造不同类型的水土保持林，以抵御干旱、暴雨、大风的危害，并使其变害为利。

（2）与地貌学的关系　地形地貌是主要造林立地因子之一，对降雨、光照和热量等起到再分配作用，直接影响树木的成活与生长。应根据不同区域的地形地貌特征，营造不同类型的水土保持林。

（3）与土壤学的关系　土壤是水力侵蚀和风力侵蚀作用破坏的主要对象，也是林木生长的基质。不同的土壤具有不同的贮水能力和土壤肥力。因此，通过营造不同类型的水土保持林，可以改良土壤性状，提高土壤肥力，防治水土流失。

2. 与应用科学的关系

（1）与农业科学的关系　保持水土是水土流失地区发展农业生产的基础，通过营造水土保持防护林，从根本上控制水土流失，为农业创造高产稳产条件。

（2）与水利科学的关系　水土保持林的营造是河流水害防治的根本措施，也是净化河流水质，减少河流、水库、湖泊淤积的根本措施。因此，营造水土保持林是保护良好河流生态环境的重要工作。

（3）与环境科学的关系　水土保持林草能够净化大气，减少土壤和水污染，保护和美化环境，因此，水土保持林学应吸收环境科学的理论与方法，丰富其内容。

三、水土保持林学的发展历史与展望

随着人类对环境要求的逐步提高，对水土保持林的研究不断深入，有关水土保持林的理论和技术也得到提高与完善。

（一）国内外水土保持林学的发展历史与现状

1. 国外水土保持林学的发展历史与现状　在水土保持林方面，国外起步较早，欧洲各国从18世纪初就开始研究森林工程措施对泥石流和山体滑坡的防治作用。1884年，奥地利制定了世界第一部《荒溪治理法》，总结提出并建立了以恢复山地森林为中心、防治水土流失的森林工程措施理论和技术体系，极大地推动了世界范围的水土保持林体系发展。

日本早在明治维新时代，受西欧文化影响，引进国外先进技术来进行森林的水源涵养功能研究。1891年日本提出《紧急施行水源涵养法的建议》，20世纪初日本建立了森林测候所对山地气象进行观测，还进行了树木茎流量、树冠截留量和落叶保水量的调查。

俄国在18世纪中期也开展了水土保持林的研究工作。19世纪，欧洲发生了严重的黑风暴，造成了巨大的经济损失，俄国的许多学者进行了改善生态环境和草原造林试验，营造了以农田防护林和水土保持林为主要内容的防灾和提高区域生产力的防护林体系。其中，道古恰也夫、柯斯特切也夫等学者，提出了许多防治水土流失和干旱的生物及工程相结合的综合措施。20世纪30年代，在苏联的乌克兰、格鲁吉亚等加盟共和国的一些州中，相继开展了土壤侵蚀及其防治措施的研究。1967年以后，苏联水土保持林研究的深度和广度均有了长足发展，并出版了几十部专著。其中1973年出版的《水土保持林的营造》和1980年出版的《摩尔达维亚的暴雨侵蚀及水土保持林业措施》，表明营造水土保持林已经成为苏联地区最重要的水土流失治理措施。

此外，美国、德国、英国、加拿大、新西兰等国也开展了水土保持工作。近年来世界各国对水土保持林研究愈加重视，多次召开会议，在营建多功能、多效益的水土保持林方面已达成共识。

2. 国内水土保持林学的发展历史与现状　我国对森林保持水土、改善生态环境功能，森林与人们生产生活关系的认识可谓源远流长。古代植树以固河道、河堤的实践也由来久远，在部落战争时期就已出现，至周代已成为制度。西周时期（公元前11世纪～公元前8世纪），在山区已开始采用封山育林的方法恢复植被，保持水土。公元前956年，西周《吕刑》一书中就有了“平治水土”的记载。《周礼·地官司徒》规定：“五鄙为县，五县为遂，皆有地域，沟树之。”在周朝初期就设立了负责造林的官职“掌固”和“司险”，产生了适地适树（即“土会之法”）的思想。春秋时期（公元前770～公元前476年），管子就认识到“树以荆棘，以固其地，杂之以柏杨，以备决水”（《管子·度地》），说明在春秋时期，对营造水土保持林可以固持土壤，并控制水土流失，已有明确的论述。东汉时期（公元25～220年），我国已经十分重视荒山造林，防治水土流失。王充在其著作《论衡》中就指出：“地性生草，山性生木”（生草指农作物和牧草），总结了合理利用土地的经验。宋嘉定年间（1208～1224 年），魏岘所著《四明它山水利备览》，较系统地阐述了水土保持林改善河川水文状况的机制和作用，提出了“森林抑流固沙”理论。明代刘天和提出“沿河六柳”（即卧柳、编柳、漫柳、深柳、低柳和高柳）的方法，巧妙地利用林木，特别是活柳，调节河川洪峰、顶溜归槽的功能，以治河保堤。这一方法至今仍不失为有效的水土保持措施。明末清初思想家顾炎武的著作《天下郡国利病书》，在记述广东流溪河一带森林时，提到了水土保持林稳定社会的作用。1917 年，我国林学先驱凌道扬于《东方杂志》第十四卷·第十一号发表的《论近日各省水灾之剧烈，缺乏森林实为一大原因》一文中，详细论述了水土保持林保持水土、节制河流、减免水灾的功能。1924 年，孙中山先生发表著名的《三民主义》演说，论述了水灾与森林的关系。其中强调：修筑堤坝、疏浚河道海口，是治标方法，大规模营造水土保持林，才是防水灾的治本方法。虽然，山区群众广泛使用的封山育林，植树以护土、保田、护路，护河固滩，防止山崩、滑坡、泥石流等做法，从何时开始已难以考证，但这些说明水土保持林防治水土流失的思想已广泛应用到群众的生产实践中。

20 世纪 20 年代，受西方现代科学的影响，一些研究者开始从事水土保持林的科学研究工作。前金陵大学美籍学者罗德民和李德毅等，在山东崂山、山西五台山、四川内江、福建长汀等地布设了许多试验点，观测研究了不同水土保持林类型的雨季径流和保持水土效应。

20 世纪 40 年代，黄土高原天水水土保持试验站在河道治理中，采用柠条固坡、建造活柳谷坊、护岸护堤、柳篱挂淤及梯田地埂防护林营造等水土保持措施。1941 年，有关部门曾先后在甘肃天水、陕西西安、福建河田等地建立试验区，在甘肃平凉、清水等地设立林草种苗繁殖场，并引进了国内外优良的水土保持树种及草种，对水土流失规律、生物（水土保持林等）和工程措施及其效益进行了观测研究，取得了一些重要的成果。但由于当时的政府不重视，因此收效甚少。

1949 年以后，我国水土保持林研究和建设迅速发展，通过对黄土高原水土流失的治理实践，总结提出了防治水蚀的小流域综合治理理论。1955 年，第一届全国人民代表大会第二次会议通过了《关于根治黄河水害和开发黄河水利的综合规划的决议》，黄河中、上游各省（市），紧密结合水土流失治理工作，开创了我国水土保持林、水源涵养林规模建设的历史。20 世纪 60 年代开展的黄土高原地区水土保持林体系研究，在技术体系上，以黄土高原地区小流域为系统，按地貌部位和水土流失规律布设形成相对完整的水土保持林体系，林种上划分出水土保持林、水土保持经济林，但当时只强调传统的技术指标。20 世纪 70 年代初，北京林业大学关君蔚在其发表的《甘肃黄土丘陵地区水土保持林林种的调查研究》一文中，首次提出水土保持林体系的概念，使水土保持林建设和理论研究大大向前推进了一步。1978 年“三北”防护林体系工程建设以来，较好地贯彻了带、片、网、乔、灌、草相结合的方针，推动和提高了防护林体系建设的发展和质量。“六五”至“九五”期间，朱金兆等根据黄土残塬沟壑区水土流失规律，提出了以小流域为单元，基于水土流失和林分供耗水量平衡原理的防护林空间配置及稳定林分结构构建技术。王佑民等系统地研究了黄土高原水土保持林地土壤的抗蚀抗冲性。20 世纪 90 年代以来，我国经济迅猛发展，人民生活水平日益提高，对生态环境保护的意识也大大加强。尤其是随着生产建设项目水土保持方案等制度的建立，生产建设项目水土保持工作的技术手段及水平不断提高，植被恢复与建设工程从一开始简单的植树种草发展到不断提升工程整体环境效果、打造工程整体形象、提高工程安全运行管理质量等方面，一些植被恢复与建设新技术、新工艺、新方法也不断应用。

（二）展望

1）从目前国内外水土保持林的研究现状可以看出，大尺度景观水平的研究甚少，研究的范围往往局限于小范围的流域，不能有效地解释景观水平的问题。在水土保持林体系的建设中，忽视了区域（或流域）的整体效益和环境容量。因此，今后应加强景观水平水土保持林体系研究。

2）水土保持林体系稳定性的研究将会被越来越多的研究者重视。林分稳定性是水土保持林体系可持续发展的基础和前提，也是森林经营追求的目标。与天然林相比，人工林在稳定性方面存在着较大差距。如何增加人工林的稳定性、弄清其稳定性机理、构建合理稳定的林分结构，使其稳定性接近或达到天然林水平，将会成为未来水土保持林体系研究的重点。

3）应把近自然林业理论作为水土保持林体系发展的主要依据，加强研究适合我国国情的水土保持林体系近自然造林和经营技术。

近些年来，近自然林业已逐渐成为世界人工林追求的目标，在世界范围内，正开始大面积应用，也成为水土保持林体系建设的指导思想。目前，近自然林业理论在水土保持林体系建设中的应用十分有限。因此，研究适合我国国情的水土保持林体系近自然造林和经营技术，必须引起足够重视。

4）水土保持林体系高效空间配置及其合理的林分结构是水土保持林充分发挥其多种功能的保证。水土保持林体系中存在的诸多问题表明，目前实际的空间配置和林分结构与人们理想的高效空间配置和合理的林分结构相差甚远。例如，怎样的配置才能达到高效空间配置？如何才能做到合理配置？优化的空间配置指标体系如何确定？什么样的林分结构才能反映高效空间配置？林分结构指标及指标体系如何确定？不同森林类型的林分结构与土壤侵蚀有何关系？解决这些问题，对于深化水土保持林体系研究，加强水土保持林体系建设，充分发挥水土保持林的作用和功能都具有十分重要的作用。

思 考 题

1．解释水土保持林的概念。
2．简述我国水土保持林发展的现状。
3．水土保持林的作用表现在哪些方面？
4．试述我国水土保持林的发展前景。

第一章　林木种子与品质检验

【内容提要】

林木种子是水土保持林培育的物质基础，林木良种是人工林速生、丰产、优质的保障。本章主要介绍林木结实，林木种子发育与成熟，林木良种生产，林木种实采集、调制与贮藏，种子休眠与催芽，以及林木种子品质检验。

林木种子是指可以直接用于更新造林或培育苗木的繁殖材料，包括植物学意义上真正的种子，类似种子的果实，以及根、茎、叶、芽等无性繁殖器官。2000 年颁布（2004 年修正，2015 年颁布新的修订草案）实施的《中华人民共和国种子法》中，种子是指农作物和林木的种植材料或者繁殖材料，包括籽粒、果实、根、茎、苗、芽和叶等。

林木种子是林木遗传基因的载体，是森林世代联系的桥梁，承担着森林繁衍的重要使命。林木种子质量的优劣决定着森林的质量，其数量的多少直接影响着林业建设的速度。林木种子是现代林业建设和发展的战略资源。

资源 1-1

第一节　林 木 结 实

“林木”有两重意义，一是表示木本植物，二是泛指森林群体中的个体，它区别于散生的孤立树木。

一、林木发育时期

林木是多年生多次结实的植物，从种子萌发开始到林木衰老死亡，经历几个不同的生长发育时期，分别为幼年期、青年期、壮年期和老年期四个时期。

（一）幼年期

幼年期（juvenile phase）是从种子萌发时开始到开始结实时为止。幼年期是林木形体建造阶段，此时营养生长旺盛，地上和地下部分生长迅速，形成一定大小和形状的树体；树木光合面积不断增大，营养物质积累不断增多，为开花结实做好了形态上和生理上的准备。

林木在幼年期可塑性大，对环境条件适应性强；树木组织幼嫩，枝条的再生能力强，容易生根，适于做营养繁殖材料。

幼年时期林木不结实的原因：①形态未建成；②营养物质积累不足；③环境条件不满足，其中最主要的原因可能是光照不足。例如，天然林中生长的红松，要 80～120 年生才能结实，主要原因是幼年期的红松处于林冠下，得不到充足的上方光照，而全光照下种植的 7 年生红松（不含苗龄）就有结实。

（二）青年期

青年期（youth phase）是从第一次开花结实开始到结实 3～5 次为止。青年期能够形成生殖器官与性细胞，已开始开花结实，但仍以营养生长为主，生长较快，树冠的分枝增加快，树冠迅速扩大，根系生长也快。已开始生殖生长，并逐渐由弱变强，达到与营养生长的平衡状态。树体可塑性变小。

结实量不多，果实和种粒大，空粒多。由于个体发育不一致、树体较小、花芽分化不均匀等原因，影响传粉和授精，因此结实量少、空粒比较多。由于果实少，营养相对集中，因此果实和种粒比较大。

此阶段种子的可塑性大，是引种的好材料。由于刚开始结实，尚处于发展变化时期，可能会受环境条件的影响而在某些特性上发生变化，因此比较适合于引种。

（三）壮年期

壮年期（mature phase）是从大量结实开始到结实开始衰退为止，又称结实盛期。壮年期母树大量结实，种子质量好，种粒饱满，产量高，是采种的最佳时期。此时结果枝生长和根系生长均达到高峰，母树的冠幅扩大。由于生殖生长的需要，对养分、水分和光照要求高。树体可塑性减弱，生物学特性稳定，对不良环境条件的抗性强。

（四）老年期

老年期（senescence phase）是从结实衰退开始到树木死亡为止，又称结实衰退期。老年期母树失去可塑性，生理作用明显衰退，新生枝的数量显著减少，母树主干枝末端和小侧枝开始枯死，抗性下降，易患病虫害，结实量大减，种粒小，种子质量差，在造林上已无应用价值。

一般情况下，在老年期到来之前，应对林分进行采伐更新。

二、林木开始结实年龄

在幼年期林木不能接受开花诱导，只有进入青年期才开始开花结实，幼年期的长短因树种而异。一般喜光、速生的树种幼年期较短，开始结实早；耐阴的、生长缓慢的树种幼年期较长，开始结实晚。例如，桉树、油桐的幼年期为3～6年，杉木6～8年，油松7～10年，华北落叶松14年左右，而银杏20年左右，冷杉、云杉的幼年期为50～60年。灌木开始结实早，如紫穗槐和荆条等一般2～3年开始结实。我国部分树种开始结实年龄见表1-1。

同一树种开始结实的年龄也会因环境条件、林木起源及生长发育状况等有很大的差异。在土壤气候条件好的情况下，开始结实早；孤立木由于光照充足，占据的营养空间大，开始结实早；人工林比天然林所处的环境条件好，开始结实早；用营养繁殖法营造的林分比实生林结实早；同一林分内，生长健壮的林木比生长差的结实早。

虽然林木开始结实的年龄存在差异，但是通过改善营养条件和光照条件，可促进林木提早结实。

在某些特殊情况下，如土壤贫瘠、干旱、病虫害、火灾等的影响，使林木的营养生长不能正常进行，从而导致林木过早结实。这种提前开花结实是林木早衰的结果，属不正常现象。

表1-1　我国部分树种开始结实年龄

树种	开始结实年龄/年	地区	树种	开始结实年龄/年	地区
红松	80～140	小兴安岭（天然林）	榆树	5～8	河北（散生树）
红松	20年左右	草河口（人工林）	板栗	5～8	华北

续表

树种	开始结实年龄 / 年	地区	树种	开始结实年龄 / 年	地区
华北落叶松	14	山西关帝山	核桃	6～8	华北
樟子松	20～25	大兴安岭呼伦贝尔（天然林）	黄金树	5～6	华北
侧柏	6～10	北京	花椒	3～4	山东
湿地松	13～14		文冠果	3	内蒙古
火炬松	6～7		沙枣	4	西北
刺槐	4～5	华北	紫穗槐、荆条、胡枝子	2～3	华北
麻栎	20～30	浙江、江苏	柠条	1～2	西北
栓皮栎	25	北京地区（天然林）	花棒	2～3	西北
枫杨	5～9	河北			

资料来源：孙时轩，1992

三、林木结实周期性

（一）结实周期性

开始结实的林木每年结实量也不完全相同，有的年份结实多，有的年份结实少。结实多的年份称为大年（种子年或丰年）；结实少的年份称为小年（歉年）；结实量中等的年份称为平年。林木结实丰年和歉年交替出现的现象称为林木结实周期性，两个丰年之间的间隔年数称为结实间隔期。

不同树种结实间隔期的有无及间隔期的长短因树种或环境条件而异。例如，杨、柳、榆、桉等树种丰歉年不明显，各年种子产量比较稳定；马尾松、杉木、泡桐、刺槐等树种结实间隔期短，一般是 1～2 年。大多数高寒地带的针叶树，如红松、落叶松、云杉、冷杉等树种丰歉年现象明显，各年种子产量很不稳定，结实间隔期一般为 2～5 年。同一树种分布在不同的气候区，结实间隔期也不同，如麻栎在南方几乎年年结实，越向北间隔期越明显。

（二）结实周期性产生的原因

林木结实周期性产生的原因比较复杂，一般认为主要是营养问题，另外还受内源激素和环境因子的影响。

1. *营养问题*　林木体内营养物质的积累达到一定程度后才能成花。在林木种子丰年，由于消耗了大量的营养物质，不仅消耗了当年所合成的营养物质，还消耗了林木体内过去所积累的营养物质，因此造成下一年结实所需的营养物质不足，使当年的花芽分化不能正常进行。即使分化了花芽，数量也少，使下年开花结实少，形成小年。但是，当年花芽少又会使叶芽和枝芽的形成增多，使林木个体得到了生长，为下一次的大年作了物质准备，因而形成了林木结实的丰歉年。

2. *内源激素的影响*　林木体内含有成花激素与抑花激素。成花激素（赤霉素类）起促进花芽形成的作用，如促进针叶树花芽分化的 GA_4/GA_7，促进阔叶树花芽分化的

GA_3；而抑花激素起抑制花芽形成的作用。只有当二者在林木体内的含量达到平衡状态时，才有利于花芽分化。由于种子中抑花激素含量高，因此种子丰年时不利于花芽大量分化，从而影响翌年的结实量。

3. 环境因子的影响　林木生长受环境条件影响很大。气候条件好，土壤肥沃，则树体营养物质积累快，结实间隔期就会缩短。灾害性天气也会扰乱、破坏林木的正常生理功能，从而延缓结实。例如，1991 年冬季极限低温超低，使得很多树木已经形成的花芽被冻死，严重影响了 1992 年的结实量；2005 年和 2008 年的春季低温，使得小兴安岭和长白山林区水曲柳果实基本绝产。

实践证明，为林木创造良好的营养条件，实行集约栽培，进行科学的水肥管理，可以减轻或消除不利影响，缩短甚至消除结实的间隔期。

第二节　林木种子发育与成熟

一、种子发育的一般过程

种子的形成和发育一般经历花芽分化、传粉、受精、种子发育、成熟、脱落等过程。

（一）花芽分化

树木每年形成的顶端分生组织，开始时不分叶芽与花芽，进入开花结实阶段，芽要分化成叶芽和花芽。顶端分生组织分化成叶芽和花芽的过程称为花芽分化（flower bud differentiation）。

影响花芽分化的因素主要有母树营养状况、激素种类与含量及环境条件等。因为花芽分化需要有充足的营养物质，如碳水化合物、蛋白质及氮、磷、钾的供应。所以，适量施用氮肥有利于花芽分化，过量则会抑制花芽分化，施用磷肥和钾肥能够促进花芽分化和着花；激素种类和含量对花芽形成、花性分化有很大影响，尤其是赤霉素对针叶树种的花芽分化有显著的促进作用，如 GA_3 对柳杉、水杉和柏科树种的花芽分化有显著的促进作用，但对松科树种的作用不大；光照、温度、水分、养分等环境因子对花芽形成也有很大影响。疏伐可以改善母树林中每株树木的光照和营养条件，能够促进花芽的形成并提高结实量。对于多数树种而言，在高温而干旱的翌年是开花结实多的年份，如落叶松和柳杉的种子年常在干旱的翌年。

多数树种的花芽分化是在开花前一年夏季到秋季之间进行的。例如，泡桐在 7 月前后开始花芽分化，杉木的雄球花与雌球花在 6 月开始分化。但也有树种在春季进行花芽分化，如油茶花芽分化在 4 月。也有的树种每年进行多次花芽分化、多次开花，如柠檬桉和八角，一年进行 2 次。

（二）种子的形成

林木开花习性因树种而异，有的树种是两性花，如刺槐、泡桐、油茶等，多数树种是单性花，如松科、杉科、栎类、核桃等。有些树种是雌雄异株，如杨、槭、水曲柳等。

树木的花期因树种而异。针叶树一般在春季开花。阔叶树的种类多，从全国范围来看，在春、夏、秋、冬都有开花的树种，南方的常绿阔叶树种在秋冬季开花，如油茶和茶树等。

传粉方式有风媒、虫媒、鸟媒、水媒等，树木的传粉以风媒和虫媒为主。开花时花粉散落在柱头上萌发生长而受精。之后，经过种胚发育、胚乳发育和种皮发育等种子发育过程，进入成熟过程。

二、种子的成熟

（一）种子的成熟过程

种子成熟是受精的卵细胞发育成具有胚根、胚轴、胚芽、子叶的完整种胚的过程。一般包括生理成熟和形态成熟两个过程。

1. 生理成熟　当种子内部营养物质积累到一定程度，种胚具有发芽能力时即达到生理成熟（seed physiological maturity）。此时种子含水率高，营养物质处于易溶状态，生物化学反应活跃，种皮不致密，种子不饱满，抗性弱。因此，此时的种子不耐贮藏，易丧失发芽能力。但对于长期休眠的种子，如椴树、水曲柳等，用生理成熟的种子播种，能缩短出苗期，提高场圃发芽率。

2. 形态成熟　当种子内部生物化学变化基本结束，营养物质积累已经停止，种实的外部形态呈现出成熟的特征时称为形态成熟（seed morphological maturity）。此时种子含水率降低，酶的活性减弱，营养物质由易溶状态转为难溶状态，种皮致密、坚实，抗害能力强，耐贮藏；呼吸作用微弱，开始进入休眠；具有发芽能力；外观上种粒饱满坚硬，并具有特定的色泽与气味。一般林木种子均适于形态成熟时采种，生产上也多以形态成熟作为采种期的标志。

3. 生理后熟　生理成熟和形态成熟的先后因植物种类不同而异。多数树种在生理成熟之后进入形态成熟，有些种子生理和形态几乎同时成熟，还有一些种子形态成熟之后进入生理成熟。种子虽然表现出形态成熟特征，但因种胚未发育完全或有抑制物质存在，不具备发芽能力，还需经过一段时间发育后才具有发芽能力的现象称为生理后熟（after-ripening of seeds），如银杏、七叶树、水曲柳和冬青等的种子。

（二）种子成熟期

不同树种开花后种子发育和积累营养物质所需的时间不同。有的树种在开花后的1～3个月的春末夏初成熟，如杨、柳、榆、桑树等；多数树种在春季开花，当年秋季种子成熟，如落叶松、侧柏、杉木、银杏、檫树、楠木等；开花后要经过1年以上，到翌年秋、冬季种子成熟的树种也较多，如红松、樟子松、油松、马尾松、柏木、圆柏、栓皮栎、木荷、油茶等；杜松开花后要经过2年多，到第三年的秋季种子才成熟。

同一树种生长在不同地区，种子成熟期也不同，如小叶杨的种子成熟期，在北京地区一般多在5月上、中旬，在黑龙江南部为6月中旬，在辽宁南部地区多在5月下旬；同一树种在同一个地区因所处地形及环境条件不同，种子成熟期也不同，如生长在光照好的阳坡比光照差的阴坡成熟早，生长在低海拔的比高海拔的成熟早；不同年份因天气状况不同，种子的成熟期也有很大差异，一般气温高、降水少的年份种子成熟早，多雨湿冷的年份种子成熟晚；土壤条件也会影响种子成熟期的早晚，如生长在砂土和砂质壤土上的树木种子比生长在黏重和潮湿土壤上的种子成熟早；同一树种的林缘木、孤立木比密林内的树木种子成熟早；甚至同株树上，树冠上部和向阳面的种子比下部和阴面的种子成熟早。

（三）判断种子成熟的方法

在生产中判断种子成熟期，可根据种实的外部形态来确定，也可用比重、发芽试验、生化分析等方法判断。

1. 根据种实成熟的外部形态特征判断　不同的树种、不同的种实类型表现出不同的成熟特征。主要表现在颜色、气味和果皮的变化，可以据此判断种实是否成熟。一般种实成熟时球果或果实由绿色变为黄褐色、褐色、紫黑色等；球果类的果鳞硬化、干燥、微裂、颜色变深，如油松、侧柏变为黄褐色；干果类的荚果、蒴果、翅果等果皮由绿色变为白色、褐色，果皮干燥、硬化、紧缩，如刺槐、五角枫变为褐色，榆树变为白色；浆果类的浆果、核果、仁果等，果皮软化，颜色因树种不同会由绿色变为不同的颜色，如银杏、山杏为黄色，毛樱桃、火棘为红色，樟树、女贞为紫黑色。

2. 根据味觉判断　一些种实可用品尝的办法进行判断。果实成熟后，酸涩味下降，甜香味增加。果实在成熟过程中，有机酸转变为糖，单宁被氧化为无涩味的物质。

3. 比重法　比重法适于球果，可在野外操作，简单易行。先将水（相对密度 1.0）、亚麻子油（相对密度 0.93）、煤油（相对密度 0.8）等按比例配制成一定比重的混合液，再放入球果，成熟的球果漂浮在上面，未成熟的球果因比重大而下沉。

4. 生化法　通过测定分析还原糖和粗脂肪含量等判断种实的成熟程度。生化法是更精确的判断方法，但因测定过于复杂，目前在生产中应用不多。

第三节　林木良种生产

一、林木良种的概念

国家标准《林木良种审定规范》中对良种的定义为：“林木良种是经过人工选育，通过严格试验和鉴定，证明在适生区域内，在产量和质量以及其他主要性状方面明显优于当地主栽树种或栽培品种，具有生产价值的繁殖材料。”林业生产上的良种必须是遗传品质和播种品质都优良的种子。优良的遗传品质主要表现在用此种子造林形成的林分具有速生、丰产、优质、抗逆性强等特点；优良的播种品质主要表现在种子的物理特性和发芽能力等指标达到或超过国家有关标准。遗传品质是基础，播种品质是保证，只有两方面都优良的种子才能称为良种。采用良种造林可以大幅度提高遗传增益，种质质量是影响造林成效的关键因素之一。

二、种源在造林中的意义

造林除遵循适地适树的原则外，还要做到适地适种源、品种、家系和无性系，才能保证营造的人工林生产力高、稳定性强。种源（provenance）是指取得种子或其他繁殖材料的地理来源或原产地。同一树种由于长期处在不同的自然环境条件下，必然形成适应当地条件的遗传特性和地理变异，如果造林地条件与种源地条件差异太大，林木会出现生长不良，甚至全部死亡的现象，我国在这方面曾有过不少惨痛的教训。例如，1958 年北京引种新疆核桃成功的消息报道后，全国十几个省（自治区、直辖市）争相引种，1 年调种量高达 10×10^4kg，但很多地方因气候条件不适宜而失败，给林业生产造成了巨大损失。大量研究证明，使用适宜种源区的优良种子造林，不但能保证造林用种安全，而且增产效益一般可达 10% 以上。

造林用种地区要找到适宜的种源，需要进行种源试验，即将地理起源不同的种子或其他繁殖材料收集到用种地进行栽培对比试验，并根据其生长发育状况，从中选出最适合当地的种源。我国规模化种源研究始于 20 世纪 50 年代，70 年代后全国各地进行了大规模的种源试验和种子区划试验研究，涉及 10 多个树种。研究发现，同一树种由于地理起源不同，其生长特点、适应能力存在明显的变异。种源地理变异的基本规律是，种源间在绝大多数性状上存在显著差异，从中心产区到边缘产区，多数性状呈南北渐变趋势，中心产区生长快，但适应性不如非中心产区。将这些规律同种源试验的结果结合起来，才能更好地指导生产上的合理用种。

资源 1-2

三、林木种子区划

由于不同种源在成活率、保存率、生长和材质等方面都可能存在着遗传差异，有时这种差异是极其显著的。为了避免因种源不明和种子盲目调拨使用而造成的重大损失，林业发达国家对种源实施法律控制，并进行种子区划工作。德国针对某个特定树种，首先根据其生长地区的海拔、土壤、地理位置及自然条件等划分种源区，在种源试验的基础上，专家认定的结果以法律形式确定，通过专门的种源区划手册向社会公告，所有林业生产活动均要严格遵循。加拿大每个省都有林木种子区划，在实际工作中严格按照相应的种源区划图实施采种和造林工作。美国划定了全国林木种子区，并且规定了采种范围标准。

我国在大量种源试验的基础上，于 1988 年制订并颁布实施了国家标准《中国林木种子区》，选择红松、华山松、樟子松、油松、马尾松、云南松、华北落叶松、兴安落叶松、长白落叶松、云杉、杉木、侧柏、白榆 13 个主要造林树种，依据各树种的地理分布、生态特点、生长情况、种源等综合分析后，进行种子区和种子亚区的区划。

以侧柏种子为例，根据侧柏天然分布区为区划范围，共划分 4 个种子区和 7 个种子亚区，其相互关系为：西北区（Ⅰ）含西部亚区（Ⅰ_1）和东部亚区（Ⅰ_2）；北部区（Ⅱ）含西部亚区（Ⅱ_1）、中部亚区（Ⅱ_2）和东部亚区（Ⅱ_3）；中部区（Ⅲ）含西部亚区（Ⅲ_1）和东部亚区（Ⅲ_2）；南部区（Ⅳ）。

种子区是生态条件和林木遗传特性基本类似的种源单位，也是造林用种的地域单位。种子亚区是在一个种子区内划分为更好控制用种的次级单位，即在同一个种子亚区内生态条件和林木的遗传特性更为类似。因此，在造林用种时应优先考虑从造林地所在的种子亚区内调拨种子，当亚区种子满足不了造林要求时，再到本种子区内调拨种子。跨种子区或大跨度调拨种子应先进行种源试验。

四、无种子区划的树种种子调拨原则

种子区划给造林用种提供了很好的指南，但因为我国造林树种远远超过 13 个，而且绝大部分是针叶树，所以种子区划远不能满足生产需要。因此，在其他树种的种源选择上应遵循以下几个基本原则。

1）本地种源最适宜当地的气候和土壤条件，应尽量采用本地种子，就地采种，就地育苗造林。

2）缺种地区在调进外地种子时，要尽量选用与本地气候、土壤等条件相同或相似地区生产的种子。

3）林木种子调运距离的一般规律是，由北向南和由西向东调运的范围可比相反方向的大。例如，我国的马尾松种子，由北向南调拨纬度不宜超过3°，由南向北调拨纬度不宜超过2°；在经度方面，由气候条件较差的地区向气候条件较好的地区调拨不宜超过16°。

4）地势海拔变化对气候的影响很大，在垂直调拨种子时，海拔差一般为300～500m及以下。

由于不同树种的适应性不同，种子调拨的范围不能千篇一律，在生产中要真正做到适地适树和适地适种源，最重要的是加强种源试验，在不同地区选用最佳种源的种子造林。当种源试验的年限和规模还不足以确定最适种源时，应选择当地种源或与当地气候土壤条件相似地区的种源。

五、林木良种生产基地

依据种源试验和种子区划，以及种子调拨原则，基本上解决了造林用种的地理种源问题。但在实际生产中，仍存在着种子来源的问题，如有的种子是群众从山上采收的，有的种子是专门的种子公司在良种基地生产的。对此，我国专门制定了《中华人民共和国种子法》，规定了主要林木的商品种子生产和经营实行许可制度。同时，国家林业局颁布的《造林技术规程》（GB/T 15776）对造林用种也作了明确规定："应采用具有林木种子生产经营许可证、植物检疫证书、质量检验合格证书、产地标签的种子、苗木以及其他优良种植材料；优先采用种子园、母树林、采穗圃等生产的优良种质材料；优先采用优良种质材料培育的优质壮苗；不应使用来源不清、长距离调运、未经检疫、未经引种试验的种子、苗木和其他繁殖材料。"

林木良种基地是指按照国家营建母树林、种子园、采穗圃等有关规定建立的，专门从事良种生产的场所。我国的良种基地建设工作起步于母树林，通过以选择优良林分为手段，划定或营建采种母树林方法的研究，为生产上建立红松、油松、樟子松、马尾松、湿地松、云南松、刺槐等树种的采种基地提供了技术支持。20世纪60年代以来，人们开始了主要树种优树选择和种子园营建技术的研究，发掘出数以万计的优树，为初级种子园、采穗圃的营建提供了宝贵材料和从嫁接、定植到早实丰产的配套技术。

2009年，国家林业局国有林场和林木种苗工作总站确定了第一批国家重点林木良种基地共131家单位，此举对我国林木良种化进程意义重大。

（一）母树林

母树林（seed production stand）又称种子林，是在优良天然林或确知种源的优良人工林基础上，按照母树林营建标准，经过留优去劣的疏伐，为生产遗传品质较好的林木种子而营建的采种林分。用母树林生产的种子造林，一般增益3%～7%。由于母树林营建技术简单，投产快，成本低，种子产量和质量比一般林分高，种子地理起源清晰，便于种子调拨与应用，因此它是我国目前良种生产的主要形式之一。通过正确选择母树林，并对其进行科学合理的管理，可在短期内获得优质种子。

1. *母树林选择的条件*　母树林要建在气候、土壤等生态条件与造林用种地区尽可能相接近的地方；要求交通方便，地形平缓，光照充足，背风向阳，以便于林木结实与经营管理；母树林林地应土层深厚、土壤较肥沃，面积相对集中，天然林在 $7hm^2$ 以上，人工林在 $4hm^2$ 以上；在其周围 100m 范围内不能有同树种的劣质林分。

为了便于经营管理，母树林的年龄以生长旺盛、具有良好结实能力的中、壮龄林为好。适宜建立母树林的林龄，因树种结实规律、林分起源、生长环境和发育状况等不同而异。一般速生树种、人工林、生长环境和发育状况良好的林分，适宜建立母树林的林龄可小一些，如杉木、马尾松、火炬松等人工林 10～15 年；天然林林龄范围可宽一些，如油松天然林 20～50 年，红松天然林 120～200 年。此外，母树林的林分最好是同龄纯林，且林分的生长发育状况良好，林分郁闭度一般为 0.5～0.7。

2. *母树林营建*　在选定采种林分后，要根据国家营建母树林的标准选择优良母树。为提高采种母树的遗传品质，对选定的母树林进行疏伐，以改善光照、水分、养分和卫生条件，促进母树生长发育。疏伐的原则是去劣留优，同时尽量使保留的母树分布均匀。对于雌雄异株的树种，还必须注意雌雄株的比例和分布。疏伐强度应以使保留母树能正常生长发育，保证母树有合理的营养空间为准，以利于提高种子产量和质量。为避免林地环境的剧烈变化，疏伐可分 2～3 次进行，逐渐达到计划保留的母树株数。每次疏伐后郁闭度保持在 0.5～0.6，多数树种最终的郁闭度以 0.4～0.6 为宜。

3. *母树林管理*　疏伐后，由于郁闭度下降，林地裸露，容易滋生杂草，因此，必须适时松土除草，加强水肥管理和病虫害防治，对采种母树进行适当修剪，剪掉母树下部的枯枝和妨碍母树冠层发育的枝条，以改善母树的营养状况，促进母树开花结实，提高种子产量和品质。

（二）种子园

种子园（seed orchard）是指用优树无性系或家系按设计要求营建、实行集约经营，以生产具有优良遗传品质和播种品质种子为目的的特种人工林。

大量研究和生产实践证明，采用种子园生产的种子造林能使林木生长量的遗传增益提高 15%～40%。因此，种子园是当前世界林业先进国家良种生产的重要途径。

1. *种子园种类*　根据母树繁殖方法，可将种子园分为无性系种子园和实生苗种子园。无性系种子园是以优树或优良无性系个体为材料，用无性繁殖的方法建立的种子园。无性系种子园的特点是能够保持优树原有的优良品质，无性系来源清楚，开花结实早，树形相对矮化，便于集约经营管理等。实生苗种子园是用优树或优良无性系上采集的自由授粉种子，或控制授粉种子培育出的苗木建立的种子园，其特点是容易繁殖，投资少，适用于无性繁殖困难的树种；对开花结实早、轮伐期短的树种，其子代测定可与种子生产结合起来；自交现象没有无性系种子园严重。缺点是开花结实晚，优树性状不稳定，容易发生变异。

根据建园繁殖材料经选择鉴定的情况，分为一代种子园、一代去劣种子园、一代改良种子园和高世代种子园等。高世代种子园是经过多世代的选择和培育形成，可以提高林木群体中优良基因频率，并组合出更符合人们需要的优良基因型，随着种子园世代增加，改良效果能逐步提高，所以高世代种子园是今后的发展方向，美国南方松种子园有的已达到二代和三代。目前我国主要用材树种，如杉木、马尾松、湿地松、火炬松、池杉、华山松、云南松、红松、樟子松、云杉及 5 种主栽落叶松等均已完成一代种子园营建，多数设置了大面积的遗传测验林，目前正处于向高世代种子园的过渡时期。

资源 1-3

2. 园址选择　种子园应建在建园树种的适生生态区范围内、能有效防止外源花粉污染的地方。此外，要求交通方便，劳力充足；地势平缓、开阔；土壤肥沃，结构良好，土层深厚；光照较好；无病虫害感染；有适当的天然隔离地段，或便于人为设置隔离带，隔离带宽度一般应达 500m。

3. 种子园的建立

（1）苗木准备　无性系种子园苗木可以是插条苗，也可以是嫁接苗。因为多数针叶树种，特别是老龄树木很难用插条繁殖，所以无性系种子园多用嫁接苗。因此，要提前建立采穗圃，以保证繁殖足够嫁接苗的接穗。采穗圃的面积一般为种子园面积的 5%～10%。

为了避免嫁接的位置效应，保证植株正常生长，接穗应取自树冠中上部发育良好的健壮顶枝，不要使用下垂的侧枝作接穗。种子园嫁接或定植第二年应按照配置要求进行补接或补植。

实生种子园的苗木可从优树子代自由授粉种子所培育的苗木中选择优势苗木，或从优树控制授粉种子分家系培育的苗木中选择优良家系的优势苗木。

（2）无性系配置　种子园中无性系植株配置的要求：①同一无性系个体应保持最大间隔距离，尽量避免自交和近交；②避免各小区无性系间的固定搭配，使种子园各无性系间充分随机授粉，扩大所产种子的遗传多样性；③采用的设计方式应便于施工及经营管理；④经过疏伐后，各个无性系的分株数量应大体相等，并且分布均匀；⑤便于对无性系的生长和产种量做统计分析；⑥无性系排列不受种子园大小和形状的限制。上述几个条件，有的是相互矛盾的，设计时只能根据主要要求和具体条件适当选择。

生产中种子园无性系植株配置方式常用的有随机排列、分组随机排列、顺序错位排列、固定和轮换排列区组及计算机配置等。

4. 种子园的经营与管理　种子园通过去劣疏伐、整形修剪、施肥灌溉、辅助授粉、病虫害防治等技术措施可以达到优质高产的目的。

（三）采穗圃

采穗圃（cutting orchard）是以优树或优良无性系作材料，生产遗传品质优良的枝条、接穗和根段的良种基地。采穗圃的主要作用是直接为造林提供种条或种根，并为进一步扩大繁殖提供无性繁殖材料，用于建立种子园、繁殖圃或培育无性系繁殖苗木。

1. 采穗圃的种类　根据建圃材料和担负的任务不同及无性系的测定与否，可分为初级采穗圃和高级采穗圃两种。初级采穗圃是由未经测定的优树上采集的材料建立的，其任务只是提供建立一代无性系种子园、无性系测定和资源保存所需要的枝条、接穗和根段。高级采穗圃是由经过测定的优良无性系、人工杂交选育定型树种或优良品种上采集的营养繁殖材料建立的，其目的是为建立一代改良无性系种子园或优良无性系、品种的推广提供枝条、接穗或根段。

2. 采穗圃的建立　采穗圃中的采穗母树可根据树种的特性，分别采用播种、扦插、嫁接、选超级苗（优质幼树）移栽或埋根等方法繁殖。新型优良品种可以通过组织培养扩繁后，用组培苗建立采穗圃。

采穗圃一般设置在苗圃里。在配置方式上，以提供接穗为目的的采穗圃，通常采用乔林式，株行距为 4～6m；以提供枝条和根段为目的的采穗圃，通常采用灌丛式，株行距为 0.5～1.5m。更新周期一般为 3～5 年。以杨树采穗圃的培育为例，杨树采穗树有灌丛式、高干式及利用成林改建的主干式 3 种。其中，灌丛式采穗树建圃快，管理方便，种条质量好，产量高，生产上应用较广。

灌丛式采穗树没有明显主干。一般用 1 年生插条苗或实生苗按规定株行距栽植，第二年萌发前距地面 10cm 平茬，当萌条高 10cm 时选留 3～5 条生长粗壮、分布均匀的枝条，其余全部摘除。每年休眠期采条后再平茬，剪口逐年提高 5cm，每株母树保留 3～5 个冬芽。根据采穗树生长状况，每 3～5 年更新一次。

3. 采穗圃的管理　既要考虑穗条产量，又要保证穗条质量和方便采穗。具体管理内容包括树体管理、土壤管理、水分管理、有害生物管理和档案记载等。土壤管理、水分管理、有害生物管理等与一般苗圃管理相同。采条母树的树体管理有树体的整形修剪、平茬、抹芽及复壮。

良种生产基地建立后，应按良种基地建设的要求建立技术档案，记载采穗圃的基本情况、优树名称、来源、采取的经营管理措施、产量和质量变化情况等内容。

第四节　林木种实采集、调制与贮藏

良种基地培育的遗传品质优良的种子，如果在种实采集、调制、贮藏等过程中出现问题，最终也无法形成播种品质优良的种子，从而影响到壮苗的培育和优质人工林的营造。

一、种实采集

种实采集是指采集阔叶树的果实和针叶树的球果。种实采集是林木种子生产中的重要环节，也是一项季节性很强的工作。种实采集工作是否科学、合理、适时，对种子的品质和产量有直接的影响。因此，在采种前应正确选择采种母树，熟悉林木结实规律，掌握种实成熟特征和脱落习性，制订切实可行的采种计划，选择适宜的采种方法和工具，并在种子成熟后适时采集，才能获得种粒饱满、品质优良的种子。

（一）采种林分的选择

根据《中华人民共和国种子法》的规定，采种林分包括种子园、母树林、一般采种林和临时采种林、群体和散生的优良母树，但最好从本地或气候、土壤条件与造林地相近地区的林木良种基地采种。在林木良种基地面积小、种子产量不足以满足造林要求的情况下，可选择天然林和人工林的优良林分，甚至可在符合优良母树标准的散生树木上采种。

（二）种实脱落

大多数树种种实成熟后，果柄产生离层，种实脱落。种实脱落期长短因树种而异。有些种实成熟后立即脱落，如杨、柳、榆等树种；有些种实成熟后经过较短时间脱落，如侧柏、油松、栎类、桑树、黄栌等树种；有些种实成熟后宿存树上，如悬铃木、臭椿、刺槐、紫穗槐、樟子松等树种。此外，种实脱落期长短还受环境条件的影响，如遇高温、干燥、大风天气，种实失水快，脱落早。

在树木的自然脱落期内，一般情况下，早期和中期（盛期）脱落的种子质量好，数量多，后期脱落的种子质量较差。但栓皮栎最早脱落的种实，大多发育不健全，质量差，而中期脱落的数量最多，质量也最好。此外，非正常脱落的种子，如受病虫害影响脱落早的种子，质量难以保证。

不同树种种实脱落方式各异，如球果类的红松果实成熟后整个球果脱落；有的果实成熟后果鳞张开，种实散落，如马尾松、侧柏等；有的树种果鳞和种子一起飞散，如金钱松、雪松等；杨柳类种子与种絮飞散，裂开的果穗渐渐脱落；栎、槠、栲类、肉质果以及翅果类，常以整个果实的形式脱落。

（三）采种期的确定

适宜的采种期是获得种子产量和质量的重要保障。种子的采集必须在种子成熟后进行，采集过早，会影响种子质量；过晚，小粒种子因脱落飞散后无法收集而影响种子产量。

采种时间应根据种实成熟和脱落的时间、特点及种粒大小来确定。具体应遵循下列原则：①成熟后立即脱落或带翅、带絮毛的小粒种子，易被风吹散，应在成熟后脱落前立即采种，如杉木、落叶松、桦木、杨、柳、榆、泡桐、木荷等。②种实脱落期长，但成熟的果实色泽鲜艳，久留在树上易被鸟兽取食，应在形态成熟后及时从树上采种，如樟树、栾树、女贞、乌桕、玉兰、冬青等。③成熟后较长时间种实不脱落的，如樟子松、马尾松、椴树、苦楝、刺槐、臭椿、皂荚、紫穗槐等，采种期要求不严，可在农闲时采集。但也应尽量在形态成熟后及时采摘，以免长期悬挂树上受虫、鸟危害而影响种子质量和产量。④对于休眠期长的种子，如山楂、红豆杉、椴树等，为了缩短休眠期，提高种子发芽率，可在生理成熟后形态成熟前采种，采种后应立即播种或层积处理。

天气条件对种实成熟也有较大的影响，在天气情况不同的年份，成熟期可能会有很大变动。因此，应细致观察该年的物候进程，以便科学合理地确定采种期。

（四）采种

1. *采种前的准备*　采种前，根据种子需求量和林木结实量预测结果，并结合实地查看，确定可采林分的地点、面积、采种日期。并制定采种方案，对采种人员进行采种技术培训和安全生产及保护母树的教育。对采种母树必须严加保护，不允许伐树或砍截大枝采种，严防抢采掠青。根据采种的面积、远近、地形、分散程度、采种方法、交通条件、可能采收的数量等做好物资准备工作。

2. *采种方法*　根据种实成熟后散落方式、种实大小以及树体高低选择适宜的采种方法。

（1）树上采种　适用于小粒种子或散落后易被风吹散的树种，如杨、柳、榆、桦等，以及成熟后不立即脱落，但不便于地面收集的种实，如臭椿、白蜡树、椴树和大多数针叶树种，都必须在树上采种。常用的采种工具有高枝剪、采种镰、采种钩和采种梳。上树可用绳套、脚蹬、折叠梯和上树环等协助工具，也可采用升降机上树。近年来，湖南省林业科学院研制出上树采种设备，解决了高大树木优良种子采集难的技术难题。瑞士、美国、墨西哥等国家广泛采用具有升降设备的伸缩台采种。德国、瑞士等国采用直升机、氢气球采种。

上树采种时应系好安全带、安全绳，戴好安全帽。4级风以上的天气，禁止上树操作。

（2）地面收集　种子成熟后直接脱落或需要打落的大粒种子，如核桃、板栗、栎类、油桐、油茶、七叶树等，可从地面收集。在种实脱落前应清除地面杂物，以便收集种子。对于中小粒种子，散落后不易收集时，可在母树周围铺垫尼龙网，再摇动母树，使种子落入网内。美国有专门的收网机，在收网过程中去除杂物，可获得较纯净的种子。

此外，结合采伐作业，可从伐倒木上采摘种实；生长在水边的赤杨、桤木等种子脱落后常漂浮于水面，可采用水面收集。

（3）机械采种　对于树干高大、果实单生、树上采种困难的树种，如红松、杉木、侧柏、核桃楸、黄菠萝等，通过机械振动摇落果实，用采种网或帆布在地面收集种实。我国在20世纪80年代成功研制出杉木振动式采种机。近年来，国外采用振动式采种机和真空清扫机采种。振动式采种机把球果振落之后，用真空清扫机收集球果，效率是人工采种的数十倍。

采种时，一定要注意保护好母株资源，特别是公园风景区，防止破坏有价值的树木，并避免大量损伤种枝、种条，要保护种源。

3. 种子登记　为了分清种源，合理使用种子，保证种子质量，在采种过程中，对采集的种子或就地收购的种子必须进行登记。应分批登记，分别包装，要在包装容器内外均编号，并贴上标签。

二、种实调制

种实调制（seed processing）是采种后对果实和种子进行的干燥、脱粒、净种和种粒分级等技术措施的总称。调制的目的是获得纯净而适合贮藏运输和播种的优质种子。对新采集的种实要及时进行调制处理，并及时登记，堆放过久容易造成发热、霉烂，降低种子质量。

由于树种种类很多，许多树种种实构造各不相同。在生产上为了调制的方便，一般把调制方法相同或相似的种实归为一类，以此将种实分为球果、干果和肉质果三大类。

（一）脱粒

脱粒是指从果实中取出种子的过程。脱粒时首先要使种实的果皮干燥开裂。在干燥脱粒过程中，应根据种子安全含水量的高低采用不同的干燥方法。对安全含水量高的种实应采用阴干法，安全含水量低的种实应采用阳干法。安全含水量是指种子能维持生命活动所必需的最低限度的含水量。大部分树种的安全含水量为5%～12%。种子的安全含水量大于20%即为高含水量。

1. 球果类的脱粒　从球果中取出种子，需将球果干燥，使果鳞开裂，脱出种子。球果干燥的方法有自然干燥脱粒和人工加热干燥脱粒。

（1）自然干燥脱粒　在自然条件下，利用阳光和适宜的气温使球果干燥。松脂含量低的球果，在日光下暴晒或放在干燥通风处阴干，使果鳞张开，种粒脱出，如油松、杉木、落叶松、云杉等的球果，暴晒3～10d，球果鳞片开裂后种子即可脱出。对于开裂困难的球果，如华山松、红松等，晾晒或阴干几天，待果鳞失水，置于木槽中敲打，筛选取种。松脂含量高的球果，如马尾松和樟子松的球果，用一般方法开裂慢且脱粒不彻底。马尾松可用堆沤法或堆沤时用2%～3%的石灰水或草木灰水淋洗球果，使堆沤时间缩短7～10d。樟子松球果水浸1～2d后，可用日光暴晒法使其提早脱落。自然干燥脱粒方法安全可靠，不会因温度过高而伤害种子，但易受天气条件的限制。

（2）人工加热干燥脱粒　把球果放入干燥室或其他加温设备内进行干燥，使球果干燥开裂脱出种粒。干燥室一般设有加热间，并可调控温湿度。我国辽宁昌图林机厂在

20世纪80年代成功研制出IHT型热风式林木球果烘干机，效果较好；2004年哈尔滨林业机械研究所研制的新型林木球果干燥设备通过安装验收，设备由工业计算机自动控制，球果开裂程度达到99%，种子成活率达到98%。美国、日本、苏联、瑞典等也设计了生产效率较高的人工干燥室。球果干燥机可以将脱粒、净种、干燥、分级一次性完成。

资源 1-4

球果干燥的适宜温度因树种而异。例如，落叶松、云杉的适宜温度为40～45℃，马尾松、樟子松一般不超过50℃。虽然提高温度可加快球果干燥，但温度过高或高温持续时间过长会伤害种子，降低种子发芽率。含水量较高的球果，要先在20～25℃下预干，然后逐渐升温到所需温度，以避免突然高温降低种子活力。

由于高温高湿更易伤害种子，因此，在处理种子过程中，相对湿度不宜超过50%；处理结束时的空气相对湿度以10%为宜。干燥场所应具有通风设备，以降低空气相对湿度。

2. 干果类的脱粒　蒴果、荚果、翅果、坚果、瘦果等都属于干果类。因果实构造、含水量不同，脱粒方法各异。

（1）蒴果类　含水量高的宜采用阴干法脱粒，如种粒细小的杨、柳以及大粒的油茶、油桐等蒴果。香椿、木荷、乌桕等蒴果，晒干后种粒即可脱出。

（2）荚果类　刺槐、皂荚、合欢、相思树等，一般含水量较低，种皮坚硬致密，可采用阳干法干燥脱粒。

（3）翅果类　翅果类种实，如元宝枫、榆树、臭椿、白蜡树、杜仲、枫杨、水曲柳等，可带翅贮藏、播种，调制时不必去掉种翅，只需适当干燥后清除杂物即可。杜仲、榆树等少数树种种子含水量虽然较低，但失水过快会影响种子发芽率，因此宜用阴干法调制。

（4）坚果类　栎类、板栗等大粒坚果，由于含水量较高，阳光下暴晒或晾晒时间过长种子容易失去活力，因此宜用阴干法。桦木、赤杨等小坚果可薄摊（厚3～4cm）晾晒，然后用木棒轻击脱出种子。

3. 肉质果实的脱粒　肉质果实指浆果、核果、复果和浆果状球果等。其果皮多为肉质，含有较多的水分、果胶、糖等，易发酵腐烂，采集后应及时调制。调制过程包括软化果肉、弄碎果肉、用水淘出种子再干燥与净种。例如，银杏、桑树、沙棘、山杏、圆柏等，先用堆沤法软化果皮，或用木棒捣碎果皮，再用流水淘洗漂去果肉，分离出种子，再阴干。软果皮，如金银木、毛樱桃等可直接揉搓，用水淘出种子。

（二）净种和干燥

1. 净种　净种是除去夹杂在种子中的果皮、鳞片、枝叶碎片、果柄、空粒、废种子、土块等。净种的目的是提高种子的纯净度和贮藏的安全性。净种方法一般根据种子、夹杂物的大小和相对密度不同，分别采用风选、水选、筛选和粒选。

（1）风选　由于饱满种子和夹杂物的重量不同，利用风力将种子和夹杂物分离。风选适用于中小粒种子。风选的工具有风车、簸箕等。

（2）水选　利用种子与夹杂物相对密度的不同，水选时将种子倒入水中，稍加搅拌后饱满种子下沉，杂物、空粒和蛀粒则上浮。水选后的种子不宜暴晒。

（3）筛选　利用种子与夹杂物的大小不同，选用各种孔径的筛子清除夹杂物。也可用高压静电场等新技术筛选种子。

（4）粒选　大粒种子，如板栗、核桃、油茶和油桐等，可以人工挑选，将粒大、饱满、色泽正常、没有病虫害的种子与劣质种子分开。

2. 种子干燥　净种后的种子，在调运或贮藏前必须进行适当的干燥。种子干燥程度一般以达到安全含水量为准，这样才能安全贮藏或调运。如果采种后立即播种，则不必进行干燥。

种子干燥主要采用自然干燥法。根据种子含水量的高低，可采用阴干或阳干法。无论采用哪种方法，都应将种子摊薄并勤翻动，使种子水分尽快散失，以保证种子质量。

（三）种粒分级

采用不同孔径的筛子，将大小种子分开或利用风选将轻重不同的种粒分开，也可利用种子介电分选技术实现种子分选，有利于提高种子品质。用分级后的种子播种，出苗整齐，苗木生长均匀，便于抚育管理。

分级标准参考国家标准《林木种子质量分级》（GB 7908—1999）。该标准根据种子净度、发芽率、生活力、优良度和含水量等品质指标，将我国主要造林树种种子质量划分为 3 个等级。

国家标准《林木采种技术》（GB/T 16619—1996）详细列出了我国主要树种种子的成熟特征、成熟期、采种期、采集方法、调制方法、出种率和千粒重等重要特征、方法和数据，为指导我国林木种子的采集和调制提供了科学依据和实用方法。

三、种子贮藏

林木结实存在大小年现象，如红松和落叶松等，3～5 年丰收 1 次，且丰年的种子质量好。因此，必须在丰年多采种子并进行适当的贮存，以满足歉年对种子的需求。此外，我国主要造林树种中可随采随播的很少，大多数树种的种子都要经过几周至几个月的贮藏，才能用于播种育苗或造林。如果为了保存遗传资源，则种子需要长期的贮藏。因此，林木种子一般都要经过一段时期的贮藏。

种子贮藏（seed storage）是指从调制后到播种前对种子活力的保存。贮藏林木种子的目的是延长种子寿命，并延缓种子发芽力的下降。种子在贮藏期间仍要进行生命活动和新陈代谢作用。贮藏条件合适，则种子活力高，否则活力下降甚至死亡。因此，林木种子贮藏是种子生产和育苗造林工作中不可缺少的重要环节。

（一）贮藏期间种子的生理活动

种子成熟后即转入休眠状态，休眠状态的种子并未停止新陈代谢，即使在贮藏期间仍进行着微弱的呼吸作用。正常的呼吸作用是种子内部贮存的蛋白质、脂肪、淀粉等有机物质，在一系列酶的参与下，吸收空气中的氧气，进行一系列氧化还原反应，释放出二氧化碳和水，并产生热，为种子正常的生命活动提供能量。因此，呼吸作用是种子内贮存有机物质的消耗过程，呼吸作用越强，有机物消耗就越快；贮藏时间越长，消耗的有机物质也越多。随着营养物质的消耗，种子活力逐渐降低，直至完全丧失活力。但是，如果采用合理的贮藏条件和先进科学的贮藏技术，可以使种子的呼吸作用强度降低，从而延长种子寿命。

在生产实践中，种子老化、活力的丧失并不都是因为种子内部有机物简单的消耗，在多数情况下，则是由于其他因素的影响，造成种子非正常呼吸所致。特别是当贮藏条件不良时，呼吸作用所产生的水和热不能及时排除，郁积在种子周围，使种子发生“自潮”现象，进一步促进呼吸作用。另外，种子呼吸释放出的二氧化碳如不能及时排除，积聚在种子表面，会隔绝氧气，使正常的有氧呼吸转变为无氧呼吸。无氧呼吸的产物，如醛、醇、酸类化合物，大量积累会毒害种胚，引起种子活力下降，甚至丧失活力。

因此，保存种子活力的关键在于控制种子呼吸作用的强度和性质。贮藏种子的任务就是创造和控制适宜的环境条件，使种子呼吸作用处于最微弱的程度，消除导致种子变质的一切可能因素，最大限度地保存种子活力。

（二）影响种子寿命的因素

种子寿命（seed longevity）是指种子在一定环境条件下能够保持活力的期限，即种子存活的时间。种子寿命的长短受树木本身生理特性和遗传特性的影响，也受采种调制方法和贮藏条件的影响。在相同环境条件下，不同树种种子的寿命长短也不同。长的可达百年以上，短的仅能存活几周。贮藏条件只能在一定程度上延缓种子活力的下降，随着贮藏时间的延长，种子活力将逐渐下降，直到彻底失去活力。

1. 影响种子寿命的内在因素

（1）种子内含物质　不同树种种子内部所含物质不同，其寿命长短也不同。一般认为含脂肪、蛋白质多的种子（如松科、豆科等）寿命长；含淀粉多的种子（如栎类、板栗等）寿命较短。

资源 1-5

（2）种皮结构　种皮结构致密、坚硬或有蜡质的种子寿命长。种皮的这些结构影响种子的透水性和通气性，阻碍水分和氧气进入种子内部，抑制种子的呼吸作用与物质转化，有利于保持种子活力。

（3）种子含水量　种子含水量过高，酶处于活化状态，呼吸作用强，代谢旺盛，促使种子发芽或使养分大量消耗，种子活力保持时间愈短，寿命愈短。

（4）种子成熟度和损伤状况　未成熟的种子含水量高，呼吸作用强，内含物质呈易溶状态，种皮还不具有保护功能。因此，未充分成熟的种子寿命短，不耐贮藏。受机械损伤的种子，由于种皮不完整，空气能自由进入种子中，促进了呼吸作用，同时种子易遭微生物的危害，致使种子活力降低。

贮藏期间，种子的生理生化变化与其水分状态及其含量具有密切的关系。决定种子贮藏的一个重要依据是种子含水量。根据安全含水量的高低可将种子分为三大类：正常型种子（orthodox seed），即能够忍耐干燥的树种种子，如松、柏、杉、刺槐等大多数林木种子，安全含水量为3%～10%；异常型种子（recalcitrant seed），即不能忍耐干燥的种子，如壳斗科、檫树、油茶等林木种子，安全含水量在30%～50%；中间型种子（intermediate seed），是介于以上两者之间的种子。种子含水量在5%～14%，每减少1%，种子寿命可延长1倍，这被称为哈林顿（Harrington）第一定律。

种子内水分存在状态与种子生命活动密切相关。种子内的水分以自由水和束缚水两种状态存在。只有在自由水存在的状态下，种子的生命活动才能旺盛进行。当种子内的自由水减少甚至完全失去时，种子中的酶首先是水解酶就变为钝化状态，种子的新陈代谢变得很微弱。当种子中出现自由水后，种子中的水解酶就由钝化状态转变为活化状态，在这个转折点，种子中的含水量称为安全含水量。一般认为在安全含水量以下，种子可以安全贮藏。部分树种种子的安全含水量见表1-2。

表 1-2　部分树种种子的安全含水量

树种	安全含水量 /%	树种	安全含水量 /%
赤松、黑松、樟子松、落叶松类、	8～9	柚木	5～7
台湾相思、杜梨、沙棘		皂荚、心叶椴、喜树	10～12
杉木、红松、云杉类、臭椿	7～9	西南桦、柏木	8～12
冷杉类、水杉、槐树、白桦、黄桦	8～10	扁柏	<10
黑桦、黄菠萝		柳杉	<12
白榆	7～8	茶条槭、复叶槭、元宝枫、楝树	10
杨树、旱柳	4～6	黄檀、合欢	20
马尾松、油松、木麻黄、云南松	7～10	水青冈、银杏	20～25
桑树、桉树	6～7	油茶、栎类	30
刺槐、白花泡桐	6～8	油桐	30～40
圆柏、杜松、刺柏、侧柏、紫穗槐、	9～10	樟树类	>20
柠条、胡枝子、紫椴、糠椴、白蜡树、		桢楠	12～20
水曲柳		檫树	25～32

资料来源：沈海龙，2009

不同类型的种子束缚水含量不同，由于种子中蛋白质、糖类等化学物质中含有大量的亲水基，因此各类种子均具有亲水性，只是不同类型的种子亲水性强弱不同而已。在贮藏期间，种子中的含水量随着亲水基对水分子吸附与解吸的过程而变化，当吸附过程占优势时，种子的含水量增加，当解吸过程占优势时，种子的含水量减少。在一定的温度和湿度条件下，种子对水汽的吸附和解吸速度相同，这时的种子含水量称为该温度和湿度条件下的平衡含水量。种子的平衡含水量因树种及环境条件而异，影响因素包括温度、湿度以及种子化学物质组成。因此，在夏季高温高湿季节，一定要注意种子的吸湿返潮问题。

2. 影响种子寿命的环境条件　　影响种子寿命的环境条件有温度、空气相对湿度、通气条件和生物因子。

（1）温度　　一般在 0～50℃，温度每降低 5℃，种子寿命增加 1 倍，这被称为哈林顿第二定律。实践证明，大多数林木种子贮藏的最适温度为 0～5℃，此时种子呼吸作用微弱，也不会发生冻结，有利于种子寿命的延长。温度对种子的影响与种子含水量有密切关系，种子含水量越低，细胞密度越高，呼吸强度越微弱，忍耐高温和低温的能力越强。

（2）空气相对湿度　　种子含水量随着贮藏环境湿度的变化而变化。空气相对湿度提高，种子因吸湿而含水量增加，呼吸作用增强，反过来又释放大量水汽。因此，在生产中为了保持种子活力，种子贮藏前不仅要经过干燥处理，还必须贮藏在一定的干燥低温环境中。据研究，贮藏一个季度的种子，种子库的空气相对湿度应控制在 65% 以内；贮藏 2～3 年的种子，种子库的空气相对湿度应控制在 45% 以内；贮藏多年的种子，种子库的空气相对湿度应控制在 25% 左右。

（3）通气条件　　贮藏环境通气与否对种子寿命的影响与种子含水量和贮藏条件有关。含水量低的种子，呼吸作用微弱，需氧很少，在密封的条件下能长久保持活力。含水量高的种子在贮藏期间还进行着较强的呼吸作用，如果通气不良，呼吸作用产生的二氧化碳、水分和热量排不出去，大部分郁积在种子周围，阻隔了种子呼吸所需的氧气，使种子缺氧呼吸，容易导致种子中毒死亡。因此，贮藏安全含水量高的种子时，种子库必须有良好的通气条件，以便及时排除种子呼吸释放的水汽、二氧化碳和热量。

（4）生物因子　在贮藏期间，微生物、昆虫及鼠类等直接危害种子，使种子活力下降，寿命缩短。种子入库时携带多种微生物，包括真菌、细菌、放线菌类及病毒类等。微生物产生的多种毒素直接危害种子，导致种胚细胞劣变，降低种子活力，也可以产生呼吸热和水分，影响种子寿命。

昆虫会咬食种子，降低种子活力，在种子堆中繁殖可以引起种子发热而腐败。贮藏含水量低于 9% 的种子，能抑制昆虫的生长发育。40℃左右干燥种子，能杀死种子携带的昆虫。

综上所述，在种子贮藏期间，多种因素综合影响种子寿命，而且各因素之间相互影响和制约。其中种子含水量和贮藏温度与种子寿命关系最为密切，适当降低种子含水量和贮藏温度，可有效延长种子寿命。例如，油松种子贮藏的最佳含水量为 5%～6%，华北落叶松种子贮藏的最佳含水量为 7%～7.5%，均以冷库贮藏为佳。我国特有的珍贵树种金钱松种子贮藏时，含水量以 4% 左右最好，贮藏温度以－18～－15℃最好。国际上普遍采用 5%～7% 的含水量和－25～－18℃的贮藏温度，长期保存种子种质。20 世纪 80 年代提出了种子超干（种子含水量低于 5%）贮藏的概念，郑光华在 *Nature* 上发表的论文，证明适宜的超干贮藏不增加种子劣变而导致种质的变异，其种子种质的遗传完整性仍可保持，这标志着我国在种子贮藏研究领域取得了突破性进展。

（三）种子贮藏方法

根据种子特性和贮藏目的，可将贮藏分为干藏法和湿藏法。此外，还有超低温贮藏、超干贮藏等方法。无论哪种贮藏方法，在种子入库前都必须进行净种和种子含水量测定。并且对含水量过高的种子还应进行干燥处理，使其符合贮藏标准。为了防止病虫危害，入库前应对种子进行消毒处理。

1. 干藏法　干藏（dry storage）是将经过充分干燥的种子置于干燥的环境中贮藏。此法要求一定的低温和干燥条件，适于安全含水量低的种子，如大部分针叶树和杨、柳、桑、刺槐、白蜡树、紫穗槐、元宝枫等阔叶树种子。根据贮藏时间和贮藏方式，干藏法又分为普通干藏法和密封干藏法等。

（1）普通干藏法　将充分干燥的种子，装入麻袋、布袋、箩筐、缸等容器，放置在低温、干燥、通风的仓库内或普通室内贮藏。为防止湿度过大，可在仓库或室内放生石灰以吸湿干燥空气，同时还可起消毒作用。普通干藏适于大多数针、阔叶树种的种子进行短期（如秋采冬贮春播）贮藏。

（2）密封干藏法　将经过充分干燥的种子，装入无毒、密闭的容器中进行贮藏。由于种子与外界空气隔绝，能稳定地保持种子原有的干燥状态，种子呼吸微弱，代谢缓慢，能长期保持活力。适于干藏的种子均可密封干藏。可选用铁制、玻璃和塑料等容器。为防止种子吸湿、受潮，容器中可留有一定空间（种子约九成满），并放入木炭、变色硅胶、氯化钙等吸湿剂，加盖并用石蜡、火漆、黏土等密封。吸湿剂用量一般木炭为种子重量的 20%～50%，变色硅胶为种子重量的 10%，氯化钙为种子重量的 1%～5%。

2. 湿藏法　湿藏（wet storage）是将种子放置在湿润、通气、适度低温的环境条件下贮藏。适于安全含水量高的种子，如银杏、核桃、七叶树、栎类、榛子等树种。一般情况下，湿藏还有逐渐解除种子休眠的作用，因此，可结合种子催芽进行贮藏。一些深休眠的种子，如红松、椴树、山楂、槭树等，多采用湿藏。湿藏的具体方法主要有坑藏、堆藏和流水贮藏等。

（1）坑藏法　以室外坑藏为例（图1-1），贮藏坑的位置应选在地势高燥、排水良好、背风和管理方便的地方。坑的深度以各地土壤结冰深度和地下水位高度而定，原则上应在地下水位线以上，土壤结冰层以下，一般为1m左右。坑的宽度为1～1.5m，长度视种子数量而定。贮藏时先在坑底铺一层10cm厚的湿砖、卵石或粗沙，在坑中每隔1m插一束秸秆或带孔的竹筒，使其高出地面30cm左右，以便通气。然后将种子与湿沙按1∶3的容积比混合，或种沙分层放在坑内，堆至距坑沿20～40cm，上面覆一层湿沙。沙子湿度约为饱和含水量的60%，即以手握成团不滴水、松手触之能散开为宜。最后覆土成屋脊形，以防雨（雪）水进入贮藏坑，覆土厚度应根据当地气候条件而定，且土层随着气候变冷而逐渐加厚。并在坑周围挖排水沟以防坑内积水。

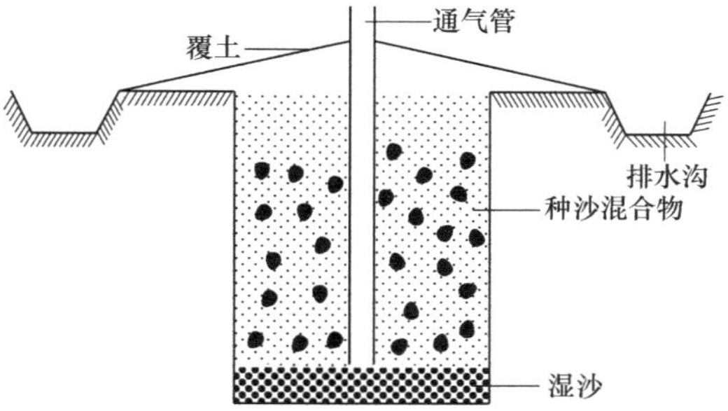

图1-1　室外坑藏示意图（沈海龙，2009）

（2）堆藏法　可室内堆藏，也可露天堆藏。室内堆藏可选择空气流通、温度稳定的房间、地下室、地窖或草棚等。先在地面上浇一些水，铺一层10cm左右厚的湿沙，然后将种子与湿沙按1∶3的容积比混合或种沙分层铺放，堆成高50～80cm、宽1m左右，长度视室内空间大小而定，堆内每隔1m插一束秸秆，堆间留出通道，以便通风检查。

对一些小粒种子或种子数量不多时，可把种沙混合物放在箩筐或有孔的木箱中，置于通风的室内，以便检查和管理。

（3）流水贮藏法　对大粒种子，如核桃、栎类等，在有条件的地区可以用流水贮藏。选择水面较宽、水流较慢、水深适度、水底少有淤泥腐草，而又不冻冰的溪涧河流，在周围用木桩、柳条筑成篱堰，把种子装入箩筐、麻袋内，置于其中贮藏。

3. 超低温贮藏　利用液氮为冷源，将种子等生物材料置于−196℃的超低温下，使其新陈代谢活动基本停止，且不发生遗传变异和劣变，从而达到长期保持种子寿命的贮藏方法。这种贮藏方法设备简单，以液氮为冷源，液氮罐为贮藏容器。贮藏前种子常规干燥即可。贮藏过程中不需要监测活力动态。适合对稀有珍贵种质进行长期保存。

4. 超干贮藏　将种子含水量降到5%以下，密封后在室温条件下或稍微降温条件下贮藏种子的方法。许多超干贮藏的研究结果表明，多数正常型植物种子可以进行超干贮藏，但因种子内含物类型的不同，其耐干性存在差异。脂肪类种子具有较强的耐干性，可以进行超干贮藏；淀粉类和蛋白质类种子耐干程度差异很大。种子超干贮藏不是越干越好，而是存在一个超干水分的临界值。当种子水分低于临界值时，种子寿命不再延长，且会出现干燥损伤。

采用一般干燥条件难以使种子含水量降到5%以下，若采取高温烘干，容易使种子活力降低，甚至丧失。目前种子超干的方法主要包括干燥剂干燥、真空冰冻干燥、干燥室室温干燥等，这些干燥方法对种子活力没有影响。硅胶、生石灰、无水氯化钙等干燥剂对种子超干效果明显。真空冷冻干燥适于油料种子及小粒种子，但因费用较高，其在实际中应用受到限制。硅胶干燥法可用于油料作物种子、淀粉类种子和豆类种子的超干，而且硅胶干燥法比其他冷冻干燥法更经济有效。经超干贮藏的种子在萌发前必须进行预处理，即引发处理，也称种子渗透调节，以防止直接浸水引起的吸涨损伤，有利于提高种子活力。

第五节　种子休眠与催芽

一、种子休眠

种子休眠（seed dormancy）是指具有生活力的种子在适宜的萌发条件下不能萌发的现象。种子休眠包括两种情况，一种是种子本身未完全通过生理成熟（种胚尚未成熟）或存在发芽障碍（如种皮障碍或种子内含有抑制物质），即使给予适当的条件仍不能萌发，此种休眠称为生理休眠（或深休眠），如红松、白皮松、椴树、水曲柳、黄菠萝、皂荚、黄栌等种子；另一种是种子已具有发芽能力，但由于发芽所需的条件不具备，种子被迫处于静止状态，此种休眠称为强迫休眠（或浅休眠），如杨、柳、桑、栎类、油松、落叶松、樟子松、湿地松、云杉等种子。

（一）种子休眠的意义

种子休眠是植物生命周期中的一个重要阶段，它是植物长期适应其独特的生存环境所形成的重要的进化适应特征之一。种子休眠能够确保种子在严酷的生境中生存，但其对苗木生产带来较大不便。由于处于休眠状态的种子播种后不能及时发芽，即使发芽幼苗出土也不整齐，因此严重影响苗木产量和质量。但是在播种前通过对种子进行催芽，能够解除种子休眠，促进种子萌发和幼苗生长整齐。

（二）种子休眠的原因

引起种子休眠的原因有很多，有的可能由一种因素造成，有的可能由多重因素造成。各因素之间的关系错综复杂，有时彼此间存在着密切的联系，当某种因素被消除，而其他因素仍然存在时种子依然不能萌发；有时一种因素被消除时，另一种因素也可能随之消除，休眠则被解除。不同的休眠类型具有不同的机制，解除或延长休眠的措施也不同。

1. *种胚发育不成熟*　　种胚造成的休眠有两种类型。一种是种胚在形态上尚未成熟，种胚相对较小，需要从胚乳或其他组织中吸收养分，进行细胞组织的分化或继续生长，直到种胚完成生理后熟，如冬青、欧洲白蜡、银杏等种子休眠属于此类型。另一种是种子中存在代谢缺陷而尚未完全成熟，即种胚虽已发育充分，但由于子叶或胚轴中存在发芽抑制物质，种胚的生理状态不适宜发芽，即使具备发芽条件也不萌发，只有经过一定时期的后熟才具备发芽能力，如桃、苹果、梨等种子属于此类型。银杏、山楂、椴树、欧洲赤松等种子休眠均属于种胚发育不成熟。

2. *种皮的障碍*　　种皮的不透水、不透气、阻止抑制物质逸出及种皮的机械约束作用等影响种子的萌发。种皮坚韧致密，有的具有蜡质角质层，阻碍水分渗入种子，种胚不能吸涨，如刺槐、皂荚、合欢、相思树、油橄榄、圆柏、漆树、苦楝等种子；有些种子的种皮能够渗入水分，但由于透气性不良，限制了供给种胚的氧气，种子仍不能萌发而处于被迫休眠的状态，如椴树、元宝槭和红松等种子；有些种子的内部组织及外部覆被物含有萌发抑制剂，种皮阻碍抑制剂逸出，使种胚含有较高浓度的抑制剂，因而使种子处于休眠状态；有些种子的种皮具有机械约束力，使胚不能顶破种皮向外伸展，即使在温度、氧气和水分都能得到满足的条件下，种胚仍无力突破种皮，如蔷薇科的桃、李、杏等核果，桑科、芸薹属等种子。

3. *发芽抑制物质的存在*　种子中存在抑制物质的情况在自然界中相当普遍，抑制物质可以存在于种子的不同部位（如种被、种胚或胚乳）。种子中最重要的抑制物质是脱落酸、酚类物质（如水杨酸、没食子酸）、香豆素、阿魏酸等。水溶性的抑制物质在低温层积过程中或经过浸种和淋洗，可使抑制物质含量下降，使种子休眠程度减轻。试验证明，抑制物质的含量和种子休眠程度有较为密切的关系。有些种子中的抑制物质具有挥发性，在干燥或贮藏过程中可逐渐挥发而使种子的发芽率提高，当这类种子和其他不含抑制物质的种子一起贮藏时，会使其他种子受到抑制。抑制物质对种子发芽的抑制作用没有专一性，而且抑制作用也不是绝对的，如乙烯在高浓度时对发芽有抑制作用，在低浓度时对发芽起促进作用。

4. *不良条件的影响*　不良条件可使种子产生二次休眠（次生休眠、诱发休眠），即原来不休眠的种子发生休眠或部分休眠的种子加深休眠，在这种情况下，即使将种子置于正常条件下，种子仍不能发芽。已发现许多诱导二次休眠的因素，如光或暗、高温或低温、水分过多或过于干燥、氧气缺乏、高渗压溶液和某些抑制物质等。二次休眠产生的原因是不良条件使种子的代谢作用发生改变，影响到种皮或种胚的特性。

5. *综合因素*　种子的休眠有的是一种因素造成的，有的是多种因素共同作用的。例如，椴树、水曲柳、红松等种子的休眠，是种皮不透水、不透气、种皮阻碍、抑制物质等多种因素综合作用的结果。

（三）种子休眠的机理

种子休眠的机理是一个复杂的问题，至今很难用一种学说来概括自然界种类繁多、特性不同的植物，这里仅以内源激素调控——三因子学说为例进行说明。

Khan 等提出种子的休眠和发芽由三因子调节，即萌发促进物质赤霉素（GA）、细胞分裂素（CK）和萌发抑制物质脱落酸（ABA）之间的相互作用决定种子休眠与萌发，3 种激素对休眠与发芽的调控作用见图 1-2。模式图表明 8 个组合，其中有的能够萌发，有的只能停留在休眠状态。总的来说，GA 是种子萌发的必需激素，种子中没有足够的 GA 不可能萌发；ABA 是诱发种子休眠的主要激素，种子中虽有 GA 但同时存在 ABA，则种子休眠，因为 ABA 抑制 GA 作用的发挥；CK 并不单独对休眠与萌发起作用，不是萌发必需的激素，但 CK 能抵消 ABA 的抑制作用，能使因 ABA 存

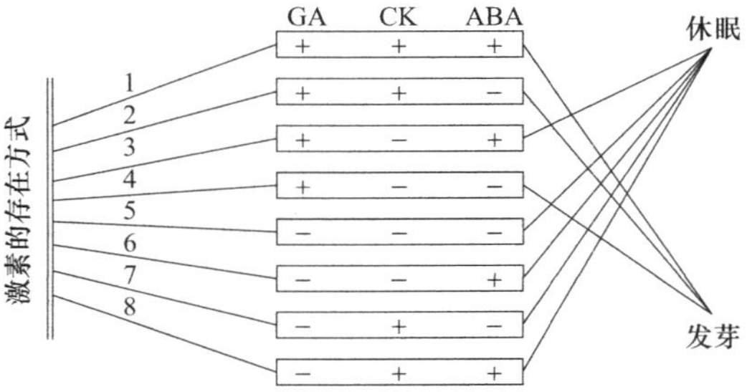

图 1-2　3 种激素对休眠与发芽的调控作用（毕辛华和戴心维，1993）

“+”表示激素达到生理活性浓度；“−”表示激素未达到生理活性浓度

在而休眠的种子萌发。在不同时期，种子内的各种激素处于生理有效浓度或生理无效浓度，而浓度的变化依赖于很多的代谢因子和外界条件。

一般来说，种子休眠基本上是所遭遇的环境条件和植物遗传特性共同作用的结果，休眠是不同生态型或种源对外界的重要适应性对策。不同种源白皮松种子休眠特性的变异很明显，地理位置相距越远，种子休眠特性差异越大，内源激素的相对含量也表现出明显的地理变异，产地的气候条件越有利于白皮松的生长，其种子中促进发芽的激素相对含量越高，种子的休眠程度越浅。种子中内源激素含量尤其是相对含量的变化受产地环境的影响，环境条件越有利于植物生存、生长，种子中促进萌发的激素及相对值增加（如 CK、CK/GA_3、CK/ABA），种子则倾向于萌发；反之，种子向休眠加深的方向发展。

二、种子催芽

种子催芽（sprouting）是指通过机械擦伤、酸蚀、水浸、层积或其他物理、化学方法，解除种子休眠，促进种子萌发的措施。催芽可以提高场圃发芽率，使种子发芽出土快，出苗多，幼苗整齐、健壮，增强苗木的抗性，提高苗木产量和质量，保证苗木速生、优质、丰产。

根据种子休眠方式和程度的不同，可以采取不同的催芽方法。主要有层积催芽、浸种催芽等方法。

（一）层积催芽

层积催芽（stratification）是将种子与湿润物（河沙、泥炭、锯末等）混合或分层放置，在一定的温度条件下经过一定时期，解除种子休眠，促进种子萌发的一种催芽方法。此法适于任何休眠类型的种子。

根据温度的不同，层积催芽可分为低温层积催芽、变温层积催芽、暖温层积催芽等。

1. 低温层积催芽　低温层积催芽符合林木种子的自然萌发规律，能够促进种子完成生理后熟，软化种皮，使种子内源激素发生有利于萌发的变化，如脱落酸等抑制物质逐渐减少，促进生长的赤霉素逐渐增多，促进了种子发芽。它是种子催芽效果最好的方法之一。

低温层积催芽的基本条件是低温、适宜的湿度、适度的通气和一定的时间。低温层积催芽一般先将温度控制在 0～5℃，待播种前再逐渐升温 0～7℃。湿润物的湿度为饱和含水量的 65% 左右，有些地区对樟子松、落叶松、云杉、冷杉、黄波萝等种子采用混雪或混冰沫催芽，效果更好。可采用秸秆、竹筒等作为通气设施。层积期间要定期检查种沙混合物的温度和湿度，如果发现环境条件不符合要求，应及时采取措施。通常采用覆盖的方法调控温度。

层积催芽所需时间随树种、种源及种批而异，短的 1～2 个月，长的 5～7 个月，我国部分树种层积催芽天数见表 1-3。

2. 变温层积催芽　变温层积催芽是利用暖温与低温交替进行催芽。有些生理休眠的种子，用变温层积催芽需时短，效果好。例如，红松种子低温层积催芽一般需要 200d 左右，采用变温层积催芽只需 90～120d 就可完成催芽过程。具体做法是将种子用温水浸种 3～5d，与湿沙混合，经过暖温（25℃左右）1～2 个月，再经低温（2～5℃）处理 2～3 个月即可完成催芽。

资源 1-6

表 1-3　我国部分树种层积催芽天数

树种	催芽天数	树种	催芽天数
红松	180～300	栾树	100～120
白皮松	120～130	黄栌	80～120
落叶松	50～90	杜仲	40～60
樟子松	40～60	枫杨	60～70
油松、马尾松、湿地松、火炬松	30～60	车梁木	100～120
杜松	120～150	紫穗槐	30～40
圆柏	150～250	沙棘	30～60
侧柏	15～30	沙枣、女贞、玉兰	60～90
椴树	120～150	文冠果	120～150
黄菠萝	50～60	核桃楸	150～180
水曲柳	150～180	核桃、花椒	60～90
白蜡树	80	山楂	120～240
复叶槭	80	山丁子、海棠、檫树、樟树	60～90
元宝枫	20～30	山桃、山杏	80
朴树	180～200	杜梨	40～60

资料来源：翟明普和沈国舫，2016

3. *暖温层积催芽*　暖温层积催芽是将浸种吸涨后的种子放在暖温（15～30℃）条件下进行层积催芽。催芽期间应保持适宜的水分和通气条件，一定时间后种子即可发芽。此法适用于强迫休眠的种子，催芽效果比浸种催芽效果好，有时也用于生理休眠种子的催芽后期。

（二）浸种催芽

浸种催芽（seed soaking）是用水或某些溶液在播种前浸泡种子，促进种子吸水膨胀，此法适用于强迫休眠的种子。

浸种的水温对催芽效果影响很大。不同树种要求的浸种水温不同。根据种皮（果皮）厚薄及坚硬程度、透性强弱，所需的水温差异较大。一般种皮较薄、种子含水量较低的种子，如杨、柳、榆、桑、泡桐、悬铃木等的种子，适于 20～30℃的温水或 10℃左右的冷水浸种；果皮或种皮较厚、不易透水的种子，如侧柏、油松、杉木、华山松、元宝枫、文冠果、臭椿等的种子，可用始温 40～50℃温水浸种；种皮坚硬致密的种子，如刺槐、合欢、皂荚、山楂等的种子，可用始温 70～90℃的热水浸种。

浸种时间的长短，视种子特性而定，大多数种子为 1～2d，种皮薄的种子只需数小时即可吸涨，种皮坚硬致密的需 3～5d 或更长时间。凡浸种时间超过 12h，都应每天换水 1～2 次。对于硬粒种子采用热水逐次增温浸种效果更好，即先用始温 70℃热水浸种 1d，再将筛子筛出的硬粒种子用始温 90℃热水浸种，反复 2～3 次，大部分硬粒种子都能吸涨。一般种子与水的体积比为 1∶3。温水浸种时应边加水边搅拌，直至水温自然冷却，以使种子受热均匀。有时浸种催芽后再进行层积催芽效果更好。

近年来，水浸催芽处理技术又有了一些新发展，如通气式水浸，将种子浸泡在不断通气的 4～5℃水中，并保持水中氧气的含量接近饱和，能加速种子发芽；播种芽苗（也称液体播种），即在通气水浸种时，水温保持在适宜发芽的温度，直到胚根开始出现，这时种子悬浮在水中，将其喷洒在床面，故称液体播种。据研究，该方法能使经层积催芽 60d 后的火炬松种子在 4～5d 发芽长出胚根，而且发芽很整齐。

（三）其他催芽方法

除上述几种催芽方法外，还可采用机械、化学等方法催芽。

1. *机械催芽*　对于因种皮阻碍而导致休眠的种子，可采用机械方法擦伤种皮，以利于种子吸水，如用各种手工工具、电动擦伤器、种子擦伤机等擦伤种皮。

2. *化学催芽*　用化学药剂、微量元素、赤霉素等溶液浸种，对一部分树种也能起到催芽作用。用赤霉素等植物生长调节剂催芽效果很好。高锰酸钾溶液除了有消毒杀菌作用外，对杉木种子发芽还有明显的促进作用。采用硝酸稀土液对侧柏种子进行浸种后发现，硝酸稀土溶液能提高侧柏种子发芽率。

3. *超声波处理*　利用超声波处理红松、马尾松和杉木种子，发芽率均有所提高。超声波处理种子的效果除与种子特性有关外，还取决于照射的强度、剂量和处理时间。

4. *静电处理*　据对刺槐、油松、紫穗槐等的种子的研究，经介电分选与静电场处理后，其种子活力指数比对照明显提高。

（四）种子引发

种子引发（seed priming）是控制种子缓慢吸收水分，并使其停留在吸涨的第二阶段，让种子进行预发芽的生理生化代谢和修复作用，促进细胞膜、细胞器、DNA 的修复和酶的活化，使其处于准备发芽的代谢状态，但要防止胚根的伸出。对于超干种子或常年贮藏的陈种子，由于极度干燥种子在萌发时重新吸水过快而受到损伤，因此发芽前要对种子进行引发处理。种子引发也称种子渗透调节。引发后的种子可以回干贮藏，也可以直接用于播种。引发可以提高种子迅速、整齐出苗的能力，能够增强幼苗的抗性，使幼苗健壮。

种子引发的方法有固体基质引发和液体引发。液体引发（渗透引发）比较普遍，它是以溶质为引发剂，种子置于被溶液润湿的滤纸上或浸于溶液中，通过控制溶液的水势调节种子吸水量。常用的引发剂有 KNO_3、$CaCl_2$、聚乙二醇（PEG）等无机盐类。引发溶液的水势、引发温度和引发时间对引发效果起着决定性作用。

（五）种子包衣

种子包衣（seed coating）是指利用黏着剂或成膜剂，将杀虫剂、杀菌剂、微肥、植物生长调节剂、着色剂或填充剂等非种子材料包裹在种子外面，使种子形成球形或基本保持原有形状，提高抗逆性、抗病性，加快发芽成苗，增加产量，提高质量。种子包衣是在传统浸种、拌种技术的基础上发展起来的一项种子加工高新技术，克服了传统方法的不足，带肥下田、带药下田，有效地防治了苗期病虫害。种子包衣技术高效、经济、安全、效果持久、功能多样，在林木培育的开发和应用上具有较大潜力，尤其在飞机播种造林中具有极大的应用价值，是未来造林的重要发展方向。

目前，使用种衣剂对马尾松、刺槐、黄荆、紫穗槐、日本柳杉、藏柏、华山松、油松等树种种子进行人工包衣处理，进行种子发芽和室外幼苗抗虫的试验，试验证明种衣剂可以促进林木种子的发芽，明显增强林木种子田间抗虫性。

资源 1-7

第六节　林木种子品质检验

种子品质检验是测定种子播种品质的一项技术工作。在种子采集、贮藏、调运及播种育苗时，只有进行种子品质检验，才能正确判断其品质的优劣和使用价值的高低，为合理用种提供依据。通过检验、确定种子等级，便于按质论价，防止不合格种子入库和使用。国家标准《林木种子检验规程》（GB 2772—1999）对林木种子的抽样和检验方法作了详细规定。

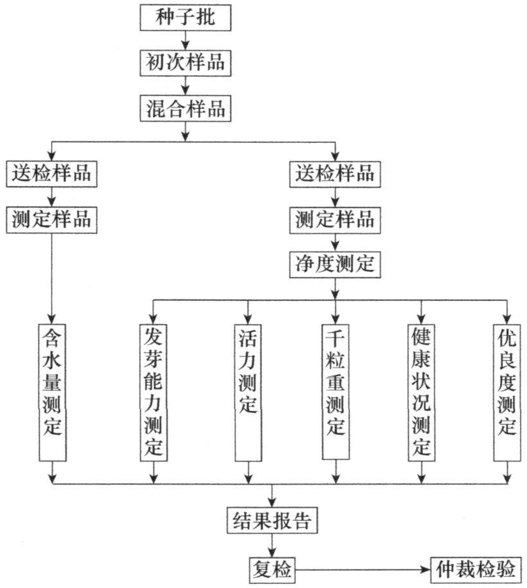

图 1-3　林木种子检验程序示意图

一、种子品质检验的程序

种子品质检验工作有一定的连贯性和顺序性，不同指标的检验有相关性，因此必须遵从一定的顺序。根据标准规定，林木种子检验程序如图 1-3 所示。

二、种子检验相关概念

（一）种批

种批又称种子批，是指种源相同、采种年份相同、生产经历基本一致、播种品质一致、种子重量不超过一定限额的同一树种的一批种子。重量不超过下列规定限额：特大粒种子，如核桃、板栗、油桐等为 10 000kg；大粒种子，如油茶、山杏、苦楝等为 5000kg；中粒种子，如红松、华山松、樟树、沙枣等为 3500kg；小粒种子，如油松、落叶松、杉木、刺槐等为 1000kg；特小粒种子，如桉、桑、泡桐、木麻黄等为 250kg。

种批是抽样的基本单位，当种子重量超过规定重量的 5% 时应另划种批。但种子集中产区可以适当加大种批限量。

（二）样品

样品是从种批中抽取的小部分有整体代表性的、用作品质检验的种子。样品是按照一定的检验规程和手续抽取的，分为初次样品、混合样品、送检样品和测定样品。

1. 初次样品　从种批的一个抽样点上取出的少量样品。

2. 混合样品　从一个种批中抽取的全部大体等量的初次样品合并混合而成的样品。

3. 送检样品　按照国家规定的分样方法和数量，从混合样品中分取一部分送交检验机构的样品。一个种批抽取一个送检样品。

4. 测定样品　从送检样品中分取，作为某项测定用的样品。

三、种子品质指标测定

1. 净度　净度（purity）是纯净种子重量占样品各成分总重量的百分率。它是种子播种品质的重要指标，是种子分级的重要依据，直接影响种子的贮藏和播种效果。测定净度的关键是要将纯净种子和废种子及其他夹杂物分开。可采用手工或净种器法分离杂质。

2. *千粒重*　千粒重（one thousand-seed weight）是指1000粒纯净种子在气干状态下的重量，以“克”表示。它是苗木培育时计算播种量的重要依据。同一树种的种子，千粒重大，说明种子饱满充实，贮存的营养物质多，播种后发芽迅速、出苗率高、苗木健壮。千粒重测定方法有百粒法、千粒法和全量法。

3. *含水量*　种子含水量（seed moisture content）是种子中所含水分重量占种子重量的百分比。种子含水量的高低直接影响种子调运和贮藏的安全，可采用烘干法或水分速测仪测定。测定种子含水量的样品直接取自混合样品。

4. *发芽能力*　发芽能力（germination ability）表示成熟种子在适宜条件下发芽并长成正常植株的能力，是种子播种品质中最重要的指标。种子发芽能力强，表明种子活力旺盛、播种后出苗率高。表示种子发芽能力的指标有发芽率、绝对发芽率、发芽势和平均发芽时间等。

（1）发芽率　在规定条件和时期内，正常发芽种子粒数占供测种子总数的百分率。

（2）发芽势　在发芽过程中发芽种子数达到高峰时，正常发芽种子粒数占供测种子总数的百分率。它表示种子发芽的速度和整齐程度。发芽率相同的两个种批，以发芽势高的品质为佳。

（3）绝对发芽率　在规定条件和时期内，正常发芽的种子粒数占供测定的饱满种子总粒数的百分率。

（4）平均发芽时间　种子发芽所需的平均时间，一般用“日”表示。它是衡量种子发芽快慢的一个指标。在同一树种的不同种批间，平均发芽时间短，表示该批种子发芽迅速，发芽能力较好。

5. *种子生活力*　种子生活力（seed viability）是用生物化学方法快速测定的种子潜在发芽能力，也是反映种子品质优劣的一个指标。在实际工作中，有时因条件或时间所限，不能进行发芽检验，或者因种子休眠期长，需要在短期内测定其潜在的发芽能力时，可测定种子生活力。

测定种子生活力的方法很多，目前常用染色法，即采用化学溶液浸泡去皮后的种子，根据种胚和胚乳的染色情况判断种子有无生活力。所用的试剂有靛蓝、四唑、碘-碘化钾、硒盐等，其中四唑染色法为《林木种子检验规程》规定的标准方法。

6. *种子活力*　种子活力（seed vigor）指在广泛的田间条件下种子本身具有的决定其快速、整齐发芽及发育成正常苗木的潜力。种子活力是种子健壮程度的表现，它比发芽率更能全面地表现田间的种用价值。其表示方法是用综合指标来表示其强度。

在国际种子检验协会（ISTA）和美国官方种子分析协会（AOSA）的《种子活力测定方法手册》中，归纳了5类种子活力测定方法，即生理测定法、生化测定法、物理测定法、组织化学测定法和形态解剖鉴别法。发芽和幼苗生长都是以胚的生长为基础，而胚的生长是种子内部所有生理生化系统协调作用的结果。因此，发芽和幼苗生长的生理测定比其他测定更能反映种子活力。结合我国树种特点，研究认为，幼苗分级法可以较精确地分析种子的活力状况，与种子发芽率、幼苗鲜重测定结果完全一致。

资源 1-8

思 考 题

1. 简述林木种子及良种的概念。
2. 良种基地有哪些类别？试述采穗圃在现代苗木培育中的重要意义。
3. 如何做好种子采集、调制、贮藏和运输工作？
4. 简述种实成熟的过程及采种期确定的原则。
5. 简要回答种实调制的目的和程序。
6. 林木种子干燥的方法有哪些？各种干燥方法适于哪类种实？
7. 影响种子活力的因素有哪些？
8. 试述净种及种粒分级的意义。
9. 种子休眠的类型有哪些？通过哪些途径可以打破种子休眠？

第二章　苗 木 培 育

【内容提要】

优良苗木是造林的物质基础，有了优良苗木，再配合科学的造林技术，才能提高造林成活率，提高人工林的质量。本章在介绍苗圃的建立和苗圃地管理的基础上，主要介绍苗木类型与苗木生长规律，裸根苗培育，容器苗培育，组织培养育苗，以及苗木出圃与质量评价。

苗木（nursery stock）是在苗圃中培育的具有完整根系和苗干，用于造林绿化的树木幼苗。苗木质量对造林成败有重要的影响。由于同一树种经不同育苗方式培育的苗木从形态到生理上都有很大的差别，各自的适应能力差别也较大，因此，苗圃可根据造林绿化的需求定向培育苗木，从而保证为造林绿化提供有针对性的合格苗木。

第一节　苗圃的建立

随着我国造林绿化事业的不断发展，苗木的需求量不断增加、需求的类别越来越多样化，质量要求也越来越高。苗圃是造林绿化苗木的培育场所，也是能够通过多种技术途径繁育和经销各种造林绿化苗木的独立经营管理单位。只有苗圃地的自然条件能够满足苗木培育的要求，并且人们能对苗木进行合理的经营管理，才能实现用最低的成本，在最短的时间内，培育出优质高产的造林绿化苗木。

一、苗圃的类型

根据苗圃生产苗木的用途或任务的不同，可以把苗圃分为森林苗圃、园林苗圃、果树苗圃、防护林苗圃及实验苗圃等。由于生产对象、范围和条件的复杂性，苗圃作为培育苗木的场所，大多具有多功能性，即一个苗圃既可以培育用材林树种的苗木，也可以培育防护林树种、园林绿化树种、果树等的苗木；既可以是生产型苗圃，也可以作为科学研究的苗圃，有的还具有旅游观光型特点。这类具有多种生产与经营目的的苗圃称为综合性苗圃。

根据使用年限的长短，苗圃可以分为固定苗圃和临时苗圃。固定苗圃又称为永久苗圃。固定苗圃具有经营时间长、面积大、培育的苗木种类多等特点，适于通过机械化实现集约经营和设置现代化的育苗生产设施。临时苗圃是指为短期完成一定地区的造林任务而设置的苗圃，其特点是经营时间短、面积小、距造林地近、培育的苗木种类少。

根据苗圃育苗面积的大小，国家林业局颁布的《林木种苗工程项目建设标准》（试行）将苗圃分为特大型苗圃（育苗面积≥100hm^2）、大型苗圃（育苗面积60～100hm^2）、中型苗圃（育苗面积20～60hm^2）和小型苗圃（育苗面积10～20hm^2）。

根据建设标准，苗圃可分为现代化苗圃、机械化苗圃和一般苗圃。现代化苗圃具有生产作业机械化、育苗工厂化的设施设备和技术，育苗材料全部良种化，生产经营管理网络化、信息化，具备开展新产品开发、推广的物质条件与技术能力。机械化苗圃的主要育苗生产作业机械化，主要树种育苗材料良种化；苗木销售渠道多样化，具备推广各类育苗新技术和培育新品种的能力。一般苗圃的生产作业基本以手工为主，仅有简易大棚等设施，育苗材料良种化率低，采用传统的经营管理方式，不具备育苗新技术的推广和新品种的培育能力。

二、苗圃地的选择

苗圃地的优劣直接影响到所培育苗木的质量、产量和育苗成本。只有选择适宜的苗圃地，并加以科学管理，才能培育出优质健壮的苗木。如果苗圃地选择不当，会给育苗工作带来不可弥补的损失。

不同类型的苗圃对苗圃地的要求不同。无论哪种类型的苗圃，都应高度重视苗圃地的选择。决定苗圃地选择恰当与否的因素很多，一般应参考《林业苗圃工程设计规范》（LYJ 128—1992）和国家林业局《林木种苗工程项目建设标准》（试行）的规定要求，同时应考虑当地林业发展战略规划，拟建苗圃类型、建设规模和建设标准的定位以及当地自然与社会经济条件。在选择苗圃地时应该考虑以下几个方面。

（一）位置的选择

选择圃址时，应以苗木主要供应地区、造林地中心或附近地区为基本条件。同时，在满足育苗生产条件的前提下，应交通方便，以减少因苗木长途运输而带来的苗木损伤。此外，苗圃应靠近乡镇或居民点，以保证劳动力、畜力和电力等供应。

（二）水源的选择

水是苗圃育苗不可缺少的条件。苗圃地一定要靠近水源，如河流、水库、湖泊、池塘等，以满足苗木生长过程中灌溉用水的需要。如果没有上述水源，则应考虑有无可利用的地下水。由于地表水温度高、水质软，且含有一定的养分，因此尽量利用地表水源。苗圃灌溉用水应为淡水，含盐量不应超过0.15%。苗圃地的地下水位既不能太高也不能太低。适宜的地下水位因土壤质地而异，一般砂土为1～1.5m及以下，砂壤土为2.5m以下，轻黏壤土以4.0m以下为宜。

（三）地形的选择

一般固定的比较大的苗圃地尽量选择排水良好、地势平坦或自然坡度在3°以内的地方。但在土壤黏重多雨的地区，苗圃地宜选用3°～5°的坡地，以利于排水。在山地丘陵区，如果因条件限制，可以选择在山脚坡度5°以下的缓坡地，或选择坡度较大但具备修筑水平梯田条件的地方。在坡地建苗圃，北方林区宜选在东南坡，南方林区宜选在东坡、北坡和东北坡，高山地区宜选在东南坡或西南坡。

在寒流汇集、积水的低洼地；光照过弱的山谷、密林间的小块空地；风害严重的风口、坡顶、岗脊地；山区雨季易发生山洪泥沙堆积的地段；平原雨季易被大雨淹没的地带等不宜选作苗圃地。

（四）土壤的选择

种子发芽，插穗生根，苗木生长所需的水分、养分都来自土壤。土壤条件的优劣直接影响苗木的质量和产量。因此，必须做好土壤条件的选择。土壤条件适宜与否，主要考虑土壤的肥力、结构、质地和酸碱度等因素。

一般苗圃地土壤以砂壤土、壤土或轻黏壤土为好，因其有较好的团粒结构，透水性和通气性较好，降雨时地表径流少，灌溉时渗水均匀，有利于根系的发育和幼芽出土。土层厚度应在 50cm 以上。不同树种对土壤肥力的要求不同，如樟子松、油松、刺槐、桦树等对土壤肥力要求不太高，以砂壤土为宜。而核桃、水曲柳、麻栎、杨树等则要求较肥沃的土壤，以轻黏壤土为宜。

不同树种对土壤酸碱度的适应能力不同。一般来说，大多数阔叶树苗木适宜于 pH 在 6.0～8.0 的中性、微酸性或微碱性土壤，而大多数针叶树苗木则适宜于 pH 在 5.0～7.0 的中性或微酸性土壤。盐渍土地区选圃地时，土壤含盐量应控制在 0.1% 以下，较重的盐碱土不利于苗木生长，一般不宜用作苗圃地。

（五）病虫及鸟兽害

一般地下害虫数量超过标准规定的允许量或有较严重的立枯病、根腐病等病菌感染的地方不宜作苗圃地。但当采取措施能够控制或根除现有病虫害，不影响育苗效果时，仍可选作苗圃地。

在苗圃附近不能有传染病菌的树木或为病虫害中间寄主的树木，或易招引病虫害的树木，如松树、杨树、银白杨和桦木等。鸟群栖息、鼠害和其他动物为害较重的土地不宜作为苗圃地。

三、苗圃区划

为了对苗圃地进行合理布局，充分利用土地，便于生产和管理，需要进行分区。苗圃地通常划分为生产用地和辅助用地两部分。其中生产用地包括播种区、营养繁殖区、移植区、采穗圃等各种育苗所需要的土地；辅助用地包括道路网、排灌系统、防护林带等所占的土地。

资源 2-1

（一）生产用地的区划

生产用地是指直接用于生产苗木的圃地。根据各类苗木的育苗特点对生产用地进行划分。

1. 播种区　是培育播种苗和留床苗的生产区。播种苗要求细致的管理，宜设在圃地中地势平坦，土壤肥沃且透气性好，排、灌和管理方便的地方。

2. 营养繁殖区　是培育扦插、嫁接等苗木的生产区。易生根树种的营养繁殖苗可设置在地势较低、土层深厚地段。较难生根树种的嫩枝扦插一般需要特殊设施，因此其通常在设施育苗区。

3. 移植区（大苗区）　为培育根系发达、苗干粗壮、年龄较大苗木的生产区。由于移植苗根系发达、营养面积大，适应性强，因此应安排在土壤条件中等的地方。此外，还应考虑树种的生物学特性。

4. 采穗圃　为营养繁殖生产优良种条的区域。尽量设在土壤肥沃的地段。

5. 设施育苗区　是在环境控制条件下培育容器苗、组培苗等的生产区，可设在场院附近水、电充足，便于管理的地方，同时应该满足设施建立条件。

6. 耕作区　如果生产区面积太大，为了便于经营管理，在各类生产区内再划分若干耕作区，即生产作业区。作业区宜南北走向，且长度与宽度的比例应适当。一般要求作业区长度：大型苗圃或机械化程度高的现代化苗圃以 200～300m 为宜，中型苗圃或畜耕为主的苗圃以 50～100m 为宜；作业区宽度一般以长度的 1/2 或 1/3 为宜。在排水良好的地区可宽些，反之可窄些。

（二）辅助用地

辅助用地是非生产性用地，主要包括道路网、排灌系统、防护林带和管理设施等。

1. *道路网*　道路网是保障苗圃正常生产的运输通道，包括主道、支道、步道和周围圃道。一般主道横贯苗圃中央，对内通向苗圃管理区，对外出口与公共交通设施相连，是运输的主要道路，宽度一般为 6.0～8.0m。支道应垂直于主道，是主道通往各个耕作区或生产区的分支道路，宽度一般为 3.5～4.0m。步道是与支道相连、为便于人员通行和作业方便设置的小道，宽度一般为 1.0～2.0m。小苗圃的步道可与排灌毛渠相结合。周围圃道是环绕圃地周围的道路，宽度一般为 2.0～4.0m，供作业机具、车辆回转和通行用。一般小型苗圃的道路可窄些，大型苗圃可宽些；中小型苗圃可以不设支道和周围圃道。

2. *排灌系统*　排灌系统主要包括水源、提水、引水灌溉和排水系统，其中水源、提水和引水灌溉系统可能是独立设施，排水系统基本与道路网结合设置。水源有河流、湖泊、池塘、水库、井水、泉水等。提水设备主要是水泵及泵房、晒水池等。引水灌溉设备有渠道和管道引水灌溉两种方式，管道引水灌溉有喷灌、滴灌、渗灌等。排水系统一般与道路系统配合设置。

3. *防护林带*　防护林带是为了防护苗木免遭风沙危害、降低风速、减少蒸发蒸腾而设。带宽一般为 4～8m，选用乡土树种，不能用苗木病虫害中间寄主树种。一般中小型苗圃只在苗圃周围设置，大型苗圃根据需要可在苗圃中间适当位置设置辅助林带。

4. *管理设施*　管理设施是用于苗圃生产和经营管理、科学研究活动的设施，包括办公室、物料库房和机具检修厂房、种子库、催芽窖、堆肥场等。一般设在交通方便、靠近苗圃出入口的地方。

第二节　苗圃地管理

土壤是苗木生长的基质，是苗木所需水分和养分的来源。由于苗木培育周期长，土壤养分消耗大，为了持续培育出优质、高产的苗木，必须保持和提高土壤肥力，使土壤具有良好的水分、养分和通气条件。苗圃土壤管理主要是通过物理、化学和生物方法改良土壤，为苗木生长提供适宜的环境条件。

一、土壤耕作

土壤耕作又称整地，翻动耕作层土壤，能促使深层土壤熟化，有利于恢复和创造土壤的团粒结构，从而提高土壤的通气和透水性；提高土壤的蓄水保墒和抗旱能力；改善土壤温热状况，促进有机质的分解。此外，苗圃耕作还起到翻埋杂草种子和作物残茬、混拌肥料及防治病虫害的作用。苗圃耕作主要包括平地、浅耕灭茬、耕地、耙地、镇压和中耕等几个环节。

（一）平地

苗木起出后使圃地高低不平，难以耕作，所以在耕地前应先平整土地，即平地。

（二）浅耕灭茬

在起苗后残根量多的圃地，或在收割农作物和绿肥作物的茬地上，进行浅层的土壤耕作，即为浅耕灭茬。其目的是防止土壤水分蒸发，消灭杂草和病虫害，减少耕作阻力。在起苗或收割作物后应及时浅耕，一般浅耕深度为4～7cm。在生荒地、撂荒地或采伐迹地上新开垦苗圃地时，由于杂草根的盘结度大，浅耕深度应达到10～15cm。

（三）耕地

耕地又称犁地，是苗圃耕作的主要环节。耕地季节要根据气候、土壤情况而定，一般在春、秋两季进行。秋耕可以提高地温，促使土壤熟化，保持土壤水分，减少虫害。我国大多数地区适宜秋耕，但在砂质土且秋季风大的地方不宜秋耕。春耕一般仅在前茬腾地晚或秋季劳力调配不开时采用，因春季多风、温度上升，蒸发量大，所以春耕应在早春育苗地解冻后立即进行。

耕地深度应根据圃地条件和育苗要求来确定。在北方干旱地区，为了蓄水保墒；在南方土壤黏重瘠薄地区，为了改良低产土壤；在盐碱地上，为抑制返盐和便于排水洗盐，耕地深度都应适当加大。沙地为防止风蚀和土壤水分蒸发，应适当浅耕。秋耕宜深，春耕宜浅。一般培育1～2年生的播种苗，耕地深度以25～30cm为宜。营养繁殖苗和移植苗，耕地深度以30～35cm为宜。一般培育速生阔叶树种耕地深度比针叶树种深。

为提高耕地质量，必须掌握适耕时机，以土壤含水量为其饱和含水量的60%～80%时耕地为好。

（四）耙地

耙地是在耕地以后进行的表土耕作措施。其作用是疏松表土，耙碎垡块和结皮，耙平地面，清除杂草。耙地时间应根据气候和土壤条件而定。在冬季雪少、春季干旱多风的地区，为了蓄水保墒，秋耕后应及时耙地。在冬季有积雪地区，宜早春顶凌耙地。对于黏重的土壤，在耕地后要晒垡，以促进土壤熟化，提高土壤肥力，待土壤干燥度适宜或翌春时再进行耙地。春耕后必须立即耙地，否则既跑墒又不利于播种。

（五）镇压

镇压是在耙地后压碎土块，压紧地表松土，减少表层土壤气态水的损失，有利于蓄水保墒。干旱多风地区多在冬季进行镇压，一般地区在播种以后进行镇压。

（六）中耕

中耕是在苗木生长期间对土壤所进行的表土耕作措施。中耕能够防止土壤板结、疏松土壤、蓄水保墒和清除杂草。中耕一般应在灌水、降雨之后土壤湿度适宜时，并结合除草进行，一般每年5～8次。中耕深度一般为2～12cm，并随苗木生长逐渐加深，原则是不能损伤苗木根系，不能碰伤或锄掉苗木。

二、苗圃施肥

在苗木培育过程中，苗木不仅要从土壤中吸收大量营养元素，而且在苗木出圃时，还将大量的表层肥沃土壤和大部分根系带走，使土壤肥力逐年下降。为了提高苗圃地土壤肥力，弥补土壤营养元素的不足，改善土壤理化性质，给苗木创造良好的生长发育条件，应进行科学施肥。

（一）肥料的种类与性质

根据性质和应用效果的不同，肥料可分为有机肥料、无机肥料和生物肥料三类。

1. *有机肥料* 指由植物的残体或人畜的粪尿等有机质经过微生物的分解腐熟而形成的肥料。有机肥具有改良土壤和提供营养元素的双重作用。苗圃中常用的有堆肥、厩肥、绿肥、泥炭、人粪尿、饼肥和腐殖酸肥等。有机肥属于完全肥料，含有氮、磷、钾等多种营养元素，肥效长，可以满足苗木整个生长周期中对养分的需求，还能改善土壤的水、气、热状况和土壤结构，为土壤中微生物活动和苗木根系生长提供有利条件。缺点是肥效较慢，所含的各种营养成分的数量和比例不能完全保证各种苗木的生长需要，此外某些速效养分少，氮、磷、钾的比例可能不当，还需补充一定量的无机肥。

2. *无机肥料* 无机肥料又称化学肥料，主要由矿质养分元素构成，包括氮、磷、钾3种主要元素和一些微量元素等。其特点是有效成分高、易溶于水、肥效快、易被苗木吸收；但肥分单一，对土壤改良作用远不如有机肥。如果使用不当，会使土壤结构变坏、肥力降低。苗圃常用的无机肥有硫酸铵、碳酸氢铵、硝酸铵、尿素、过磷酸钙、磷酸二铵和硫酸钾等大量元素肥料，以及硫酸锌、硫酸锰、钼酸铵、硫酸亚铁、硫酸铜等微量元素肥料。

3. *生物肥料* 生物肥料是用从土壤中分离出来的、对苗木生长有益的微生物制成的肥料，如菌根菌、磷化细菌、根瘤菌及固氮菌肥等。

资源 2-2

实践证明，有机肥料适宜用作基肥，无机肥适合作追肥，磷肥制成颗粒状作为种肥效果好。为了充分发挥肥效，多种肥料可以混合使用或采用多元肥料，如磷酸二铵、磷酸一铵、磷酸二氢钾、复合肥等。通常有机肥和无机肥混合施用，速效肥与迟效肥混合，氮、磷、钾按一定配比混合。试验证明，过磷酸钙与有机肥混合能够使磷肥效率提高25%～40%，且能减少氮的淋失，今后应大力发展复合肥。混合施肥应根据肥料的性质合理配制，否则会收到相反效果。

资源 2-3

（二）施肥方法及时间

苗圃中常用的施肥方法有基肥、种肥、土壤追肥和根外追肥四种。

1. *基肥* 基肥是在播种、扦插、移植前施入土壤的肥料。目的在于保证长期不断地向苗木提供养分以及改良土壤等。用作基肥的肥料主要是有机肥料和不易淋失的无机肥，如无机肥中的硫酸铵、碳酸氢铵、过磷酸钙等。有机肥必须充分腐熟后再施用，以免灼伤幼苗、引起杂草和病虫害等。过磷酸钙施入土壤后易被固定，应与有机肥混合沤制后再施用。

2. *种肥* 种肥是在播种时施用的肥料。主要目的在于集中地向幼苗提供生长所需营养元素。用作种肥的多是以磷肥为主的无机肥和人粪尿、饼肥等精制的有机肥料。

3. *追肥* 追肥是在苗木生长期中根据苗木生长规律施用的肥料。目的在于补充基肥和种肥的不足。多用速效的无机肥料和人粪尿等作追肥的肥料。按肥料施用的位置可分为土壤追肥和根外追肥。

土壤追肥是将肥料追施于土壤中，包括沟施、浇施和撒施等方法。沟施应在苗木行间，距苗木10cm处开沟，沟深6～10cm，施后随即覆土。浇施是将肥料稀释后全面喷洒在苗床上（喷洒后用清水冲洗苗株）或配合灌溉施于苗畦中。撒施是将肥料均匀撒在床面上，然后灌水。在这三种土壤追肥方式中以沟施效果最好，肥料利用率最高。

根外追肥又称叶面施肥，是将营养元素以较低浓度的溶液直接喷洒在苗木的茎叶上，营养液通过皮层被叶肉细胞吸收利用的一种施肥方法。根外追肥可避免土壤对肥料的固定、灌溉和降雨的淋失，肥料用量少，效率高，供应养分元素的速度快。通过根外追肥可以消除缺素现象或微量元素缺乏症。

根外追肥肥料溶液的浓度，一般尿素为0.2%～0.5%，每次7.5～15kg/hm^2；过磷酸钙为0.5%～2.0%，每次27.5～37.5kg/hm^2；硫酸钾、磷酸二氢钾、氯化钾等为0.3%～1.0%；其他微量元素为0.2%～0.5%。根外追肥应在早、晚或阴天、空气湿润时进行。根外追肥不宜用迟效肥料，而且浓度稍高就易灼伤苗木。因此，根外追肥只是作为补充营养的辅助措施，不能完全代替土壤追肥。

4. 施肥时间　施肥时间根据苗木的生长规律，特别是苗木从土壤中吸收营养的季节变化动态，通过田间试验和总结经验来确定。1年生苗木的追肥时间通常在夏季，把速效氮肥分多次施入，补充苗木旺盛生长时期对养分的大量需要。有些地区在秋季也施用磷肥、钾肥作后期追肥，以促进苗木直径生长和苗木木质化，增强抗逆性。我国苗圃追施氮肥的时间一般不迟于8月。但生长期长的苗木以及无霜期很长或基本无霜的地区，追施氮肥的时间可适当延长。移植苗和留床苗的追肥时间有所不同，容易发根的某些阔叶树种（特别是扦插苗），移植后不久追肥就有效果，而有些针叶树移植后马上施肥往往起不到作用，甚至会带来不良影响。对留床苗来说，由于在土壤中已形成完整的根系，在其生长期进行追肥，效果较明显。

秋季施肥，一般是在秋季苗木停止高生长后进行的追肥，其目的不是促进苗木形态指标或生物量的增大，而是增加苗木体内营养元素的含量，从而提高苗木抗逆性，并促进苗木翌春的快速生长。

（三）影响施肥的因素

合理施肥是发挥施肥效益的关键。施肥时必须考虑气候条件、土壤条件、苗木特性和肥料性质，有针对性地科学施肥，才能达到预期效果。

1. 气候条件　气候条件直接影响土壤中营养元素状况和苗木吸收营养元素的能力。一般在寒冷、干旱的条件下，由于温度低，雨水少，有机肥分解缓慢，苗木吸收能力低，施肥时应选择易于分解的“热性”肥料（如马粪、羊粪等），且待其充分腐熟后再施，可少次多量施肥；在高温、多雨的条件下，有机肥分解快，苗木吸收能力强，且有机养分容易淋失，施肥时应选择分解较慢的“冷性”肥料（如牛粪、猪粪等），应多次少量施肥。

2. 土壤条件　苗圃施肥应根据苗木对土壤养分的需要量和苗圃土壤的营养状况，有针对性地进行。缺什么肥补什么肥，需要补充多少就施多少。苗圃地养分状况与土壤种类、物理性状和土壤酸碱度等有密切的关系。

3. 苗木特性　不同树种的苗木对各种营养元素的需要量不同。一般树种需氮较多，以氮肥为主。据分析，在苗木的干物质中，主要营养元素含量的顺序为氮＞钙＞钾＞磷；而豆科树种，因有根瘤菌固定大气中的氮素，磷又能促进根瘤菌的繁殖，所以豆科树种对磷肥的需求量比氮肥高。

同一树种的苗木在不同的生长发育时期，对营养元素的要求不同。对1年生苗木来说，幼苗期对氮、磷敏感；速生期对氮、磷、钾要求都很高；生长后期应追施钾肥，停止施氮肥，可以促进苗木的木质化，增强抗逆性。随着苗木年龄的增加，需肥量也逐渐提高，2 年生的留床苗比 1 年生苗的需肥量一般高 2～5 倍。苗木密度愈大，消耗养分愈多，需肥量愈大，应酌情多施肥。受灾苗木应施速效肥、根外追肥。苗木长势弱时，要重点施用速效氮肥。表现某种缺素症时，要有针对性地施用含有相应养分元素的肥料。

4. *肥料性质* 肥料种类、特性不同，施肥量与比例也不同。例如，氮肥应集中施用才会有效，磷肥在酸性土上施用才有效，磷钾肥必须在氮素充足的土壤上施用。因此，合理施肥还必须了解肥料的性质及其在不同环境条件下对苗木的效应。

（四）施肥量

施肥量因环境、土壤、树种、苗木密度、苗龄等条件而异。

合理施肥量，应根据苗木对养分的吸收量（B）、土壤中养分的含量（C）和肥料的利用率（D）等因素来确定。如果以合理施肥量为 A，则可根据下式计算：

$$A=(B-C)/D$$

从一般原理来看，上述公式是合理的。但准确地确定施肥量是一个很复杂的问题。因为苗木对养分的吸收量、土壤中养分的含量，以及肥料的利用率受很多因素的影响。所以，用上式计算出来的施肥量只能作为理论数值，供施肥参考。每个树种的最佳施肥量需要通过科学试验来确定。

在一定的栽培条件下，各种苗木都有稳定合适的施肥范围，一般 1 年生苗木每年每公顷施肥量为：氮（N）45～90kg，磷（P_2O_5）30～60kg，钾（K_2O）15～30kg；2 年生苗木在此基础上增加 2～5 倍。根据每公顷施用营养元素的数量和肥料中所含有的有效元素量，即可粗略地估算出每公顷实际施肥量。有机肥作基肥时，每公顷施 45 000～90 000kg。追肥一般每公顷施硫酸铵 75～112.4kg，尿素 60～75kg，硝酸铵、氯化铵、氯化钾各 75kg 左右。

三、苗圃的轮作

在同一块育苗地上，把不同树种的苗木，或把树种和其他农作物按一定的顺序轮换种植的方法称为轮作。轮作可以增加土壤有机质含量，改善土壤结构，提高土壤肥力，减少病原菌和害虫的数量，减轻杂草的危害程度。因此，合理的轮作可提高苗木的产量和质量。

与轮作对应的是连作，又称重茬，即在同一块地上连年培育同一树种的苗木。连作可使许多树种苗木产量和质量下降。但有菌根菌的树种连作效果好，如松类、橡栎类等。由于连作有利于菌根菌的繁殖，菌根可以帮助植物吸收营养。但立枯病严重时不宜连作。

轮作方法主要有不同树种苗木间的轮作、苗木与农作物轮作、苗木与绿肥植物轮作。

（一）不同树种苗木间的轮作

在育苗树种较多而苗圃地面积有限的情况下，将没有共同病虫害和对土壤要求不同的树种进行轮换育苗，可以减轻某些病虫害，也可避免土壤中某些营养元素过分消耗。

各地实践经验表明，红松、落叶松、樟子松、油松、赤松、侧柏、马尾松、云杉、冷杉等针叶树种，既可互相轮作，又适于连作，因为这类针叶树种具有菌根，育苗地土壤中含有相应的菌根菌，可促进土壤中养分的分解，有利于苗木对养分的吸收，所以无论是轮作还是连作，苗木都生长良好；杨树、榆树、黄檗等阔叶树种间仅适于相互轮作，不宜连作；油松与板栗、刺槐、杨树、紫穗槐等轮作，苗木生长良好，且病虫害少；油松、白皮松与合欢、复叶槭、皂荚等轮作，可减少立枯病；杉木与刺槐、紫穗槐轮作效果也很好；落叶松与梨、苹果、毛白杨轮作效果不好；刺槐与紫穗槐轮作效果不好。此外，为了防止锈病感染，落叶松与桦木属、云杉与稠李属、圆柏与糖槭等不宜轮作。

（二）苗木与农作物轮作

苗木与农作物轮作，农作物收割后其全部根系留在土壤里，增加了土壤有机质，改善了土壤结构，同时，轮作有利于开展多种经营。在生产实践中与苗木轮作的主要农作物有豆类、高粱、玉米、水稻等，如落叶松与水稻轮作效果好。对于某些针叶树种苗木，如落叶松、樟子松、云杉等，不宜与大豆轮作，否则易引起松苗立枯病和金龟子等地下害虫的为害。

（三）苗木与绿肥植物轮作

苗木与绿肥植物轮作，如苗木与草木犀、苜蓿、紫云英、三叶草等轮作，能增加土壤有机质，改善土壤结构，协调土壤中的水、肥、气、热状况，为苗木生长发育创造良好的条件。此法多用于土地面积大、气候干旱、土壤贫瘠的地区。近年来国外也有报道，认为苗木与豆科绿肥作物轮作，圃地易发生线虫和松苗根腐病，建议将豆科绿肥作物改为玉米、高粱，轮作效果较好。

第三节　苗木类型与苗木生长规律

苗木类型和苗木生长规律与苗木培育措施的选择及应用具有密切的关系。因此，在育苗生产中，必须根据不同的苗木类型和生长时期，采取相应的育苗技术和措施。

一、苗木类型与苗木年龄的表示方法

（一）苗木类型

随着林业生产和科学技术的发展，苗木类型也多种多样。根据苗木繁殖所用材料的不同分为实生苗、营养繁殖苗。营养繁殖苗又可根据使用器官部位及方法的不同，分为插条、插根、压条、埋条、根蘖、插叶和嫁接苗等。根据苗木培育方式的不同，可分为裸根苗和容器苗。根据苗木培育年限的不同，可分为 1 年生苗和多年生苗。多年生苗可根据移栽与否，分为留床苗和移植苗。根据育苗环境的不同，可分为试管苗、温室苗、大田苗。根据苗木规格大小，可分为标准苗和大苗。根据苗木培育基质不同，可分为有土苗和无土苗。

（二）苗木年龄的表示方法

苗木的年龄以经历一个年生长周期作为一个苗龄单位，用阿拉伯数字表示。第一个数字表示由种实或无性繁殖材料形成苗木后在初始育苗地生长的年数，第二个数字表示第一次移植后在移栽地上生长的年数，第三个数字表示第二次移植后在移栽地上生长的年数，依此类推。数字之间用短横线间隔，各数之和即为苗木的年龄。例如，“1-0”表示 1 年生未移植的苗木，即 1 年生苗；“2-0”表示 2 年生未移植的苗木，即为留床苗；“1-1”表示 2 年生移植一次，移植后培育 1 年的移植苗；“1-1-1”表示 3 年生移植 2 次，每次移植后各培育 1 年的移植苗；“0.5-0”表示约完成 1/2 年生长周期的苗木；“0.3-0.7”

表示1年生移植1次，移植前培育3/10年生长周期，移植后培育7/10年生长周期的移植苗；“1$_{(1)}$-0”表示1年干1年根未移植的插条苗（插根苗或嫁接苗）；“1$_{(2)}$-0”表示1年干2年根未移植的插条苗（插根苗或嫁接苗）；“1$_{(2)}$-1”表示2年干3年根移植1次，移植后培育1年的插条（插根或嫁接）移植苗。

二、苗木的茎根生长

（一）苗木高生长

根据苗木高生长期的长短，可把树种分为两大类，即春季生长型和全期生长型。

1. 春季生长型　　春季生长型（preformed growth）又称前期生长型。这类苗木的高生长期及侧枝延长生长期很短，北方地区只有1～2个月，南方地区为1～3个月，而且每个生长季只生长1次，一般到5～6月前后高生长即结束。这类树种有油松、樟子松、红松、白皮松、马尾松、云南松、华山松、黑松、赤松、油杉、云杉属、冷杉属、银杏、白蜡树、栓皮栎、槲栎、麻栎、臭椿、核桃、板栗、漆树和梨树等。

春季生长型的实生苗，从第二年开始明显表现出高生长期短的特点，即春季经过极短的生长初期就进入速生期；速生期持续时间短，高生长的速生期过后，高生长很快便停止。以后主要是叶子生长，如叶面积的扩大，新生的幼嫩新梢逐渐木质化，并出现冬芽。根系和直径继续生长，充实冬芽并积累营养物质。春季生长型苗木春季开始生长后，在短期内可完成主干的高生长和侧枝的延长生长，所用的营养物质主要是在上一年积累的。因此，前一年营养物质的积累对春季生长型苗木的高生长很重要。

春季生长型苗木有时出现二次生长现象，即当年形成的顶芽，在早秋又开始生长，称为秋生长或二次生长。由于二次生长的部分当年秋季不能充分木质化，因此不耐低温和春旱，经过寒冬和春季干旱的死亡率很大，如油松、红松、樟子松和核桃等容易出现这种现象。在育苗生产中应注意防止二次生长。产生二次生长的原因大致可归纳为三点：一是母树的遗传因素的影响；二是秋季气温高，圃地氮肥过多或土壤水分多；三是秋季强日照时间长，如红松苗在秋季强日照超过14h即出现二次生长。

对春季生长型苗木，为了促进苗木地上部分和根系的生长，春季必须在速生前期及时进行追肥、适时灌溉和中耕。为了防止二次生长，速生期后期要适时停止灌溉和施氮肥。

2. 全期生长型　　全期生长型（neoformed growth，free growth）是苗木高生长期持续在全生长季节的树种。北方树种的生长期为3～6个月。南方树种的生长期可达6～8个月，有的达9个月以上（热带地区除外）。此类树种有杨树、柳树、榆树、刺槐、紫穗槐、悬铃木、泡桐、山桃、山杏、桉树、杜仲、椴树、黄菠萝、油橄榄、落叶松、侧柏、杉木、柳杉、圆柏、杜松、湿地松、雪松和罗汉柏等。全期生长型苗木的树叶生长和新生枝条的木质化都是边生长边进行，到秋季达到充分木质化。苗木高生长在年生长周期中一般要出现1或2次生长暂缓期，即出现高生长速度明显缓慢、生长量锐减甚至生长停止的状态。这个时期是根系的速生高峰期，待根系速生期过后，又出现高生长的第二次速生高峰期（图2-1）。

（二）苗木直径生长

苗木的直径生长高峰与高生长高峰也是交错进行的。直径生长也有生长暂缓期。夏秋两季的直径生长高峰都在高生长高峰之后。秋季直径生长停止期也晚于高生长。2 年生以上的苗木，在春季，顶芽先萌动，产生激素，通过形成层往下运输，刺激形成层生长，因而直径先出现生长小高峰，然后高生长才出现第一个速生高峰。

（三）苗木根系生长

根系生长在 1 年中有数次生长高峰。根系生长在春季先于苗高生长，生长高峰出现最早。之后根系生长高峰与高生长高峰交错出现。根系生长的停止期也比高生长停止期晚。夏、秋两季根系生长高峰期与直径生长高峰期接近或同步。根系生长量以夏季最多，春季次之，秋季最少。

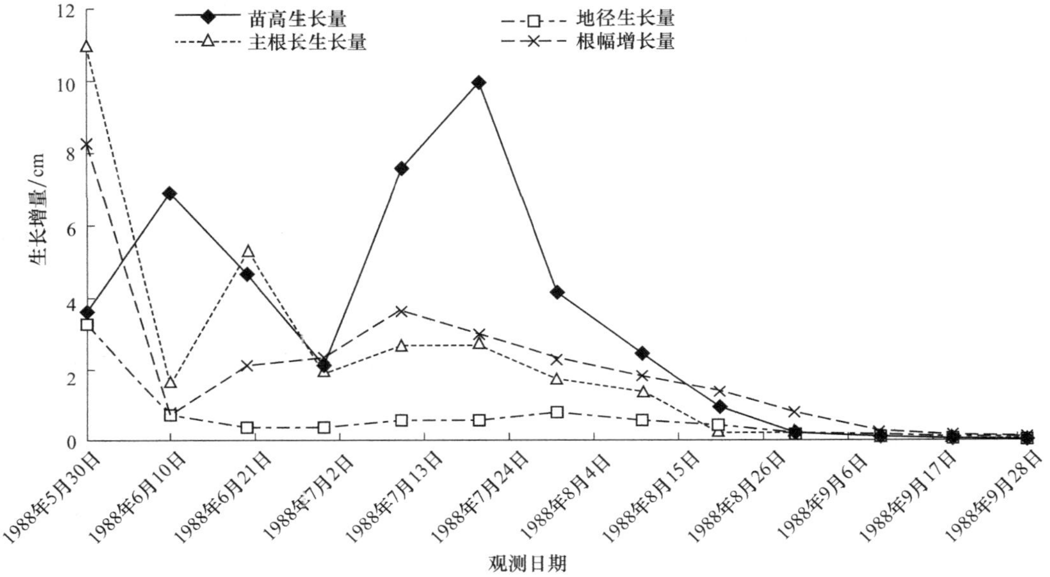

图 2-1　核桃楸播种苗高、地径、主根长和根幅生长的季节变化（翟明普和沈国舫，2016）

三、苗木年生长规律

（一）播种苗的年生长

播种苗即 1 年生实生苗，从播种开始到秋季苗木生长结束进入休眠期，在不同时期有不同的生长发育特点，对环境条件的要求也不同。播种当年苗的年生长周期可划分为出苗期、幼苗期、速生期、苗木木质化期 4 个时期。

1. 出苗期　从播种开始到幼苗出土、地上部分长出真叶（针叶树种壳脱落或针叶刚展开）、地下部分长出侧根时为止。出苗期的长短因树种、催芽方法、土壤条件、气象条件、播种方式、播种季节的不同而有差异。春季播种时发芽较快的树种需要 10～20d，发芽慢的树种需要 40～50d。夏季播种需要数日至 2 周，如小叶杨和榆树为 7～10d，桑树 10 余天。

出苗期幼芽嫩弱，根系分布浅，一般在表土 10cm 以内，幼苗的抗性弱，对外界环境条件很敏感。幼苗还没有自身制造营养物质的能力，靠种子贮存的养分生长。各林木种子，只有在适宜的温度范围内才能发芽，一般种子在日平均温度5℃左右开始发芽。例如，落叶松、樟子松5～6℃，油松4.4℃，刺槐5.2℃，紫穗槐6.2℃时开始发芽，但发芽速度很慢。一般20～30℃时，发芽速度最快。覆土厚度及土壤松实细碎程度也影响种子发芽的快慢和能否发芽。

2. 幼苗期　幼苗期是指从幼苗地上部分长出第一片真叶、地下部分长出侧根时开始，到幼苗的高生长量大幅度上升时为止。幼苗期长短因树种而异，一般为3～8周。苗木地上部分长出真叶，但高、径生长缓慢，地下部分长出侧根，能独立获取营养。根系生长较快，根系活动的土层在10～20cm，但主要侧根在2～10cm的土层内。此时幼苗幼嫩，对外界不良环境条件的抵抗能力弱，易发生日灼和猝倒病。保持土壤湿润是保证苗木成活的首要因素，但不能过湿，以免影响土壤温度。幼苗期，苗木对养分的需要量虽然不多，但很敏感，特别是对磷、氮更为敏感。

3. 速生期　从苗木加速高生长开始到高生长速度下降时为止，一般为1～3个月。此时苗木的主要特点是生长速度最快，生长量最多，苗高生长量占全年的90%以上，并在茎干上长出侧枝。地径生长量和根系生长量达到全年生长量的60%以上，形成发达的根系和营养器官。营养根系主要分布在40cm以内的土层中，主根可达0.3～1.0m。由于受气温和降水的影响，有些树种苗木生长出现两个速生阶段（图2-1）。

4. 苗木木质化期　从苗木高生长量大幅度下降开始到苗木直径和根系生长停止为止，又称为苗木硬化期或生长后期。苗木生长速度减缓，高生长量仅为全年生长量的5%左右，最后停止生长。地径和根系还在生长，并可出现一个小的生长高峰，继而停止；苗木逐渐木质化，并形成健壮的顶芽，以增强苗木的越冬能力；苗木含水量逐渐下降，干物质逐渐增加；最后完全木质化，进入休眠状态。

（二）留床苗的年生长

在前一年育苗地上继续培养的苗木（包括播种苗、营养繁殖苗）称为留床苗。留床苗的年生长一般分为生长初期、速生期和苗木木质化期3个时期。留床苗苗高表现出春季生长型和全期生长型。

1. 生长初期　从冬芽膨大时开始，到高生长量大幅度上升时为止。苗木高生长缓慢，根系生长较快。春季生长型苗木生长初期的持续时间很短，一般为2～3周；全期生长型苗木的生长初期历时1～2个月。

2. 速生期　从苗木高生长量大幅度上升时开始，全期生长型苗木到高生长量大幅度下降时为止，春季生长型苗木到苗木直径生长速生高峰过后为止。速生期是地上部分和根生长量占全年生长量最大的时期。但两种生长型苗木的高生长期相差悬殊。

3. 苗木木质化期　从高生长量大幅度下降时开始（春季生长型苗木从直径速生高峰过后开始），到苗木直径和根系生长都结束时为止。春季生长型苗木的高生长在速生期的前期已结束，形成顶芽；到木质化期只是直径和根系生长，且生长量较大。而全期生长型苗木，高生长在木质化期还有较短的生长期，而后出现顶芽；直径和根系生长在木质化期各有1个小的生长高峰，但生长量不大。

（三）移植苗的年生长

在苗圃内经过移栽而继续培育的苗木为移植苗，一般分为成活期（缓苗期）、生长初期、速生期和木质化期4个时期。移植苗与1年生播种苗及留床苗最大的区别是有一个成活期。成活期是从移植开始，到苗木地上部开始生长、地下部根系恢复吸收功能时为止，一般为 10～30d。移植苗当年表现出两种生长型的特点。春季生长型的生长初期不明显，如大兴安岭地区樟子松 1-1 型苗和 2-1 型苗，生长初期与缓苗期混合，高生长仅占 1%～4%。全期生长型有明显的生长初期，如大兴安岭落叶松 1-1 型苗生长初期达 40d，高生长量占全年生长量的 32%。

（四）扦插苗的年生长

扦插苗的年生长周期可分为成活期、幼苗期、速生期和木质化期 4 个时期。

1. 成活期　落叶树种自插穗插入土壤中开始，到插穗下端生根、上端发叶、新生幼苗能独立制造营养物质时为止；常绿树种自插穗插入土壤中开始到插穗生出不定根时为止。生根快的树种成活期需 2～8 周，如柳树、柽柳、青杨和黑杨需 2～4 周，毛白杨和黄杨需 5～7 周；生根慢的针叶树种需 3～6 个月及以上甚至 1 年左右，如水杉需 3～3.5 个月，雪松需 3.5～5 个月；嫩枝扦插成活期持续时间短，如水杉需 3～6 周，雪松需 7～9 周 。

2. 幼苗期　落叶树种幼苗期是从插穗地下部生出不定根、上端萌发出叶开始，到高生长量大幅上升时为止。常绿树种是从地下部生出不定根、地上部开始生长时起，到高生长量大幅上升时为止。扦插苗扦插当年即表现出两种生长型的生长特点。春季生长型的幼苗期约为 2 周，全期生长型为 1～2 个月。幼苗期前期根系生长快，根的数量和长度增加都比较快，而地上部生长缓慢；后期地上部生长速度加快，逐渐进入速生期。

扦插苗速生期和木质化期的起止期及生长特点与留床苗相同。

埋条苗的年生长过程与扦插苗基本相同。嫁接苗和扦插苗的主要区别是有一个砧穗愈合期，相当于扦插成活期，其他与扦插苗基本一致。

第四节　裸根苗培育

裸根苗可以是露天培育，也可以在人工控制的环境下培育，可在自然土壤上培育，也可在人工基质上或培养液中进行培育。但是，以在露天条件下的自然土壤中培育的应用最为广泛。

一、裸根苗的育苗方式

育苗方式又称作业方式，生产上应用的育苗方式有苗床育苗和大田育苗。

（一）苗床育苗

苗床育苗的历史最久，应用最广。苗床育苗包括高床、低床和平床三种育苗方式。苗床育苗适于需要精细管理的苗木，特别是种粒小、破土力弱、生长缓慢的树种。

1. 高床　床面高于步道的苗床。床面高出步道 15～25cm；床的宽度以便于操作为宜，一般为 1.1～1.2m；苗床长度根据播种区的大小而定，一般为 15～20m。两床之间设置人行步道，步道宽度为 30～40cm（图 2-2）。

高床具有排水良好，肥土层厚，土温高，通气性好，便于侧方灌溉，床面不易板结，步道兼有灌溉和排水及防寒土源等优点。高床适用于北方温度较低、南方降雨量多或排水不良的黏质土壤的苗圃地，对土壤水分敏感、怕旱又怕涝的树种，如杉木、落叶松、马尾松、红松、云杉、油松等大部分针叶树种及部分阔叶树种。

2. 低床　床面低于步道的苗床。床面低于步道15～18cm；床面宽1～1.2m；床的长度与高床的要求相同；步道宽30～40cm（图2-3）。

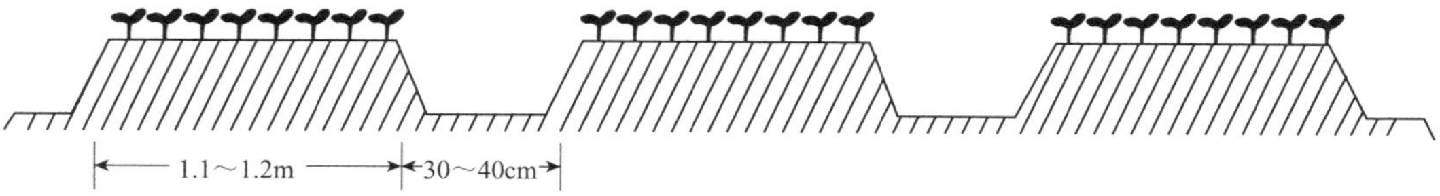

图2-2 高床育苗示意图

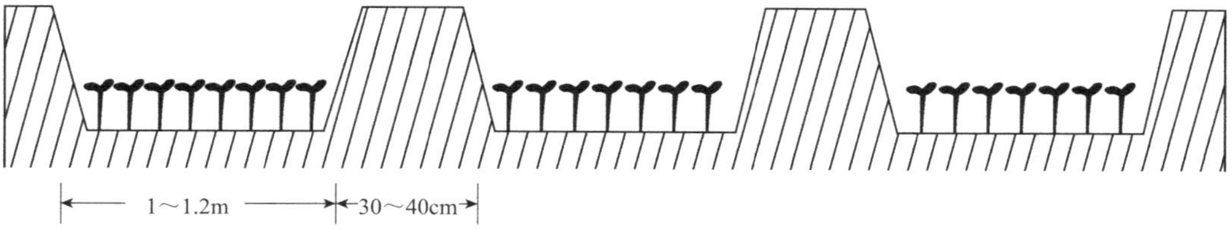

图2-3 低床育苗示意图

低床具有做床比高床省工，灌溉省水，保墒性能好等优点。适用于北方降水量较少或较干旱的地区。适于喜湿、耐稍有积水的树种，如大部分阔叶树种和侧柏、圆柏等少数针叶树种。但灌水后易使土壤板结，增加了松土的工作量，起苗费工，不利于排水。

3. 平床　床面稍高于步道。平床做床时只需用脚沿绳将步道踩实，使床面比步道高数厘米。平床适用于水分条件好、不需要灌溉或排水良好的土壤。

（二）大田育苗

大田育苗又叫农田式育苗，是采用与农作物相似的作业方式进行育苗。对于生长快、管理技术要求不高的树种，一般均可采用。大田育苗便于机械化作业，提高劳动生产效率，降低育苗成本；育苗的行距大，苗木的光照和通风条件好，苗木质量较高，但苗木产量较低。

大田育苗分为垄作和平作。

1. 垄作　一般要求垄距为60～70cm，垄高17～20cm，垄底宽60～80cm，垄面宽30～40cm，长度依地势或耕作方式而定。垄面宽度对垄内的土壤水分状况有直接影响，在干旱地区宜用宽垄，垄内水分条件好；在湿润地区宜用窄垄，以利于提高土地利用率。垄作适用于中粒或大粒种子，以及幼苗生长势较强、播后不需精细管理的树种。

2. 平作　平作是在育苗前，将苗圃地整平后直接播种和移植的育苗方法（图2-4）。适宜于多行式带播或大苗移植，能提高土地利用率和单位面积产苗量，同时也便于机械化作业。但必须是苗圃地平坦，而且有喷灌条件，否则灌溉不均问题很难解决。

图2-4 平作育苗示意图（孙时轩，2013）

多行式带播是由几条播种行组成一个带。例如，用2～6条播种行组成一个带，行距相等的有2行式、3行式、4行式，行距不等的有4行两组式和6行三组式等。

带宽取决于播种用的播种机和苗期管理使用的机器、机具的种类及灌溉方法等。机械化育苗时，要保证所使用的机械能跨过1条带或2条带。相邻两带间的距离即带间距离，取决于使用的动力和牲畜的种类等条件，以保证所使用的机械能自由通行。

二、播种苗培育

播种苗是利用种子繁殖而来的苗木，又称为实生苗。播种育苗技术简单，成本低廉，而且苗木生长旺盛，根系发达，苗木健壮，寿命长，苗木抗风、抗旱、抗寒、抗病虫能力及对不良环境的适应能力较强。因此，播种育苗是林业苗圃繁殖苗木的一种最主要的方法。

（一）播种期的确定

播种期对苗木生长期、苗木质量、苗木出圃年限、幼苗对环境条件的适应能力以及苗木的养护管理措施都有影响。因此，掌握播种期、合理安排苗木生产，是育苗工作的重要任务。

播种时间要根据树种的生物学特性和当地的气候条件来确定。我国南方大部分地区一年四季均有适播树种，北方多数树种则适宜春、秋两季播种，尤以春播为主。

播种期分为春播、夏播、秋播和冬播。

1. 春播　春播是主要的播种季节，在多数地方、大多数树种都可以在春季播种。春季适时早播，苗木出土早，在炎热夏季来临之前，苗木已木质化，可提高苗木抗日灼能力，有利于培养健壮、抗性强的苗木。春播从播种到出苗时间短，减少鸟、兽、虫对种子的伤害。春播的具体时间应根据各树种种子发芽过程中所需温度来确定，即在幼苗出土后不致遭受晚霜危害的前提下，越早越好，具体应在地表5cm处平均温度稳定在7～9℃时为宜。

2. 夏播　夏季天气炎热、太阳辐射强，土壤易板结，对幼苗生长不利。对于夏季成熟不耐贮藏的种子，可在夏季随采随播，如杨树、榆树等种子适宜夏播。夏播应注意保持土壤湿润和防止高温对幼苗造成的损害。

3. 秋播　秋播也是很重要的播种季节，仅次于春播，适于大、中粒种子或具有坚硬种皮、具有生理休眠特性的种子。秋播种子在土壤中的时间长，易遭鸟、兽危害，含水量高的种子易遭冻害，因此，极小粒种子或含水量高的种子不宜秋播。

4. 冬播　我国南方气候温暖，冬季土壤不结冻，而且雨水充沛，可以进行冬播。冬播实际上是春播的提前，也是秋播的延续。对于初冬成熟的种子可以随采随播，如杉木、马尾松等树种。冬播可早发芽、扎根深、苗木生长期长，能增强苗木抗性，提高苗木生长量和质量。

（二）苗木密度和播种量的计算

1. 苗木密度　苗木密度（seedbed density）是指单位面积（或单位长度）上苗木的数量。适宜的苗木密度是培养质量好、产量高、抗性强的苗木的重要条件之一。密度过大，每株苗木获得的营养面积不足，争夺养分激烈；光照不足，降低苗木的光合作用，苗木内营养物质积累少，生长势弱；通风不良，易滋生病害，对苗木产生危害。反之，苗木密度过小时，又不能最有效地利用光能和养分，单位面积产苗量低，且易滋生杂草，增加土壤养分和水分的消耗，给管理工作带来困难。因此，要达到壮苗丰产，就必须密度合理。密度合理可以保证每株苗木在生长发育健壮的基础上获得单位面积上最大限度的产苗量，从而达到优质高产。

合理密度应根据树种的生物学特性、苗龄及苗木种类、育苗环境条件和育苗技术水平来确定。生长快、冠幅大的树种密度应小，反之应大；同一树种，苗龄小的比苗龄大的密度应大一些，播种苗密度应较大，移植苗、扦插苗、嫁接苗等密度应小；苗圃地土壤、气候和水肥条件好且经常进行移植的密度宜大，反之应小；育苗技术水平高、管理精细的密度可大一些，反之应小一些。

苗木密度具体体现在苗木的株行距上，床作育苗行距一般为15～25cm，太窄不便于松土、锄草、追肥等，大田垄作一般垄底宽60～80cm。为了适应机械化作业，要考虑机具触土部件的尺寸来确定行距，行距太小，不利于机械作业。

2. 播种量的计算　播种量是指单位面积或单位长度播种沟上所播种子的数量。它是决定合理密度的基础，直接影响单位面积产量和质量。播种量过多，不仅浪费种子，还增加了间苗工作量和育苗成本。播种量过小，达不到合理密度，不仅产量低，土地利用率低，还易生杂草，使苗木质量降低，影响育苗效益。适宜的播种量需要经过科学的计算。计算依据：单位面积（或单位长度）最适宜的产苗量；种子播种品质指标，如种子净度、千粒重、发芽势；种苗的损耗系数等。播种量计算公式如下：

$$X=C\times\frac{N\times W\times 10}{P\times G}$$

式中，X为播种量（播种沟种子量，以g/m^{2}或g/m表示）；N为单位面积计划产苗量（株/m^{2}或株/m）；W为种子的千粒重（g）；P为种子净度；G为种子发芽势；C为损耗系数。

C值因树种、苗圃地条件和育苗技术水平而异。同一树种在不同的环境中，具体数值可能也不同。各地可通过试验来确定，参考值如下：大粒种子（千粒重在700g以上），$C=1$；中、小粒种子（千粒重在3～700g），$1<C<5$；极小粒种子（千粒重在3g以下），$C=5\sim20$。

（三）种子处理

1. 种子催芽　深休眠的种子在播种前必须进行催芽处理；为了出苗整齐和培育壮苗，对强迫休眠的种子也需要进行适当催芽。具体方法见第一章第五节。

2. 种子消毒　在播种前，为了消除种子本身携带的病菌和防止土壤中病虫危害，应对种子进行消毒。催芽的种子应在催芽前进行消毒。下面几种方法是苗木生产上常用的消毒方法。

（1）硫酸铜溶液浸种　播种前，用浓度为0.3%～1.0%的硫酸铜溶液浸种4～6h，取出阴干即可播种。硫酸铜溶液不仅可以消毒，对落叶松等部分树种种子还具有催芽作用，可提高种子发芽率。

（2）高锰酸钾溶液浸种　播种前，用浓度为0.5%的高锰酸钾溶液浸种2h，或用3%的高锰酸钾溶液浸种30min，取出后密闭30min，再用清水冲洗。但胚根已突破种皮的种子不宜用此法。

（3）药剂拌种　有防治病菌的药剂，有防治虫害的药剂，还有综合防治的药剂，根据不同需要选择使用。也可结合杀菌剂和种肥制作种衣，以保护种子，提高种子抗性，提高发芽率，防止病虫害发生。

（4）热水浸种　对于针叶树种子和大粒种子，可用40～60℃热水浸种。用水量为种子体积的2倍。此法对于种皮薄及小粒种子不适用。

（四）播种方法及技术要点

1．播种方法

（1）撒播　将种子均匀地撒在苗床上，适用于小粒种子。优点是覆土均匀、苗木容易出土、苗木产量高。缺点是株行距不规则、抚育管理不便、苗木密集、通风透光差、苗木生长不良、用种量较大。一般使用较少。

（2）条播　按一定行距开沟，将种子均匀撒播在播种沟内，或采用播种机直接播种。条播是生产上应用最广泛的方法。大多数树种适合条播。条播播幅宽度一般为3～5cm。条播的优点是苗木有一定的行距，利于通风透光，便于抚育管理和机械作业，苗木生长健壮。缺点是单位面积产苗量较撒播低，播种沟内苗木密集，个体间竞争激烈，苗木分化较明显，生长发育不均匀。为了克服条播产苗量低的缺点，目前生产上多采用宽幅条播，既可提高单位面积产量，又能使苗木提早郁闭，节省抚育成本。宽幅条播播幅宽度可达9～15cm甚至20cm，树种不同，适宜的播幅宽度不同，一般针叶树种播幅可宽一些，阔叶树种播幅可适当减小。

（3）点播　在苗床或大田上按一定株行距挖小穴进行播种，适用于杏、核桃、板栗等的大粒种子。株行距根据树种特性和培养目的确定，一般行距为30～80cm，株距为10～15cm。覆土厚度一般是种子直径的1～3倍，干旱地区可略深一些。点播节省种子，苗期通风透光好，利于苗木生长。

2．播种技术要点　为了提高播种质量，要做到播种行通直，开沟深浅一致，撒种均匀，覆土厚度适宜。覆土厚度是整个播种过程中最关键的环节，直接影响出苗率和幼苗整齐与健壮程度。播种中、小粒种子，一般应预先备好疏松的覆土材料，如河沙、泥炭土、苗圃菌根土、新鲜锯末等，过筛后备用。播种后立即覆土，以保证种子发芽所需的温度和水分，避免鸟兽危害，使种子安全发芽。覆土要适宜，如果覆土过厚，种子发芽困难，幼芽顶不出易闷死；覆土过薄，土壤易干燥或种子暴露于土壤表面影响发芽（图2-5）。根据经验，覆土厚度应为种子短轴直径的2～3倍。此外，覆土厚度还应根据树种特性、气候、土壤和播种期确定。为了使种子与土壤紧密结合，充分利用毛管水，覆土后要进行镇压。

图2-5　覆土厚度影响幼苗出土示意图（孙时轩，1992）

资源2-4

（五）出苗前的圃地管理

播种后为了给种子发芽和幼苗出土创造良好条件，提高场圃发芽率，要做好播种地的管理。

1. *覆盖*　为了防止土壤板结，保持土壤水分，防止喷灌冲刷种子，对于小粒种子或在有风沙危害的地区，播种后要对苗床进行覆盖。可用稻草、麦秸、苇帘、蒲帘、苔藓、松枝、树叶等作为覆盖材料。当幼苗出土量达到60%～70%时，要及时撤去覆盖物。应分次撤除，下午4点撤除为佳，以使幼苗逐渐适应外界环境。条播和点播可用地膜覆盖，但当萌芽或幼苗出土时必须破膜，否则会发生日灼。

2. *灌溉*　土壤水分对种子萌发有很大影响。对于大、中粒种子，因覆土厚，只要在播前灌足底水，采用经过催芽的种子播种，一般原有土壤水分就能够满足种子发芽出土的条件。此时如果灌水（俗称蒙头水）反而易引起土壤板结，使地温降低，影响种子发芽出土。但对于小粒种子，由于覆土薄，播种后几小时种子就会处于干燥的表土中，不但种子不能迅速发芽，而且经过催芽的种子会因土壤干燥而失去活力，对这类树种就需要根据实际情况进行灌溉。目前应大力推广喷灌，但雾滴要细，使种子处于比较湿润的土壤中。在土壤墒情能足以满足种子发芽时，播种后出苗前可以不进行灌溉。

在幼苗出土前后，还应注意松土除草和防止鸟兽危害。

（六）苗期管理

幼苗出土后就进入苗期管理阶段。在苗木生长过程中，为了保证苗木成活、速生、优质、高产，必须加强苗期田间管理。

1. *遮阴*　有些树种幼苗，生长初期组织幼嫩，对地表高温和阳光直射抵抗能力很弱，容易遭受日灼危害，需要采取遮阴降温措施。但是否遮阴，取决于树种特性、气候条件和育苗技术水平等。遮阴方法有侧方遮阴和上方遮阴。侧方遮阴效果差，且遮阴程度不均匀。目前多采用上方遮阴，在苗床上方50～80cm处搭遮阴棚。也可用不同透光度的遮阴网。在山地育苗时，用插灌木枝遮阴效果很好。遮阴要适度，一般树种要求荫棚透光度为50%～80%。遮阴时间一般从幼芽出土时开始到苗木速生期后期停止。晴天从上午10点开始遮阴，下午4点以后撤除。需要遮阴的树种和苗木类型主要有红松、落叶松、云杉、冷杉、杉木、椴树、旱冬瓜以及嫩枝扦插、幼苗移栽等。

目前有些树种，如落叶松、红松、杉木等，通过适时早播、喷灌降温、全光照育苗，育苗已取得成功。

2. *松土除草*　在苗木生长过程中，降雨和灌溉等引起土壤板结，通气不良，根系发育不好。而且杂草滋生，会与苗木争夺水分和养分，影响苗木的生长发育。因此，需要及时进行松土除草。松土要注意深度，防止伤及苗木根系。除草方法有人工除草、机械除草、化学除草和生物除草等。除草必须除小除了，目前我国苗圃以人工除草为主，花费较大的人力财力，增加育苗成本。化学除草剂既可克服人工除草的弊端，又使用方便，且效果好，是现代化育苗技术之一。化学除草剂的种类很多，性质各异。按化学结构可分为有机和无机两类除草剂，根据作用特点可分为触杀型和内吸传导型两类除草剂，根据选择性特点可分为选择性和灭生性两类除草剂，根据使用方法可分为茎叶处理型和土壤处理型两类除草剂。

3. *灌溉与排水*

（1）灌溉　苗木在生长过程中，在水分适宜的条件下吸收根多；水分不足时苗根细长；水分过多时苗木的粗根多，细根少。只有在适宜的土壤水分条件下苗木才能正常生长，因此合理灌溉是培育壮苗的重要措施之一。

灌溉时间一般应在早晨或傍晚，此时蒸发量小，水温与地温较接近，有利于苗木生长。不应在气温高的中午进行地面灌溉，因为突然降温会影响根系的生理活动。但用喷灌降温时则宜在高温时进行。

停止灌溉时间过早不利于苗木生长，停灌过晚则会因苗木徒长而降低苗木抗寒、抗旱能力。因此，为加快苗木木质化，防止徒长，应在苗木速生期的生长高峰过后立即停止灌溉。

灌溉方法有侧方灌溉、畦灌和其他节水灌溉。

1）侧方灌溉。一般应用于高床和高垄，水从侧方渗入床内或垄中。其优点是水分由侧方浸润到土壤中，床面或垄面不易板结，灌水后土壤仍具有良好的透气性。缺点是耗水量大。

2）畦灌。畦灌又叫漫灌，是低床育苗和大田平作育苗常用的灌溉方法。漫灌时应注意不能淹没苗木叶子，以免影响苗木呼吸和光合作用。优点是比侧方灌溉省水。缺点是灌溉时破坏土壤结构，易使土壤板结，水渠占地多，灌溉效率低，用工量多，且不易控制灌水量。

3）其他节水灌溉。例如，喷灌、滴灌、地下灌溉、移动喷灌、微型喷灌等。

（2）排水　圃地有积水容易造成涝灾或引起病虫害，必须及时排出每次灌溉的尾水和雨季圃地的积水，以达到外水不涝，内水能排，雨过沟干。

4. 间苗和补苗　在播种育苗中，出苗株数往往大于计划产苗株数，或是出苗不齐、密度不均，影响苗木产量和质量。通过间苗和补苗来调控苗木密度，以保证每株苗木有一定的营养空间。

（1）间苗　间苗又称疏苗，是将部分苗木除掉。疏去密集株，间去病弱株，保留健壮株，保证苗木密度的均匀、群体结构的合理，为苗木创造适宜的生长环境，使苗木生长良好，提高苗木质量。

间苗时间宜早不宜迟，具体时间应根据树种生物学特性、幼苗密度和苗木的生长情况来确定。间苗应分次进行，一般分 1 或 2 次进行，具体应根据苗木长势、密度等情况而定。阔叶树种第一次间苗一般在幼苗长出 3 或 4 片（对）真叶、相互遮阴时进行；在第一次间苗后的 20d 左右进行第二次间苗。针叶树种幼苗适于较密集的生长环境，间苗时间较阔叶树种晚。对生长快的树种，如落叶松、杉木等，可在幼苗期进行间苗，在幼苗期末期或速生期初期定苗。生长慢的树种可在速生期初期间苗，速生期中期定苗。

最后一次间苗称为定苗，定苗时间不能过晚，否则会降低苗木质量。定苗时的留苗数量应比计划产苗量多 5%～10%，以备弥补起苗时的损失。但在高温危害严重的地区，可在高温期过后定苗。

间苗前应先灌水，使土壤松软，提高间苗效率。间苗后要及时灌水，以便淤塞拔出的苗根孔隙。

（2）补苗　为保证全苗，结合间苗对缺苗处进行补苗，在补苗前将苗床灌足水，然后用小铲或手将密集的苗木轻轻掘出（可带土或不带土），立即栽于缺苗处。

5. 切根　切根又叫断根、截根，是把生长在苗圃地上的幼苗或苗木的根用工具切断。切根的作用在于去除主根的顶端优势，有效地控制主根生长，促使苗木侧根和须根的生长，扩大根系的吸收面积；切根还可以暂时抑制茎、叶生长，使光合产物向根系的供应增加，加大根茎比，提高苗木质量，利于苗木后期生长。切根还可以减少起苗时对根系的损伤，提高苗木移植成活率。切根主要用于主根发达、侧根较少的树种，如核桃、板栗、桉树、栎类等。给1年生苗切根，对促进根系发达效果显著，可起到与移植相似的效果。

对主根发达的核桃等树种，宜在幼苗长出2～4片真叶时切根，深度为8～12cm。对一年出圃的针叶苗，宜在幼苗期后期切根，切根1或2次，深度为10～15cm。对2年生留床苗，应在第一年早秋苗木进入生长后期时切根，即在苗木木质化初期进行切根，此时切根不仅当年根系能恢复生机，还能生出大量侧根和须根；也可在翌年早春顶芽尚未萌发、土壤解冻深度正好为切根深度时进行，切根深度一般为10～15cm，具体深度因树种而异。切根可用特制的切根铲（图2-6），面积较大的苗圃可用弓形起苗刀，但要把抬土板取下。切根后应立即灌水，使松起的土壤及苗根落回原处，以防透风，并增施磷、钾肥，促使苗木新根增长。

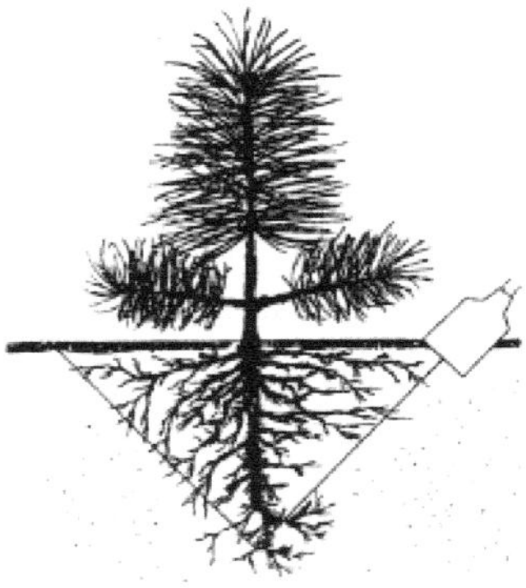

图2-6 苗木切根示意图（翟明普和沈国舫，2016）

6. *苗木越冬防寒措施* 我国北方地区冬季寒冷，进入冬季后，如果苗木不能完全木质化，则抗寒能力低，苗木易受冻害；春季风大、干旱，气温回升快，早春播种幼苗出土或插条萌芽时如遇晚霜，幼苗易遭霜冻。因此，为了预防越冬苗木遭受寒害，可以通过增强苗木的抗寒能力和采取适宜的防寒措施。例如，通过适时早播，延长生长季，在生长季后期多施磷、钾肥，减少灌水，可促使苗木生长健壮，枝条充分木质化，提高苗木抗寒能力。也可通过夏秋季修剪、打梢等措施，促进苗木停止生长，使组织充实，以增强其抗寒能力。生产中常用的越冬保苗方法有埋土和培土、苗木覆盖、设防风障、搭暖棚、灌冻水和熏烟法等方法。在北方以埋土的效果最好。

资源2-5

（1）埋土和培土 埋土能防止苗木地上部分的水分大量蒸腾，避免苗木因生理干旱而造成的死亡。在土壤结冻前，将小苗顺着风向依次按倒，用土埋上，土的厚度为10cm左右，翌春土壤解冻时除去覆土并灌水。此法适于北方多数针叶树种和阔叶树种的苗木，如红松、云杉、冷杉、侧柏、油松、樟子松、核桃和板栗等。一般能按倒的幼苗均可采用埋土法；不能按倒的较大苗木可在根部培土。埋苗用土一般取自苗床步道或垄沟。

（2）苗木覆盖 冬季用稻草或落叶等把幼苗全部覆盖，翌春撤除覆盖物，适于对埋土有困难或易腐烂的树种。

（3）设防风障 在冬春风大的地区，可用防风障防止苗木的生理干旱。防风障能降低风速，改变小气候，提高风障前的地温和气温，减轻苗木冻害。在秋冬季节可用玉米秆、高粱秆、稻草等做风障，风障的长度方向与主风方向垂直，两排风障间的距离依风速而定，一般风障防风距离为风障高度的2～10倍。防风障在春季起苗前数日分两次撤除。

（4）搭暖棚 暖棚又称霜棚。在我国南方，苗木越冬时，可用暖棚，春季也有防霜冻的作用。其构造与荫棚相似，但暖棚不透风，应白天打开，夜晚盖好。要北面低并与地面相接，南面高利于阳光照射。棚的高度要比苗高稍高。

（5）灌冻水　在霜冻来临之前，给苗木灌足水以增加土壤湿度，保持土壤温度，减少梢条遭受冻害的可能性。灌溉法既能防霜冻，又可免受春季干旱。

（6）熏烟法　烟能使地温散失缓慢。温暖的烟粒能吸收一部分水蒸气，使其凝结成水滴放出潜热，可以使地表气温增高 1～2℃。此法用于平地育苗防霜冻效果较好。

三、营养繁殖苗的培育

（一）概述

营养繁殖育苗又称无性繁殖育苗，是利用林木的枝、根、茎、叶等营养器官，在适宜的条件下，培育成一个独立个体的育苗方法。用营养繁殖方法培育的苗木称为营养繁殖苗或无性繁殖苗。

营养繁殖育苗遗传变异性小，能够保持亲本的优良性状，是良种繁育的主要繁殖方法。适用的树种较多，如不结实、结实少、不易采到种子或种子发芽力不易保存的树种（如杨树、柳树、泡桐和柽柳等树种）。营养繁殖苗幼年生长比实生苗快，但营养繁殖苗的根系没有明显的主根，与实生苗相比其根系不够发达，苗木会出现生长势衰退的现象，易产生偏根、偏冠现象，抗性较差，寿命较短。

营养繁殖育苗方法包括插条、埋条、压条、根蘖、嫁接、组织培养等。这里主要介绍扦插育苗方法，其他育苗方法可参阅有关文献。

（二）扦插苗培育

扦插育苗是利用离体的根、茎（枝）、叶等植物营养器官的一部分，在一定的条件下插入土、沙或其他基质中，利用植物的再生能力，经过人工培育使其发育成一株完整新植株的育苗方法。经过截制用于直接扦插的部分叫插穗，用扦插繁殖所得的苗木称为扦插苗。根据枝条的成熟度和扦插季节的不同，枝插可分为硬枝扦插（休眠枝扦插）和嫩枝扦插（生长枝扦插）。扦插繁殖具有操作简便、成苗快、能保持母本的优良性状、适用性广、成本低等特点，是林业生产上应用最广泛的一种营养繁殖育苗方法。随着无性系林业的兴起，扦插繁殖已经成为林木优良无性系育苗的重要手段。

1. 插穗成活原理　插穗能否成活的关键在于插穗能否生根。根原基（根原始体）是插穗生根的物质基础，在适宜条件下，根原基分化形成不定根。以根原基在插穗中的部位和形成时期的不同，可分为皮部根原基和愈伤组织根原基两种。皮部根原基是在生长季节中由当年生枝条的皮下形成的，愈伤组织根原基是在扦插以后从插穗下端的愈伤组织中分化而成的。因此，插穗生根主要有皮部生根和愈伤组织生根两种类型。

（1）皮部生根型　以皮部生根为主，从插条周身皮部的皮孔、节（芽）等存在的根原基上萌发出不定根。这些根原基通常受顶端优势控制，其萌发处于被抑制状态，当枝条脱离母体后，激素抑制被解除，枝条在良好的氧气、水分供给情况下迅速发根。皮部生根型一般属于易生根树种，如小叶杨、柳树、桂花、水杉和紫穗槐等。

（2）愈伤组织生根型　以愈伤组织生根为主，从插穗基部愈伤组织，或从愈伤组织相邻近的茎节上发出很多不定根。由于愈伤组织的形成需要较长的时间，因此通过愈伤组织生根的树种生根较慢。凡是扦插成活较难、生根慢的树种，其生根部位大多是愈伤组织，如圆柏、雪松、悬铃木等。

（3）综合生根类型　此类生根兼有皮部和愈伤组织生根类型，如杉木、毛白杨、小叶杨、葡萄等。有些树种的高年龄枝条以皮部生根为主，而当年生枝条则是以愈伤组织生根为主，如圆柏等。

2. 影响插穗生根的因素　插穗扦插后能否生根成活，取决于插穗的内在因素和外界环境条件。

（1）插穗的内在因素　树种的生物学特性、插穗的年龄、枝条的着生部位及插穗的形态规格等对插穗生根成活有很大影响。

1）树种的生物学特性。不同树种的生物学特性不同，枝条的生根能力差异很大。根据枝条生根难易程度可分为：极易生根树种，如柳树、黑杨派树种、杉木、柳杉等；较易生根树种，如山茶、刺槐、悬铃木、侧柏、石楠和相思树等；较难生根树种，如赤杨、桉树、臭椿和云杉等；极难生根树种，如核桃、板栗等。

2）插穗特征对其生根的影响。年幼的母树再生能力强，含抑制生根物质少，其枝条生根能力强，成活率高。反之，年龄大的母树生根能力弱。例如，长白落叶松 2 年生母树硬枝扦插生根率高达 96.7%，而 3 年生母树的插条生根率只有 59.1%；一般嫩枝较硬枝插条容易生根，嫩枝分生组织活性较高，可塑性物质积累多，生长调节物质比例关系好；着生在树干不同部位的枝条生根能力也有差异，如毛白杨树干基部萌发的枝条生根率高，树冠上的枝条生根率低；针叶树种，母树树干上的枝条生根能力强，侧枝尤其多次分枝的侧枝生根能力弱。

（2）外界环境条件　插穗是在离开母体的情况下，依靠其自身的活力、贮存的营养和水分，并在适宜的环境条件下才能生根成活。一般树种插穗从 10～15℃开始生根，而最适温度多在 20～25℃。插床的土壤质地要疏松，有良好的透气性，土壤水分宜保持在田间持水量的 80% 左右，空气相对湿度保持在 80%～90%，最有利于生根。光照要适当，充足的光照能提高土壤温度，促进插穗生根。但光照过强则会因增温而加大常绿树种插穗的蒸腾量，易失去水分平衡，降低成活率。

3. 促进插穗生根的措施　为了提高扦插繁殖的成活率，在扦插前或扦插时应对插穗进行催根处理，主要方法有以下几种。

（1）生长素及生根促进剂处理　对生根较难的树种，可用生长素或生根促进剂处理插穗以促进生根。常用的生长素有萘乙酸（NAA）、吲哚乙酸（IAA）、吲哚丁酸（IBA）、2,4-D 等，生根促进剂有“ABT 生根粉”系列、植物生根剂 HL-43、3A 系列促根粉等。可用水剂或粉剂进行处理。高浓度（500～10 000mg/L）溶液可对插穗基部进行速蘸处理数秒至 1min，低浓度（50～200mg/L）溶液浸泡插穗下端 6～24h；对于粉剂生长调节剂，可用湿插穗下端蘸粉扦插，或用水将生根粉稀释成糊剂后用插穗下端浸蘸。处理时间与溶液浓度因树种和插条种类的不同而异。一般生根较难的使用高浓度蘸根，生根较容易的使用低浓度。硬枝扦插用高浓度，嫩枝扦插用低浓度。

（2）水浸处理　一些树种插条内含有较多的生根抑制物质，在扦插前用温水或流水浸泡插穗，不仅可以溶解或稀释生根抑制物质，还能使插穗吸足水分，促进插穗生根。对于松脂较多的针叶树，将插穗下端浸于 30～35℃的温水中数小时或更长时间，使松脂溶解，有利于愈合生根。具体时间因树种而异。

（3）化学药剂处理　用化学药剂处理插穗，可增强新陈代谢作用，促进插穗生根。常用的化学药剂有蔗糖、高锰酸钾、二氧化锰、乙酸、磷酸等。蔗糖处理插穗的浓度一般为 1%～10%，蔗糖主要为插穗提供营养物质；用 0.05%～0.1% 的高锰酸钾溶液浸泡插穗，既可提高扦插成活率，又可对插穗起到消毒作用。

此外，还可采用 0～5℃的低温冷藏处理，插床增温处理，黑暗黄化处理，环剥、刻伤机械处理等方法促进插穗生根。

4. 扦插育苗的方法　插条育苗一般分为硬枝扦插和嫩枝扦插两种。

（1）硬枝扦插　利用完全木质化的休眠枝条制作的插穗称为硬枝插穗，利用硬枝插穗扦插的方法称为硬枝扦插，也称休眠枝扦插。

1）穗条采选。最好从采穗圃中专门培养的良种母株上采条，或采用 1 年生苗木的茎干，也可采取幼龄树的枝条或母株基部的萌蘖条等作插穗，枝条必须生长健壮、充分木质化和无病虫害；对于采条时间，落叶树种应在秋季落叶后到春季树液开始流动前的休眠期进行；常绿树种也应选择枝条涵蓄养分最多的时期进行。

2）穗条贮藏。北方地区采条后如不立即扦插的种条，为了保持其生命力，促进切口愈合和不定根的发育，采条后应进行贮藏，待翌春扦插。贮藏方法有露地埋藏和室内贮藏。其贮藏原理与种子湿藏类似。

3）插穗截制。一般乔木树种插穗长 15～20cm，保证插穗上有 2 或 3 个发育充实的芽，灌木树种插穗长度为 10～15cm，单芽插穗（超短插穗）长 3～5cm。生根慢的树种或干旱环境条件下的插穗可稍长些，反之则可短些。剪切插穗时上切口距顶芽 1cm 左右，下切口的位置在芽的下端，靠近芽的部位。插穗上切口为平口，下切口为平切、单斜切、双斜切等多种切法。

资源 2-6

4）扦插。硬枝扦插多在春季进行，也可秋季进行。春插气温应稳定在 10℃左右（毛白杨在 15℃左右）时进行，秋季扦插宜在土壤结冻前进行。容易生根的树种，如杨、柳等以垄插为宜。干旱地区和花灌木多用低床扦插。杨、柳垄距为 60～80cm，每垄插 1 行，株距为 20～40cm。花灌木低床扦插株距为 10～20cm，行距为 20～40cm。扦插方式以直插为好，但土壤黏重时可斜插。不同树种在不同环境条件下的扦插深度不同，落叶树种春季扦插一般将插穗上切口芽露出地面，秋季扦插则将插穗全部插入土中；常绿树种仅将插穗的 1/2～2/3 插入土壤即可。扦插时应注意保护好上切口处的芽，防止倒插，下切口要与土壤密接。插后应压实插条周围的土壤，并随即灌水，以利于插穗与土壤紧密接触，又可满足插穗对水分的需要。一般扦插后每隔 3～5d 灌 1 次水，连续灌 2 或 3 次，直至愈合生根后再每隔 1～2 周灌 1 次水。

在扦插成活后，为使苗木营养集中，加速壮苗的生长，当幼苗高度达 15～20cm 时，要及时选留 1 枝新梢培养苗干，摘除多余萌生条。随着插条苗的生长，要及时抹除苗干下部的侧芽和嫩枝，以利于苗木茎干的正常生长。

中耕、除草以及病虫害防治等管理措施，可参照播种苗实施。

（2）嫩枝扦插　嫩枝扦插是在生长期中利用半木质化枝条进行扦插繁殖的方法。由于嫩枝的组织幼嫩，并含有丰富的生长激素和可溶性糖类，酶活动旺盛，有利于插穗愈合生根。适于硬枝扦插不易成活的树种，如枣树、银杏、松类、侧柏、水杉、油橄榄、珙桐、龙柏、海桐以及一些常绿阔叶树种等。但嫩枝扦插对环境条件要求较高，需要一定的设备和细致的管理，如果管理不当，易被菌类感染而腐烂。

1）采条。采条时期以枝条呈现半木质化时为宜，宜在早晨或阴天无风时采条。适宜采条期为5～8月。一般选择幼龄母树上发育健壮的半木质化枝条或根蘖条。

2）制穗。采集的嫩枝应在阴凉处迅速制穗。穗长一般为4～15cm，带有2～4个节间，保留3或4个叶片，下切口成斜面并靠近腋芽，以利于生根。在采条、制穗时应用湿润物覆盖嫩枝，以防失水萎蔫。

3）扦插。宜在傍晚或早晨进行。扦插深度以2～4cm为宜。扦插密度以插穗叶片相接，但不重叠为宜。密度过大，通风不良，插穗容易腐烂。扦插后应立即灌水或喷雾。

嫩枝扦插对温度和湿度条件要求较高，需要有对温度和湿度能进行调控的环境。因此，嫩枝扦插育苗多在温室或塑料棚内进行，应配置喷雾装置，为了防止温度过高需采取遮阴措施。目前，国内多采用全光喷雾扦插育苗。

4）插条地管理。为了防止插穗失水枯萎，扦插后必须经常喷雾或喷水，扦插初期空气相对湿度应保持在80%～95%为宜，一般每天喷水2或3次，若气温高时喷3或4次。每次喷水量不能过大，以达到降低温度、增加空气湿度而又不使插壤过湿为目的。棚内温度控制在18～28℃为宜，如果温度超过30℃，则应采取喷水、遮阴或通风等降温措施。插穗生根以后，可延长通风时间，加大透光强度，降低土壤水分，使扦插苗逐渐适应自然条件。

扦插成活后的苗期管理参照播种育苗相关内容。

四、移植苗的培育

移植苗是经过一次或数次移栽后再培育的苗木，移植的幼苗又叫换床苗。移栽前的苗木可以是实生苗和各类营养繁殖苗。林业苗圃中移植苗多为实生苗，插条等无性繁殖苗木很少进行移栽，但园林苗圃中的大苗都是经过多次移栽培养的。用多年生大苗造林在我国华北、西北地区针叶树种造林中应用较多，大苗甚至幼树都是营建风景林的主要材料。

（一）苗木移植的目的

裸根苗经过移植，截断了主根，促进并增加了侧根和须根生长，同时抑制了苗木高生长，降低苗木的茎根比值，提高了苗木质量；移植苗有一定的株行距，扩大了单株营养面积，且养分分配均等，有利于苗木生长，从而提高苗木质量，最终提高造林成活率。通过移植还可以培育良好的干型和冠型。高密度栽植移植苗，可促进树木形成通直、高大的树干。低密度栽植移植苗，可使林木形成饱满的树冠和培养美观的树姿；对于珍贵树种或种源稀少的树种，播种后经过芽苗移植和幼苗移栽，节约种子，便于管理，可以提高出苗率。

（二）苗木移植技术

1. 移植密度的确定　密度既影响苗木质量、产量，又与苗期管理使用的机器和机具有关。密度主要体现在移植的株行距上。株行距过大，既浪费土地，产量又低；株行距过小不仅不利于苗木生长，也不便于机械化作业。

移植密度取决于树种的生长速度，苗冠大小，根系发育特征，苗圃地的气候条件和土壤肥力，以及移植用苗的年龄和移植后需要培育的年限。此外，由于作业方式、育苗地管理所用的机器和机具不同，同一环境条件中的同一树种的株行距也不相同。一般移植株距为12～50cm，行距为20～60cm。针叶树宜小，阔叶树宜大。

2. *移植前的准备* 在移植前先要做好圃地的区划、定点、划印，组织好人力、物力。

需要移植的苗木应做到随起苗、随分级、随运送、随修剪、随栽植，对不立即栽植的苗木必须做好假植等贮藏工作。在移植过程中，必须保持根系湿润，切勿暴晒。

在移植前必须对苗木进行分级，将不合格苗木清除掉，将不同规格的苗木分别移植，使移植苗木生长整齐，减少苗木分化现象。

移植前要对根系和枝叶进行适当修剪，主要剪去过长和劈裂的根系，一般根系长度应在 12～15cm，根系过长，移栽时容易窝根，根系太短，则会降低苗木成活率和生长量。常绿树种，可对侧枝进行适当短截，以减少水分蒸腾，提高苗木成活率。修剪后的苗木应立即栽植，如不立即栽植，则要将苗木假植在背阴而湿润的地方。

绿化苗木移植育苗时，当年生和常绿小苗以及生根容易的阔叶树和灌木可直接用裸根苗移植；针叶树及根系不发达、生根较难、生长相对缓慢的阔叶树，应带土坨移植，以保证苗木成活。在移植过程中必须保持根系湿润，避免暴晒。

3. *移植方法及栽植技术* 根据作业方法可将移植方法分为沟植法和穴植法。沟植法在移植时先按行距开沟，再把苗木按株距移在沟中，填土踩实，沟植法适用于小苗移植。穴植法在移植时先按预定的株行距定出栽植点，然后挖穴栽植，穴植法适用于较大苗木的移植。根据作业设施还可分为人工移植和机械移植，林业发达国家主要为机械移植。

无论采用哪种移植方法，都要做到以下几点：①栽植深度要超过苗木原土痕 1～2cm。栽植时，根系要舒展，严防窝根。②带土苗移植时，苗干要直，对萌芽力强的阔叶树，还可采用截干苗移植。针叶树在移植过程中要保护好顶芽，起出的苗木要立即移植，移植时一次拿苗不要过多。③在夏季移植较大的常绿树种绿化苗时，土坨上部土壤面应高于移植地土壤表面 10～20cm，以充分提高土坨土壤温度，促进新根系产生。

近几年来，常将苗木移植到塑料钵、花盆、木桶及无纺布软容器中进行培育，以培养根系发达的绿化苗木。

（三）移植后的管理

1. *灌溉* 苗木移植后要立即灌水，最好能灌 2 次水，灌水后应适时松土，以改善土壤通透性，促进根系的生长。灌水后要注意扶直苗干，平整圃地。园林绿化苗木移植后应立即浇一次透水，3d 左右再浇一次透水，1 周后浇第三次透水。之后，可根据土壤水分状况、天气状况以及林木生长状况适时浇水。

2. *施肥* 施肥能够提高移植苗的苗木质量，但在我国大田移植苗培育中，施肥仍是个薄弱环节。幼苗移植后，在高、径生长高峰到来之前，应及时施肥，必要时可根外施肥。一般在生长季应施 2 或 3 次肥。如果移植前能够施入有机底肥，则育苗效果会更好。幼苗移植后的中耕除草与留床苗相同。在标准化苗圃中，移植苗通常采用喷洒化学除草剂除草。

3. *修剪、遮阴与苗木保护* 在培育绿化苗木过程中，为了提高苗木成活率、定向培育干型或冠型，通常需要剪掉部分树枝，尤其是培育灌木树种和培育特殊冠型的乔木树种移植苗。对于生根较慢的树种和常绿树种，有时需要用遮阳网遮阴，以保证苗木的成活。在确定成活后，应撤除遮阳网。在培育大树冠苗木时，为了防止大风造成根系与土壤分离，还需用木杆、竹竿等设置三脚架，以固定移植苗木。

第五节　容器苗培育

容器育苗是指在容器中装填固体基质，将种子直接播入、扦插插穗或移植幼苗的育苗方法。所培育的苗木称为容器苗。容器苗造林时带有由育苗基质和根系一起形成的根坨，因此容器苗起苗和运输过程中不会损伤苗木根系，栽植时带着完整的根团，这与裸根苗有着明显的区别。

一、容器育苗的特点与发展趋势

（一）容器育苗的特点

容器苗能形成根团，起苗、包装、运输时不伤根，苗木活力强；造林成活率高；栽植后没有缓苗期，根系很快恢复生长，初期生长速度快。

用容器苗造林是带原土栽植，根系不受损伤，对造林地适应性强，所以在气候温暖、雨量充沛的我国南方地区，几乎全年都可以用容器苗造林；在北方地区，春、夏、秋三季均可造林，不受常规造林季节的限制，延长了造林时间。

容器育苗基质是经过人工精心配制而成的，最适于苗木生长，而且容器苗多在大棚或温室内培育，温度、水分、光照等生态环境条件可调整到苗木所需的最佳状态，因此苗木生长迅速，缩短了育苗周期。

容器育苗的环境多为人工调控，能够保证种子发芽的条件，因此每个容器中只播入1～3粒种子就能保证出苗、成苗，可以有效节省种子；由于营养体积、光照、肥力、水分条件基本一致，培育出来的苗木整齐、健壮。这对种子缺乏地区或珍贵树种不易获得种子时更有意义。

容器育苗便于实现育苗全过程机械化。容器制作、育苗基质调配、装填基质、播种、覆土、传送以及在温室或大棚内培育苗木，都可以实现机械化和自动化。

尽管容器育苗具有很多优势，但不同国家和地区均存在育苗与运输成本高、育苗技术相对复杂、容器苗造林后林木生长与稳定性不足等问题。因此，目前容器苗仍主要应用于困难立地条件和珍贵树种的造林。

（二）容器育苗的发展趋势

容器育苗工厂化是林业发达国家苗木生产集约化的一种新趋势，也是各国容器育苗的发展方向，目前只有芬兰、加拿大、日本等少数国家已实现或部分实现容器育苗工厂化生产。我国容器育苗以大田和塑料大棚内育苗为主，但已在广西、黑龙江、内蒙古、甘肃等地建立了多座林木容器育苗工厂 。

容器苗工厂化生产是现代容器育苗发展的新阶段。其生产工艺是根据育苗树种的生物学特性，结合育苗设施设备，将苗木生长所需的营养基质、水、肥、温度、湿度、光照和 CO_2 等，调控到最适合苗木生长的状态，生产出优质的容器苗，出圃造林。

资源 2-7

二、容器育苗技术

（一）育苗容器的选择

育苗容器是装填育苗基质、培育容器苗的专用器皿。育苗容器中所填入的育苗基质能够促使所培育苗木根系与基质在容器内形成“根团”，并在起苗和苗木运输过程中保持根团完整。育苗容器种类很多，形状、制作材料各种各样，规格差异也很大。容器苗生长的营养来源于有限的容器空间内，容器规格大小决定了根系生长的空间，因此容器规格选择的恰当与否，直接影响所培育苗木的质量和造林效果，也影响育苗成本和生产效率。

育苗容器种类，根据容器苗在造林中的应用方式，可分为连苗定植容器和可回收容器；根据容器制作材料，可分为纸质容器、塑料容器、泥质容器、无纺布容器、竹木容器、草泥容器、金属容器等；根据容器的组合形式，可分为单体容器、书本式容器、蜂窝容器、穴盘容器等；根据容器的形状，可分为杯状容器、袋状容器、筒柱状容器、砖块状容器和网袋状容器等。育苗容器的形状应保证正常苗木根系发育和根团的形成，同时制作和使用要简便。目前我国生产的育苗容器约有 20 种，已形成机械化制作的育苗容器约有 10 种。林木工厂化容器育苗推广应用比较广泛的容器主要有蜂窝状纸容器、无纺布网袋容器和塑料穴盘容器等。

容器规格大小主要由容器种类、所培育树种特性、基质及出圃规格决定。为降低育苗成本，应采用能保证造林成效所允许的最小规格。容器规格的表示方法一般由直径（或口径）、高和容积决定。目前在北美、北欧等温带地区，培育 1 年生的小苗，多用小型容器，其直径为 2～3cm，高为 9～20cm，容积为 40～50cm^3。在热带、亚热带地区，培育较大的苗木，容器的容积可超过 100cm^3。

（二）育苗基质的选择

育苗基质是装在容器里供育苗的材料，又称营养土或基质。基质配方是容器育苗成功与否的关键因素之一。育苗基质具有固持苗木根系、为苗木生长提供所需的水分和养分元素的作用。选用基质要求制作材料来源丰富，生产成本低，具有较好的保水、保肥、通气、排水性能等理化性状，结构充实致密，重量较轻，对苗木无毒害且不带病原菌和杂草种子。

目前国内外所使用的育苗基质可分为土壤基质和无土基质两大类。土壤基质一般是用天然土壤与其他物质和肥料配制而成的基质；无土基质是用泥炭、草炭、蛭石、珍珠岩、树皮、锯末等人工或天然材料配制而成的基质。目前林业发达国家多采用人工配制的无土基质，发展中国家多采用土壤基质。我国多用天然土壤配制基质，较少采用无土基质，大多数无土基质还处于试验阶段，并逐步向生产阶段过渡。

我国配制育苗基质的材料主要有泥炭、森林土、草皮土、塘泥、黄心土、炉渣、蛭石、火烧土、菌根土、腐殖质土等。育苗基质一般不是单一应用，而是用两种或两种以上的营养土配合使用。目前我国已制定培育容器苗的基质成分及比例的行业标准《容器育苗技术》（LY/T 1000—2013）。我国常用的培养基质配方见表 2-1。采用草炭等配制成轻型基质是目前的发展趋势。营养土的配制比例应根据树种特性、材料性质和容器条件等确定。

表 2-1　我国常用的培养基质配方

培育树种	培育基质
油松、樟子松	沙子 65%，腐熟马粪、羊粪 35%
油松	黄土 56%，腐殖质土 33%，沙子 11%（40% 甲醛 80 倍液消毒）
油松、白皮松、樟子松、华山松、侧柏	杨树林土（黄心土）60%，腐殖质土 30%，沙子 10%，每 50kg 土加过磷酸钙 1kg（3% 硫酸亚铁消毒，每立方米土喷药液 15L）

续表

培育树种	培育基质
油松、侧柏、文冠果、白榆、臭椿、刺槐	森林土 95.5%，过磷酸钙 3%，硫酸钾 1%，硫酸亚铁 0.5%
雪岭云杉、落叶松	森林表土（黑褐色森林表土）80%，羊粪 20%
雪岭云杉、落叶松	黑钙土 90%，羊粪 10%，加少量氮、磷、钾复合肥料
油松、华山松、侧柏、落叶松	肥沃表土 60%，羊粪 30%，过磷酸钙 8%，硫酸亚铁 2%
油松、华山松、侧柏、落叶松	草炭土 50%，蛭石 30%，珍珠粉 20%
马尾松、湿地松、火炬松、加勒比松、黑荆	火烧土 30%～50%，黄心土 40%～60%，菌根土 10%～20%，过磷酸钙 3%
侧柏、油松、落叶松、樟子松、云杉、冷杉	黄心土 50%～70%，腐殖质土 30%～50%，过磷酸钙 2%

资料来源：孙时轩，2013

在育苗基质材料与配方确定以后，还应进行原材料的收集、调配、pH 调节、消毒、施入菌根菌制剂等加工处理。工厂化容器育苗中，基质的加工处理可采用多功能营养基质处理机进行作业。

（三）播种

容器育苗必须采用良种，种子品质应达到国家规定的Ⅱ级以上。播种前要对种子进行品质检验、包衣处理、消毒、催芽等程序，具体方法见裸根苗培育的有关内容。

容器装填培养基质后，按“品”字形排列成行，摆放容器的地方最好与地面隔开，置于用木材、竹材、塑料或铁制成的框架上。每个容器内播 2 或 3 粒种子，播后覆细土或珍珠岩，覆土厚度为种子短径的 1～3 倍，微粒种子以不见种子为准，覆土后要立即浇水。

容器播种育苗更容易实现机械化和自动化。目前林业发达国家多采用容器育苗自动化装播生产线。国内外已研制有多种型号的容器育苗装播作业生产线。国内较适宜于林木容器育苗的有 4RZ-10000 型气吸式容器育苗装播作业生产线、4LRZ-10000 型流动式装播作业生产线和 4RZ-20000 型容器育苗装播机。装播作业线均具有一次性完成育苗盘传送、容器装填基质、振实、冲穴、播种、覆土等工序的功能。工作效率为手工作业的 10 倍以上，其成本仅为手工的 1/3。

资源 2-8

（四）容器苗的抚育管理

容器苗的抚育管理基本与露天播种育苗相同。出苗前需要覆盖，出苗后应及时撤除覆盖物，并需采取灌溉、施肥、间苗及根系控制等管理措施。

1. *水肥管理*　灌溉是容器育苗成功与否的关键环节。容器苗一般采用喷灌的方式进行灌溉。灌溉时应根据树种、苗龄、生长时期的不同，选择适宜的灌溉时间、次数及灌水量。在出苗前灌溉时，尽可能采用出水水滴较小的喷灌设备，或采用雾状喷灌（微喷），且水流不宜太急，以免将种子冲出。一般针叶树种的幼苗不宜过湿，只要容器的基质经常保持湿润即可；阔叶树种的幼苗则需潮湿一些，以少量勤喷为宜。此外，还应根据天气及容器基质表面水分情况决定灌溉的次数。冬春季及阴天则喷灌次数少，夏秋季高温晴天可多次喷灌。

施肥是容器苗的一项重要管理措施，也是确保容器苗质量的关键技术。虽然容器苗生长在营养土中，但容器空间有限，营养土难以满足苗木全生长过程对养分的全部需求，因此，容器苗仍需要追肥。追肥的时间、次数和肥料种类、施肥量应根据树种和基质肥力状况而定。一般在幼苗进入速生期前开始追肥，并根据苗木各个发育时期对养分的要求，不断调整氮、磷、钾的比例和施用量，速生期以氮肥为主，生长后期停止施用氮肥，适当增加磷、钾肥，以促使苗木木质化。追肥必须和灌溉同时进行，常用含有一定比例的氮、磷、钾的复合肥料配成 1∶300～1∶200 浓度的水溶液进行喷施。每隔 1 个月左右追一次肥，但每次施肥量要少。追肥宜在傍晚进行，严禁在午间高温时施肥。

通常土壤基质的容器苗追肥以复合肥单独施用，对于无土基质容器苗，由于绝大多数无土基质缺乏多种营养元素，常用特制全营养液追肥。

2. 间苗　一般在出苗后 20d 左右，小苗发出 2～4 片叶子时进行间苗。每个容器内保留一株健壮苗，其余苗应拔除。

（五）根系控制

在使用小型容器或培育大苗时，苗根容易扎入土壤，造成起苗时伤根。因此，必须对容器苗的根系生长进行控制。目前，控根方法主要有以下几种。

1. 空气修根法　将培育中的容器苗放置在离地面一定距离的育苗架上，使容器底部悬空，使伸出容器底部排水孔的苗木根系直接接触空气，由于空气湿度低，根系吸收不到水分而干枯，从而达到修根的目的。这种修根法在我国应用很普遍。

2. 化学修根法　是将铜离子制剂（碳酸铜、氢氧化铜）或其他化学制剂涂于育苗容器的内壁上，杀死或抑制根的顶端分生组织，实现根系的顶端修剪，以促进多发侧根的方法。化学修根法技术简单，价格相对低廉。但化学制剂存在会对环境产生污染、也会破坏土壤微生物等问题。

3. 物块铺垫容器法　将苗木根系穿不透的物料先铺垫于苗床表面，再陈列容器进行育苗的方法。目前国内应用较多的是用塑料薄膜块铺垫。为了预防床面不平整而积水，需在铺垫物与容器之间铺一层 1～2cm 的细沙，使穿过容器底部的根系在细沙内生长，而不会扎入土壤中。同时，起苗时不会伤到根系，根团也不散脱，容器苗根系完整。

（六）容器苗出圃

容器苗的出圃标准，主要是要求苗木充分形成根系团。凡是未形成根团的、长势衰弱的、有根腐现象的苗木都不能出圃。

容器苗的贮藏与裸根苗一样，可贮藏在冷藏库（或地窖）中。运输容器苗时要严防容器破裂或碰伤苗木。

第六节　组织培养育苗

一、组织培养育苗的概念和特点

植物组织培养是指在无菌条件下，把离体的植物器官（根、茎、叶等）、组织、细胞及原生质体放在人工配制的培养基中，在人工控制的环境条件下，使其再生形成完整植株的过程。由于培养材料脱离了植株母体，在试管或其他容器中进行培养，因此也称为离体培养。培养的离体材料称为外植体。通过组织培养培育的苗木称为组培苗。

由于组织培养育苗不受气候和季节的限制，可以周年生产，而且苗木繁殖速度快、效率高，繁殖材料来源广泛，还可有效脱除植物所带的病毒。此外，组织培养易受到遗传机理的影响，便于诱导突变体，可有效地进行大规模筛选，从而培育出良种。因此，组织培养成为现代化工厂育苗和良种培育的重要手段。但是，组培工厂化育苗也存在初期基本建设投资较高、技术性强、组培繁殖技术成熟的树种少等问题。

二、组织培养育苗的理论基础

细胞的潜在全能性是组织培养育苗的理论基础。细胞的潜在全能性是指植物体任何一个没有超过分化临界期的细胞，都可以在一定条件下发育成完整的植物体或器官，即具有发育成完整植株、组织或器官的潜能。

细胞的全能性学说认为，一个生活的植物细胞，只要有完整的膜系统和一个有生命力的细胞核，就包含完整植株的全部遗传基础，在适当的条件下，细胞就可以分裂、分化形成新的植株。因此，从理论上讲，任何生活细胞都有发育成完整生物个体的潜在能力。大量的试验证明，无论是胚性细胞，还是已分化的植物细胞，均具有恢复到分生状态的潜力，只有极少数完全失去分裂能力的细胞不能恢复其全能性。细胞的全能性学说为植物组织培养奠定了理论基础，同时也为在实验室条件下大量快速繁殖育苗提供了可能。

三、组织培养育苗的基本程序及关键技术

（一）组织培养育苗的基本程序

树木组织培养育苗是从把外植体接种到培养基上开始，到长成生根的完整植株的全过程。一般可以分五个时期，即稳定的无菌培养体系的建立时期，稳定培养系的增殖、生长和增壮时期，诱导茎芽生根形成小苗时期，生根小苗移栽和驯化时期，商品苗培育时期。

1. *稳定的无菌培养体系的建立时期*　是指从外植体选择、采取、清洗、灭菌、接种和茎芽发生，一直到获得茎芽稳定生长和增殖，茎芽扩繁数量可以随意控制的整个时期。这一时期的长短主要受植物种类影响，短的数个月，长的数年。稳定化培养也就是组织培养的目的产物（茎芽）的产出数量和质量已经达到可以随意控制的程度，即对生产茎芽的数量和类型都可以控制，需要多少时间也可以预测的一种培养状态。

2. *稳定培养系的增殖、生长和增壮时期*　是指已经达到稳定状态的培养物，通过不断的继代培养进行增殖，从而达到所要求的数量；培养增殖后的培养物生长和壮大到生根所需要的大小和壮实程度的时期，是商品化组织培养的主要时期。

3. *诱导茎芽生根形成小苗时期*　前一时期产生的培养物，通常是没有根系的（个别种除外，如美国紫罗兰）。这一时期是使前一时期培养出来的茎芽发出不定根，形成完整的小苗的时期。

茎芽生根诱导的途径：一种是试管（瓶）内生根，另一种是试管（瓶）外生根。试管内生根是传统的组培茎芽生根方法，即在试管内无菌环境下的生根培养基上诱导生根，生根后的小苗再移植到试管外有菌环境下进行驯化培养的方法。试管外生根即将组织培养茎芽的生根诱导同驯化培养结合在一起，直接将茎芽扦插到试管外有菌环境中的扦插基质中，边诱导生根边驯化培养的技术。这是从20世纪80年代中期开始开发研究，近年来已经成熟，并被广泛应用于商业化组织培养微繁实践中的先进生根诱导技术，是影响深远的一项技术改革成就。

4. 生根小苗移栽和驯化时期　将已生根的完整植株从培养室移植到室外土壤中，使小苗继续长大并形成发达的根系及健壮的苗干。这一阶段包括由异养（供糖）阶段过渡到自养阶段（仅试管内生根方式）和人工环境过渡到室外自然环境的两个过程。此阶段要注意的是小植株旺盛生命力的保持和高湿环境到正常室外环境的逐渐过渡。

5. 商品苗培育时期　经过驯化培养的小苗，可以按照一般苗木的培育要求进行培养。

（二）组织培养育苗的关键技术

1. 组培苗生产中的质量控制　组培苗的生产是在室内进行的生产作业过程，包括外植体的正确选择及处理，选择和配制培养基，外植体接种，以及接种外植体的培养等内容。

（1）外植体的正确选择及处理　适宜外植体的选取需要从植物基因型、外植体来源、外植体大小、取材季节、外植体的生理形态和发育年龄等方面加以考虑。可以直接从林地采集优质萌芽条，也可以用优株的枝条嫁接到种在花盆中的砧木上，待其成活抽出新梢后，采集带侧芽的新梢。采回的外植体材料必须进行灭菌处理才能接种到培养基质上进行培养。

（2）选择和配制培养基　适宜的培养基应根据不同的植物及外植体来选择。可选取无机盐类、有机物质、碳源、植物生长调节物质、介质或载体等成分，配制成合适的浓度和 pH 后，分装在锥形瓶等容器中保存备用。

（3）外植体接种　在无菌条件下切取已消毒的外植体，用灼烧冷却的镊子将外植体均匀地放置于经过严格消毒的备用瓶装培养基上。接种时必须严格执行无菌操作规范。目前工厂化生产中组培接种也只能是手工操作。

（4）接种外植体的培养　将接种好的外植体放置于温度、光照等能够控制的条件下进行培养。一般最适宜的温度为 20～30℃，光照强度为 1000～5000lx。并且随着外植体的发育和生长，温度和光照等都需要不断调整，以满足培育健壮组培苗对环境条件的要求。

2. 组培苗的炼苗和移栽　在组织培养育苗过程中，以瓶内的组培苗长出 5～10 片叶子作为移栽的标志。

（1）组培苗移栽前的锻炼　在组培苗移栽前，先将瓶苗运输到温室内，并给予较强的日光照射和合适的温度条件，如在早春移栽时应给予接近自然条件的温度。炼苗 1 周左右后，当幼苗茎干由绿色变为棕色时，打开瓶塞，对幼苗进行驯化 2～4d，即可移栽。

（2）移栽基质的选择　根据所培育树种特性的不同，选择适宜的营养土基质装入穴盘等容器中。营养土基质要求疏松、透气、透水、容重低，并根据需要调节土壤酸碱度。多数树种的基质常以泥炭、蛭石和珍珠岩按 1∶1∶1 进行配制。

（3）移栽技术　移栽时先向瓶内倒入适量清水并摇动，使培养基与幼苗分离，用较长的镊子从培养瓶中轻轻取出组培苗，然后用温水（25℃）冲洗黏附在苗木根际的培养基，洗苗时应防止碰伤根系。营养土充分湿润后，先用镊子在土壤基质上轻轻开穴，然后将洗净的组培苗种植于穴中，轻轻压紧土壤基质。移栽后应及时放入温室内，初期需保持空气相对湿度在 80% 以上，待新根长出后逐渐降低湿度，以防止盆内土壤过湿而引起根系腐烂。在将幼苗移至露地前 1 周，将育苗容器移至露地进行适当暴晒，晚上也将其留在露地，以适应露地的环境条件，然后再进行脱盆移栽。

（4）幼苗管理　在大田苗床内移栽时，因组培苗较幼嫩，不宜强光照射和雨水冲淋，需架设荫棚。棚内透光度由30%逐渐增加到60%，每天洒水1或2次，保持土壤湿润。大雨时荫棚上要加覆盖物。当幼苗长出1或2对新叶时，可用0.2%的尿素进行根外追肥，施肥后用清水喷洒，以防灼伤幼苗。此外，还要及时除草，防治病虫害。随着苗木生长，逐渐拆除荫棚，使幼苗在自然环境条件下锻炼一段时间后，即可出圃造林。

第七节　苗木出圃与质量评价

当苗圃培育的各类苗木质量达到造林绿化要求的标准时即可出圃。苗圃应为造林单位提供优质苗木，因此，在苗木出圃之前应对苗木的质量进行检测。

一、苗木出圃

苗木出圃是苗木生产的最后一个环节。在这一工作中，如果缺乏科学管理，不仅影响苗木质量与合格苗产量，还影响造林后苗木的成活与生长。因此，苗木出圃是苗圃管理的重要环节。苗木出圃包括起苗，苗木分级与统计，苗木的包装、贮藏与运输等环节。

（一）起苗

起苗是把苗木从生长的圃地土壤中起出的过程。一般来说，随起苗随造林能保证苗木的活力，有利于提高造林成活率。但是，在生产上的起苗时间和造林时间并不完全吻合，因此，对提前起出的苗木应进行适当的贮藏，以保持苗木的活力。起苗时间的合理与否，对苗木质量和活力，以及苗木耐贮藏能力和造林成活率有很大影响。因此，选择最佳起苗时间很重要。

1. 起苗季节　生产上常见的起苗季节为春季、秋季和雨季。树种特性不同，起苗季节也不同。原则上应在苗木休眠期进行起苗。

（1）春季起苗　大多数树种的苗木适宜于春季起苗。春季起苗后可立即造林，苗木不需要贮藏，便于保持苗木活力。在冬季土壤易冻结的地区，春季土壤解冻后应立即起苗，苗木一般都具有较强的根生长潜力和抗裸根晾晒能力。同时，春季造林地气温逐渐升高，苗木受冻害的可能性小，如能有水分保证，基本能够保证造林成活率。春季起苗宜在苗木开始萌动之前，否则会降低成活率。

（2）秋季起苗　秋季起苗有利于苗圃实行秋耕制，并能减轻春季的工作量。秋季起出的苗木有两种情况。一种是随起苗随栽植，由于苗木在秋季地上部分已停止生长，但起苗栽植后土壤温度还不太低，根系还可以生长一段时间，为第二年春季快速生长创造了有利条件；另一种是将起出的苗木进行贮藏，翌年春季再栽植，这有利于人为控制苗木在春季的萌动时间，使其与造林时间吻合，大部分树种适于秋季起苗。但有些苗木贮藏后易造成苗木活力降低，影响造林成活率，尤其是常绿树种苗木不易贮藏，如油松和樟子松苗木越冬贮藏会影响其造林成活率和生长量。此类苗木应以原床越冬，翌春随起苗随造林。此外，对根系含水量高的树种，不适于较长时期的贮藏，如泡桐、枫杨等，也不宜秋季起苗，应以早春起苗后尽快栽植为好。

（3）雨季起苗　对于我国许多季节性干旱严重的地区，由于春秋两季的降雨较少，土壤含水量低，不利于一些树种苗木造林成活。雨季造林，土壤墒情好，苗木成活有保证，因此宜在雨季起苗，随起苗随造林。适宜雨季起苗造林的树种有侧柏、油松、马尾松、云南松、水曲柳、核桃楸、樟树等。

2. 起苗方法　生产上常用的起苗方法有人工起苗和机械起苗。

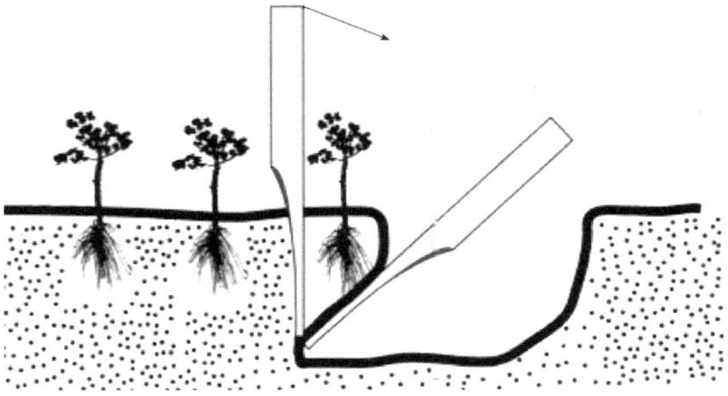

图 2-7　人工起苗技术示意图

（1）人工起苗　人工起苗时，沿着苗行的方向，先在第一行苗木前距苗行 20cm 左右挖 1 条沟，沟深根据起苗要求深度而定，播种苗 25～30cm，移植苗、插条苗 30～35cm。在沟壁的下部挖出斜凹槽（图 2-7），在距地面 20～30cm 处切断苗根，再于第一、第二行苗中心将铁锹垂直插入，并将苗木和土一起放倒在沟里，轻轻将苗木取出。取苗时不要用力拔苗，以防损伤苗木的侧根和须根。

（2）机械起苗　用 U 形起苗犁（图 2-8）或专门设计的起苗机起苗。能减轻劳动强度，使工作效率提高 10 至十几倍，而且起苗质量较好，根长与根幅比较一致。

无论是人工起苗还是机械起苗，都应掌握土壤水分状况。一般认为，土壤含水量为其饱和含水量的 60% 时，土壤耕作阻力较小，较适宜起苗。在起苗时都应尽量减少根系的损伤，起苗前若土壤墒情差，则应在起苗前 3～5d 浇一次水，使根系分布层的土壤湿润，以便于起苗。

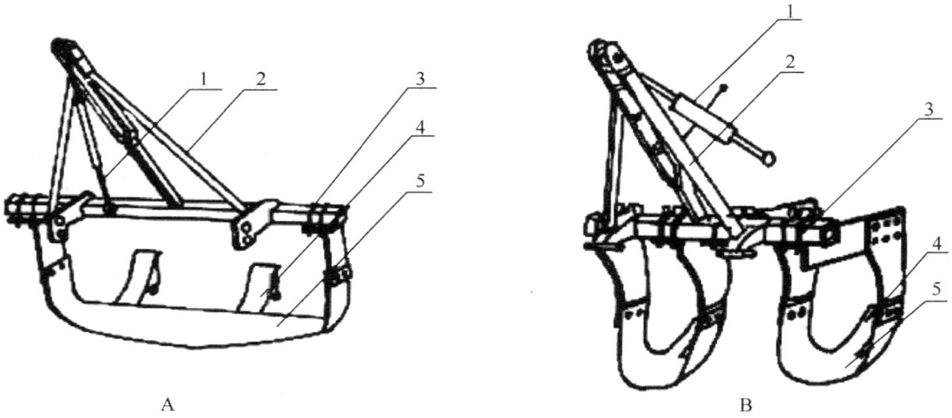

图 2-8　U 形起苗犁（孙时轩，1992）

A 床作起苗犁；B 垄作起苗犁

1. 连接丝杆；2. 悬挂架；3. U 形螺栓；4. 碎土板；5. 犁刀

（二）苗木分级与统计

1. 苗木分级　苗木分级是根据《育苗技术规程》或标准要求，把苗木分成不同等级的过程。

（1）分级标准　苗木分级是为了使出圃苗达到国家规定的苗木标准，保证用壮苗造林，减少造林后的苗木分化现象，提高造林成活率和林木生长量。目前我国苗木分级标准主要根据苗木形态指标制定，主要包括苗高、地径、根系状况等。生产上只需按国家或各省的苗木质量标准进行分级即可。

（2）分级方法　生产上苗木分级一般与起苗后的拣苗相结合，作业流程为除杂剔废，将混杂在苗木中的异己种类及苗木中的等级外废苗先剔除。按标准规定大小，初选拣出Ⅰ级苗，再选出不合格苗，最后拣出数量最多的Ⅱ级苗。我国的苗木分级多在野外进行，而一些林业发达国家起苗后先将苗木用容器运到室内，在室内苗木分级传送带上进行苗木分级。

（3）分级过程中苗木活力保护措施　分级地点应选在避风背阴处，能保持低温和湿润的室内条件最为理想；分级速度要快，尽量减少苗木根系裸露的时间，以防止苗木根系失水，丧失活力；分完级后应立即包装或贮藏。

2. 苗木数量统计　统计各级苗木和废苗的数量。一般苗木统计和苗木分级工作同时进行。分级之后直接统计各级苗木数量，根据苗木规格大小，可按 25 株、50 株、100 株或 200 株苗木捆成捆，便于统计总数。或用称重法称取一定重量的苗木，然后计算该重量的实际株数，再推算出苗木的总株数。

（三）苗木的包装、贮藏与运输

1. 苗木包装　分级后，苗木要及时包装。一般根据苗木级别以一定数量捆扎、包装、贮藏或运输。包装贮藏工作的好坏直接影响到苗木活力，对造林成活率和初期生长量都有很大影响。

（1）包装前的苗木根系处理　包装前对苗木根系进行处理，其目的是能够较长时间地保持苗木水分平衡，为苗木贮藏或运输至造林地栽植之前创造一个较好的保水环境，以保持苗木活力。根系处理的方法有蘸泥浆、蘸水、水凝胶蘸根和苗木根系保护剂蘸根等。最常用的方法是蘸泥浆。

蘸泥浆是将苗木的根系放在泥浆中浸蘸，可在根系表面形成湿润保护层，实践证明这种保护层能有效地保护苗木活力。

泥浆的种类及物理特性对蘸根的效果影响很大。采用黏土泥浆蘸根，泥浆干后会结成坚硬土块，将苗木分开时会严重伤害苗木的须根及菌根，降低苗木活力。理想的泥浆应当是在苗根上形成一层薄薄的湿润保护层，不会使整捆苗木形成一个大泥团，苗捆中每株苗木的根系能够轻易分开，对根系无伤害。据新西兰对 10 种苗圃泥浆土的分析结果，适宜泥浆土的物理特性为：pH 为 4.5～6.2，细沙含量为 31%～50%，粗沙含量为 1%～19%，淤泥含量为 16%～35%，黏土含量为 14%～26%。

水凝胶蘸根是将一定比例的强吸水性高分子树脂（简称吸水剂）加水稀释成凝胶，然后把苗根浸入，使凝胶均匀附着在根系表面，形成一层保护层，防止水分蒸发的方法。

HRC 苗木根系保护剂是黑龙江省林业科学研究所在吸水剂的基础上，加入营养元素和植物生长调节剂等成分研制而成的，以保护苗木根系为主要目的的复合材料。HRC 为浅灰色粉末，有效磷含量为 10%，药剂吸水量为自身重量的 70 倍以上。HRC 粉剂加适量水后呈胶状物，使用方法是将苗木根系浸蘸该胶状物，在根系表面形成胶状膜。HRC 苗木根系保护剂内各成分，一方面保护了苗木根系，另一方面使苗木在造林后处于较好水分和营养元素的微环境中，保持并提高了苗木活力，促进根系快发、速生。

（2）包装材料和方法　常采用的包装材料有稻草片、纸箱、纸袋、塑料袋、化纤编织袋、布袋、麻袋、蒲包等，用不同材料包装苗木，其保护苗木活力的效果各异。研究表明，内衬塑料薄膜的纸箱（简称运苗箱）有较好的保水性能，苗木活力的下降速度慢，造林成活率较高。此外，对于红松、红皮云杉等苗木，钙塑箱是适宜的包装运输材料，它不仅轻便、坚固耐用，还有很好的保湿、防水、防热性能，采用这一容器直接在苗圃地进行包装，形成集装运输，简化了苗木出圃后的管理工作，减少了苗木损失，提高了造林成活率。

2. 苗木贮藏　贮藏苗木的目的是保证苗木质量，尽量减少苗木水分蒸腾，防止发霉或根系腐烂，最大限度地保护苗木活力。苗木的根系比地上部怕干，细根比粗根怕干。所以，保护苗木首先要保护好根系，防止风吹日晒。苗木贮藏的方法很多，常用的有假植、低温贮藏等。

（1）假植　假植是将苗木的根系用湿润的土壤进行暂时埋植，以防根系失水干枯，保护苗木活力。假植分临时假植和越冬假植两种。临时假植是指在起苗后或造林前进行的短期假植；越冬假植是指秋季起苗后当年不造林而要假植越冬的，又称长期假植。假植地应选在地势较高、避风、排水良好、翌年春季不育苗的地段。平地后挖假植沟，沟深20～100cm（视苗木大小而定），沟宽100～200cm，要求沟土湿润。阔叶树种的苗木单株排列在沟内，每排数量相同，以便统计，苗梢向下风方向倾斜。苗干下部和根系要用湿润土壤埋好，并压实覆土，使根系与土壤密接，防止干风侵袭。要求做到“疏排、深埋、实踩”。针叶树种的小苗50株或100株为一捆，在假植沟内摆放整齐，根部用砂土相隔，越冬假植时，在苗木上方覆盖10～30cm厚的土壤，以防风干或霉烂。

假植期间要经常检查，如果发现覆土下沉应及时培土。假植沟土壤干燥时应适量浇水。特别是早春不能及时出圃时，应采取降温措施，抑制萌发。发现有发热霉烂现象时，应及时倒沟假植。

（2）低温贮藏　低温贮藏是将苗木置于低温库内或窖内保存。低温能使苗木保持休眠状态，降低生理活动强度，减少水分的消耗和散失，既能保持苗木活力，又能推迟苗木萌发，延长造林时间。低温贮藏的温度要控制在0℃ ±3℃，适于苗木休眠，而不利于腐烂菌的繁殖；空气相对湿度保持在85%～90%，要有通风设施。低温库、地窖或冰窖是低温贮藏苗木效果较好的地方。例如，东北地区用窖藏的落叶松、红松苗，既能推迟其春季萌发，又能克服假植干梢的缺点。

3. 苗木运输　苗木从苗圃到造林地，需要经过运输。在运输过程中，苗木会因风吹日晒而失水，因装卸不慎而碰伤顶芽腋芽，或因包被过密实而发霉等，造成一些苗木活力降低，甚至丧失活力。因此，苗木运输也是苗木保护的最薄弱环节之一。

（1）运输工具　苗木运输的最佳环境是将苗木保持在近似贮藏的温湿度条件下，即0～3℃，空气相对湿度90%～95%。一般只有冷藏车才能满足这样的条件，许多发达国家已经比较普遍地采用苗木冷藏运输车，但对发展中国家来说，这种高成本的苗木运输方法短时期内无法采用，卡车是最常见的苗木运输工具。

（2）运输方法　运输过程中包装材料应根据运输距离而定，短途运输可用稻草片、蒲包、化纤编织袋、布袋、麻袋等包装，运输过程中要经常检查，发现苗木干燥时要随时浇水。长距离运输则选用保湿性好的包装材料，如塑料袋、聚偏氟乙烯（KP）袋等。用卡车运输苗木时，必须有帆布棚遮挡，严禁苗木风吹日晒，尤其是针叶树种的苗木，必须禁止未经任何包装的裸根运输。

二、苗木质量评价

苗木质量是指苗木在其类型、年龄、形态、生理及活力等方面满足特定立地条件下，实现造林目标的程度。目前评价苗木质量的主要指标包括苗木形态指标、生理指标和苗木活力指标。

（一）苗木形态指标

苗木形态指标主要有苗高、地径、高径比、苗木重量、根系指标、茎根比及质量指数等。

1. 苗高　苗高是指苗木根颈部（土痕处）至顶芽的苗木茎干长度。如果苗木还没形成顶芽，则以苗木最高点为准。苗高是最直观、最易测定的形态指标。苗高可以反映苗木叶量多少，体现苗木的光合能力和蒸腾面积大小，进而反映苗木生长潜力的大小。因此，苗高与造林后的幼林生长关系密切。但是，苗高与造林成活率关系不紧密，尤其在干旱条件下，甚至出现苗高越高，造林成活率越低的现象。不同树种苗木存在着各自的适宜高度，在适宜高度范围内，成活率和生长量都得以兼顾。例如，火炬松造林，苗木较合理的高度是 14～28cm，在这个高度范围内，不但保证了造林成活率，而且造林 10 年后的树木高生长也不低。

2. 地径　地径又称地际直径，是指苗茎土痕处的粗度。在所有形态指标中，地径是反映苗木质量的最好指标之一。地径不但简单易测，而且在各个形态指标中，地径包含的信息量最大。地径与苗木根系的大小和抗逆性关系密切，地径与根体积、苗木鲜重、干重等紧密相关。由于地径与苗木各部分大小关系密切，因此，地径反映苗木质量的可靠性很高。多数研究表明，地径与造林成活率及林木生长量成正比。

3. 高径比　高径比是指苗高与地径之比。高径比反映了苗木高度与粗度的平衡关系，将苗高和地径两个指标有机结合，较好地反映了苗木抗性及造林成活率。一般高径比越大，说明苗木越高越细，抗性弱，造林成活率低；反之，高径比越小，说明苗木越低越粗，抗性强，造林成活率高。由于高径比是比值，因此不能单独使用，只有将高径比与苗高、地径等指标结合起来，才是一个好指标。一般来说，在苗高达到要求的情况下，高径比越小越好。不同树种之间，适宜高径比的范围差别很大，如侧柏苗木的高径比在 70～80 及以上仍能保证造林成活，而落叶松苗木的高径比不能超过 60。

4. 苗木重量　苗木重量是指苗木干重或鲜重。鲜重容易测定，但因苗木鲜重受含水量影响较大，因此不易获得稳定而可靠的数据。苗木干重则可排除含水量的影响，数据稳定、可靠，是不同研究结果之间比较可靠的指标。干重反映的是苗木干物质积累状况，是指示苗木质量的较好指标。苗木重量可以是苗木总重量，也可以是各部分的重量，如根重、茎重、叶重等。多数研究表明，干重与地径紧密相关，干重指标在指示苗木造林成活率和生长量方面的可靠程度与地径相似。

5. 根系指标　根系是树木的重要器官，对造林成活及早期生长状况具有决定性作用。目前生产上采用的根系指标主要有根系长度、根幅、侧根数等。在研究中常采用根重、根体积、根长、根表面积指数等指标。

6. 茎根比　茎根比是指苗木地上部分与地下部分的重量或体积之比。茎根比反映苗木根茎两部分的平衡状况，即反映苗木水分和营养状况的收支平衡。造林后苗木能否成活，其关键之一是能否保持苗木体内的水分平衡。在苗木大小相近的情况下，茎根比越小，造林效果越好。一般随着苗高增加，适宜的茎根比值也在增加。

7. 质量指数　由于单个形态指标通常只能反映苗木质量的某个侧面，而苗木各部分之间的协调和平衡对造林成活和初期生长又十分重要，因此，人们便试图采用多指标的综合指数来反映苗木的质量，如高径比、茎根比就属于此类。在此基础上，Dickson 等提出苗木质量指数（quality index，QI），其计算公式为

QI＝苗木总干重（g）/｛[苗高（cm）/地径（mm）]＋[茎干重（g）/根干重（g）]｝

公式表明，苗木高径比、茎根比越小，总干重越重，则 QI 越高，苗木质量越好。但是由于这一指标过分追求总体平衡，对重量虽小但意义重大的须根量反应不灵敏，因此仅用这一指标不能替代以上所有指标。

（二）生理指标

生理指标是通过测定苗木的生理状况来反映其质量水平，常用的生理指标有苗木水分状况、导电能力、矿质营养状况、碳水化合物含量、根系活力、芽休眠状况、叶绿素含量等。在此仅介绍几个常用指标。

1. 苗木水分状况　水分是苗木生命活动不可缺少的物质，苗木的生命活动在很大程度上取决于体内水分状况。大量研究和生产实践也证明，造林后苗木死亡的一个重要原因是苗木水分失调。

（1）苗木含水量　苗木含水量是指苗木水分占苗木干重的百分比。研究发现，在一定范围内，苗木水分状况与造林成活率是一种线性关系，随着苗木体内水分逐渐丧失，造林成活率呈下降趋势。例如，对樟子松的试验表明，起苗后苗木失水 5.9% 时，其成活率由原来的 84.5% 降至 42.2%；失水 6.7% 时，成活率为 20.7%；失水 8.6%，成活率为 18.0%；失水 9.4%，成活率只有 6.0%。由此说明，起苗后应保护苗木尽可能少失水，尤其保护根系少失水，是保护苗木活力的关键。但用含水量来衡量苗木生理活动不够准确，且该指标无法将正常苗木与吸足水的死苗区分开来，因此，在实际中很少采用。

（2）水势　水势是同温度下某物系中的水与纯水间每摩尔体积的化学势差，单位为帕（Pa）。苗木的水势（ψ_w）由渗透势（ψ_p）和压力势（ψ_π）组成，它们与水势的关系为

$$\psi_w=\psi_p+\psi_\pi$$

压力势是对膨胀细胞壁的一个正压力，随着细胞的失水，压力便减弱。压力势是衡量苗木水分状况的一个重要指标，它对水分胁迫的反应非常敏感，苗木体内几乎所有的生理过程都会体现在压力势上。如果压力势下降到一定水平，并持续较长时间，则可能对苗木产生永久伤害，甚至死亡。渗透势是一个负压力，它是由于在势能为零的纯水中融入糖、盐等溶质和其他物质而产生的。随着溶质浓度的增加，渗透势降低。纯水的渗透势为零。

以上三者的相互关系随苗木吸水和失水而发生变化，当苗木完全吸足水分时（含水量为 100%），其水势为零，这时压力势和渗透势数值相等但符号相反。随着水分的丧失，细胞膜只让水分通过，而溶质则被留下，因而细胞内溶质浓度增加，渗透势便降低。同

时，由于细胞失去了原有体积，压力势也降低，最终水势降低，苗木水分胁迫增加。

测量水势的方法有压力室法、平衡溶液法、压力探针等。其中压力室法是目前应用最广、效果最佳的一种方法（图 2-9）。压力室测水势技术简单、迅速准确，且便于野外测定。

用水势反映苗木质量时，一般是通过对苗木进行不同时间的晾晒处理，然后测定苗木失水过程中的水势和造林成活率，找出与造林成功、苗木濒危致死等有关的临界水势值。研究表明，雨季造林，初步判定樟子松移植苗和移植容器苗造林成功（成活率>85%）的临界水势值为 −1.6MPa 左右，落叶松移植苗造林成功的水势临界值为 −2.0MPa 左右。

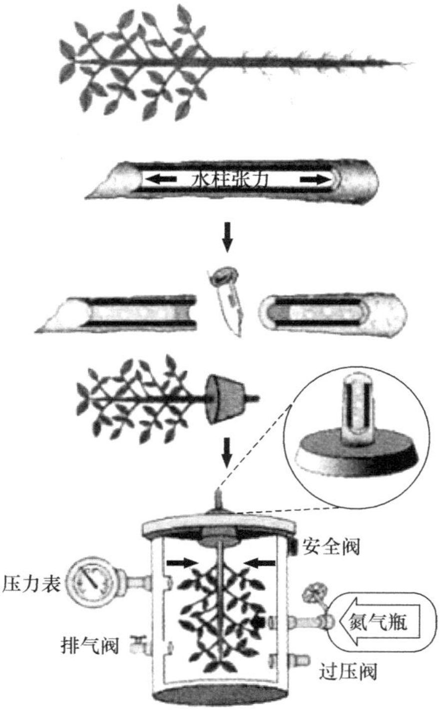

图 2-9 用压力室测定苗木水势示意图
（翟明普和沈国舫，2016）

（3）*P-V* 技术 采用压力室法在苗木逐渐失水过程中建立 *P-V* 曲线，对研究苗木体内水分动态变化规律十分有益。用 *P-V* 曲线还能明显地鉴别出重新吸足水的死苗，这是含水量法和仅测定单一的水势指标所不能解决的难题。

用压力室测定水势与测定失水率、含水量一样，都可能把吸足水的死苗评定为好苗，而 *P-V* 技术则可解决这个问题。尹伟伦研究证明，枯死苗木根系的细胞结构已遭破坏，失去了半透膜的控水能力，在压力室稍加压力（2～5kg/cm^2），水分几乎一次全部排出（占全部排水量的 76%），说明枯死苗吸足水后的水势为 −5～−2kg/cm^2 及以上，如继续增压，也几乎排不出更多水分。吸足水分的好苗，根的细胞膜完整，有很强的控水能力。水势在 −10～−5kg/cm^2，明显低于枯死苗，而且在压力室加压，初次排水很少（仅占全部排水量的 7.7%），并随压力增大，可以连续多次较均匀地排出水分。将测定结果反映在 *P-V* 曲线上，枯死苗的 *P-V* 曲线几乎垂直于横轴，表明细胞内外近乎是自由通过的无阻空间，稍加压力就一次排出近乎全部水分，再增压也几乎不再排出水分（图 2-10），可判断为吸足水的枯死苗。因此，建议对苗木连续增压 5kg/cm^2、10kg/cm^2、15kg/cm^2，观察各压力下排水体积和水势，按上述规律即可判

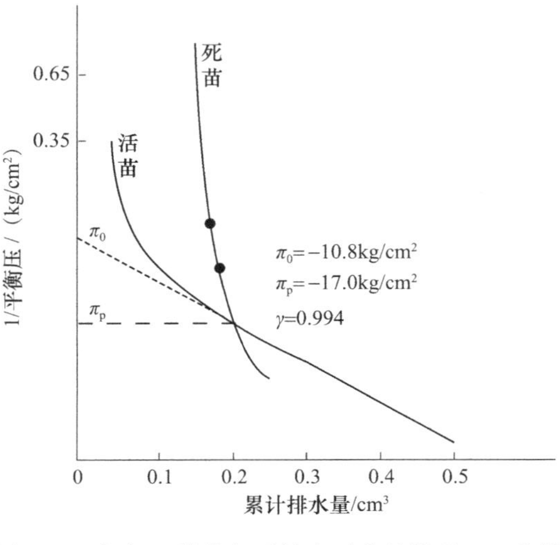

图 2-10 红松正常苗与吸足水死苗的根系 *P-V* 曲线
（沈国舫，2001）
π_0 为苗木膨压为 0 时的渗透压

断苗木的死活。

2. 导电能力　苗木组织水分状况及植物细胞膜受损情况与组织的导电能力紧密相关。水分含量越高，植物组织的导电能力越强。干旱以及其他任何环境胁迫所造成的植物细胞膜受损，使细胞膜透性增大，K^+等离子自由外渗，使细胞外溶液的导电能力增加。因此，通过对苗木导电能力的测定，可在一定程度上反映苗木水分状况和细胞受损情况，以起到指示苗木活力的作用。目前导电能力的测定方法主要是测定植物组织外渗液电导率。

由于根系细胞壁薄、保护性差，在起苗和造林过程中最容易使根系受损伤，而且也最容易丧失水分，从而影响苗木活力。因此，通过测定根系细胞外渗液电导率，能在一定程度上反映苗木生命力的强弱。

（三）苗木活力指标

苗木活力是指苗木被栽植在最适宜生长环境条件下使其成活和生长的能力。苗木活力的生长表现指标综合了苗木的形态和生理指标，最能代表苗木的活力。

根生长潜力（root growth potential，RGP）是将苗木置于最适宜生长环境中的发根能力。它不仅取决于苗木的生理状况，还与苗木形态特征、树种生物学特性及生长季节紧密相关，能较好地预测苗木活力及造林成活率。因此，根生长潜力是目前评价苗木活力最可靠的方法之一。

在测定根生长潜力时，先将苗木的所有白根尖去掉，然后以混合基质（如泥炭和蛭石的混合物）、砂壤土或河沙作为栽植基质，在装有基质的容器中进行栽植，将容器置于最适宜根系生长的环境（如白天温度25℃ ±3℃，光照12～15h，夜间温度16℃ ±3℃，黑暗9～12h，空气相对湿度60%～80%）下培养，保持苗木所需的水分（2～4d浇一次水），28d后将苗木小心取出，将根系上的泥沙洗净，统计新根生长点（颜色发白）的数量。

RGP的表示方式有多种，常用的有新根生长点数量（TNR）、大于1cm长新根数量（TNR＞1）、大于1cm长新根总长度（TLR＞1）、新根表面积指数［SAI＝（TNR＞1）×（TLR＞1）］、基部粗度大于1mm的一级侧根数量、新根鲜重和新根干重等。不同指标反映的是苗木生根过程中不同的生理过程，TNR反映苗木发根状况，而TNR＞1、TLR＞1、SAI、新根鲜重和新根干重则主要反映根伸长情况。

由于苗木在形态和生理上的各种改变都会在RGP上反映出来，因此通过测定苗木根生长潜力，可达到预测苗木的造林成活潜力。但RGP的不足之处在于其测定所需时间较长，不能快速评定苗木活力。

在苗木质量评价方面，以上各种评价指标和方法都有其有特殊意义。国家苗木质量标准《主要造林树种苗木质量分级》（GB 6000—1999）主要根据苗高、地径、根系状况及综合控制条件等指标对苗木进行分级。

思 考 题

1. 选择苗圃地应考虑哪些条件？
2. 试述苗圃耕作的作用及环节。
3. 试述苗圃施肥的原则和方法。

4. 试述 1 年生播种苗不同生长时期的特点及应采取的技术措施。
5. 简述播种苗培育的技术要点。
6. 试述扦插成活的原理及影响插穗生根的因素。
7. 容器育苗中如何选择容器和育苗基质?
8. 试述组织培养育苗的基本程序及关键技术。
9. 简述苗木出圃过程中保存其生命力的技术要点。
10. 在苗木培育过程中注意哪些环节，有利于提高苗木质量（以播种苗为例）?

第三章　造林立地与树种选择

【内容提要】

立地条件类型划分和树种选择是适地适树的基础，适地适树是造林中最重要的基本原则之一，它是决定造林成败的关键。要很好地贯彻这一原则，就必须充分了解造林地的特点和树种的生物生态学特性，掌握不同树种与环境之间的关系。在正确划分立地条件类型的基础上，选择适生的造林树种，做到适地适树，进行科学造林，才能保证造林工作取得成功。

第一节　立地分类与立地质量评价

造林地各种自然条件虽然受造林地区大的气候、地形、地貌的控制，但不同的造林地块，影响林木生长发育的因子又是复杂多变的，深入了解造林地的各种性质，对正确选择造林树种具有十分重要的意义。立地分类与立地质量评价是研究和认识造林地的一种重要手段。

一、立地分类与立地质量评价的意义和作用

立地分类（site classification）与立地质量评价（site quality evaluation）是森林立地研究的两项基本内容，是实现科学造林育林十分重要的基础工作。通过立地分类与立地质量评价研究，能够选择适生造林树种，提出适宜的造林育林措施，对森林的分类经营、造林成本和育林投资及森林的各种效益做出预估。它将对造林和育林质量、发展持续高效林业、天然林保护和更新、恢复和扩大森林资源发挥重要作用。

立地，即森林立地（forest site），是指林业用地上体现气候、地质、地貌、土壤、水文、植被等对林木生存、生长有重大意义的生态环境因子的综合。这种综合生态因子的作用，反映出林木对其所形成的生活环境的适生状况和生产力的潜在可能。

立地分类（site classification）是把生态学上相近的立地进行组合，组合成的单位称为立地条件类型，简称立地类型（或植物条件类型）。立地类型（site type）是具有相同或相似立地条件及生产力水平，但在空间上不一定相连的各个地段归类的总称，即土壤养分和水分条件相似地段的总称。划分立地条件类型是立地分类研究的中心环节，是认识造林地特点和森林空间格局的科学手段和方法。造林和营林工作只有以立地分类为基础，才能营造出生产力高、稳定性强和防护效益好的人工林，也才能培育出高质量的天然林。因此，科学地进行立地类型划分和评价是实行科学造林育林十分重要的基础工作。

立地质量（site quality）是指某一立地上既定森林或其他植被类型的生产潜力，立地质量与树种相关联，并有高低之分。立地质量包括气候因素、土壤因素及生物因素。立地条件（site condition）是指造林地上与林木生长发育有关的自然环境因子的综合。在一定程度上，立地质量和立地条件是可以通用的。

立地质量评价就是对立地的宜林性或潜在的生产力进行判断或预测。立地质量评价的目的，是为收获预估而量化土地的生产潜力，或是为确定林分所属立地类型提供依据。立地质量评价的指标多用立地指数（site index），也称地位指数，即该树种在一定基准年龄时的优势木平均高或几株最高树木的平均高（也称上层高）。立地分类是立地质量评价的基础，一般相同的立地类型具有一致的立地质量，但立地质量相同的林地并非属于同一立地类型。

立地条件类型划定之后，就可以在每一个造林立地类型上配置相应的最适宜林种和树种，实施相应的造林技术措施，不仅有利于造林施工，还能够大大提高林业工作的水平和成效，这正是划分立地条件类型的主要目的。只有科学地划分立地类型、评价立地质量和合理地确定不同立地类型上的乔、灌木造林树种，并在造林实践中证明这些树种能完成正常生长发育过程，达到造林的预期目标时，才可能真正做到适地适树。

困难立地（difficult site）的概念主要是从造林成功的难易程度来定义的，一般指造林比较艰难的立地，如盐碱地、石漠化山地、干旱贫瘠石质山地、滨海滩涂、干热河谷、风沙侵蚀土地、采矿迹地、尾矿堆积场、道路高陡边坡、水岸涨落带、重污染土地等立地。这一类型立地的共同特点是植被恢复需要特定的技术。从某种意义上来说，困难立地是一种特殊的立地类型。

二、立地分类的原则和依据

（一）立地分类的原则

立地分类应遵循科学性和实用性的原则。科学性，即要求立地分类所依据的因素能正确反映立地的本质和特征，符合各立地变化的实际情况，并能做出正确的立地质量评价和生产力效益预估。实用性，即在划分方法上要力求容易掌握，特别是划分的立地类型便于识别和运用，所依据的立地因子直观性强、稳定可靠。因此，立地分类应考虑当前林业生产水平，尽量选择采用容量大、易于调查和测量的主导因子。分类系统及划分类型繁简得当，能落实到小班、山头和地块，适合当前的经营水平，能更好地服务于林业生产。

1. 地域分异原则　地域分异是指自然综合体的地带性和非地带性变化规律，是立地分类的理论基础。立地类型是自然地理综合体的产物。各级立地单元的区分都是地域分异的结果。只有遵循地域分异原则，才能真实反映立地发生学上的差异，分类才有科学的基础，才能真实反映立地的本质差别。

我国地域辽阔，自然条件差异很大，需要分区分类。完整的立地分类系统应反映区域分异和地方分异规律。所谓区域分异是指受制于气候地貌影响的大范围的变化，地方分异是通过划分若干区域，然后在一定区域内，因地形、土壤产生的差别而划分的若干立地单元和立地类型来体现。在森林立地分类系统中的任何一级立地单元，都必须反映本级范围内自然地理因子的差异，特别是其表现出的生态环境因子的差异。立地类型之间在主要立地因子上有明显的差异，相同立地类型在地域上可不连接，但立地条件必须基本一致，而且相对稳定，要求采取相同的造林和营林措施，有基本相同的生产力。

2. 综合多因子与主导因子相结合的原则　森林立地是由多种环境因素构成的自然综合体，其分类必然取决于自然综合体特征的差异，必须综合立地的各构成因素，找出立地的分异特征，这样的分类才能反映立地的固有性质，如果只考虑单个或几个自然因子做出分类，往往是片面的。然而，仅根据综合分析很难进行具体的分类，因为综合特征难以简要说明，综合指标也难确定，尤其在确定类型界线时难以界定。因此，在综合分析各个环境因子之间因果关系的基础上，找出对林木生长、树种分布和林种布局有显著影响和起限制作用的主导因子及其划分指标，就可容易地将类型区分开来。在划分类型界线时，根据主导因子并参考其他因素就容易确定。主导因子更能直观地表达立地类型的主要特征。主导因子既是分类的主要依据，也是影响立地利用改造的主要因素，且在生产实际应用中容易掌握。

3. 简明实用原则　立地分类的任务，不仅要求立地分类工作者运用丰富的生态学、造林学知识和经验，按照上述两个原则建立科学的立地分类系统，还应使生态学、造林学知识和经验不太丰富的广大营林工作者也容易理解和使用，即森林立地分类要着眼于生产应用，服务于造林营林工作。因此，要求建立分类系统时以最简明、最准确、最直观的命名和文字描述表达出来，确定的主导因子要求容易鉴别，以达到科学性与实用性相结合，分类中各级类型划分的依据和指标都要注重考虑树种、造林和营林上的差别以及可能带来的经济和生态效益。在立地分类中经常采用定性和定量的方法，因此在划分立地条件类型时，要求其组成因子在野外调查时应便于测量，如土层厚度、坡向、海拔、植被等比较容易测定和把握。

划分的立地类型粗细适当，能落实到小班，便于在规划设计和造林生产中应用。例如，用土壤水分含量作为立地分类依据是科学的，但在生产实际中无法应用，所以采用间接反映土壤水分含量的地形因子来分类。

（二）立地分类的依据

立地分类系统是一定地域（空间格局和时间格局）各立地单位体系的科学反映。在世界各国立地分类中，苏联和德国的立地分类系统较为完整实用。苏联（乌克兰学派）的立地分类系统共分 6 个层次，即森林类型区、类型亚区、类型分区、级组（养分组、水分组）、立地类型、辅助单位（亚型、变型、形态型）；德国的立地分类系统共分 5 个层次，即立地区（森林生长区）、立地亚区（森林生长亚区）、立地类型组、立地类型、立地变型。我国詹昭宁等建立了中国森林立地分类系统，把立地区划和分类单位组成同一分类系统，划分为 6 级，即立地区域、立地区、立地亚区、立地类型小区、立地类型组、立地类型。该系统前 3 级是立地区划单位，后 3 级为分类单位；立地类型是基本的分类单位。立地分类的依据主要指森林立地分类系统中各级区划和分类单位的划分依据。

1. 区划单位划分依据　森林立地分类系统中，属区划单位的级别（立地分类系统中的前 3 级），主要依据为地貌、水热组合、岩性等的分异性，如《中国森林立地》中“森林立地带”的划分，主要依据气候，特别是其中的空气温度（>10℃日数、>10℃积温数），还参照地貌、植被、土壤以及其他自然因子的分布状况。对人工林栽培来说，还要考虑到最热月气温（℃）、最冷月气温（℃）、低温平均值（℃）等辅助指标。《中国森林立地分类》分类系统的一级区划单位“立地区域”主要依据大尺度地域分异规律，即纬度地带性热力分异、经度地带性干湿分异、大地貌分异以及立地生产潜力和利用改造方向等。

2. 立地条件类型划分的依据　对于基本的立地分类单位，立地条件类型划分主要是依据地形、土壤、水文等立地因子以及植被条件和林木生长状况的差异来划分。

（1）环境条件　一般来说，在林木与其生长环境这一矛盾统一体中，环境是比较稳定的，不同立地环境对林分的树种组成、结构、生产力和效益有决定性的作用。因此，划分立地条件类型必须以造林地上客观存在的立地环境作为基本依据，特别是在中国广大无林地区的造林地上，没有森林植被或森林植被早已被破坏殆尽，即使是灌木及草本植被也经常受人为活动的强烈干扰，使其对立地性能的指示意义有很大程度的下降。因此，在这种情况下也只能以非生物立地环境本身作为划分立地条件类型的依据。在立地环境因子中，气候、地形、土壤和水文因子起决定性的作用。划分立地条件类型必须反映出立地环境因子的异同性，尤其要反映出主导因子的异同性。

（2）植被条件　在主要依据地形、土壤等因子来划分立地条件类型的同时，并不否认植被，尤其是森林植被的作用。由于植被是造林地上光、热、水、养等生态因子的综合反映，如在水土流失严重的黄土高原，植被盖度的大小对于控制水土流失具有重要作用。因此，在植被较好的地区，或植被受破坏较轻的地区，只要分布规律较明显，对其指示意义的研究比较清楚，就可以利用植被作为划分立地条件类型的补充依据。

（3）林木生长状况　林木生长状况在划分立地条件类型工作中有特殊意义。划分立地类型的目的是便于培育林木，林木生长好坏应该成为立地类型划分是否合理的主要尺度，因此，在立地分类中，立地因子与林木生长的相关性研究是不可少的。因此，林木生长状况也应作为检验划分结果的主要依据。

综上所述，在一定的地区内划分立地条件类型，应该依据多因子的综合，其中主要依据主导地形因子和土壤因子，还要以植被作参考，以林木生长状况作验证。

三、主要立地因子分析

在进行森林立地分类与评价时，一般采用的立地因子主要包括三大类，自然环境因子、森林植被因子和人为活动因子。自然环境因子包括气候、地形、土壤和水文，森林植被因子主要指植物的类型、组成、覆盖度及其生长状况等，人为活动因子主要指人为活动的影响程度。在这些因子中，主要研究和应用起主导作用的因子。

（一）自然环境因子

1. 气候　气候决定了植物赖以生存的水热条件，从而形成了植被类型的分布格局。例如，我国由北向南，形成了寒温带针叶林、温带针阔叶混交林、暖温带落叶阔叶林、亚热带常绿阔叶林、热带季雨林及雨林等不同森林植被类型。此外，在同一个热量带内由于纬度不同及大地形的干扰，水热条件还有一定差别，使得森林植被类型的种属组成及森林的生产力发生变化。例如，南方的杉木地跨北、中、南三个亚热带，生产力以中亚热带南部最高，南、北亚热带较低，而马尾松生产力则由北亚热带向南亚热带逐渐提高。

大气候主要决定着大范围或区域性森林植被的分布，而小气候明显地影响树种或群落的分布。由于气候的这一特性，在立地分类系统中，气候一般作为地域分类的依据或基础，在立地类型的划分中并不考虑气候因子。小气候对林木生长的影响也很重要，但很少用于立地质量评价和分类，这是因为小气候的变化常常与地形变化紧密相关，而地形的变化还伴随着土壤等因子的改变，如坡向、坡位的不同，小气候与土壤条件同时发生改变，因此很难单独获得小气候因素与林木生长良好相关的资料。

2. 地形　地形因子并非植物生活的基本因子，但地形能够影响与林木生长直接相关的水热因子和土壤条件，从而反映出不同造林地在宜林性质和生产潜力之间的差异。地形因子包括海拔、坡向和坡度、地貌部位等。

（1）海拔　海拔的变化对区域性气候影响很大。海拔每升高100m，气温平均下降0.56℃；纬度增加1°，气温相差1.5℃。从黄土高原的变化规律来看，热量是由东南向西北随纬度和海拔升高而降低。海拔升高，气温下降，热量减少，蒸腾蒸发减弱，气候变得湿润，从而可使土壤肥力提高、植被生长茂密或植被类型发生更替等。当研究的范围较小时，一般相对高差不大，海拔不作为划分立地条件类型的因子。但在相对高差很大的地方，必须考虑海拔的差异，海拔的分级可参照当地树种的垂直分布情况，并根据当地海拔分布范围，灵活掌握。海拔一般可分为两级或三级：①低山或浅山区，海拔在800～1000m及以下的地区；②中山区，海拔在1000～2500m的地区；③高山区，海拔在2500m以上的地区。在小范围内划分立地类型，还可进一步细分。

（2）坡向和坡度　山地的坡向对光、热、水等条件具有再分配的作用，形成了不同坡向、坡地的小气候条件，直接反映坡地土壤温度及其水分的明显差异。据山西太岳山国有林管理局等在沁源县马泉林场的定点试验，表土20cm深处的温度，早春阳坡比阴坡高出5.9℃（阴坡为3.2℃，阳坡为9.1℃），在雨季高1.9℃，秋季高4.6℃。不同坡向水热条件的差异往往是植被差异的决定性条件。在甘肃陇中南部半湿润森林草原地带，不同坡向往往形成截然不同的两个植被类型和土类，阴坡为森林和褐色土，阳坡为草原和黑垆土；在中部典型草原地带，阴坡为典型草原和黑垆土或暗灰钙土，阳坡为半荒漠草原和淡灰钙土。不同坡向土壤养分也有一定差异，阴坡土壤有机质含量高，东、西坡居中，阳坡最低。

坡向又是和坡度结合起作用的，坡度很缓时，阴坡和阳坡所接受的太阳辐射能量相差不大，坡度较陡时，则不同坡向水热条件会显著不同。坡度不同，水土流失程度、拦蓄地表径流能力差异较大，坡度愈陡、地表径流愈大、土壤侵蚀也愈严重。据绥德水土保持科学试验站测定，一次51.7mm的降雨，在15°的斜坡上流失了24.5～23.8mm，在26°～30°的斜坡上流失了31.3～36.9mm，即在15°的坡面上土壤吸收的水分约相当于本次降雨的1/2，在26°～30°的坡面上只相当于降雨的1/4～2/5。因此坡度愈陡，土壤愈干燥瘠薄，林木生长愈差。

（3）地貌部位　不同的地貌类型区，地貌特点不同，地貌部位的划分也不一致，即使是在一个地貌类型范围内，也要根据当地具体情况进行划分。不同地貌部位的温度、风的状况、土壤的厚薄及土壤水分状况都有很大差别，造林树种、造林技术等也不同，因此，地貌部位是划分立地条件类型的重要因子之一。黄土地区和土石山区比较重要的地貌部位有梁峁顶或塬面、斜坡、坡位、沟坡、沟底、坡麓、滩地等。

总体而言，局部地形的特点表现在以下几个方面：①比其他生态因子稳定、直观，易于调查和测定；②常常与林木生长高度相关，地形稍有变化，就能在林木生长上明显反映出来；③每一个局部地形因素，如坡向的阳坡与阴坡，坡位的山脊、山坡与山洼，都能很好地反映一些直接生态因子（小气候、土壤、植被等）的组合特征。例如，山脊（或坡的上部）反映着阳光充足、干燥、风大的特征，土层较薄（为残积母质），水分较少，生长着比较耐瘠薄的地被植物；山洼（或坡麓）则反映着比较阴湿、微风、土层厚（通常为坡积土）的特征，而生长着喜湿喜肥的地被植物。局部地形对森林生产力有重要的影响，一个局部地形因素有综合反映环境特征的作用，目前国内外的森林立地工作者都在用地形来划分立地类型，并与林木生长建立回归模型，评价立地质量。

3. 土壤　土壤是林木生长的基质，是森林立地的基本因子。土壤因素本身受气候、地质、地形等多种因素的影响，形成了不同地理区域的土壤差异性，而不同的土壤也决定了不同树种的分布和生长潜力。在评价造林地的生产潜力以及制定造林技术措施时，一般都离不开对土壤条件的分析。土壤性质包括土壤种类、土层厚度、土壤质地、土壤结构、土壤养分、土壤腐殖质、土壤酸碱度、土壤侵蚀度、各土壤层次的石砾含量、土壤含盐量、母质的种类等。

（1）土层厚度　土层厚度是宜林地土壤肥力的一个重要指标，厚层土林木根系发展的空间大，吸收的养分总量多。虽然有的树种对瘠薄土层的适应能力较强，如松、柏等可以在岩石裸露的地方生长，但无论任何树种，在土层厚的地方都会比土层薄的地方生长良好。黄土地区土层都较厚，土层厚薄不作为划分立地条件类型的因子，但在土石山区，土层厚薄的变化很大，因而土层厚度就成为土石山区划分立地条件类型很重要的因子了。土层厚薄一般可分为三类：①厚层土，土层厚度＞50cm；②中层土，土层厚度为25～50cm；③薄层土，土层厚度＜25cm。

（2）土壤质地　土壤质地是影响土壤水分的关键因子。不同土壤或母质类型因土壤质地不同，其物理化学性质差异较大。土壤质地与土壤温度、土壤透水性、保水力、保肥力、土壤空气及土壤的紧实程度等许多性质有密切的关系。因此，土壤质地对造林工作有很大影响。例如，砂质土有机质及养分含量低，漏水漏肥，但土温易上升，土壤较疏松，耐瘠薄、耐旱树种可以生长。黏质土养分含量较高，但透水能力很差，土壤空气含量很低，影响根系呼吸，特别是干燥时土壤极为坚实，林木根系很难下扎，这种土壤不经改良难以造林，即使勉强植树，也生长不良。壤质土介于二者之间，宜林性质最好。土壤质地可按物理性黏粒（0.01mm 土粒）含量多少分类，在造林工作中一般可分为3～5级：砂土，物理黏粒的含量在10%以下；壤质土，物理黏粒含量在10%～60%；必要时壤质土又可分为砂壤、轻壤、中壤、重壤四级，其物理黏粒含量分别为10%～20%，20%～30%，30%～45%，45%～60%；黏土，物理黏粒含量在60%以上。

在黄土地区，黄土的机械组成在较大范围内比较均匀一致，土壤质地并不作为划分立地条件类型的重要因子。而在土石山地及石质山地、河滩地上的冲积性土壤，土壤机械组成的变化较大时，对林木生长的影响就会很大。对土壤质地除注意水平变化外，还要注意土壤的垂直变化，特别是冲积性土壤，不同层次往往沉积有质地不同的土壤，这些情况对树种选择都有很大影响。

此外，影响造林工作的土壤性质还有土壤pH、土壤盐渍化程度、地下水位的高度、石灰结核含量及结核层分布深度等，应根据当地的具体情况决定是否将其作为划分立地类型的因子。

4. 水文　水文条件包括地下水深度及季节性变化、地下水的矿化度及其盐分组成、有无季节性积水及其持续期等。对于平原地区，该因子特别是地下水位起到重要的作用。据杜历的研究，宁夏银北地区，地下水位高，土壤盐渍化重，控制地下水位上升是灌区土壤改良的关键，该灌区地下水位控制在 1.8m 以上时，一般不会发生返盐现象。在平原地区的立地分类中，水文因子特别是地下水位经常成为主要考虑因子之一。而地下水位在山区的立地分类中一般不考虑。

（二）森林植被因子

南方的常绿阔叶林、华北的松栎针阔混交林、东北的兴安落叶松林等不同森林植被类型对水热的要求不同，从而反映出不同大气候带的植被差别。从树种分布上讲，红松代表温带湿润地区的树种，油松代表温带耐旱树种，马尾松、杉木则代表喜湿热的亚热带树种。

在植被未受严重破坏的地区，植被状况能反映出立地的质量，特别是某些生态适应幅度窄的指示植物，可以较清楚地揭示造林地的小气候、土壤水肥状况，帮助人们深化对立地条件的认识。例如，蕨类生长旺盛指示宜林地生产力高；马尾松、茶树、映山红、油茶等指示酸性土壤；黄连木、杜松、野花椒等指示土壤中钙的含量高；柏木、青檀、侧柏天然林生长地的母岩多为石灰岩；仙人掌群落指示土壤贫瘠和气候干旱等。在苏联、北欧、加拿大等寒温带森林中，广泛应用植物种或植物群落的指示意义来评价立地，并将其作为立地分类系统中基层分类单元的分类依据。同样用建群种（或优势种）林木的优势高、生物量、收获量等也可衡量立地质量。但在我国，多数造林地植被受破坏比较严重，如黄土高原地区由于人为活动反复干扰影响，天然植被已被破坏殆尽，不少地方连次生植被也不多见。因此，植被因子不作为划分立地类型的主要因子。然而，某些残存的天然植被，仍可作为判别立地质量、选择造林树种、拟定造林营林措施的一种依据或参考。

（三）人为活动因子

不合理的人为活动，如取走林地枯枝落叶、严重开采地下水，会使立地劣变，产生土壤侵蚀，降低地下水位。由于人为活动因子的多变性和不易确定性，在森林立地分类中，一般只作为其他立地因子形成或变化的原动力之一进行分析，而不作为立地条件类型的组成因子。

（四）森林立地主导因子

我国森林地理环境十分复杂，一般情况下任何单一立地因子都无法全面反映多级的环境特征和正确地评价立地质量，必须采用多因子综合的方法。实际上影响森林类型和森林生长的因素是众多的、综合的。因此，当揭示的影响因子愈多，愈能综合，对森林立地质量的评价愈逼近真实。

1. *主导因子的概念*　一块造林地上作用于林木生长的环境因子相当多，如果全部罗列出来，很难找出头绪。然而，由于各个因子所起的作用差异很大，有些因子对林木生长发育的作用微不足道，有的因子却起着决定性的作用，这些起决定性作用的因子，在造林学上称为主导因子。一般而言，在分析立地与林木的关系时，没有可能也没有必要对所有立地因子进行调查分析，只要找出主导因子，就能满足造林树种选择和制定造林技术措施的需要。

2. *主导因子的确定方法*　由于立地因子千变万化，要找出主导因子并不存在一个万能处方，关键是要对具体问题做具体的分析。主导因子可以从两个方面去探索。一方面是逐个分析各环境因子与植物必需的生活因子（光、热、水、气、养）之间的联系，从分析中找出对生活因子影响最广、影响程度最大的那些环境因子；另一方面则是找出处于极端状态、有可能成为限制植物生长的那些环境因子，按照一般规律，成为限制因子的多是起主导作用的因子，如干旱、严寒、强风、冰雹、过高的土壤含盐量等。把这两方面结合起来，重点考虑保证林木生长所需的光、热、水、养等生活因子，逐个分析各环境因子的作用程度，注意到各因子之间的相互联系，特别注意那些处于极端状态，有可能成为限制因子的环境因子，主导因子就不难找出。可采用定性分析与定量分析相结合的方法来确定主导因子。

在分析主导因子时应注意两点：一是探索主导因子不能只凭主观分析，而要依靠客观调查，要善于从各环境因子对林木生长影响程度的客观现象中总结出主导因子，对不同生态要求的树种，立地条件中的主导因子是不同的，应分别加以调查和探索；二是主导因子的地位离不开它所处的具体场合，场合变了，主导因子也会发生变化。例如，坡向在一些场合下起重要作用，而在另一些场合就没有明显作用了，如低纬度地区的平缓坡。所以，不能用固定的眼光来看待主导因子。

四、立地类型划分方法和立地质量评价

森林立地类型是森林立地分类系统中最基本的分类单位。即将立地条件相近、具有相同生产力而不相连的地段组合起来，划分为一类，按类型选择造林树种、设计造林技术和营林措施。进行立地类型划分时应以生态学为基础，掌握自然条件的地域分异规律，分析各立地因子与造林和林木生长的关系，正确地划分适合当地自然规律、符合生产实际的立地类型。

（一）立地类型划分方法

立地类型划分方法，可以分为以环境因子为依据的间接方法和以林木的平均生长指标为依据的直接划分方法。由于我国造林区多为无林地带，因此，间接的方法最为常用。

1. 按主导环境因子的分级组合划分　在造林类型区或小流域范围内，直接按环境因子，特别是主导环境因子的异同，进行分级和组合来划分立地类型，有的辅以立地指数。此法较适合于无林、少林地区，以及因森林被破坏严重而难以利用现有森林进行立地类型划分的地区。这种方法通俗易懂，易于掌握，在实际工作中应用比较普遍。但因包含的因子较少，比较粗放、刻板，因而难以反映立地条件的某些差别。例如，土壤因子只考虑土层厚度因子而反映不出腐殖质含量、母质状况等方面的差异。尤其在大范围内划分的立地类型，很可能名称相同，但其意义并不完全一致。下面举例介绍我国各地区立地类型的划分。

例 3-1：晋陕黄土高原沟壑（渭北）区立地条件类型划分（表 3-1）。

主导环境因子：地形、坡向及土壤母质。

环境因子分级：地形分为 5 级，坡向分为 2 级。

环境因子组合：共组合出 13 个立地条件类型。

表 3-1　晋陕黄土高原沟壑（渭北）区立地亚区立地条件类型表

序号	地形	坡向	土壤母质	立地条件类型名称
1	山梁顶	—	黄土	山梁顶黄土冲风口
2			姜石粗骨土	山梁顶姜石粗骨土
3			黄土	山梁顶黄土
4	山梁坡、沟坡上部	阳向	姜石粗骨土	山梁坡、沟坡上部阳坡姜石粗骨土
5			黄土	山梁坡、沟坡上部阳坡黄土
6		阴向	黄土	山梁坡、沟坡上部阴坡黄土
7	山梁顶坡、沟坡中下部	阳向	红黏土	山梁坡、沟坡中下部阳坡红黏土
8			黄土	山梁坡、沟坡中下部阳坡黄土
9		阴向	黄土	山梁坡、沟坡中下部阴坡黄土
10	＞36° 坡面	—	黄土	山梁坡、沟坡急陡坡黄土
11	塬面			塬面黄土
12	沟底川滩	—	塌积冲积土	沟底川滩塌积冲积土
13			冲积石砾土	沟底川滩冲积石砾土

资料来源：邹年根和罗伟祥，1997

注：“—”表示坡度平缓或陡坡平缓阴阳坡光照差别很小，极陡坡只能进行自然恢复植被

例 3-2：冀北山地立地条件类型划分（表 3-2）。

主导环境因子：海拔、坡向、土壤种类及土层厚度。

环境因子分级：海拔分为 2 级，坡向分为 2 级，土层厚度分为 4 级。

环境因子组合：共组合出 11 个立地条件类型。

表 3-2　冀北山地立地条件类型表

编号	海拔 /m	坡向	土壤种类及土层厚度 /m	备注
1	＞800	阴坡半阴坡	褐色土，棕色森林土，＞50	土层下为疏松母质或含 70% 以上石砾
2	＞800	阴坡半阴坡	褐色土，棕色森林土，25～50	
3	＞800	阳坡半阳坡	褐色土，棕色森林土，＞50	
4	＞800	阳坡半阳坡	褐色土，棕色森林土，25～50	
5	＞800	不分	褐色土，棕色森林土，＞25	
6	＜800	阴坡半阴坡	褐色土，棕色森林土，＞50	
7	＜800	阴坡半阴坡	褐色土，棕色森林土，25～50	
8	＜800	阳坡半阳坡	褐色土，棕色森林土，＞50	
9	＜800	阳坡半阳坡	褐色土，棕色森林土，25～50	
10	＜800	不分	褐色土，棕色森林土，＞25	
11	不分	不分	＜25 及裸岩地	土层下为大块岩石

资料来源：沈国舫，2001

2. 按生活因子的分级组合划分　在造林类型区或小流域范围内，根据宜林地小班的土壤水分和养分因子，分级组合成不同立地条件类型。土壤湿度从极干旱至湿润分为若干水分级，并以数字表示各自干湿程度，同时借助于植物组成（主要是反映土壤湿度状况的指示植物）和覆盖度指示水分状况。一般把土壤水分因子分为 5 级（0～4 级）；土壤养分因子按土类、土层厚度分为若干养分级，以字母表示其养分高低，土壤养分因子分为 4 级（A～D）。最后以纵表头代表土壤湿度，横表头代表土壤养分制成二维表格形式。划分的立地条件类型用符号表示（表 3-3）。在实际应用当中，只要测定造林地土壤湿度、有机质含量、土层厚度及出现的植物种类、覆盖度，通过立地条件类型表（表 3-3 和表 3-4）就可查得造林地相对应立地条件类型。

这种方法反映的因子比较全面，立地类型的生态意义比较明显，但忽略了不同地形引起的光照和热量的变化。此外，生活因子不易测定，如水分因子分级很难界定。由于土壤水分易发生变化，在立地调查过程中，一次测定代表不了造林地的情况，需要长期定位观测才能比较客观地反映造林地的水分状况，而且水分和养分受地形的影响较大，因此，还要分别在不同的地形条件下测定土壤水分和肥力，这就需要布设大量的定位观测点，这在大面积造林规划设计中很难实施。除科学研究外，实际工作中很少被人们采用。

表 3-3　山西西山地区丘陵沟壑区立地条件类型表

水分级	土壤瘠薄、无结构，有机质＜0.2%（A）	土壤较瘠薄、有结构，有机质 0.2%～0.6%（B）	土壤较肥，有良好结构，有机质 0.6%～1.0%（C）	土壤肥沃，有机质＞1.0%（D）
极干（0）土壤含水量＜5%	A_0			
干（1）土壤含水量 5%～10%	A_1	B_1		
潮（2）土壤含水量 10%～15%		B_2		
润（3）土壤含水量 15%～20%			C_3	D_3
湿（4）土壤含水量 20%～25%			C_4	D_4

资料来源：曹裕民等，1981

注：土壤含水量指 5～6 月旱季土壤 30cm 处水分状况

表 3-4　华北石质山地立地条件类型表

类型	瘠薄的土壤（A）＜20cm 的粗骨土或严重的流失土	中等的土壤（B）20～60cm 的棕壤和褐色土或深厚的流失土	肥沃的土壤（C）＞60cm 的棕壤和褐色土
极干旱（0）（旱生植物，覆盖度＜60%）	A_0		
干旱（1）（旱生植物，覆盖度＞60%）	A_1	B_1	C_1

续表

类型	瘠薄的土壤（A） ＜20cm 的粗骨土 或严重的流失土	中等的土壤（B） 20～60cm 的棕壤和褐色土或 深厚的流失土	肥沃的土壤（C） ＞60cm 的棕壤和褐色土
湿润（2） （中生植物）		B_2	C_2
潮湿（3） （中生植物，有苔藓类，且徒长，柔软）			C_3

资料来源：翟明普和沈国舫，2016

3. 用立地指数代替立地类型　在造林类型区或小流域范围内，将现有林标准地调查的林木高生长资料与立地因子相结合，经多元回归分析，确定某一树种到基准年龄时在不同立地条件下的立地指数（表 3-5）。这种方法具有量的概念，可编表查定，也可通过多元回归与许多环境因子联系起来，还可根据偏相关系数了解各因子对林木生长影响的大小。因此，此法可用于大面积人工林地区立地质量的评估，易做到适地适树；能够预测未来人工林的生长量和产量。但是，由于某一树种的立地指数表仅适于调查地区的该树种，不能作为评价这一地区许多树种立地类型优劣的共同尺度。此外，立地指数只能说明效果，不能说明原因。例如，同样生长不好的刺槐林分，在黄土高原丘陵地区的北坡是由于阳光不足，而在南坡则是由于过于干旱，但在编制立地指数表时，这两个立地很可能被划进同一个立地指数级，造成了同一立地指数级的立地条件并不一致的结果。

表 3-5　陕西淳化县不同立地条件下刺槐幼林生长情况表

立地条件	6 龄树高 /m	生长情况
冲风坡阳向沟坡红胶土	＜3	小老树
阳向沟坡白墡土 阳向沟坡姜石土 阴向沟坡红胶土 阳向山坡胶质土 阳向山坡粗骨土	3～4	较差
沟坡中下部浅洼地 山坡黑垆土 阴向沟坡白墡土 阳向山坡白墡土 阴向山坡	4～6	正常
沟底	7～10	旺盛

资料来源：王佑民，1982

（二）立地质量评价

立地质量是林地自然生产能力的反映。立地质量评价的目的在于合理利用土地资源，并为树种选择、造林技术和营林措施设计提供依据。

1. 立地质量评价的意义　由于不同树种的生物学特性不同，各立地因子对不同树种生长指标的贡献或限制存在一定的差异，立地质量往往因树种而异。同一立地类型，有的适宜多个树种生长，有的则仅适宜于单个树种生长，通过立地质量评价可以确定某一立地类型上生长不同树种的各自的适应程度，因而可在各立地类型上配置相应的最适树种，实施相应的技术措施，以达到适地适树和合理经营的目的。

2. *立地质量评价方法*　立地质量评价方法可分为直接评价和间接评价两类。直接评价法指直接利用林分的收获量和生长量数据来评定立地质量，如地位指数法（site index curves）、树种间地位指数比较法（site index comparisons species）和生长截距法（growth intercept）等。间接评价法是指根据构成立地质量的因子特性或相关植被类型的生长潜力来评定立地质量的方法，如测树学方法（mensurational methods）和指示植物法（plant indicators）。当前，国内采用的立地质量评价方法主要为地位指数评价法。

地位指数评价法是一种定量分析的方法，也称为多元地位指数法。应用某个主要树种的立地指数，把树种的立地指数作为因变量，各项立地因子作为自变量，采用多元逐步回归分析法、数量化理论（Ⅰ）或非线性回归分析等数学方法建立预测模型。根据各立地因子与立地指数间偏相关系数的大小（显著性），筛选出影响林木生长的主导因子，说明不同主导因子分级组合下的立地指数的大小，并建立多元立地质量评价表，以评价立地质量。不同的立地因子组合将得到不同的立地指数，立地指数大者立地质量高。研究发现，树高尤其是优势木平均高与林地生产力的关系比其他任何一个因子都要密切，受林分密度、苗木质量及其他因子的影响少，能客观地反映立地质量。但是，使用立地指数评价立地质量也有弊端，如京西山区低山带 25 年生油松人工林，上层高 5m 左右的既有阳坡厚层土类型，也有阴坡中层土类型（表 3-6），而这两个类型显然是不相同的。另外，立地指数必须与一定的树种相联系，因为不同树种对立地条件的反应也有差异，如刺槐与油松比较，海拔上升到 1600m 时，刺槐生长受到影响，而油松更适宜。因此，就需要进行立地质量的树种代换，即通过数量化方法和多元分析技术，建立以立地因子为依据的地位指数代换模型，并进而将地位指数转化为标准蓄积量，这样就能从生态基础上解决多树种的立地质量代换问题。

表 3-6　京西山区油松上层高的生长预测表

土肥级	海拔＜400m			海拔 400～800m			海拔 800～1200m			海拔 1200～1600m		
	SW	E	N	SW	E	N	SW	E	N	SW	E	N
Ⅰ（≥81cm）	5.61	6.01	6.42	6.00	6.41	6.81	6.39	6.80	7.20	6.78	7.19	7.59
Ⅱ（51～80cm）	4.93	5.34	5.37	5.32	5.73	6.13	5.72	6.12	6.52	6.11	6.51	6.92
Ⅲ（31～50cm）	4.26	4.66	5.06	4.65	5.05	5.45	5.04	5.44	5.85	5.43	5.83	6.42
Ⅳ（≤30cm）	3.58	3.98	4.39	3.99	4.37	4.78	4.36	4.77	5.17	4.75	5.16	5.56

资料来源：沈国舫，2001

注：SW 为坡向西南；E 为坡向东；N 为坡向北

多元地位指数法能解决有林地和无林地统一评价以及多树种代换评价的问题，因而被认为是解决问题的根本方法。一般用多元统计方法构造数学模型，即多元地位指数方程，以表示地位指数与立地因子之间的关系，用以评价宜林地对其树种的生长潜力，其可表示为

$$\mathrm{SI}=f(x_1, x_2, \cdots, x_n, z_1, z_2, \cdots, z_n)$$

式中，SI 为立地指数；x_i 为立地因子中定性因子（$i=1, 2, \cdots, n$）；z_j 为立地因子中可定量因子（$j=1, 2, \cdots, n$）。

目前在我国各个地区对许多树种（落叶松、杉木、油松、刺槐、泡桐、马尾松等）进行了立地质量评价的研究。下面分别举例说明。

例 3-3：沈国舫等采用多元回归分析方法，研究了京西山区油松人工林上层高（H_t）与立地的关系，从许多立地因子中，经逐步回归分析，筛选出 3 个主导因子，即以细土层厚度为基础的土壤肥力等级（SF）、海拔（EL）和坡向（ASP），得出回归方程式（基准年龄 25 年）：

$$H_t=2.1049+0.6773SF+0.3917EL+0.4040ASP$$

复相关系数 $R=0.8495$；偏相关系数 $R'_{SF}=0.6567$，$R'_{EL}=0.4378$，$R'_{ASP}=0.3354$。

用这个回归方程测算，即可得到不同立地因子组合下的油松上层高生长预测表（表 3-6）。

例 3-4：全国杉木栽培科技协作组负责组织，进行了各杉木产区的立地质量评价工作，以皖南山区研究成果为例（表 3-7）。

表 3-7　皖南山区中部实生杉木林多因素量化地位指数查定表　　$A=20$

项目	类目	各测定项目组合得分							R'/得分
		1	2	3	4	5	6	7	
坡位	顶背风口	9.27	5.36	5.06	2.34	1.75	1.12	0.72	0.752/4.52
	平缓山麓	8.27	4.42	4.56	2.63	3.21	4.52	4.90	
	中上部	11.79	7.49	7.13	4.11	3.08	2.79	2.57	
	中下部	13.49	9.27	8.73	5.74	4.58	4.36	4.12	
	山坞及塌积处	14.67	9.81	9.21	6.09	5.27	5.17	5.24	
	前丘，浅丘	11.19	7.03	6.61	3.42	2.71	2.35	1.96	
黑土层厚度 /cm	<11		2.51	2.75	1.59	1.05	0.59	0.35	0.506/2.27
	11～20		3.54	3.90	2.94	1.51	1.32	1.14	
	21～30		4.17	4.43	3.40	2.16	1.93	1.63	
	31～40		5.20	5.15	4.05	2.69	2.59	2.33	
	>40		5.04	5.20	4.33	3.12	2.83	2.62	
细土层厚度 /cm	40～80			0.98	0.71	0.60	0.38	0.22	0.516/1.43
	>80			1.87	1.95	1.83	1.75	1.65	
含石量 /%	>70				1.18	1.05	0.57	0.34	0.554/2.14
	70～51				0.99	0.88	-0.12	0.22	
	50～36				2.81	2.52	1.48	1.47	
	<35				3.05	2.96	2.02	2.11	
土壤湿度	滞水					0.90	0.43	0.30	0.454/1.58
	湿					0.96	0.28	0.11	
	干					2.09	1.38	1.39	
	润					2.73	1.92	1.69	
坡度	<15°						0.59	0.41	0.445/2.70
	15°～25°						2.82	3.13	
	26°～35°						2.27	2.58	
	>35°						2.08	2.43	

续表

项目	类目	各测定项目组合得分							R'/得分
		1	2	3	4	5	6	7	
坡向	S，SW，SE，W							0.91	$\frac{0.253}{0.57}$
	N，NW，NE，E							1.48	
	复相关系数	0.6999	0.766	0.784	0.831	0.870	0.883	0.889	
	剩余标准差	1.52	1.37	1.33	1.20	1.07	1.02	1.00	

例 3-5：在土壤可供水量成为林木生长限制因子的干旱、半干旱地区，也可以全年或干旱季节的平均土壤含水量作为立地质量的指标，如原西北林学院根据西北黄土高原土壤、气候和植被分布特征，应用数量化理论（Ⅰ）方法的数学模型，以土壤水分含量为基准变量，地形因子为自变量，建立预测方程，编制出陕西淳化县宜林地土壤水分数量化立地质量得分表（表 3-8）。

表 3-8　陕西淳化县宜林地土壤水分数量化立地质量得分表

项目	类目	各因子得分值						R'/得分
		x_1	x_2	x_3	x_4	x_5	x_6	
坡向	阳坡	18.14	16.93	17.84	17.20	17.02	16.67	$\frac{0.641}{7.26}$
	半阳坡	21.68	20.50	21.12	20.17	19.86	19.52	
	半阴坡	25.49	23.77	24.95	23.74	23.34	22.97	
	阴坡	26.72	25.04	25.81	24.80	24.33	23.93	
土壤	砾石土		0.00	0.00	0.00	0.00	0.00	$\frac{0.278}{3.80}$
	黄白墡土		1.00	1.15	0.70	1.48	1.08	
	褐土		4.13	4.10	4.42	4.11	3.80	
坡度	＜15°			0.00	0.00	0.00	0.00	$\frac{0.195}{1.91}$
	15°～25°			-1.24	-1.68	-1.48	-1.51	
	26°～35°			-0.88	-1.27	-0.96	-0.90	
	＞35°			-1.81	-2.31	-1.97	-1.91	
植被覆盖	0.3～0.5				0.00	0.00	0.00	1 $\frac{0.182}{1.52}$
	0.51～0.7				1.10	0.99	0.97	
	0.71～0.9				1.64	1.61	1.52	
坡位	山（沟）坡上部					0.00	0.00	$\frac{0.115}{1.26}$
	山（沟）坡下部					0.56	0.58	
	沟底					1.25	1.26	

续表

项目	类目	各因子得分值						R'/ 得分
		x_1	x_2	x_3	x_4	x_5	x_6	
海拔 /m	800～1000						0.00	0.097/0.42
	1001～1200						0.68	
	1201～1400						0.99	
	1401～1600						0.42	
复相关系数		0.66	0.71	0.73	0.74	0.74	0.75	

资料来源：张康健，1988

为了便于评价宜林地的立地质量，可在得分表的基础上编制“数量化立地质量等级表”，将 x_i 列中各类目得分值代数和极差（最大代数和减去最小代数和）四等分，将其值由最大到最小组合为四个数值范围，即为四个立地质量等级（表 3-9）。

表 3-9　陕西淳化县造林立地质量等级表

立地等级	x_6 列得分值	立地评价
Ⅰ	27.33～31.50	优
Ⅱ	23.14～27.32	良
Ⅲ	18.95～23.13	中
Ⅳ	14.76～18.94	差

根据表 3-8 和表 3-9 可估测无林地上任何一个小班的立地质量。例如，调查得到某一小班的立地因子是：阳坡，下部，植被盖度 0.5～0.7，坡度＜15°，褐土，海拔 1300m，查得分表 3-8x_6（6 个类目）列累计各类目得分值为 23.01，再查表 3-9 可知其立地质量等级为Ⅲ，立地评价为“中”。

第二节　人工林种类与造林树种选择

一、人工林的种类

在无林或原来不属于林业用地的土地上造林，称为人工造林（afforestation）。在原来生长森林的迹地（采伐迹地、火烧迹地等）上造林称为人工更新（regeneration）或更新造林。用人工种植的方法营造的森林称为人工林（plantation）。根据人工林培育目的不同，将人工林划分为不同的种类，称为林种。我国的人工林林种划分为以下几类。

（一）防护林

防护林（protection forest）是以发挥森林的防护作用为主要目的的林分。可依据防护对象或目的的不同分为水源涵养林、水土保持林、防风固沙林、农田防护林、牧场防护林、护岸护路林等。这些林种还可根据林分在防护林体系中的不同功能做进一步的细分。

（二）用材林

用材林（timber forest）是以生产各种木材为主要目的的林分，也包括以生产竹材为主要目的的竹林。用材林可细分为一般用材林、专用用材林、速生丰产林、珍贵用材林等。一般来说，用材林主要以生产大径级材种为主，同时也能生产中小径材和薪材。随着林业的发展，人们对用材林的培育已向专用用材林的方向转移，主要根据用材林的用途和木材加工业的需求，培育相应的材种，如建筑材、纸浆材、板材等。

（三）经济林

经济林（economic forest）是以生产木材以外的其他林产品为主要目的的林分。我国自然条件比较优越，经济林产品的种类很多，如油料、果品、橡胶、栲胶、树脂、药材、香料、编条等。一般来说，经济林的经营比较集约，收益较早而且稳定。因地制宜地发展经济林，对于发展农村经济，特别是山区经济，增加群众收入，具有重大意义。

（四）薪炭林

薪炭林（firewood forest）是以生产木材燃料（薪材）为主要目的的林分。薪炭林是可再生生物能源，是世界公认的洁净能源。世界各国，特别是发展中国家，对木材燃料的消耗量很大，约占世界森林资源消耗量的一半。随着煤、石油等不可再生资源的消耗，可再生能源林的营造意义将越来越大。加速发展薪炭林，有利于环境保护和社会可持续发展。

（五）特种用途林

特种用途林（forest for special uses）是以国防、环境保护、科学实验和生产繁殖材料等为主要目的的林分，包括国防林、实验林、母树林、环境保护林、风景林、名胜古迹和自然保护区的林分等。国防林是在特定的地点，通过人为的合理经营，形成特殊的结构，很好地为国防服务的林分。营造环境保护林和风景林的主要目的是保护环境、净化大气、美化人们的生活环境、增强身心健康。由于许多工业发达地区的大气污染问题日趋严重，以及不断增长的城市人口对于郊外林区旅游休息的需求迅速增加，环境保护林和风景林的培育和经营，在世界许多国家林业中的地位越来越重要。

（六）四旁植树

四旁植树是指在路旁、水旁、村旁和宅旁进行成行或零星栽植林木，它是相对于成片造林而言的。四旁植树虽然本身不算作一个林种，但兼有生产、防护及美化等多种功能，其重要性以及在林业或造林中的地位相当于一个林种。

目前，在我国的森林分类经营中，将特种用途林、防护林划为生态公益林林种；将用材林、薪炭林、经济林划为商品林林种。

二、造林树种选择

（一）造林树种选择的意义

造林树种的选择是实现适地适树的最主要途径，也是整个造林工作的首要任务。不仅关系到造林工作的成败，还关系到成林后经济、生态和社会效益的发挥。树木是多年生的木本植物，在几乎没有人为保护的条件下存活并经历严寒酷暑，因此，造林树种还必须抵御一些意外灾害，如百年不遇的寒冷、灾害性风暴、罕见的病虫害等。如果造林树种选择不当，首先是造林后难以成活，浪费种苗、劳力和资金，即使造林成活，人工林长期生长不良，难以成林、成材，造林地的生产潜力难以充分发挥，也发挥不了应有的防护效益和经济效益。我国是世界上的造林大国，人工林的数量占世界首位，据第八次全国森林资源清查（2009～2013），全国造林面积累计达 $6933\times10^4hm^2$，人工林在木材生产及其他多种效益方面发挥着极其重要的作用。但是，林地生产力不高，单位面积森林蓄积量仅为 $52.76m^3/hm^2$，为全国林分单位面积蓄积量的58.76%。林分生长量比较低，甚至有些地方出现了低价值林分，这种现象与树种选择不当有密切的关系。这方面的教训是非常深刻的，不少地方由于没有正确选择造林树种，结果造成人工林慢生低产，树干扭曲，枝丫丛生，过早地结实衰老，形成了“小老树”，不能满足造林的目的和要求。例如，我国北方干旱山地及其他一些地方栽植的杨树林，南方红壤丘陵地区栽植的杉木林，其中有一部分形成了劣质低产林，其主要原因之一就是树种选择不当。

由于林业生产周期的长期性、造林目的的多样性、自然条件的复杂性及经营管理的差异性，因此，选择造林树种是带有百年大计性质的事情，必须认真对待，谨慎从事。

（二）树种选择的基础

按照树种特性选择树种，使树种的生物生态学特性与造林地性质相适应。由于树种的多样性及其特性的复杂性，以及自然条件的多变性，此外，我国在生物基础科学的研究和资料积累不足，因此，按照树种的特性选择树种，除了某些为数不多的树种外，实施起来还有相当大的难度。当前，造林树种选择的依据和基础主要是树种的生物学特性、生态学特性和林学特性。

1. 生物学特性　树种的生物学特性主要包括树种的形态学特性、解剖学特性和遗传学特性等。树体高大的乔木树种，需要较大的营养空间，木材和枝叶的产量比较高，也可以美化和改善环境，适宜作为用材林、防护林、风景林和国防林等，同时，乔木树种也要求比较高的立地条件。光合产物在树木各个部位分配也有差异，主要集中在树干的树种适宜作为用材林；光合产物虽高但枝叶部位占的比重较大者可以作为薪炭林和特种用途林；树体虽不高大，但树形、枝叶、树皮美观，或花果的颜色、气味具有特色，可以作为风景林；树叶硕大，一般来说，叶面的蒸发量大，对于土壤水分条件的要求比较高；叶表面的气孔下陷、角质层发达，往往是对干旱条件比较适应的特点；主根发达，侧根比较少，要求深厚的土层，而侧根发达的树种则比较耐干旱瘠薄；有些树种组织细胞液的渗透压高，或有泌盐的功能，则具有较强的抗干旱和抗盐碱的能力。

需要指出，这里的树种概念是广义的，应包括树种、种源、家系和无性系。树种选择的生物学基础应理解为造林树种的遗传控制，树种选择应尽可能吸收树木遗传改良的最新科技成果。例如，1949年以后，我国先后培育和引进的群众杨、北京杨、合作杨、沙兰杨、I-214杨和I-72杨等杨树品系；杉木、马尾松、落叶松等40多个树种的种源试验选出的优良种源及种子区划成果；种子园、母树林和采穗圃培育的优良种质材料。

2. 生态学特性　树种的生态学特性是指树种对环境条件的需求和适应能力。历史的长期适应性，形成了各个树种特有的生态学特性。树种对于环境条件的需求，主要表现为与光照、水分、温度和土壤条件的关系。树种与光的关系主要表现为耐阴性、光合作用特性和光周期。耐阴性是指树种在浓密的林冠下生存和更新的能力，据此能力可把树种分为喜光树种和耐阴树种两类。选择树种时，根据树种的需光特性，可以将其安排在适宜的立地条件下。例如，喜光树种常作为造林的先锋树种，被安排在阳光充足的立地上。不同树种对热量的要求不同，这与其水平分布和垂直分布有关，分布得越靠北，海拔越高，对热量的要求越低。

树种的自然分布区是判定和选择树种的基础依据。自然分布区可以反映出一个树种的生态结构，即环境和竞争中各因子的综合影响效果，同时也反映出树种的生态适应能力。由于乡土树种是长期自然选择的结果，具有较强的抗逆性，适应当地的环境条件，并有利于自然更新，因此，应优先选择优良乡土树种。慎用外来树种，如果需要引进外来树种应选择经引种试验，并符合《林木引种》（GB/T 14175）规定的树种。虽然世界各地都在积极引进外来树种，有些已经取得成效，甚至在当地的森林培育中占据了非常重要的地位。例如，新西兰从美国引进的辐射松已作为全国的主要造林树种；我国引进的桉树和杨树已分别作为南方和北方的主要造林树种，并形成林业的支柱产业；我国北方地区目前的主要造林树种刺槐也是外来树种，在我国已基本驯化，且表现良好，在生产中被广泛采用。但是，由于外来树种入侵的危害具有爆发性和长期性，应科学引种，以防范外来树种对入侵地生物多样性和生态系统功能的影响。

资源 3-1

3. *林学特性*　林学特性主要是指可以组成森林的密度和形成的结构，从而形成单位面积产量的性质。

树种的生物学、生态学特性不同，培育技术水平的差异，导致树种的林学特性出现多样化。例如，有些树种个体生长良好，单株产量可能也比较高，但由于喜光强烈，也可能由于地下或者树冠分泌某些有毒物质而产生“自毒”效应，因此，栽培密度不能太大，不宜进行成片栽培，更不能大面积栽培；有些树种则因树冠紧束，郁闭度小，难以形成高质量的森林环境。当同一林分需要由两个或两个以上树种组成时，林分内树种之间就会表现出不同的相互关系。

（三）树种选择的原则

造林树种选择应遵循定向、稳定、丰产、优质、高效等原则，可概括为经济学原则、生态学原则和林学原则。

1. *经济学原则*　是指所选树种的各种性状符合既定的造林目的（包括木材和其他林产品生产、生态防护、美化等）的要求，即满足国民经济建设对林业的要求，根据森林主导功能选择适合于经营目标的树种。

2. *生态学原则*　是指造林树种的生态学特性能适应造林地的立地条件。选择与造林地立地条件相适应的树种，这是造林必须遵循的最基本原则。由于森林本身就是个生态系统，造林树种是其重要的组成部分，因此树种的选择必须作为生态系统的组成部分全面考虑。首先，立地的温度、湿度、光照、肥力等状况是否能够满足树种的生态要求。其次，树种选择必须坚持生物多样性原则。越是立地条件好的立地，越适宜选择较多的树种，以营造结构较复杂的森林，发挥更好的生态效益和生产潜力。此外，树种选择还应考虑形成生物群落中树种之间的相互关系，其中包括引进树种与原有天然植被中树种的相互关系，也包括选择树种之间的相互关系。

3. *林学原则*　林学原则是个比较宽泛的概念，包括繁殖材料来源、繁殖的难易程度、栽培技术是否易行或便于掌握及造林成本等。繁殖材料来源的丰富程度和繁殖方法的成熟度，直接制约着森林培育事业的发展速度。造林成本问题对树种选择有决定性的影响，有些树种可能有较好的效益，但栽培费工，投资过大，不一定能成为选择的对象。

（四）各林种对造林树种的要求

选择造林树种要根据造林的目的和要求，而林种就是反映这种目的要求的，因此要按不同林种对造林树种提出的要求进行选择，突出主导功能。

1. 防护林树种的选择　对于防护林树种，因其防护对象不同而有不同的要求。因此，防护林树种选择应遵循“因地制宜，因害设防”的原则，应选择具有生长快、防护性能好、抗逆性强、生长稳定等优良性状的树种。

（1）水土保持林的树种选择　水土保持林的主要任务是拦截及吸收地表径流，涵蓄水分，固定土壤免受各种侵蚀。因此，水土保持林树种选择的要求是：①适应性强，能适应不同类型水土保持林的特殊环境，如护坡林的树种要能耐干旱瘠薄（如柠条、杜梨等），沟底防冲林及护岸林的树种要能耐水湿（如柳树、柽柳等），抗冲淘等。②生长迅速，枝叶发达，树冠浓密，能在林下形成良好的枯枝落叶层，以拦截雨滴直接冲击地面，保护地表，减少冲刷。③根系发达，特别是侧根发达，能笼络固持土壤，在表土疏松、侵蚀作用强烈的地方，选择根蘖性强的树种（如刺槐、旱冬瓜）或蔓生植物（如葛藤）。④树冠浓密，落叶丰富且易分解，具有改良土壤的性能（如刺槐、胡枝子、沙棘、紫穗槐等），能提高土壤的保水保肥能力。⑤要注重选用乡土优良树种，也可采用引种后表现良好的树种。在适应立地条件和符合造林目的的前提下，尽量选用经济价值高，又容易营造的树种。同时，注意选用种苗来源充足、抗病虫害性能强的树种。⑥有条件的地方，可适当设计针阔叶树混交林，以达到改良土壤、提高林地肥力、防止病虫害和山火蔓延，建立稳定、高效的森林生态系统的目的。

资源 3-2

（2）水源涵养林的树种选择　水源涵养林是以涵养水源，改善水文状况，调节区域水循环，防止河流、湖泊、水库淤塞，保护饮用水水源为主要目的的林分。主要作用是保持水土，调节坡面径流，消减河川汛期径流量；滞洪和蓄洪，减少径流泥沙含量，防止水库、湖泊淤积；调节枯水期的水源，调节地下径流，增加河川枯水期径流量；改善和净化水质；调节气候，并通过光合作用吸收二氧化碳，释放氧气，同时吸收有害气体及滞尘，起到清洁空气的作用；为野生动物提供良好的栖息地。水源涵养林树种选择的要求是抗逆性强，低耗水，保水保土能力强和具有一定的景观价值的乔灌木树种，应重视乡土树种的优选和开发。我国不同地区水源涵养林主要树种选择见表 3-10。

表 3-10　我国不同地区水源涵养林主要树种选择表

区域	范围涉及省（自治区、直辖市）	主要适宜树种
东北地区	黑龙江、吉林、辽宁和内蒙古东部地区	红松、落叶松、樟子松、云杉、核桃楸、水曲柳、黄菠萝、蒙古栎、辽东栎、椴树、白桦、甜杨、暴马丁香、色木槭等
黄河中下游地区	河北、山东、河南、北京、天津	油松、落叶松、侧柏、栓皮栎、香椿、臭椿、刺槐、毛白杨、柳树、桧柏、紫穗槐等
长江中下游地区	湖南、湖北、江西、安徽、江苏、浙江、上海	油松、白皮松、白扦、青扦、杜松、麻栎、栓皮栎、槲栎、鹅耳枥、香椿、臭椿等
东南沿海地区	广东、广西、海南、福建	马尾松、湿地松、木荷、大叶栎、相思树等

续表

区域	范围涉及省（自治区、直辖市）	主要适宜树种
长江上中游地区	四川、云南、贵州、重庆	马尾松、杉木、柳杉、华山松、云杉、木荷、楠木、白皮松、白扦、青扦、杜松、鹅耳枥等
西北地区	陕西、山西、宁夏、甘肃、青海、新疆、内蒙古中西部	油松、落叶松、刺槐、侧柏、白桦、青杨、胡杨、榆树、青海云杉、红桦、柳树、沙棘、荆条、酸枣

资料来源：《水源涵养林工程设计规范》（GB/T 50885—2013）附录 C

（3）农田防护林的树种选择　农田防护林是以一定的树种组成、一定的结构呈带状或网状配置在田块四周，以抵御自然灾害（风沙、干旱、干热风、霜冻等），改善农田小气候，给农作物的生长和发育创造有利条件，保证农作物高产稳产为主要目的的防护林，同时具有生产各种林产品和美化环境的作用。因此，农田防护林树种选择的要求是：①抗风力强，不易风倒、风折及风干枯梢；生长迅速，树体高大，枝叶繁茂（如杨树、桉树等），能更快、更好地发挥防护作用，以冬季起防护作用为主的林带中应配有常绿树种。②在次生盐渍化地区还要有较强的生物排水能力。③深根性树种，侧根伸展幅度小，树冠狭窄（如箭杆杨等），主根下扎深，胁地影响较小（如泡桐）。④寿命相对较长，生长稳定，与农作物没有共同病虫害，能长期具有防护效能。⑤具有较高的经济价值，能充分利用造林地的良好条件，生产大量木材和其他林产品，如欧美杨、柳、水杉、桉树、刺槐等。乔木树种宜选择根深、干直、抗风、抗病虫害的优良树种；灌木树种宜选择抗风、固土、适应性强的常绿或落叶树种。农田防护林主要适宜树种见表 3-11。

表 3-11　农田防护林主要适宜树种表

区域	主要植树造林树种
东北区	兴安落叶松、长白落叶树、油松、樟子松、云杉、水曲柳、胡桃楸、赤峰杨、白城杨、健杨、小青杨、群众杨、小黑楠、银中杨、臭椿、核桃、绒毛白蜡
三北风沙地区	樟子松、油松、杜松、旱柳、白榆、白蜡树、刺槐、大叶榆、臭椿、胡杨、新疆杨、赤峰杨、箭杆杨、银白杨、二白杨、白城杨、小黑杨、银中杨
黄河上中游地区	油松、侧柏、云杉、杜梨、槲树、茶条槭、刺槐、泡桐、臭椿、白榆、大果榆、蒙椴、枣树、垂柳、河北杨、钻天杨、合作杨、小黑杨
华北中原地区	华北落叶松、银杏、桦树、槭树、椴树、楸树、枣树、旱柳、刺槐、槐树、臭椿、白榆、核桃、泡桐、栾树、毛白杨、青杨、小美旱杨
长江上中游地区	银杏、榉树、枫杨、樟木、楠木、桤木、白花泡桐、香椿、滇楸、楝树、喜树、梓树、漆树、乌桕、油桐
中南华东（南方）地区	水杉、池杉、黑杨、楸树、枫杨、苦楝、榆树、槐树、刺槐、乌桕、黄连木、栾树、梧桐、泡桐、喜树、垂柳、旱柳、银杏、杜仲、毛竹、刚竹、淡竹、木麻黄、窿缘桉、桑树、香椿、毛红椿
东南沿海及热带地区	落羽杉、池杉、水松、水杉、木麻黄、苦楝、窿缘桉、巨尾桉、尾叶桉、柠檬桉、赤桉、刚果桉、台湾相思、大叶相思、银合欢、枫杨、蒲葵、蒲桃、勒仔树、撑竿竹、刺竹、青皮竹、麻竹

资料来源：《生态公益林建设　技术规程》（GB/T 18337.3—2001）

（4）防风固沙林的树种选择　固沙林的主要任务是防止沙地风蚀，控制沙粒移动对各项设施（城镇、道路、通信线路、水利设施）和生产事业（农田、牧场）的危害，并合理利用沙地的生产能力。固沙林的树种选择要求是：①根系伸展广，根蘖性强，能

资源 3-3

笼络地表沙粒，固定流沙（如梭梭、沙拐枣等）；②耐风吹露根及沙埋（如沙柳、沙蒿等），有生长不定根的能力，耐沙割（如砂地柏）；③落叶丰富，能改良土壤；④耐干旱、耐瘠薄、耐地表高温（如花棒、樟子松），或耐沙洼地的水湿及盐碱（如胡杨、柽柳）。

2. *用材林树种的选择* 用材林对造林树种的要求集中反映在“速生、丰产、优质”等目标上。

（1）速生性 我国森林资源不足，而社会经济和文化建设又迫切需要大量的木材。营造用材林是唯一切实可行的解决措施，选用速生树种造林具有重大的意义。发展速生树种造林是全世界的一个共同趋向。例如，意大利近 40 年来大力发展杨树造林，仅用林地面积的 3%，提供了全国工业用材的 50%；新西兰营造了 $80\times10^4hm^2$ 的辐射松速生丰产用材林，占全国林地面积的 11%，每年生产木材 $850\times10^4m^3$，占全国木材产量的 95%。这些可贵的经验可供我国借鉴。我国树种资源丰富，乡土速生树种很多，引进的速生树种也不少。例如，北方地区的落叶松、杨树，中部地区的泡桐、刺槐，南方地区的杉木、马尾松、毛竹；从国外引进的松树、桉树等树种，也都是很有前途的速生用材树种。这些树种少则 10 年左右，多则 30～40 年就能成材利用，应是营造用材林的主要选择对象。

此外，为了保证树木的稳产高产，对容易引起地力衰退的速生树种，种植一、二代后应更换树种。地力衰退主要指林地生产力和土壤肥力下降，其结果直接影响树木生长和森林的可持续经营。例如，杉木、马尾松、落叶松、杨树、桉树、木麻黄、华山松、柳杉等树种的人工纯林连栽均会引起地力衰退。

（2）丰产性 要求造林树种有较好的丰产性能，就是要求树体高大，相对长寿，材积生长的速生期维持较长，又适于密植，能在单位面积上获得较高的产量（蓄积量）。丰产性与速生性既互相联系，又有所区别。有些树种既能速生，又能丰产，如杉木、柳杉、杨树、落叶松、香椿等；有些树种速生期早，但维持的时间较短，或者只适于稀植，因此只能速生，难以丰产，如苦楝、旱柳、刺槐等；还有些树种，如红松、红皮云杉等，是丰产的树种，虽然速生期较晚，但进入速生期后生长量较大且维持时间长，如果以培育大径材为目标，用较长的培育期再采取适当的培育措施之后，这些树种也可取得相当高的生产率（以年平均生长量为准），有时还可超过某些速生树种（如日本落叶松）。因此，丰产性能也是在选择造林树种时应考虑的重要指标。

（3）优质性 优良的用材树种应该具有良好的形（态）质（量）指标，“形”，主要是指树干通直、圆满、分枝细小、整枝性能良好等特性，这样的树种出材率较高，采运方便，用途广泛；“质”，是指材质优良，经济价值较大。大部分针叶树种有比较良好的性状，这是到目前为止针叶树种的造林面积仍显著超过阔叶树种的主要原因之一。在阔叶树种中，也有树干比较通直圆满的，如毛白杨、新疆杨、欧美杨、柠檬桉、楠木、檫树和楸树等，但大部分阔叶树种则树干不够通直或分枝过粗过低、主干较矮（如苦楝、泡桐、槐树等），或树干上有棱状凸起，不够圆满（如黑杨等），还有主干扭曲的树种（如蓝桉等）。

此外，用材树种质量优劣还表现在木材的机械性质和力学性质方面。一般用材都要求材质坚韧、纹理通直均匀、不易变形、干缩小、容易加工、耐腐抗蛀等。同时，也必须强调不同用途对材性也有不同要求，如培育胶合板材要求径级大，通直度高，节疤小且数量少；矿柱材要求顺纹抗压极限强度大；纤维用材要求木材中纤维含量高，纤维长、颜色浅；家具用材要求材质致密，纹理美观，具有光泽或香气等。事实上，大径级、高质量的木材利用率高，加工容易，用途广，仍是大量需求的商品用材，价格也比较高。有些材质优良的树种，生长不一定迅速，如柏类、核桃、枣树等，但其木材都有许多特殊用途。因此，在大力发展速生用材树种的同时，也应注意适当地发展珍贵用材树种，以满足国民经济多方面的需求。每个树种的优缺点都是相对的，因此在选择造林树种时应做全面分析比较，以确定其适用程度。

3. 经济林树种的选择　经济林必须选择生长快、收益早、产量高、品质好、用途广、抗性强、收获期长的优良树种。由于利用部位不同，选择时应着重考虑各产品的具体要求。注意选择具有良好经济性状的品种或类型。例如，对于木本油料树种，必须要求结实早、产量高、含油量高和油质好；对于木栓树种，如栓皮栎、杜仲等，要求其木栓层厚，易于剥取及恢复，木栓质量好。总之，经济林树种选择既要重视“早实性”，更要重视“丰产性”和“优质性”。

经济林大致可分为木本油料林（包括食用油料林和工业用油料林）、果品林（包括干果和水果）、工业原料林（主要包括生漆、橡胶树、漆、五倍子和白蜡树等）、药材林、香料和饮料类等（表 3-12）。不同的经济林树种，利用部位也不同。

表 3-12　经济林按用途划分的类别及主要树种

类别	主要利用部位	主要树种
果品	果实	干果：核桃、栗、枣、榛、仁用杏、巴旦杏、香榧、腰果 水果：柑橘、苹果、梨、桃、猕猴桃
油料	果实	油茶、油桐、油橄榄、文冠果、无患子、核桃、翅果油树、乌桕、油棕、椰子、小桐子
药材	花、果、叶、树皮	银杏、杜仲、喜树、厚朴、红豆杉、山茱萸、黄檗、枸杞、儿茶
香料与饮料	花、果、种子、叶	花椒、胡椒、八角、肉桂、樟、柏树、桉树、山苍子、茶、咖啡
树脂树胶	树液	橡胶树、漆树、松树
鞣料（栲胶紫胶）	树皮、果壳、根	黑荆、落叶松、橡栎类（壳斗）、盐肤木
蔬菜与饲料	叶、花、茎	蔬菜：（笋用）竹、香椿等（嫩芽） 饲料：桑、刺槐
其他	茎、叶、树皮、木材	编织料：紫穗槐、杞柳、竹、棕榈、蒲葵 农药：苦楝、马桑、无患子等 软木：栓皮栎、轻木

资料来源：翟明普和沈国舫，2016

4. 薪炭林树种的选择　薪材可以作为其他林种的副产物来生产。但在许多地方这样的来源不能满足需求，这时就需要营造专门的薪炭林。薪炭林树种选择的要求：生长快，生物产量大，能及早获得数量较多的薪材，如赤桉、细叶桉等；干枝的木材容重大，产热量高，易燃、火旺、少烟、不爆火花、无有毒气体放出。一般要求薪炭林树种的热值在 1.76×10^4kJ/kg 以上；具备萌蘖更新的能力，便于实行短期轮伐收获的经营制度；一般薪炭林实行矮林作业，希望做到一次造林多年采收，永续利用，如北方地区的沙棘、紫穗槐、柽柳、沙柳和柳树，南方地区的红锥、木荷、桉树等具有这一特性；适应性强，能耐干旱瘠薄、耐盐碱、抗风，能在不良的环境条件下稳定生长。薪炭林是一次造林，多代采伐，土壤养分消耗大，因此除选用立地条件较好的地段外，选择具有固氮能力的树种，既能自我营养，又能培肥地力，改良土壤，如刺槐、紫穗槐、柠条、沙棘等。此外，薪炭林能够兼顾获取饲草、饲料、小径材、编织材料，并能发挥其防护效益。

资源 3-4

5. 特种用途林树种的选择　特种用途林树种应根据不同的造林目的进行选择。实验林和母树林可根据实验和母树种类的需要分别选择适宜的造林树种；名胜古迹和革命圣地应根据不同的特点选择造林树种。下面主要介绍环境保护林和风景林树种的选择。

在大型疗养区周围营造以保健为主要目的的人工林，最好选用能挥发具有杀菌能力的分泌物的树种。大部分松属及桉属的树种都具有这种能力。

在大型厂矿周围，特别是在会产生有害气体（二氧化硫、氟化氢、氯气等）的厂矿周围营造人工林时，要选择那些对污染物的抗性强且能吸收这类污染气体的树种。例如，抗二氧化硫较强的树种有冬青、丁香、桑树、刺槐、女贞、臭椿等；抗氟化氢较强的树种有丁香、女贞、悬铃木、油茶、樱桃、柑橘、白蜡树等；抗氯气较强的树种有冬青、合欢、女贞、黄杨、麻栎等。随着人类对保护生态环境的意识逐步增强，对有害气体抗性及吸附能力的研究也越来越多。由于不同树种对有害气体的抗性有显著差异，这为环境保护林树种选择提供了可能（表 3-13）。

表 3-13　树种对有害气体的抗性分级和滞留吸附 PM2.5 能力表

有害物质	抗性强	抗性中等	抗性弱
二氧化硫	冬青、丁香、桑树、刺槐、女贞、臭椿、圆柏、夹竹桃、大叶黄杨、沙枣、合欢、榕树、柑橘、苦楝、法国梧桐、柳树、栎树、构树、杧果	白蜡树、刺槐、黄连木、五角枫、杨树、冷杉、樟树、山毛榉、葡萄	泡桐、香椿、雪松、华山松、水杉、核桃、紫椴
氟化氢	白桦、丁香、冬青、樱桃、大叶黄杨、柑橘、悬铃木、白蜡树、冷杉、油茶	栓皮栎、五角枫、青冈栎、柳树、刺槐、月季	白皮松、华山松、杜仲、杨树、葡萄
氯气	紫杉、铁杉、冬青、栎树、合欢、女贞、黄杨、麻栎、青冈栎、棕榈、柑橘、印度榕、夹竹桃、沙枣	刺槐、槐树、构树、柳树、含笑、山梅花、菩提树	油松、刺柏、白蜡树、法国梧桐、糖槭、复叶槭、梨
臭氧	银杏、樟树、青冈栎、夹竹桃、柳树、女贞、冬青、悬铃木	赤松、杜鹃、樱花、梨	白杨、垂柳、牡丹、八仙花、胡枝子
硫化氢	樱桃、桃、苹果		
尘	云杉、毛白杨、臭椿、白榆、朴树、刺槐、泡桐、构树、核桃、柿、板栗、木槿、大叶黄杨	白皮松、油松、华山松、圆柏、侧柏、加杨、丝棉木、乌桕、桑、苹果、桃、紫薇、连翘	银杏、白蜡树、垂柳、杏、樱花、山楂、紫穗槐、黄杨、蜡梅
乙烯		龙柏、侧柏、白蜡树、石榴、杜鹃、紫藤、丁香	刺槐、臭椿、合欢、白玉兰、黄杨、大叶黄杨、月季
病菌	油松、白皮松、云杉、圆柏、柳杉、雪松、核桃、复叶槭、榛子	马尾松、杉木、紫杉、圆柏、银白杨、桦木、臭椿、苦楝、黄连木、悬铃木、丁香、锦鸡儿、蒙椴、金银花	白蜡树、旱柳、毛白杨、花椒、鼠李
PM2.5	红皮云杉、雪松、华山松、白扦、青扦、合欢、油松、圆柏、侧柏	色木槭、复叶槭、臭椿、杨树、核桃、桑	玉兰、栾树、枣、紫叶李、暴马丁香、香椿、龙爪槐

资料来源：翟明普和沈国舫，2016

不同树种对环境的适应能力不同，有些树种对有害气体十分敏感，当人们还没有察觉时，有些树种已经表现出有害症状，人们就可以通过植物的表现症状及时获得有害气体的信息。这些树种可作为环境污染的“报警器”来监测和预报大气污染程度。这些具有监测和预报作用的植物通常称为“指示植物”（表 3-14）。

表 3-14　常见的敏感木本指示植物

污染物	树种名称
二氧化硫	雪松、美洲五针松、油松、马尾松、落叶松、枫杨、加拿大杨、杜仲、桃、李
氟化氢	美洲五针松、欧洲赤松、雪松、落叶松、杏、李、杜鹃、樱桃、葡萄
氯气	复叶槭
氮氧化物	悬铃木、秋海棠
臭氧	丁香、女贞、秋海棠、樟树、银槭、牡丹、皂荚

资料来源：翟明普和沈国舫，2016

在城市附近为了提供休息场所而建立的森林公园及市郊绿化，除了考虑树种的保健性能外，还要考虑美化的要求及游玩和休息活动的需要。在树种选择时，除应配置一定数量的常绿树种外，在落叶树种中应选择具有发叶早、落叶晚、树形美观、色彩鲜明（如秋季的红叶树种槭树、黄栌、枫香树等）、花果艳丽等特性的树种，而且最好是多个树种交替配置。

所有环保和风景林的树种，除了具有上述性能外，同时还应具有较大的经济价值，使园林绿化与经济收入紧密结合起来。

6. *四旁绿化树种的选择*　四旁（路旁、水旁、村旁、宅旁）绿化树木只是在其空间分布形式上与成片造林不同，而在目的上是一致的。城镇地区的四旁绿化实际上是环境保护林的一个组成部分，农村地区的四旁绿化则往往纳入统一的防护林体系中。

四旁的立地条件一般很好，土壤肥沃，水源充足，适于许多速生树种生长，生产潜力很大。我国最大的平原——华北平原和中原平原，通过四旁绿化及在有条件的地方进行成片造林，形成了我国重要的速生用材林基地。在这种情况下选择造林树种时，要更好地兼顾防护和生产的要求。另外，四旁的条件差异很大，要求也各不相同，选择造林树种时必须强调因地制宜。路旁植树是为了保护路基、美化环境、保证行车安全、避免烈日直射路面，因此，要求造林树种应树体高大、树干通直、树冠开阔、枝繁叶茂，但在线路交叉口和道路曲线内侧不宜栽植高大的乔木树种，以免影响视线。水旁植树是为了保护堤岸、防蚀、防风浪冲击和季节性水蚀，减少水面蒸发，防止次生盐渍化。应选择喜湿耐淹、速生优质、根系发达的树种。村旁和宅旁由于面积小，经营条件好，树种选择应多样化，兼顾防护、美化和生产等多种效能，可以选择一些对立地条件要求较严格的珍贵用材树种（如银杏、香樟、楠木等）、一般用材树种（如白榆、楸树、槐树、水杉等）、一定比例的特用经济树种（如干鲜果树、花椒、棕榈、蒲葵、竹子等）及观赏价值高的树种（如银杏、桂花、梧桐、榕树、连翘等）。

综上所述，根据林种选择树种，其效益往往是多方面的，如在山地营造用材林既可获得所需木材，也可起到保持水土、涵养水源、美化净化环境等作用；选择各种防护林树种时，也应考虑经济效益，但要分清主次，以免影响选择树种的主要目的。

第三节 适地适树

一、适地适树的意义

适地适树就是使造林树种的特性，主要是生态学特性，与造林地的立地条件相适应，以充分发挥其生产潜力，达到该立地在当前技术经济条件下可能达到的高产水平或发挥出最大的防护效益。适地适树是造林工作的一项基本原则。随着林业生产的发展，适地适树的概念和要求也在进一步发展。现代的造林工作不但要求造林地和造林树种相适应，而且要求造林地和同一树种中的类型（地理种源、生态类型）、品种、无性系相适应，即适地适树适类型。

"地"和"树"是矛盾统一体的两个对立面，适地适树是相对的、变动的。"地"和"树"之间既不可能有绝对的融洽，也不可能有永恒的平衡，这对矛盾存在于一切场合，并贯穿于过程的始终。"地"和"树"相适应是指它们之间的基本矛盾方面在林木培育的主要过程中是相适应的，能够产生人们期望的经济和生态效果，可以达到培育的目的；但这并不排除在基本相适的前提下，在林木培育的某个阶段或某些方面会产生相互矛盾，这些矛盾需要采取措施去调节解决。必须看到"地"和"树"之间的矛盾势态是不断在变动的，适当的人为措施可以改变"地"或"树"一方的地位，打破原有的均势，向符合人们愿望的方向发展。但是，这种人为措施的作用又受一定的技术经济条件的制约，它在程度上有一定限度，其经济效果是否合理也有待于检验。

二、适地适树的标准

虽然适地适树是相对的，但衡量是否达到适地适树应该有一个客观标准，这个标准要根据造林的目的要求来确定。对于水土保持林来说，应该达到成活、成林、能发挥防护效益，还要有一定的稳定性，即对间歇性灾害因子有一定抗御能力。对于营造用材林、经济林是否达到适地适树还应有个数量标准。衡量适地适树的数量指标主要有两种，一是某树种在各种立地条件下的立地指数。立地指数能够较好地反映立地性能与树种生长之间的关系，如果能通过调查计算，了解树种在各种立地条件下的立地指数，尤其是把不同树种在同一立地条件下的立地指数进行比较，就可以较客观地为根据适地适树原则选择树种提供依据。中国林业科学研究院亚热带林业研究所在研究了浙江省开化县低山丘陵地的杉木生长情况后认为，杉木的上层木高小于 10m（基准年龄 25 年）的立地条件就不适于杉木生长。北京林业大学在研究了京西山区的油松人工林后认为，油松在 25 年生时，上层木高小于 5.5m 的地方就不适于油松生长。原西北林学院王佑民在研究了淳化县刺槐生长与各立地因子的关系后认为，6 年生刺槐优势木平均高低于 3.0m，则该立地不适宜刺槐造林，应改选其他适应性强的树种。这些都是单个树种生长与立地条件相关的研究结论。如果有条件同时对几个树种的立地指数进行对比研究，其结论对实际工作中的树种选择指导意义更大。

用立地指数作为适地适树的判断指标也存在缺陷，它不能直接说明人工林的产量水平。不同的树种，由于其树高与胸径和形数的关系不同，单位面积上可容纳的株数不同，因此，其立地指数与产量之间的关系也不同。

另一种衡量适地适树的指标是平均材积生长量。一个树种在达到成熟收获时的平均材积生长量，不仅取决于立地条件，还与密度范围及经营技术水平有关，因此，用它作为衡量适地适树的指标就比较复杂。但如果把密度规定在能够达到高产的范围内，针对一定的经营水平（或分成几个经营集约等级，如一般措施、丰产措施、高额丰产措施等），调查研究不同立地条件下人工林的产量变化，也能明显地反映出立地条件的影响，从而为制定适地适树方案提供依据。沈国舫根据有关研究资料提出了陕西秦岭北麓和关中平原主要树种适生指标：秦岭北麓的油松、华山松、落叶松、侧柏、栎类等平均材积生长量为 4.5m^3/（hm^2·年），关中平原杨树、泡桐、椿树、榆树、刺槐、水杉的平均材积生长量为 10.5m^3/（hm^2·年）。

除了成材的数量指标外，不同立地条件对产品质量的影响也应作为评定适地适树的参考因子。对适地适树与否的评价，应将成活成林情况、林分稳定性、产量质量指标综合加以考虑，而且应当在研究了较大年龄（接近成材期）的人工林后再下结论才比较可靠。

三、适地适树的途径和方法

（一）适地适树的途径

为了使“地”和“树”基本相适，可以归纳出三条基本途径。第一是适地适树，既包括选树适地，也包括选地适树。选树适地是在确定了造林地以后，根据其立地条件选择适合的造林树种，以乡土树种为主，外来树种为辅。选地适树就是根据当地的气候土壤条件，确定了主栽树种或拟发展的造林树种后，选择适合的造林地。第二是改树适地，即在“地”和“树”之间某些方面不太相适的情况下，通过选种、引种驯化、育种等手段改变树种的某些特性使它们能够相适。例如，通过育种工作，增强树种的耐寒性、耐旱性或抗盐性，以使其适应在寒冷、干旱或盐渍化的造林地上生长。第三是改地适树，即通过整地、施肥、灌溉、混交、土壤管理等措施改变造林地的生长环境，使其适于原来不太适应的树种生长。例如，通过排灌洗盐以降低土壤的盐碱度，能使一些不太抗盐的速生杨树品种能够在盐碱地上顺利生长；通过与马尾松混交，使杉木有可能向较为干热的造林地区发展；通过高台整地以减少积水，或排除土壤中过多的水分，使一些不太耐水湿的树种可以在水湿地上顺利生长；通过种植刺槐等固氮改土树种以增加土壤肥力，使一些不耐贫瘠的速生杨树品种能够在贫瘠沙地上正常生长等。

这三条途径是相互补充，相辅相成的。随着经济的发展和技术的进步，改造的途径会逐步扩大，但是，在当前的经济技术条件下，改树或改地的程度都是有限的，只是在某些情况下使用，而选择造林树种，使之达到更适地适树的要求，则是最基本的途径。

通过选择途径达到适地适树的要求，必须首先了解“地”和“树”的特性。分析造林地的立地条件，掌握造林地的本质。了解造林树种的特性，要依靠树木学的基本知识，在此基础上，通过一系列调查研究工作，如通过对树种分布区、天然林和人工林的调查，特别是通过人工林（包括各种生产林及实验林）的调查来进一步掌握树种的特性。此外，还应进行解剖学及生理生化学的研究，如对树种的水分生理生态的研究，有助于对干旱地区树种的选择。

（二）适地适树的方法

适地适树研究是一个十分重要而复杂的问题。完善的适地适树研究方案，既要研究树种的生物生态学特性，又要深入研究立地条件的特点，也就是说，广义上，适地适树研究包括研究立地和树种特性两个方面，并应将二者有机地结合起来。

调查研究不同立地条件下的人工林生长情况，是探索适地适树规律的主要方法。调查研究可通过以下方法来完成。

1. 单因子对比法　是在其他立地因子均相同，而只有一个立地因子不同的情况下，对比调查相同树种人工林生长效应的方法。这种方法简单易行，但应用这种方法时，分割单个因子，选择适合的人工林标准地，并使之有一定数量的重复，是比较困难的，工作过程中容易掺入个人主观成分。

2. 立地条件类型对比法　采用立地类型（或等级）对比调查人工林生长效应的方法。应用这种方法时，要求划分的类型比较可靠，否则，研究结果容易失真。这种方法的研究结果，只能得出树种与综合立地因子的关系，而不能揭示树种生长与各立地因子之间的内在联系。

3. 数量化分析法　一般影响林木生长的立地因子有多个，运用多变量分析的方法，既可了解各因子对林木生长的作用程度和各因子之间的相互关系，又可配制各因子综合作用于林木生长的数学模型，用于立地评价和生长预测，为适地适树提供依据。

通过调查研究不同立地条件下的人工林生长情况，可在深入了解立地条件与树种生长关系的基础上提出适地适树的方案。

四、适地适树方案的确定

在全面调查研究和充分分析的基础上，需要把造林目的和适地适树的要求结合起来统筹安排。

1. 主要造林树种的确定　在一个经营单位内，同一种立地条件可能有多个适宜的树种，同一树种也可能适于多种立地条件，通过比较，将其中最适生、最高产、经济价值最高或防护效益最大的树种列为主要造林树种；而将其他树种，如经济价值很高但要求条件过于苛刻的树种，或适应性很强但经济价值较低的树种列为次要树种。每个经营单位根据经营方针、林种比例及立地条件特点，选定为主要造林树种的只有少数几个最适合的树种，但是，在一个经营单位内树种不能太单调，要把速生树种与珍贵树种、针叶树种与阔叶树种、对立地条件要求严格的树种与广域性树种适当地搭配起来，确定各树种适宜的发展比例，使树种选择方案既能发挥多种立地条件的综合生长潜力，又能满足国民经济多方面的要求。

2. 造林地的安排　对于一个经营单位来说，造林树种选定之后，要进一步把这些树种落实到一定立地条件的造林地上。在落实中，应把立地条件好的造林地优先留给经济价值较高且对立地条件要求严格的树种；生态适应性比较广泛的树种安排在立地条件比较差的造林地上。对同一树种有不同的要求时，应分配给不同的造林地。例如，山区发展刺槐，以培育速生矿柱林为目的，就要提供比较好的造林地；经营刺槐水土保持林或薪炭林可以安排在一般的造林地上。同样，同一树种，以培育大径材为目的时，要安排在比较好的造林地上；以培养中小径材为目的时，可选较差的造林地。例如，在华北平原和中原平原种植的欧美杨，以生产胶合板材为目的，应选择土壤肥沃、土层深厚的造林地。营造农田防护林或纤维用材林，对造林地的条件可以适当放宽。在一个经营单位内统筹安排造林树种的比例，可以运用线性规划的数学方法。

数学方法在造林树种选择方面的运用越来越普遍。当对多个预选树种的优劣进行比较时，可对树种的主要性状分别赋值并计算，从而得出树种综合评价的得分值，按其对树种进行总排序，最后确定被选树种。这些方法可以定量给出树种选择方案对造林树种选择质量的满足程度，从而对树种选择方案进行定量评价。目前，层次分析法（AHP）和质量机能展开法（QFD）等多种数学方法已在造林树种选择中得到应用。

思　考　题

1. 解释立地、立地条件和立地条件类型的概念。
2. 简述立地分类的原则和依据。
3. 简述立地类型划分的方法及适宜的条件。
4. 选择造林树种时应遵循哪些原则？
5. 简述适地适树的概念、途径和方法。
6. 如何确定适地适树的方案？
7. 试述造林树种选择的基础。
8. 以黄土高原某一流域为例，叙述如何选择水土保持林树种。

第四章　造林密度和种植点的配置

【内容提要】

造林密度和种植点配置决定着人工林的林分结构，极大地影响着林内树木的生长发育，以及林分的产量、质量和防护效益。本章主要介绍造林密度的意义，造林密度的作用，造林密度确定的原则与方法，种植点的配置。

造林密度（tree density）也称初植密度，是指单位面积造林地上栽植点或播种点（穴）的数量（株或穴 /hm^2）。林分在不同生长发育时期的密度称为经营密度，如幼林密度、成林密度等。林分某一时段达到一定密度后发生自然稀疏，这一密度为林分的最大密度或饱和密度。林分生长量达到最大时的密度称为适宜经营密度。造林密度和种植点配置决定着人工林林分内树木个体的水平分布状况，林分结构是在一定密度的林分中形成的。林分的产量、质量和防护效益都与林分的密度和配置有着直接的关系。林分中个体与群体之间的关系是矛盾的统一。组成林分的各立木之间，相互构成一定的群体，从而提高整个林分对不良外界条件的抗性，增强林分的稳定性；同时各立木之间又存在着对光照、水分、养分等条件的竞争。研究林分密度就是要充分了解各树种在不同密度和配置情况下，这种依存和竞争在各方面的表现及其影响，从而通过人为积极干预，使人工林始终保持合理的密度和结构，以最大限度地满足人们对木材产量和规格的要求，或发挥最大的防护效益。

第一节　造林密度的意义

密度是否适宜将对林分的生长发育、生物产量和质量有很大的影响。因为林木不仅要从土壤中吸收水分和养分，还要有适当的生长空间。种植过密时，幼树个体间枝叶交错重叠，各自占有的空间太小，导致幼树受光不足，营养不良，使林木生长细弱。种植过稀时，往往侧枝粗壮，树干下粗上细，尖削度大，干形不良，且林地杂草丛生，单位面积的产量不高。任何一个林分都有其特定的结构和功能，林分中树木的密度及其在林地上的排列方式形成了一定的水平结构，同一林分中的不同树种，或不同年龄的同一树种在森林内发育成不同的林层，构成了一定的垂直结构，林分的水平结构、垂直结构和年龄结构三个方面的结合决定了林分的功能。在林分群体中，个体与个体、个体与群体乃至群体与群体间始终处在矛盾的运动和转化的动态中，并且彼此间的作用和影响错综复杂，因此在林木的生长发育过程中，个体间通过对生活因子的争夺而使对方和自身在外表形态和生理形态上都表现出一定的特点，从群体结构上来看，则表现出随林分生长发育阶段的不同而产生的不同的密度效果，这种密度的变化必然影响到林分功能的发挥。研究造林密度的意义在于充分了解由各种密度所形成的群体以及组成群体之间的相互作用规律，从而在整个林分生长发育过程中能够通过人为措施使其始终形成一个合理的群体结构。这种群体结构既能使各个体有充分发育的条件，又能最大限度地利用空间，使整个林分具有高度的稳定性和良好的生态效益，并且获得单位面积上的最高产量，从而达到速生、丰产、优质，使其最大限度地发挥防护效益。

因此，充分了解各种密度所形成的群体，以及该群体内个体之间的相互作用规律，从而使林分整体在发育过程中，在人为措施控制之下始终形成合理的群体结构。这种合理的群体结构既能使各个体有充分的发育空间，最大限度地利用营养空间，又能使群体影响环境、协调各生态因子相互作用的优势得到充分的发挥，达到林分高生产力、高稳定性、高生态效益的目的。

第二节　造林密度的作用

造林密度是人工林集约栽培的重要因素，林木个体或群体生长与造林密度紧密相关。

一、造林密度与幼林郁闭的关系

在幼林成活及郁闭以前，幼树之间基本不存在竞争，密度与成活率和保存率没有直接的关系。林分要达到郁闭，必须在单位面积上保持足够的株数，并且分布均匀。特别是杂草丛生、竞争激烈的地方，幼树生长缓慢，抵抗力弱。如果密度过小，郁闭就会推迟，不仅增加了幼林抚育工作量，甚至没有成林希望。但密度过大，则增加了造林成本，幼林郁闭后会影响林木生长，管理也不方便。因此，造林密度对幼林郁闭的时间起着决定性作用，要根据树种特性和立地条件确定合理的造林密度。

幼林郁闭后，形成一定的森林环境和小气候，可以抑制杂草的竞争，增强其对不良环境的抵抗力，减少土壤水分蒸发，促进林木自然整枝，有利于幼林稳定生长。必须指出，只有在适地适树的前提下，幼林及时郁闭，对林木生长才有意义。如果立地条件太差，根本不适合某一树种的生长，单纯用加大或减小造林密度的办法是不能奏效的。在较好的立地条件下，如果密度太大，林分郁闭过早，会导致林木间提前出现竞争与分化，从而影响林木的正常生长，特别是对阳性树种的影响尤为突出。

二、造林密度对林木生长的影响

密度对林木生长的作用，从幼林接近郁闭时开始一直延续到成熟收获期，尤以干材林阶段和中龄林阶段表现最为突出。

（一）造林密度对树高生长的影响

密度与树高生长的关系比较复杂，受树种特性和立地条件的影响，密度对树高生长的影响表现出不同的结果。英国的主要树种密度试验表明，造林密度越大，树高呈现越高的趋势，在一定的密度范围内，较大的造林密度有促进树高生长的作用。而丹麦学者分析了欧洲针叶林密度试验结果之后，发现在一定密度范围内，多数情况下树高生长随密度增大而下降。我国的杨树、落叶松、杉木等一系列密度试验都证明，稀植的人工林具有较大的树高生长（表 4-1）。

表 4-1　不同密度杨树林分的树高变化

林龄 / 年	造林配置 / （m×m）	现存密度 / （株 /hm^2）	平均冠幅 /m	平均株高 /m
14	2×2	2280	2.1×2.2	10.6
14	2.5×3	1215	2.7×2.6	11.3
14	3×4	825	3.2×2.8	12.8
14	3×6	540	3.1×2.9	13.8
14	4×6	420	3.3×3.0	14.1

资料来源：杨文斌等，2005

随着林龄的增长，在密度较大的林分内，由于不同林木对光照等主要生活因子的竞争增强，林木生长受阻，树高生长减小。总之，由于造林密度对树高生长具有不同程度的影响，因此，在进行造林时，应考虑以下几方面。

1）不同树种因喜光性、分枝特性及顶端优势等生物学特性的不同，而对密度有不同的反应。只有一些较耐阴的树种以及侧枝粗壮、顶端优势不旺的树种，才有可能在一定的密度范围内，表现出密度加大有促进树高生长的作用；但也有一些树种林分平均高随着林分密度的增加而递减，如斑克松、杉木、桉树等。

2）不同的立地条件，特别是不同的土壤水分条件，可能使林木对密度有不同的反应。在湿润的林地上，密度对树高生长影响不明显，而在干旱的林地上，密度的作用较为突出，过稀时杂草对树木的竞争作用使其生长受阻，过密时则又因树木之间的竞争激烈使其生长受抑，因此只有在适中的密度时，树高生长最好。

3）密度对树高生长的作用主要取决于林木所处的密度范围，即使杨树这样的喜光速生树种，一般也会表现出密度加大抑制树高生长的作用，但在林木生长初期，竞争的抑制作用没有表现出来之前，可以考虑密度适当加大，有助于抑制侧枝伸长，从而促进树高生长。

4）无论哪一种情况，密度对树高生长的作用，要比对其他生长指标的作用弱，在相当宽的一个中等密度范围内，密度对树高生长几乎无任何作用，这也是把树高生长作为评价立地质量的生长指标依据的原因。

（二）造林密度对树冠与胸径生长的影响

1. 造林密度对树冠生长的影响　在林分郁闭前，林木个体处于孤立状态，密度对冠幅的影响很小，随着林龄的增长，密度大的林分，树冠间相互关系发生较早，树冠生长受到明显抑制。密度小的林分，树冠间相互关系发生较迟，树冠伸展的余地大。因此，密度越大，冠幅越小，即密度与冠幅呈负相关关系。

2. 造林密度对胸径生长的影响　密度对胸径生长的影响是通过密度对树冠生长的影响而发生作用的。研究证明，树冠大小与林木直径生长呈正相关关系，而且这种相关关系在林冠疏开之前普遍存在于各树种的不同生长阶段。其主要原因是由于树冠的大小影响到叶面积的多寡。因此，林分的平均胸径随林分密度的增加而递减，国内外大量密度试验结果证明了这一结论。平均胸径随密度的增加而减少的幅度，在林分发育的各个阶段不同，并随着林分年龄的增长而变化，但是到一定年龄后，随着不同密度林分树冠生长的稳定，不同密度林分的平均胸径之间的差异也稳定在一定的水平上，呈平行的曲线增长（表 4-2）。

表 4-2 不同密度华北落叶松林林木冠幅与胸径生长变化

林分密度 /（株 /hm^2）	林木平均胸径 /cm	林木平均冠幅 /m	胸冠比
576	24.36	2.78	11.41
656	23.83	2.56	10.74
848	21.86	2.32	10.61
896	19.80	2.09	10.56
1072	18.60	1.94	10.43
1216	18.16	1.85	10.19
1312	17.73	1.74	9.81
1488	17.58	1.68	9.56
1568	17.27	1.56	9.03

资料来源：丁继伟等，2018

当然，在不同的立地条件下，相同密度的林木，即使具有相同大小的冠幅，林木的胸径生长也并不一致。这是由于某些林分立地条件差，土壤的水肥供应不足而使单位面积叶量制造的干物质不同。此外，树种的遗传因素也起一定的作用。但是在同一立地条件下，即使立地条件很差，树冠与胸径生长的相关规律也十分明显。因此，研究人工林不同生长阶段密度与冠幅、冠幅（主要是树冠营养面积）与胸径生长的规律可以为各阶段调节密度提供依据。实践证明，在较密的林分中，适时进行间伐，以调节营养空间，其结果必然是树冠首先增长，而后胸径生长也相应地增加。对于人工林来说，如果林分密度过大，一定要及时间伐，调整密度，以促进保留林木快速生长。

三、造林密度对林分生物量的影响

在一般情况下，树干的生物量在整个生物量中占有一个较稳定的比例，因此密度对生物产量的效应是基本一致的，即符合最终产量恒定法则。在幼林阶段，林木平均个体重几乎相等，单位面积上的生物产量随密度的增加而增加。随着时间的变化，个体不断增大，到一定时间后，竞争首先从高密度开始，并逐渐向低密度扩展。竞争产生的抑制作用使个体增长率降低，生长变慢，于是低密度林分的平均个体重逐渐超过高密度林分，各密度间的产量差也随之减小。到达一定密度后，在一定的密度范围内，不同密度林分的最终生物产量是基本相似的，这正是收获密度效应理论的表现。栾宁对辽宁鞍山不同密度油松林生物量的研究表明，油松单株总生物量随林分密度的增大而呈现先减小后增大再减小的趋势（表 4-3），当林分密度从 2232 株 /hm^2 升高到 2889 株 /hm^2 时，密度对其影响最大，单株生物量从 22.16kg 减小到 11.39kg；当林分密度大于 3209 株 /hm^2 时，单株生物量又开始减小，并且随着密度的继续增大而趋于稳定，变化幅度不大。树干的生物量在整个生物产量中占有一个较稳定的比例，如华北落叶松 14～20 年生的人工林，其树干的生物量占林木总生物量的 40%～50%。

表 4-3 不同密度油松林林分生物量及其分配

样地	密度 /（株 /hm^2）	单株生物量 /kg
1	2232	22.16
2	2889	11.39
3	3209	13.21
4	3427	12.18
5	4426	11.64

资料来源：栾宁，2019

四、造林密度对干材质量的影响

密度对干材质量的影响，主要反映在干形通直圆满、节疤少和木材力学强度大等方面。造林密度适当增大，能使林木的树干饱满（尖削度小），干形通直，分枝细小，有利于自然整枝，减少木材中节疤的数量及大小。但在林分过密时，树干生长细弱，在有些地区容易引起雪压，使树干弯曲或造成风倒，影响林木的生长。

密度对木材的力学强度也有影响，但情况比较复杂。一般来说，稀植有利于幼年期年轮加宽，初生材在树干中比例较大，对材质有不利影响。例如，稀植的杉木林中早材的比例增大，使木材的密度、抗弯强度、顺纹抗弯强度和冲击韧性均降低，使木材的综合质量下降。而阔叶树种的年轮加宽，夏材比例增大反而能增加材性。因此，为了提高木材的材性，针叶树的林分不宜栽植过稀，而阔叶树种则可适当稀植。

五、造林密度对根系生长及林分稳定性的影响

（一）造林密度对根系生长的影响

根系与林木地上部分的生长有着密切的关系。有关研究表明，强大的根系是地上部分生长良好所必需的，若根系生长受到干扰则会损害地上部分的生长。同样，地上部分的生长也会影响到根系的生长。在不同密度的林分中林木的根系生长有很大差异。据湖南省林业科学院林业研究所对杉木造林密度的研究发现，随着林分密度的增加，总根量和各级根系的数量均减少。根系在土壤中的分布则表现为，密度较大的林分，根系的水平分布范围较小，垂直分布也较浅。中国林业科学研究院林业研究所等对毛白杨造林密度的试验结果表明，在造林初期（栽后 2 年），不同密度林分毛白杨根系的粗壮程度相似，根系交叉程度随密度的增加而密集，这说明不同密度林分地下部分开始发生不同的影响，但此时尚不明显。4 年后，在较密林分中，根系发育细弱，林木间根系交叉最密，这显示出密度对根系的生长发育产生了明显的作用，同时也发现林木根系与地上部分生长趋势基本一致。因此，适当进行间伐，不仅可以促进地上部分的生长，也可相应地促进根系生长。

另外，土壤中的根系随着营养面积的扩大而逐渐增长。由此可见，林分密度过大，营养面积减少，土壤中根系减少，因而也影响到地上部分的生长。

（二）造林密度对林分稳定性的影响

林分的稳定性主要指林分抵抗暴风、雪压、病虫危害等不良环境的能力。林分密度

过大，不但使林木地上部分生长细弱，而且使根系发育受阻，林内树木易遭风倒、雪压和病虫危害，使林分处于不稳定状态。林分过稀对其稳定性的影响要视地区条件而论。在水分不稳定地区，过稀的林分迟迟不能郁闭，使林分不稳定，抵抗力弱；在极干旱地区，旱生树种有首先发育庞大根系的适应能力，只有稀疏林分才能正常生长。

六、造林密度对林分水土保持作用的影响

林分密度越大，林地的入渗性能就越好，这是因为密度越大，林地郁闭较早，林地枯落物越厚，使得表层土壤中增加的有机质越多，从而更好地改善了土壤的结构。此外，密度越大，林地土壤中吸收水分的根量增多，土壤水分的损耗量增加，土壤水分状况处于一个较低水平上，从而促进了水分渗透。张建军等研究表明，在一定密度范围内，随林分密度的增加，刺槐和油松林地的稳渗速率增大，产流量和产沙量大幅度减少。鲁绍伟等对北京八达岭地区不同密度油松林地的产流量和产沙量的研究表明，不同密度油松林地随密度的增加，产流量和产沙量逐渐减少（表 4-4）。

表 4-4　不同密度油松林地产流量和产沙量

样地号	林分密度 /（株 /hm^2）	降雨强度 /（mm/min）	产流量 /mm	产沙量 /（t/km^2）
1	800	2.48	25.15	60.30
2	1000	2.52	22.47	45.90
3	1200	2.49	20.43	38.10
4	1500	2.56	17.46	22.54
5	2000	2.53	14.21	13.93

林分密度决定着郁闭度的大小，从而影响森林的水土保持作用。贾志清等认为人工-天然复合植被类型的水土保持效果最好，乔木林最适郁闭度为 0.6～0.7。余新晓等研究结果表明，油松林和刺槐林的产沙量与其郁闭度关系十分紧密，当郁闭度从 0.3 增加到 0.7 时，油松和刺槐林地的产沙量逐渐减少，当郁闭度超过 0.7 时，产沙量呈上升趋势。所以，油松林和刺槐林的郁闭度以 0.7 左右为宜。可见，林分郁闭度在一定范围内的增加能够有效地减少土壤侵蚀，但当郁闭度超过一定的范围后，林分控制水土流失的作用减弱。因为郁闭度过大，林内通风透光条件变差，直接影响林下灌草植被的生长，造成地表植被覆盖率低，容易形成地表径流。郁闭度对保持水土的影响，其间接作用远大于直接作用，它主要是通过影响草丛和灌木的生长来改变土壤侵蚀程度的。

一般认为乔灌草复层结构的林分水土保持功能较强。要充分发挥林分的水土保持和涵养水源作用，关键在于合理的林分结构，通过调整林分密度和郁闭度，改善林内光照条件，有利于灌草植物的生长，形成灌木层和草本植物层（表 4-5）。密度对水源涵养的作用在干旱、半干旱地区表现最为突出。在水资源匮乏地区，过大的林分密度会造成林地蒸腾量过大，使区域性水资源减少。

表 4-5　青海云杉不同造林密度的林地总蓄水量

造林密度 /（株 /hm²）	林下草本蓄水量 /（m³/hm²）	枯落物蓄水量 /（m³/hm²）	土壤饱和蓄水量 /（m³/hm²）	林地总蓄水量 /（m³/hm²）
1350	7.17	4.02	2792.50	2803.69
1475	6.55	3.16	3096.20	3105.91
1575	5.17	4.30	3197.90	3207.37
1650	3.03	7.09	3131.00	3141.12
1725	2.92	7.60	2987.80	2998.32
1900	2.21	4.16	3150.80	3157.17
2300	1.97	1.97	3160.73	3164.67

资料来源：黄乾等，2019

因此，在水土保持工作中，造林时适当增加造林密度，以促使林分尽早郁闭，增加枯枝落叶的数量，以发挥水土保持林的作用与功能。但当林分生长到一定阶段后，密度过大使水土保持作用减弱时，应适当进行间伐，以达到合理的林分密度和结构。

综上所述，对于造林密度的作用规律，从客观上讲，各个树种在一定的立地条件及一定的年龄阶段都存在着一个最适密度范围，即适宜的密植界限，过稀和过密都不好。这一适宜密植界限原则上应在林木个体的生长发育不受抑制的前提下，群体得到最大的发展。林分适宜密度的范围，随林龄和立地条件及栽培水平而不同。因此，要培育好人工林，不仅要确定合理的造林密度，还应通过修枝、间伐等措施调节林木个体与林分群体的矛盾，保证其在生长发育的各个时期都有合理的群体结构，使其发挥最大的生产潜力和防护效益。

第三节　确定造林密度的原则与方法

密度作用规律是确定林分密度的理论基础。最适造林密度不是一个常数，而是随经营目的、造林树种、立地条件和栽培技术等因素的变化而变化的一个数量范围。只有弄清造林密度与这些因素之间的关系，才能确定合理的造林密度。

一、确定造林密度的原则

（一）林种不同，造林密度不同

林种反映了林分的经营目的。林种不同，在培育过程中所需的群体结构不同，造林密度也不同。防护林主要起防护作用，并兼顾培育用材，首先要保证起到防护主要灾害的作用；水土保持林，在水分条件较好的地区造林密度可大一些，以迅速覆盖林地，在水分不稳定的地区充分利用造林地上的天然植被资源，适当降低乔木层的造林密度，有利于林地迅速形成乔-灌-草的林分结构，更好地发挥其水土保持效益；防风固沙林以控制就地起沙为原则，理论上希望密一些，实际上受到沙地严酷条件的限制，如果选择合适的树冠较大的灌木树种，即使造林密度较小，也能迅速覆盖林地；农田防护林要求有一定的林带结构和透风系数，才能起到较好的防护效果；护路林可以林木完全舒展的最大距离为间距；一般用材林主要是培育满足国家经济建设所需要的优质良材，只有在一定密度的林分内，才能形成树干通直、圆满、尖削度小、节疤少、年轮宽度比较均匀的优质良材，因此，对于用材林应按培育的目的材种确定适宜的造林密度，如培育大径材且不进行间伐的用材林可适当稀植，以培育中小径材为目的的可适当密植；经济林则主要是在单位面积上获得优质高产林特产品，乔木经济林适当稀植，有利于通风透光，要避免树冠相接，保证树体的生长及果实成熟，更有利于果实丰收；培育以生产全株生物量为目标的木质能源林，一般宜密植，油料能源可适当稀植；特种用途林按特殊要求确定造林密度，如风景林边缘处的种植宜适当稀疏，以便本地树种生长成林，并使其自然过渡到与四周的园林风景融为一体，这样配置还有助于建立一个抗风的林地边缘，并可形成野生动物的集中栖息地。依据培育目的，为提高林地生产力，可进行密度控制，根据树种生长期和生产需要，进行疏伐或补植，降低或提高密度。

（二）树种特性不同，造林密度不同

林分密度的大小与树种喜光性、速生性、树冠特性、根系特征、干形和分枝特点等一系列生物学特性有关。一般喜光而速生树种宜稀植，如杨树、落叶松等；耐阴而初期生长缓慢的树种宜密植，如云杉、侧柏等；干形通直且自然整枝良好的树种宜稀植，如杉木、檫树等；干形易弯曲且自然整枝不良的树种宜密植，如马尾松、部分栎类树种；树冠宽阔且根系庞大的树种宜稀植，如毛白杨、团花等；树冠狭窄且根系紧凑的树种宜密植，如箭杆杨、冲天柏等。我国主要树种造林密度见表 4-6。

表 4-6　我国主要树种造林密度表　［单位：株（丛）/hm^2］

树种（组）	区域			树种（组）	区域		
	三北区	北方区	南方区		三北区	北方区	南方区
马尾松、华山松、黄山松		1 200～1 800	1 200～3 000	青冈栎、桤木			1 650～3 000
云南松、思茅松			2 000～3 300	枫香树、元宝枫、五角枫、黄连木、漆树		630～1 200	630～1 500
火炬松、湿地松			900～2 250	喜树			1 100～2 250
油松、黑松	3 000～5 000	2 500～4 000	2 250～3 500	相思树			1 200～3 300
落叶松	2 400～3 300	2 000～2 500	1 500～2 000	木麻黄			1 500～2 500
樟子松	1 650～2 500	1 000～1 800		苦楝、川楝、麻楝		750～1 000	630～900
红松		2 200～3 000		香椿、臭椿	1 600～3 000	750～1 000	2 000～3 000
云杉、冷杉	3 500～6 000	2 200～3 300	2 000～2 500	南洋楹、凤凰木			630～900
杉木			1 050～2 500	桉树			1 200～2 500

续表

树种（组）	区域		
	三北区	北方区	南方区
水杉、池杉、落羽杉、水松			1 500～2 500
秃杉、油杉			1 500～3 000
柳杉			1 500～3 500
侧柏、柏木	3 500～6 000	3 000～3 500	1 800～3 600
刺槐	1 650～6 000	2 000～2 500	1 000～1 500
核桃楸、水曲柳、黄菠萝		2 200～3 300	
榆树	3 330～4 950	800～1 600	
椴树		2 000～2 500	1 200～1 800
桦树	1 500～2 200	1 600～2 200	1 500～2 000
角栎、蒙古栎、辽东栎		1 500～2 000	
樟树			630～810
楠木、红豆树			1 800～3 600
厚朴			950～1 650
檫树			750～1 650
鹅掌楸			1 250～2 250
木荷、火力楠、观光木、含笑			1 200～2 500
泡桐		630～900	630～900
栲、红锥、米槠、甜锥、青檀、麻栎、栓皮栎、板栗		630～1 200	810～1 800
黑荆			1 800～3 600
杨树类	1 350～3 300	600～1 600	
毛竹、麻竹			450～600
丛生竹			500～825
秋茄树、白骨壤、木榄			10 000～30 000
无瓣海桑、海桑、红海榄等			4 400～6 670
银桦、木棉（四旁）			330～550
悬铃木、枫杨（四旁）			405～630
柳树（四旁）		600～1 100	500～850
杨树（四旁）		500～1 000	250～850
山苍子			3 000～4 500
沙柳、毛条、柠条、柽柳	1 240～5 000		
花棒、踏郎、沙拐枣、梭梭	660～1 650		
沙棘、紫穗槐、山皂荚、花椒、枸杞	1 650～3 300	1 650～3 300	
锦鸡儿	1 500～3 000	800～1 500	
山杏、山桃	450～650	350～500	
密油枝、黄荆、马桑			1 500～3 300

资料来源：《生态公益林建设　技术规程》（GB/T 18337.3—2001）附录 D

注：三北区含黄河区和青藏高原区；北方区含东北区；南方区含长江区和东南沿海区

（三）立地条件不同，造林密度不同

在立地条件好、土壤肥力高的造林地，林木生长速度快、郁闭时间短，因此可适当稀植；反之，可适当密植。立地条件差、灌溉条件好的造林地，可适当密植；但在干旱、半干旱地区，立地条件差、没有灌溉条件的造林地，由于水分缺乏，造林密度应以稀植为宜，以降低林木之间对水分的竞争。例如，我国黄土高原的大部分地区，降水相对不足但潜在蒸散量极大，密度过大往往会超过水分环境承载力（水分环境容量），因此应以降水资源环境容量来确定造林密度。在易生杂草灌木的造林地，为提早郁闭以抑制杂草生长，可适当密植。

资源 4-1

不同的地势，栽植密度也不同。一般是大山区稍密，丘陵区稍稀；山脚较稀，山顶较密，多风山口、山谷可密些；雪害严重的可稍稀些。此外在鸟兽危害严重的地方应密一些，以保证林分有足够的密度。

（四）经济条件和林业经营水平不同，造林密度不同

凡是人口稠密、劳力充足、木材缺乏的地区，可充分利用小径材，密度可大些。对小径材不太急需、要培养大径材的地方，造林密度可小些。有条件长期进行细致抚育的情况下，造林密度可小些。机械化程度高的，行距要以能使用机械而不损伤树木为原则，但株距可小些。

二、确定造林密度的方法

造林密度是根据选定树种，在一定培育目的、立地条件和栽培条件下测算确定的。确定造林密度的方法主要有经验法、试验法、图表法、调查法等。

（一）经验法

根据过去不同密度的林分在满足其经营目的方面所取得的成效，分析判断其合理性及需要调整的方向和范围，从而确定在新的条件下应采用的初始密度和经营密度。应用经验法时，要注意密度的确定应当建立在足够的理论知识和生产经验的基础上，避免主观臆断。

（二）试验法

试验法是通过不同密度的造林试验结果，来确定合适的造林密度及经营密度。采用该方法时，应遵循下列条件：一是从科学试验和生产经验编制的造林密度表上查出不同树种的造林密度，这是当前造林工作中应用最普遍的一种方法；二是通过对现有不同密度状况下的人工林分调查、研究分析，找出能满足造林经营目标、具有较好造林成效的种植密度范围，作为新造林时确定种植密度的参考；三是通过不同密度的造林试验结果，来确定适宜的造林密度，这是最可靠的方法，但这种试验需要等待很长时间才能得出结论，而且要花费很大的精力和财力，一般只能对几个主要造林树种，在典型的立地条件下进行密度试验，得出密度作用规律及其主要参数，以指导生产中造林密度的确定。目前，林业部门及科研单位，根据人工林造林密度的实践经验和专门的密度对比试验的结果，来确定合理的造林密度。

（三）图表法

对于主要造林树种，如落叶松、杉木、油松等，已进行大量的密度规律的研究，并制定了各种地区性的密度管理图（表），可通过查阅相应图表确定造林密度。密度管理图是根据密度对林分生长各变量间的变化规律，应用数学分析和数理统计的方法，建立各类密度效应的数学模型，并使其反映在直观的图像上，用来确定造林密度、生长预测、定量间伐以及划分经营类型的依据。分树种制定的林分密度管理图，反映林分密度与各项影响因子之间的数量关系。

吴增志根据合理密度理论编制了华北落叶松、杨树（毛白杨、欧美杨）人工林合理密度管理图（表），可据此确定造林密度和经营密度。例如，可按第一次疏伐时要求达到径阶的大小，由合理密度管理图上查出达到这种大小而合理密度系数较高（如华北落叶松为 1.7）时对应的密度，以此密度再加一定数量，以抵偿生长期间可能产生的平均死亡率，即可作为造林密度。

资源 4-2

（四）调查法

调查法是对现有的森林处于不同密度状况下的林分生长指标进行调查，然后采用统计分析的方法，得出类似于密度试验林可提供的密度效应规律和有关参数，然后采用数理统计方法确定造林密度。重点调查因子包括初植密度与第一次间伐的时间、林木生长的速度；密度与树冠大小、直径生长、个体体积生长的关系；密度与现存蓄积量、材积生长量、总生物量的关系；密度与树冠扩展速度、郁闭年限的关系等。

林木营养面积大小一般与林木冠幅大小相联系，适宜的冠幅面积（垂直投影面积）代表林木生长发育所占的养分空间。掌握某一树种平均冠幅随年龄而变化的规律，然后根据要求幼林郁闭的年限和该年限的平均冠幅，以及所希望达到的郁闭度，按下列公式进行计算，即可得到该树种的造林密度。其计算公式如下：

$$N=\frac{S}{D}P$$

式中，N 为造林密度（株 /hm^2）；S 为单位面积（hm^2）；D 为某树种要求郁闭的平均冠幅或树冠投影面积（m^2）；P 为要求达到的郁闭度。

近年来，有学者根据不同地区不同树种的胸径或树高和密度的调查数据，找出两者间的关系，建立数学模型，并依据模型来编制适合某一地区某一树种的合理密植表。

第四节　种植点的配置

一、配置的意义

造林密度只是形成林分结构的数量基础，有了数量基础还需要有种植点在空间的配置方式，这样才可以表现出林分的结构形式。种植点的配置是指种植点或播种点在造林地上的间距及排列方式，是构成森林群体的数量基础。排列方式不同，影响着林木之间的相互关系。

在密度已确定的情况下，通过配置的方式可以进一步合理分配和利用光能及地力，种植点配置合理与否，对林木的生长发育有着很大的影响。在一定造林密度的基础上，配置方式对林木的生长发育、生物量、质量及防护效应的大小等，都有一定的影响。种植点配置在造林及林木生长前期，对林木的光照、水分、养分利用及种间关系都有一定的影响。立木之间排列方式的不同，改变着植株间的光照时间和方向，同样也改变着植株的矿物质及水分的供应，具有一定的生物学意义和经济意义。另外，种植点的配置方式也和幼林抚育有密切的关系（尤其是土壤管理）。所以造林之前，必须合理地确定种植点的配置方式。

因此，人工林中种植点的配置与林木的生长、树冠的发育、幼林的抚育和施工等都有着密切的关系。在城市绿化与园林设计中，种植点的配置也是实现艺术效果的一种手段。对于防护林来说，通过配置能使林木更好地发挥其防护效能。但是，也有不少研究表明，种植点的配置主要影响着林木营养空间的问题，一般来说，它对产量没有决定性的影响，只有当一般条件有利的时候，均匀的空间排列比成丛排列有较高的产量。

二、配置的方式

种植点的配置方式，一般分为行状配置和群状配置两类。

（一）行状配置

目前的造林工作中，播种或栽植点在造林地主要采用行状排列的方式。行状配置由于分布均匀，能充分利用营养空间，有利于树冠发育和树干的通直圆满，也便于抚育管理。山丘地造林时，种植行的方向宜选择沿等高线走向，可以改变坡面状况，迟滞、拦截坡面径流，减缓流速，减免土壤侵蚀；平地造林时，南北走向可以尽可能满足植物对光照的需求；风害严重的地区，种植行宜与主风向垂直，对气流具有逐级削弱的能力，可减少风沙危害。行状配置有长方形、正方形和三角形 3 种（图 4-1）。

1. 长方形配置　　长方形配置是造林中最常用的一种配置方式（图 4-1A）。株行距不等，一般行距大于株距，行内株间郁闭早，能提前收到株间郁闭的效果，增强幼林的稳定性，减少行内除草的次数，便于进行机械化作业、幼林抚育及行间间作等。长方形配置适合于平坦的造林地和坡度平缓、地块相连的坡地。

单位面积配置株数：

$$N=\frac{A}{ab}$$

式中，N 为苗木数（株）；A 为总面积（m^2）；a 为株距（m）；b 为行距（m）。

2. 正方形配置　　正方形配置的株行距相等，苗木之间的距离均匀，利于树冠均匀地生长发育（图 4-1B）。幼树能在地上和地下充分利用营养空间，根系分布均匀。在株行距较大的平地，便于使用机械抚育，是营造用材林和特用经济林较为常用的配置方式。

单位面积配置株数：

$$N=\frac{A}{a^2}$$

式中，各符号含义同前。

3. 三角形配置　　三角形配置一般要求相邻行的种植点错开呈“品”字形排列，也叫品字形配置（图 4-1C）。这种配置方式能充分利用营养空间，有利于使树冠均匀发育，能较好地阻挡风沙、保持水土，是山区水土保持林营造中最常用的方式。

正三角形配置中各相邻植株的株距都相等，行距小于株距，为株距的 0.866 倍（sin60°），是三角形配置中最均匀的一种方式。这种配置方式能更有效地利用空间，使树冠发育均匀，提高木材质量，防护作用最大，在丘陵和山地造林时经常采用。这种配置方式能在不减少单株营养面积的情况下，增加单位面积上的株数，从而获得高产或发挥较大的防护效益。

单位面积配置株数：

$$N=\frac{A}{0.866\times a^2}$$

式中，各符号含义同前。

沟坡造林种植行沿等高线排列，农田防护林种植行一般应与主风方向垂直，同时还要照顾渠路方向而与之相平行。在高纬度，水分充足的条件下，南北成行的林分能充分接受早晚富有生理吸收光谱（红黄光谱）的光线，中午行内互相遮阴，行间林地接受日晒，有利于土壤微生物的活动及腐殖质的分解，促进林木生长。

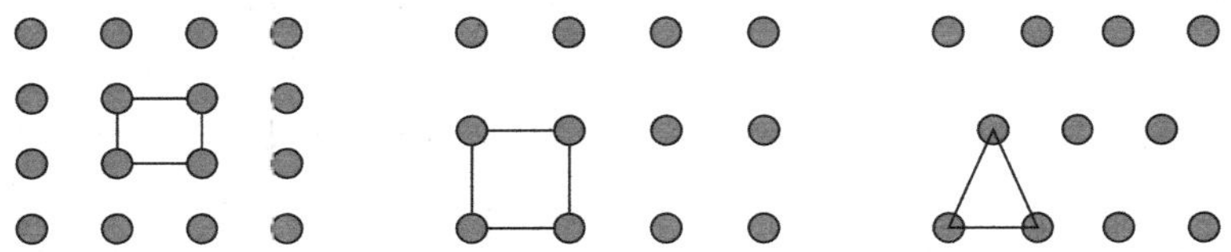

A 长方形　　B 正方形　　C 三角形

图 4-1　行状配置方式

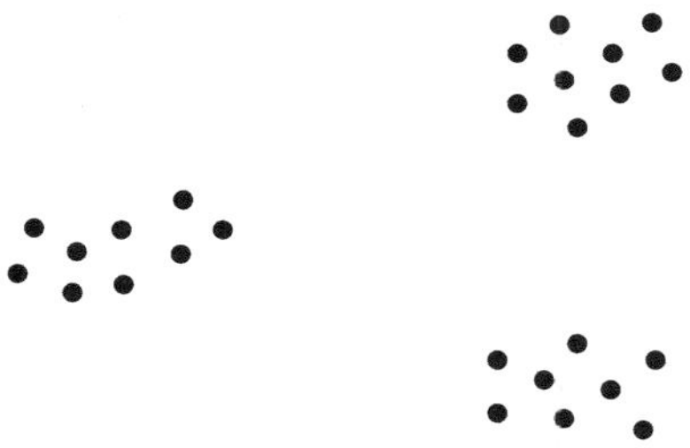

图 4-2　群状配置图

（二）群状配置

群状配置方式，也称簇式配置或植生组配置。这种配置方式的特点是种植点成群（簇）分布，块状地内苗木比较密，往往是几株（3～5 株）集聚在一起，形成一个生物群（或称群生组、植生组），而群与群之间的距离往往较大。群的大小与立地环境条件有关，从 3～5 株到几十株，群的数量一般为成林的密度，群的排列呈规则或不规则的，随地形而定（图 4-2）。这种配置方式，适用于立地条件差的造林地以及迹地更新和林分改造。

群状配置的特点是整个造林地上以簇为单位的密度较小，而簇内的密度很大，簇式配置能保证群簇植株迅速达到郁闭，有利于抵抗干旱、日灼、杂草等不良环境因子的影响，能够提高幼林成活率和保存率。然而，群状配置方式由于群内苗木较多，随着年龄的增长，群内幼树间的矛盾也逐渐突出，林间竞争加剧，分化明显，应该及时通过人为措施去弱留强，选择定株。这种配置方式对光能的利用和树干的发育都不如行状配置，产量也较低，一般造林较少采用。由于它具备抗性强、稳定、易于管理等特点，因此，在迹地更新及低价值林分改造上具有一定的实用价值。

群状配置需苗量的计算方法：单位面积总苗量＝单位面积簇式块数 × 每块的种植数量。采用群状配置方式造林时，根据每一个簇中到壮龄阶段（防护效益最佳）至少要保存 1 株的原则，按此阶段林分生长发育所必需数量来确定簇的密度。簇内种植的株数以能获得在该条件下足够壮大的植生组为标准，从3～5株到20～30株，根据树种特性及立地条件、栽培条件的不同而异。

（三）自然配置

自然配置是在造林地上随机配置种植点，适用于生态公益林；依据造林地土壤分布条件配置种植点，适用于石质山地；依据林间空地情况配置种植点，适于林冠下造林和沙地造林。造林地上有一些植株分布，但没有完全覆盖地面，尚有一部分空间可以造林，根据具体情况，决定种植树种和株数，如石质山地干旱、贫瘠、土层薄，只能根据造林地土壤条件配置种植点。

主要在营造混交林中采用，需考虑树种的自然分布、生长属性、种间关系等，不是无目的、无原则的配置，是近自然、模拟自然的配置。

无论采用上述哪种配置方式，造林密度计算中采用的造林面积是指垂直投影所占的面积，不是指地形倾斜所造成的斜面积。因此，一般的株行距也是指水平距离，为此，在坡面造林定点时，应按地面坡度加以调整，将山坡的斜面积折算成水平面积。

思 考 题

1. 简述造林密度的概念及意义。
2. 林分密度是如何影响生物量的?
3. 确定林分合理结构的关键是什么?
4. 试述造林密度对林分水土保持作用的影响。
5. 试述造林密度确定的方法。
6. 简述种植点配置的概念及方式。

第五章　混交造林理论与技术

【内容提要】

根据天然林的生长发育和演替规律，模仿天然林营造人工混交林，是我国水土保持造林工作的主要方向。本章主要介绍混交林的特点，树种混交的基本理论，混交林的主要类型和混交林的培育。

人工林组成是指构成人工林的树种成分及其所占的比例。按树种组成的不同，可将人工林分为纯林和混交林。由一种树种组成的林分称为纯林（pure forest），由两种或两种以上的树种组成的林分称为混交林（mixed forest）。人工造林时的树种组成以各树种的株数占全林总株数的百分比来表示；成林的树种组成以每一乔木树种的胸高断面积或蓄积量占全林总胸高断面积或蓄积量的比例来计算。

第一节　混交林的特点

由于纯林和混交林的组成不同，林分结构也有差异，直接影响森林的生产力和防护功能。纯林结构简单，林分只存在个体间的竞争，没有种间竞争，种内矛盾容易调节，目的树种的木材或林产品产量高，适宜于用材林和经济林建设。但林内生物多样性低，易引发病虫害，造成林地地力衰退，生态防护功能不强。混交林结构复杂，可以克服纯林的一些不足，能减轻自然灾害，水土保持和涵养水源等防护功能强，常用于防护林建设。与纯林相比，结构合理的混交林有以下几个特点。

一、混交林能充分利用营养空间，改善立地条件

纯林多形成单层结构，不能充分利用营养空间，养分消耗单一，长期连栽会造成林地土壤退化。不同生物生态学特性的树种合理混交，能够形成层次多或冠层厚的林分结构，能充分利用林地空间和营养面积。例如，喜光与耐阴树种、深根型与浅根型树种、速生与慢生树种混交，可以占据较大的地上、地下空间，能充分利用林内光照、热量、土壤水分和养分。又例如，山杨从土壤中吸收的氮素较多，云杉、松树则吸收的较少；白蜡树吸收的磷素比橡树多，橡树吸收的氮比白蜡树多。

混交林形成的多层次林分结构，有利于改善林内光、热、水、气等小气候条件，使树木生长的环境条件得到较大改善。混交林枯落物丰富，给土壤中微生物的生存创造了良好的条件，加速了枯落物的分解，从而改良了土壤的结构和理化性质，提高了土壤肥力，如小叶杨和沙棘混交林地土壤的含氮量和有机质均高于小叶杨的纯林。刺槐、紫穗槐、柠条、沙棘、沙枣等树种，根部的根瘤菌可以改良土壤，增加土壤氮素，改善了土壤的氮素供应。

二、树种搭配合理的混交林，能相互促进生长

混交林能充分利用营养空间，改善立地条件，促进林木生长。喜光速生树种和耐阴慢生树种混交，前者可为后者起遮阴作用，从而促进耐阴树种的生长。杨树和刺槐混交，促进杨树的生长，而且刺槐生长良好，主要是由于刺槐根系发达，根瘤菌能固定大气中的氮素，加之枯落叶量大，容易腐烂，增加了林地土壤腐殖质，改善了土壤结构，促进了杨树的生长。在华北地区沿河（海）沙地或河流故道上营造的一些杨树纯林往往生长不良，呈现“小老树”状态，蓄积量很低，但是，如果将这些杨树与刺槐混交，则生长速度加快，蓄积量增多。在河北省海滨林场沙丘地上，19 年生北京杨与刺槐混交林，每公顷木材蓄积量达 135.7m^3，而相同条件下的同龄北京杨纯林为 101.3m^3，刺槐纯林为 125.7m^3。据河南洛阳林科所的调查，在生长极差的 15 年生核桃纯林中引入刺槐进行造林改良，能使核桃生长加速，树冠迅速扩展，生长旺盛，并开始结实。

南方 14 个省（区）采用 46 种树种混交，其中以松树为主的有 11 种，以杉木为主的有 9 种，以阔叶树种为主的有 25 种，混交林生长均优于纯林，木材产量比纯林高出 20% 以上，多的甚至可达 1～2 倍。广西合浦县林业科学研究所试验表明，采用株间混交营造的樟树与台湾相思混交林和樟树与木麻黄混交林，其每公顷总蓄积量分别为 76.9m^3 和 105.3m^3，均高于樟树纯林（25.0m^3）。但搭配不合理的混交林木材总蓄积量还会低于纯林。

三、混交林能减轻火灾，减少病虫害的发生与蔓延

火灾是森林的主要灾害。森林多处偏僻山地，交通不便，火灾一旦发生就会造成很大的损失，特别是针叶纯林的火险性更大。阔叶树含水量高，无松脂，有一定的抗火能力，许多林区采用阔叶林带作为防火隔离带。因此，针阔混交林能有效阻止林火的蔓延。

混交林是一个更为复杂的生态系统，林内食物丰富，能招引各种益鸟、天敌，构成复杂的食物链。一般来说，纯林的病虫害比混交林严重。在秦岭天然林区，对小蠹虫而言，华山松纯林的天敌少、食料集中，华山松纯林的大小蠹虫危害率（42.2%）高于混交林（28%）。在松橡混交林中，松毛虫仅食松类针叶，不危害橡树叶片，象鼻虫只危害橡树果实，而对松类球果无危害作用，松橡混交林可抑制这两种害虫的发生与蔓延。据山东牛庄林场调查，侧柏刺槐混交林中有啄木鸟、灰喜鹊、瓢虫、螳螂等多种益鸟、益虫，可抑制多种病虫害的发生或蔓延。沈阳农业大学对油松与落叶松、柞树、黄栌等树种混交林的研究表明，混交林中松毛虫密度和松梢螟危害率远远低于纯林。19 年生油松与柞树混交林中，松毛虫虫口密度为每株 4 条，而油松纯林却高达每株 51 条；松梢螟危害仅为 15%，而油松纯林高达 61%。

四、混交林的防护作用大

混交林林冠浓密，结构复杂，形成多层林相，截留降雨的能力大，林下地被物丰富，根系交织成网，土壤结构疏松，渗透性好。所以，混交林在滞蓄径流、拦截泥沙、抗蚀抗冲方面的作用大于纯林。在黄土区相同立地条件下，油松刺槐混交林地的有机质和水稳性团粒含量分别比纯林提高了 33% 和 23%，分散率和分散系数分别比纯林降低了 3.5%

和 3.9%。刺槐与紫穗槐行间混交，比刺槐纯林减少地表径流效益提高了 32%，减少土壤冲刷效益提高了 33%。在风沙危害的地方，营造常绿与落叶树种混交林，能够一年四季起到防护作用。

五、混交林能提高生物多样性

天然混交林的植物种类多、结构复杂。人工混交林也出现类似的情况，如杉木木荷混交林内植物的科、属、种数量明显高于杉木纯林。从垂直结构来看，混交林乔木层、灌木层的物种丰富度、多样性指数和均匀度指数均高于纯林。这一结果表明，乔木层树种的增加和结构的改变，为更多植物种群提供了生存的空间。

第二节　树种混交的基本理论

一、种间关系的生态学基础

混交林是不同树种组成的森林群落。在同一环境条件下，不同树种必然对光、热、水、气、养等资源产生竞争。根据竞争排斥原理，竞争相同资源的不同物种不能无限期共存，不同物种的共存说明它们在群落中占据了不同的生态位。无论在天然混交群落还是在合理搭配的混交林中，经过长期的竞争和适应，不同树种占据了各自的生态位，形成了种间互补互利的关系。所以，营造混交林能否成功完全取决于不同树种的生态位关系。从理论上讲，任何两种植物生活在一起，其生态位关系有三种形式：第一种是生态位完全不重叠，种间无竞争发生，表现为互利作用，完全互补地利用资源。第二种是生态位部分重叠，二者在重叠部分发生竞争，在不重叠部分出现互补。根据竞争和互补的强度大小，种间关系有可能出现互利、单方有利，或者互害作用。第三种是生态位完全重叠，种间竞争矛盾激烈，最终保留竞争力强的植物种。一般来说，在混交林中第二种生态位关系普遍存在。在探索混交林树种间相互作用时，确定不同树种的生态位非常重要，但要弄清生态位涉及的复杂的生态学问题，需要应用生物学和生态学知识，提高综合分析和判断能力，按照适地适树的原则，掌握立地条件和不同树种的生物生态学特性，尽量筛选生态位不重叠或重叠很小的树种，进行合理搭配，缓和不同树种间的竞争关系，增强互补作用，培育好混交林。

二、种间关系的实质

混交林中的种间关系实质上是一种生态关系，一方面各树种均以对方作为生态条件，另一方面它们又与外界的环境条件发生联系。林分与外界环境之间存在许多错综复杂的矛盾，有处于支配地位的矛盾，也有处于从属地位的矛盾。混交林中种间的主要矛盾常与林分环境之间的矛盾表现一致，如干旱地区，水分亏缺是林分生长发育的主要限制因子，各混交树种间对水分吸收的竞争也就成为主要矛盾。

任何两个树种混交在一起，都表现有利和有害的关系。有利和有害作用的强弱程度取决于混交林中的不同树种对生态条件的要求。如果两个树种的生态要求差别大（喜肥和耐瘠薄、喜光和耐阴）或要求都不高（均耐瘠薄、耐阴），种间关系常常表现为以互助为主；相反，如果两个树种的生态要求差别不大（均喜肥、喜光）或要求都高，种间关系常表现为以竞争为主。

种间关系的有利和有害作用，有时前者居主导地位，有时后者居主导地位，且随时间和条件的变化，矛盾的双方各向其相反的方向转化，从有利为主变为有害为主，或相反。例如，乔灌混交，初期灌木为乔木生长创造了适宜的环境，但随着时间的推移，当乔木超过灌木时，种间关系变成了乔木压抑灌木的关系。

种间关系不是单方面的绝对有利或有害，而是对混交树种双方或单方相对有利或有害。例如，加杨和刺槐混交，对双方都有利；加杨和黄栌混交，只对加杨有利，对黄栌有害；加杨和榆树混交，对双方都有害。

三、种间关系的表现形式

混交林中不同树种种间关系错综复杂，表现形式多种多样，其主要形式如下。

（一）机械关系

混交林中各树种的个体间难免发生相互的机械作用，这种作用不仅发生在地面上部，如树冠、树干的撞击或摩擦，藤本或蔓生植物的缠绕或绞杀等，还发生在地下部分，如根系的挤压等。在油松和山杏的混交林中，山杏树冠开阔稀疏，带硬刺的小枝随风摇摆，经常打落油松的顶芽、针叶，磨破树皮，使树干、枝条生长受阻，且易感染病虫害。但机械作用只有在特定的条件下才可能发生明显作用，影响混交林的形成过程。

（二）生物关系

生物关系主要是指不同树种通过杂交授粉，根系连生、共生和寄生等发生的一种直接种间关系，如共生关系，可使两种共生成分不同程度地分享利益，又如根系连生，发育健壮的树种夺走发育衰弱树种的水分和养分，初期抑制其生长，最后可以导致其死亡。不同树种间根系连生包括两种情况，一种是相互接触的不同树种的根在土壤压力下连生在一起，这种现象比较罕见。另一种是不同树种的菌根通过菌丝的连生，可使整个林分的地下部分构成一个网状整体，如美国黄杉根系上的菌根通过黑核菌根菌丝与其他树种连生在一起。这种连生关系对处于林冠下的幼树的生长有利，因为通过连生的菌根菌丝网，幼树可以从成年树体中获得所需的光合产物，从而保证了天然更新的正常进行。

（三）生物物理关系

生物物理关系是指某一树种在自身周围形成特殊的生物场（辐射场、热场等），对生物场周围的其他树种产生影响。莫尔钦柯发现，桦树放射的紫外线对松树和云杉的枝叶分布及生长会产生影响。目前，这方面的研究很少，应进一步加强研究。

（四）生物化学关系

生物化学关系是指林木在生命活动过程中，通过地上部分和根系，向周围空间分泌生物化学物质，改变周围环境的化学成分，对其他树种的生长和发育产生促进或抑制作用，也称为化感作用。植物分泌物的传播途径是靠水（雨水、露水、雪、雾降等）的淋洗、植物体的分解、根系的分泌、挥发和伤流等。植物分泌物的作用具有选择性，这是种间关系的一个重要特征。由于植物分泌物既有流动性很强的挥发性气体，也有非挥发性的水溶性分泌物。因此，分泌物的作用效果不仅取决于有机体的生理状态，还取决于外界环境条件，如风可以吹散气态分泌物，降水可溶解空气和土壤中的分泌物，影响其作用强度和范围。常见的化感物质有单宁、有机酸、酚类、醌类、萜烯类、醇类、醛类、酯类、激素、酶和维生素等。现已证明有的化感物质抑制植物的细胞分裂、影响光合与呼吸作用、改变物质的合成途径、降低植物激素活性等。

化感作用是混交林中普遍存在的现象。据国外研究，疣皮桦叶片分泌物可使橡树的光合作用强度增强 16%，但是，当叶片和根的分泌物同时作用于橡树时，则可使其光合作用强度降低 26%。这说明疣皮桦叶片分泌物对橡树有益，而根系分泌物对橡树有害。我国的研究发现，火力楠、樟树和红栲的枯落物水浸液对杉木幼树根系生长有促进作用，而青冈、刺楸的枯落物水浸液对杉木幼树根系生长有抑制作用。在落叶松和水曲柳混交林中，落叶松树体挥发物中的萜烯类、树皮和枯枝落叶淋洗物的有机酸类、根系分泌物中苯乙酸及其衍生物在促进水曲柳生长中均起了一定的作用。用核桃楸鲜根皮的水浸液处理落叶松幼树时发现，高浓度有抑制生长的趋势，低浓度有促进生长的趋势。同时还证明，核桃楸外果皮、根皮、叶子中含有酚类物质，但其浸出物中酚的含量会随时间的延长而被氧化成醌类物质，因而对其他树种的生长不会构成威胁。这从理论上证明了其他树种与核桃楸混交的可能性。此外，水曲柳、椴树与红松，刺栲、木荷与马尾松，核桃楸与红松、樟子松、红皮云杉，油松与辽东栎、白桦，杨树与刺槐等混交林中也存在化感作用。因此，营造混交林时，应根据生化分泌物无毒或毒害轻微的要求搭配树种。

（五）生物环境关系

生物环境关系是不同树种对环境资源利用过程中存在的竞争与互补的关系，竞争是指不同树种对同一资源的争夺关系；而互补是指不同树种在利用环境资源的过程中相互补充的关系。合理搭配的混交树种能改善林内小气候，为目的树种提供了合适的光、热、水、气等生活条件，促进了目的树种的生长，增强了树种对不良环境的抵抗能力。例如，在我国南方风害严重的山地丘陵区，杉木树干常顺风倾斜、生长不良；而柳杉枝条柔韧、树梢尖削，在强风条件下生长健壮。采用杉木与柳杉混交，可增强林分抵抗风害的能力，保证了杉木的正常生长。另外，在混交林中，枝叶茂盛的树种，枯落物归还土壤，给另一树种生长提供了良好的土壤营养，如油松刺槐混交林，刺槐枯枝落叶丰富，且易分解，增加了土壤中的有机质和腐殖质，提高了微生物数量，改善了土壤结构，促进了油松生长。

四、种间关系的发展与变化

资源 5-1

任何矛盾过程都会在一定的条件下发生发展与变化。混交林中种间关系随年龄而发生时空变化，随立地条件和混交方法的不同而发生变化。

（一）种间关系随年龄而发生时空变化

随着林龄的增大，林木生长速度发生了变化，对外界环境条件的利用和要求也发生了变化，原来表现的有利作用为主的种间关系则有可能演变为有害作用为主。例如，在黄土高原，油松和沙棘混交，油松在幼龄期生长缓慢，沙棘有充分光照条件，生长良好，但当油松生长超过沙棘，林分达到郁闭以后，沙棘就会因光照不足而出现部分死亡，到了林分的老龄阶段，由于郁闭度降低，沙棘又可在林下生长了。

（二）种间关系随立地条件不同而变化

任何一个树种都有它的适生条件和非适生条件。在适生条件下，该树种生长良好，竞争力强，当立地条件不适合其生长时，竞争力降低。例如，松栎混交，在肥沃的土壤上，两树种均生长良好，而在较瘠薄的土壤上，松树可以正常生长，而栓皮栎由于喜欢肥沃土壤，就很难长起来。油松与元宝枫混交，在水分好的立地条件上，油松正常生长，元宝枫退居于后，而在干旱的立地条件下，耐旱性强的元宝枫往往压抑油松，甚至有可能淘汰油松。由此可见，种间关系与环境非常密切，不能离开环境孤立地分析不同树种之间的关系。

（三）种间关系随混交方法不同而变化

混交林中种间关系随着树种的搭配、混交比例、混交方法、混交效果、营造技术的变化而变化。带状和块状混交，种间矛盾较小，行间和株间混交，种间矛盾比较尖锐。

综上所述，应当在混交林的发展动态中，深入了解各树种的种间关系，掌握不同树种与环境的关系，在调查研究的基础上，不仅要分析树种间的关系，还要分析各树种与环境的关系，从而抓住主要矛盾，弄清种间竞争和互利关系，指导混交林的营造与培育。

第三节 混交林的主要类型

一、混交林中树种的分类

在混交林中，通常根据不同树种所起的作用，分为主要树种、伴生树种和灌木树种三类。

（一）主要树种

主要树种是人们培育的目的树种。林种不同，对于主要树种的要求也不相同。用材林侧重于收获木材，防护林侧重于发挥防护效益，经济林则要求经济价值高。主要树种应是在造林地上最大限度地发挥经营目的和效益的树种。主要树种是混交林的主要组成部分，在林内一般数量最多，同一混交林内主要树种数量有时是1种，有时是2～3种。

（二）伴生树种

伴生树种是在一定时期与主要树种相伴而生，并为其生长创造有利条件的乔木树种。伴生树种不是培育的目的树种，而是次要树种。在混交林中，伴生树种在数量上不占优势，多为中小乔木。伴生树种主要起辅佐、护土和改良土壤等作用，为主要树种生长创造有利条件。辅佐作用是伴生树种围绕在主要树种周围，造成侧方庇荫，促进其树干生长通直和自然整枝良好。护土作用是利用浓密的树冠和发达的根系，减少林地水分蒸发，保护土壤免遭侵蚀。改良土壤作用是利用树木的枯落物或生物固氮能力，提高土壤肥力，改良土壤理化性质。伴生树种最好是较耐阴、生长缓慢的树种。

（三）灌木树种

灌木树种是在一定时期与主要树种生长在一起，并为其生长创造有利条件的灌木。在混交林中营造灌木树种的目的是利用灌木护土，改良土壤，抑制杂草生长，防止土壤侵蚀，为主要树种的生长创造良好条件。因此，要求混交灌木树种树冠大、分枝多、叶量丰富、根系密集、侧根发达、萌芽能力强、耐干旱瘠薄。

二、混交林的混交类型

混交类型是人们根据不同树种在混交林中的地位、生物学特性及生长型，合理地搭配在一起的树种组合类型，如针叶树种与阔叶树种（如椴树与红松）、常绿树种与落叶树种、喜光树种与耐阴树种（如落叶松与云杉）、深根性树种与浅根性树种（如杨树与樟子松）、固氮树种与非固氮树种、乔木与灌木等混交组合。在实际工作中，应了解和掌握不同区域森林植被的地带性分布规律，弄清不同演替阶段天然林分的建群种和伴生种。由于在长期的演替过程中，森林植被通过自我繁殖、自我组织、自我调节、自我优化等一系列机制，已经适应当地的环境，形成了相对稳定的树种组成、林分结构与多种功能。因此，根据天然林的生长发育和演替规律，以乡土树种为主，很好地利用天然植被成分（如灌木和更新的幼树），确定适宜的混交类型，模仿天然林营造混交林是今后混交林培育的主要目标。例如，在喀斯特石质山地，采用“栽针留灌保阔”措施形成了松阔混交林。在黄土高原子午岭天然林区周围的稀疏灌丛中，栽植油松、侧柏或刺槐，形成了乔灌混交林，取得了良好的效果。

（一）主要树种与主要树种的混交

由两种或两种以上主要乔木树种混交在一起所构成的类型，也称为乔木混交类型。它反映了用材林和防护林中两种或两种以上的目的树种混交时的相互关系。这种混交搭配组合，可充分利用林地的营养空间，同时获得经济价值较高的木材，更好地发挥防护效益，如杉木与火力楠、杨树与刺槐、红松与核桃楸、落叶松与水曲柳等。

主要树种种间矛盾出现的时间和尖锐程度，因树种搭配不同而异。阳性和阳性树种（油松和栎类）混交，种间矛盾出现得早而且激烈，竞争性强，种间矛盾难以调解。选择两个阳性树种混交时，必须采用合适的混交方法，预防种间出现尖锐矛盾。阴性树种与阴性树种（云杉与冷杉）混交，种间矛盾出现的晚且较缓和，树种间的有利作用持续时间长，林分比较稳定，到了林分生长发育后期，矛盾才出现激化，种间关系较易调节。阳性树种和阴性树种（落叶松与云杉）混交，种间关系介于上述二者之间，有利作用持续时间较长。总之，主要树种与主要树种混交，最好选择种间矛盾小的树种（如生态习性差异大、生态位不出现重叠、无异株克生等）进行混交，并且要选择较好的立地条件，才可能获得高产和发挥最大的防护效益。

（二）主要树种与伴生树种的混交

这种混交类型多构成复层林相，主要树种位于上层，伴生树种处于下层，其作用是改善主要树种的生长环境，如桤木为非豆科固氮树种，杉木与桤木混交后，林地氮素明显增加。

由于主要树种常采用阳性树种，而伴生树种是不会给主要树种构成严重威胁的中等耐阴乔木树种，如椴树、槭树、鹅耳枥等，这种混交类型也称为阴阳性树种混交类型。它也要求较好的立地条件，营造时要注意选择适当的混交方法，不然会出现在林分形成初期，一种树种被另一种树种抑制而生长不良的现象。

（三）主要树种与灌木树种混交

这种混交类型种间矛盾缓和，林分稳定。灌木在林分发育初期起护土、侧方庇荫、改良土壤的作用，为主要树种的生长创造了良好条件，待林分郁闭后，由于林内光线较弱，灌木树种会趋于衰老，逐渐死亡，给主要树种让出更大的营养空间。这种混交类型对立地条件要求不高，在差的立地上，应加大灌木的比例。这种混交类型也称为乔灌混交，常见的乔灌混交搭配有杨树与紫穗槐、松树与胡枝子、油松与紫穗槐、青杨与沙棘等。

灌木树种与主要树种的矛盾虽然不大，但由于灌木一般根系发达、吸水能力强，特别是在地表层，因此在干旱时也会影响主要树种的生长。

（四）主要树种、伴生树种和灌木树种混交

主要树种、伴生树种和灌木树种之间的混交被称为综合性混交类型。这种类型兼有上述三种混交类型的特点，一般可用于立地条件较好的地方。通过封山育林、人工林天然化培育所形成的混交林多为这种类型。在山地丘陵区，综合性混交类型的防护林，水土保持和水源涵养功能强。

混交林各树种间在各种混交类型中的关系，会随着年龄、立地条件的不同而发生变化，应把这些变化作为培育混交林的依据。

第四节　混交林的培育

一、混交树种的选择

营造混交林成功的关键是为主要树种选择适宜的混交树种。根据树种的生态位、种间竞争关系，选择适宜的树种进行混交，构成多层次、多树种的森林群落，是保证人工林顺利成林、增强林分稳定性、实现森林多种效益的重要措施。混交树种一般是指起辅佐、护土和改良土壤作用的次要树种，包括伴生树种和灌木树种。选择适宜的混交树种，是调节种间关系的重要手段，也是营造混交造林成败的关键。混交树种选择不当，可能会抑制或替代主要树种，使造林目的落空，或者会被主要树种从林分中排挤掉。选择混交树种时，在原则上要尽量使其生态要求和生长特点与主要树种协调一致，以便避害就利，合理混交。同时要求混交树种能适应造林地的立地条件，以达到混交造林的预期目的。因此，混交树种选择应尽量符合以下条件。

1）混交树种与主要树种对生态条件的要求有一定的差别，对主要树种的生长有促进作用，种间矛盾较小。较好的混交树种应生长缓慢、耐阴性较强、根系分布较浅、侧根多、耐旱、耐瘠薄等。

2）混交树种应具有良好的辅佐、护土和改良土壤的作用，给主要树种创造有利的生长环境，提高林分稳定性。例如，为了改善主要树种的干形，加速自然整枝，应选择具有辅佐作用的树种与之伴生；为了防止水土流失，就要选择树冠浓密、落叶丰富且易分解、根系发达、固土和改良土壤作用强的乔灌木树种与之混交。

3）混交树种应与主要树种无共同病虫害，且具有萌芽力强、繁殖容易等特点，以便在采取种间关系调节措施后能及时更新。当有较多混交树种可供选择时，可选经济价值较高的树种。

30多年来，我国在混交造林方面积累了宝贵的经验，筛选了一些较好的混交树种。在北方的地区，混交效果较好的有：红松与水曲柳、赤杨、核桃楸、紫椴、黄菠萝、色木槭、蒙古栎等；落叶松与云杉、冷杉、红松、樟子松、桦树、山杨、水曲柳、赤杨、胡枝子等；油松与侧柏、栎类、刺槐、元宝枫、椴树、桦树、山杨、沙棘、紫穗槐、胡枝子、黄栌、荆条等；侧柏与沙棘、元宝枫、黄连木、臭椿、刺槐、黄栌、紫穗槐、荆条等；云杉与冷杉；杨树与刺槐、紫穗槐、沙棘、柠条、胡枝子等。在南方地区，杉木与马尾松、柳杉、香樟、木荷、火力楠、檫树、红锥、桢楠、香椿、南酸枣、观光木、厚朴、相思、桤木、柏木、旱冬瓜、桦木、毛竹等；马尾松与杉木、栎类、栲类（如黧蒴栲）、椆木、木荷、台湾相思、红锥、柠檬桉等；桉树与大叶相思、台湾相思、木麻黄、新银合欢等；毛竹与杉木、马尾松、枫香、木荷、红锥、南酸枣等混交，效果较好。

选择主要树种和混交树种的做法是根据天然林中的建群种确定主要树种，借鉴天然林树种自然搭配规律，考虑林地现有自然植被成分，参照现有树种混交经验和树种生物生态学特性，掌握混交树种与主要树种之间的互利关系，确定适宜的混交树种。

在营造混交林时，应采用多树种混交。《造林技术规程》（GB/T 15776）分区域提出了造林小班最低混交树种数量的要求。热带区、亚热带区的造林小班，组成树种宜在 5 种以上；寒温带、中温带、暖温带区，面积 $1hm^2$ 以上的造林小班，组成树种宜在 3 种以上；面积在 $1hm^2$ 以下的造林小班，以及半干旱区、干旱区、高寒区的造林小班，组成树种宜在 2 种以上。

二、混交比例

混交比例指混交林中各树种株数占全林总株数的比例，一般可用百分数表示。混交比例是人为地调节混交林中种间的竞争矛盾，保证主要树种处于优势状态，从而有利于形成稳定混交林的重要手段。混交比例的大小直接关系到种间关系的发展趋势、树木的生长状况、林分的生产潜力及防护功能。

在确定混交林比例时，应以有利于主要树种生长为原则，要保证主要树种在林内始终占优势。在大多数情况下，主要树种的比例应占 50%～75%。竞争力强的混交树种比例不宜过大，以免抑制主要树种。对于竞争力弱的树种，可适当增加其比例。通过调节混交比例，不仅可防止竞争力强的树种过分排挤其他树种，还使竞争力弱的树种保持一定数量，有利于形成稳定的混交林。

此外，在确定混交比例时，还要考虑立地条件和混交方法，在立地条件好的地方，混交树种所占的比例不宜过大，其中伴生树种所占的比例应高于灌木树种；在立地条件差的地方，可以不用或少用伴生树种，应适当增加灌木树种的比例。采用株间或行间混交，混交树种所占的比例较大；采用带状或块状混交，混交树种所占比例通常较小。一般在造林初期，伴生树种或灌木树种的比例应占全林总株数的 25%～50%。

为了控制水土流失，在中德合作黄土高原造林项目中，要求营造乔灌混交林和针阔混交林，每个小班栽植的树种不得少于 3 个。如果栽植 3 个树种，主要树种所占比例不能超过 70%，其他两个树种的比例不能低于 30%，并且在这两个树种中，任何一个树种的比例不能低于 10%；如果栽植 3 个以上树种，主要树种比例不能超过 70%，其余树种比例不能低于 30%，并且第 3 个树种及其之后的树种所占比例之和不能低于 10%。

三、混交方法

混交方法是指参加混交的各树种在造林地上的排列或配置方式。混交方式常常影响到种间关系，混交方法不同，种间关系和林分生长状况也有差异。因此，应根据立地条件、培育目标和种间关系等因素选择适宜的混交方式。

资源 5-2

常见的混交方法如下。

1. 株间混交　又称行内混交，隔株混交。是在同一种植行内隔株种植两个以上树种的混交方法（图 5-1A）。这种方法因不同树种的种植点相距较近，种间开始发生相互作用的时间较早，如果树种搭配合理，种间关系以有利作用为主；若树种搭配不当，种间矛盾比较尖锐。

此法造林施工比较麻烦，栽植管理费工。主要用于种间矛盾不大的树种混交，一般多用于乔灌混交。

2. 行间混交　又称隔行混交。是一行某一树种与另一行其他树种依次配置的混交方法（图 5-1B）。这种混交方法，种间有利或有害作用出现较迟，一般多在林分郁闭后才明显出现。种间矛盾比株间混交容易调节，施工技术简单，是一种常用的混交方法。一般多用于乔灌混交和阴阳树种间的混交，如落叶松与云杉（或水曲柳）、红松与紫椴等混交，采用这种方法效果很好。

3. 带状混交　是指一个树种连续种植 3 行以上构成的一条“带”与另一树种构成的“带”依次配置的混交方法（图 5-1C）。

带状混交后，种间竞争关系最先出现在相邻两带的边行，带内主要是种内关系。带状混交的种间关系容易调节，栽植管理较为方便。主要用于种间矛盾较大、初期生长速度悬殊的乔木树种混交，一般在坡面完整、地形相对平坦的造林地上，乔木树种混交常用此法，如京西山区采用这种方法营造油松与栓皮栎混交就取得了良好的效果。

另外，还有一种行带混交方法。此法是将行间混交和带状混交方法相结合，把主要树种栽植成带，伴生树种栽植成行，以保证主要树种的生长优势，从而削弱伴生树种的竞争力。

4. 块状混交　又称团状混交。是将某树种栽植成的块状与另一树种的块状相间配置的混交方法（图 5-1D）。一般分为规则的块状混交和不规则的块状混交。

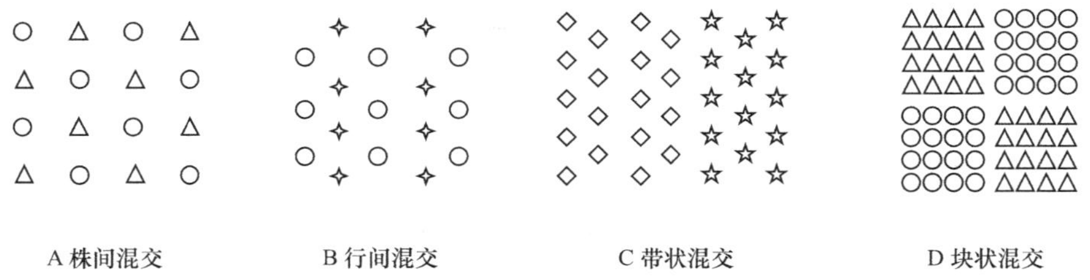

图 5-1　几种常见的混交方法

规则的块状混交，是将坡面整齐的造林地划分成正方形或长方形的块状地，然后在一块地按一定株行距栽植同一树种，在相邻的另一块地上栽植其他树种。块状地的面积一般为 25～50m^2。块状面积过大，成了片林，就失去了混交意义。

不规则的块状混交，是依据山丘区小地形的起伏状况，分别间隔块状栽植不同树种的混交方法。这种方法能够因地制宜地安排造林树种。例如，在黄土高原丘陵区支离破碎的沟坡营造块状混交林时，在立地条件较好的地段栽植乔木树种，而在较差的地段栽植灌木，做到了适地适树。

块状混交施工比较方便，适用于种间矛盾大的乔木树种间的混交，以及水土流失严重、地形破碎坡面上的乔灌混交，也可用于劣质低效林的改造。

5. 星状混交　是将数量少的一个树种点状分散栽植于数量大的其他树种中的混交方法。这种混交方法既能满足喜光树种扩展树冠的要求，又能为其他树种创造良好的生长条件，如适度庇荫、改良土壤等。同时，还可以利用造林地上的原有植被，其种间关系比较和谐，混交效果较好。例如，杉木或锥栗造林时，零星地栽植少量檫木；马桑造林时，稀疏地栽植一些柏木；刺槐造林时，适当混交少量杨树；侧柏稀疏地点缀在荆条灌丛中，都可形成星状混交。

6. 植生组混交　是种植点为群状配置时的混交形式，就是在一小块状地上密集种植同一树种，与相邻小块状地上种植另一树种的混交方法。植生组混交种间关系容易调节，但造林施工比较麻烦。主要用于次生林改造和治沙造林等。

四、混交林种间关系的调节

混交林营造和抚育成功的关键在于处理好种间关系，使主要树种始终多受益少受害。因此，其培育过程的多项技术措施都要围绕着这个中心进行。慎重地选好主要树种、伴生树种及灌木树种，采取适宜的混交类型、混交比例和混交方法，造林时通过控制造林时间、造林方法和苗龄，可缓解树种间的矛盾，对竞争力强的树种，可推迟造林或用苗龄小的苗木造林，甚至可采用播种造林，都可取得明显的效益。

近几年来的研究证明，生长速度相差悬殊的树种，或耐阴性显著不同的树种，按照相隔时间的长短不同，采用分期造林的方法，常常可以收到良好的造林效果。例如，营造柠檬桉、窿缘桉等阳性速生树种时，可以前期以较稀的密度造林，待其形成林冠、能够遮蔽地面时再栽红锥、樟树、木荷等耐阴树种，使得这些树种得到适当庇荫，并居于林冠下层。

在生长过程中，不同树种的种间关系趋于复杂，对地上和地下营养空间的争夺也日益突出。为了避免和消除竞争所带来的不利影响，使种间关系协调发展，需要及时采取措施进行人为干预。当伴生树种生长超过主要树种时，造成主要树种光照不足，从而抑制主要树种的生长，这时可采用平茬、修枝、抚育伐等措施进行调节，也可采用环剥、去顶、断根、断枝等方法来抑制次要树种的生长，以保证主要树种的正常生长。当伴生树种和主要树种对土壤水分和养分争夺激烈时，可采用施肥、灌溉、松土、间作等措施，满足树种生长的需求，缓和种间矛盾。这种土壤管理措施尽管在调节种间关系上有一定作用，但因山地丘陵区地形条件的限制，有很大的局限性。

思　考　题

1. 简述人工林的组成，纯林和混交林的概念。
2. 与纯林相比，混交林具有哪些优点？
3. 简述混交林的种间关系表现形式。
4. 简述混交林的树种分类与混交类型。
5. 如何确定混交林的混交比例与混交方法？
6. 试述林分生长过程中调节混交林种间关系的技术措施。

第六章　水土保持造林整地工程

【内容提要】

造林前的整地能改善立地条件，增加土壤水分和养分，对于提高造林成活率、促进幼树生长具有重要的作用。本章主要介绍造林整地的特点和作用，造林地的清理，水土保持造林整地工程，整地工程设计，整地季节。

造林整地，又称为造林地的整理，是在造林前改善造林地环境条件的一道重要工序，是人工林培育技术措施的主要组成部分，也是实现适地适树的重要途径之一。

第一节　造林整地的特点和作用

一、造林整地的特点

造林整地（site preparation）与农业整地、苗圃整地有许多相似的特点，但又有其自身的特殊性：①造林地的土地种类多、条件差，除退耕地外，多为未经耕作过的自然状态，这就决定了整地任务和方法的多样性、艰巨性；②造林地分布的地域广，面积大，自然条件复杂，有不少处在人烟稀少、交通不便的偏僻地区，这就决定了造林地只能更多地采取局部整地的方式；③由于人工林的生长周期长，林木树体高大，根系深广，而在造林后对该地块不可能年年进行整地，常培育一个世代，只进行一次，这就使人们希望整地的效果大，作用的持续时间长，对整地的规格、质量要求高。在我国目前的技术经济条件下，整地几乎是唯一被广泛应用，且效果持续时间较长的造林措施之一。

二、造林整地的作用

（一）改善立地条件

1. 增加光照，提高地温　　造林地的光照主要来自太阳辐射。在一般情况下，太阳辐射到达地面后，只有一部分被地面及地面的植被等吸收，其余部分反射回到空中。辐射强度不变时，被植被吸收利用的越多，反射的强度越大，造林地上的光照条件就越差。因此，改变地表面的状况，减少吸收率和反射率，是调节林地受光条件的关键。

自然植被茂密的造林地，覆盖的植被将太阳辐射大量地反射回去，使光照不足。整地清除了造林地的灌木、杂草和采伐剩余物，可以在造林前后的一段时间里，增加直接投射到地面的光量。

整地可以调节造林地的受光状况，满足不同苗木和幼树对光的需要。全面彻底地清除植被，可以使喜光树种充分受光；部分地清除植被，一些耐阴树种或幼年较耐阴的树种，可以获得适度的受光和庇荫。整地还可以改变造林地的局部小地形，增加或减少受光量。例如，在南向的坡面上，整出局部的朝北的反坡，由于改变了光线与地面的交角，受光的状况也随之改变。

采用不同的造林整地的方法和规格，消除植被，使阳光直射地表，或抬高种植面，排走水分，提高温度，为树木生长创造有利的条件。这一点在高纬度的林区或高海拔的山区有重要意义。

2. *缩小温差，增加湿度* 造林地的温度变化，主要取决于进入地面热量与从地面传出热量的差值。如果进入热量大于传出热量，地温就升高，反之，地温就下降，两者相差越悬殊，地温变化越剧烈。此外，造林地的地温状况，还受地形与土壤含水量、比热等条件的影响。

整地时清除掉覆盖在地表的植被，地表变得裸露，透光量增加，空气对流加强，因而白天地温和近地表层的温度要比有植被覆盖时上升得快；夜间则与一般裸露地相似，降温比较快。

整地可以改善土壤的物理机械性质，协调土壤中水分、空气的数量和比例。由于水的比热要大大地超过空气，因此在干旱条件下，整地后土壤中的含水量增加，地温升高较慢，并且较稳定；在湿润条件下，整地以后，排除了过多的水分，土壤空气含量增多，地温上升得快。

整地还可以局部地改变造林地地面、坡面的相对高度和方向，如把原来倾斜的坡面整平、修成反坡，把原来平坦的地面整出下凹或凸出的小地形等，都能改变日光照射角度和土壤的通气、排水、蓄水状况而使地温得到调节。

地温和近地表层气温升高，有利于种子发芽和苗木生长，春季土壤解冻提前，可以不失时机地进行造林。但是如果温度过高或昼夜温差太大，就容易发生日灼、冻拔危害，所以，为了预防极端温度危害，整地时可在穴周围或南侧适当保留一些自然植被。

通过整地改变小地形或增加土壤含水量，来减少光照、降低温度，这一点在干旱地区有重要意义。

3. *改善水分状况，减少蒸腾和蒸发* 造林地的土壤水分状况，主要取决于造林地区的气候条件，特别是降水量及其分布，有时也受地下水补给的影响。总体来说，整地有改善土壤水分条件的作用，包括在干旱条件下通过整地减少土壤水分的损失，或在过湿地区内排除多余的土壤水分。由于我国造林地区大多是干旱、半干旱地区，或是有季节性干旱的半湿润、湿润地区，因此整地有改善水分状况的作用，偏重于理解为蓄水保墒。整地能够较多地保蓄水分的原因如下。

1）造林地上的植被被铲除以后，雨雪可以直接降落到地面，避免在降落途中被截留蒸发重返大气，如果铲除下来的植被茎秆能覆盖在地表，可以大大地减少水分蒸发。

2）整地通过改变微地形（阳坡变为阴坡，平地变为沟）来减少光照、降低温度，从而减少水分蒸发。

3）整地后，土壤变得疏松多孔，总孔隙度（尤其是非毛管孔隙度）和田间持水量增加，土壤渗透能力增强，降水可以迅速渗入较深土层中保蓄起来。此外，整地可以破坏土壤毛管结构，减少下层水分上升蒸发。

4）整地可以增加地表的粗糙度，地表出现大量有一定积水容积的“小水库”，它们可以截阻地表水流，防止水流汇集形成地表径流，或对已经汇聚起来的水流，可减低其流速，增加下渗量，从而将水分储蓄起来。同时这种微小的地形，还能改变整地部位的太阳辐射量和空气流通等状况，因而引起土壤水分蒸发量的相应变化，增大了积水贮水能力，增加了局部的土壤水分。

试验证明，在干旱地区整地，可以大大提高土壤含水量；因不同整地方法的土壤含水量、渗透速度等不同，土壤含水率提高的幅度也不同。

整地改善土壤水分的作用，与所使用的方法和季节等有密切的关系。整地只有方法使用得当，时间掌握适宜，才能收到良好的效果，否则不仅不能很好地蓄水保墒，甚至还造成水分的大量蒸发散失，使土壤变得更干燥。

4. 改善土壤养分，增加土壤养分的转化和积蓄 整地可以加速土壤的物理化学风化和生物风化作用，使土壤颗粒变细，促进可溶性盐类的释放和各种营养元素有效化。整地还可以使腐殖质及生物残体分解加快，增加土壤养分的转化和积蓄。

山地土壤经过整地，可把栽植穴近旁的表层细土集中于穴内，并拣净大石块等，使穴内的细土层厚度增加，粗骨性降低，因而相对地提高了土壤肥力。整地后土壤小气候和物理性质的改变、微生物活动的加强，可以加速土壤分解过程，促进有机质分解。整地可以消灭杂草，减少土壤养分损失，枯死的杂草增加了土壤有机质。但是，如果整地技术不当，把粗骨层、石砾、半风化物或心土等大量翻到土壤表层，把石砾、心土翻到表层又不回填表土或严重破坏植被，会引起肥沃表土的流失，很难起到整地改善土壤的作用。

5. 改善土壤空气状况 整地可以增强土壤的透气性。由于土壤的空气状况和土壤的固态颗粒、液态水分是处在不断的相互作用之中，整地以后，土壤变得疏松，容重变小，孔隙数量及其粗度增大，使土壤与大气之间的气体交换加强，呼吸过程中产生的二氧化碳和其他有害气体及时排出，新鲜空气不断进入，植物根系的呼吸和微生物的活动有充足的氧气供应。

（二）保持水土，减少土壤侵蚀

整地是水土保持造林的一个重要环节。改变小地形，把坡面局部地改为平地、反坡或下洼地，改变了地表径流的形成条件。在有地表径流形成时，又可避免其过分汇聚，减少流量，延缓流速。整地是一种坡面上的简易水土保持工程，均匀分布在坡面上的整地部位，可以形成一定的积水容积，把降水储蓄起来，把截得的地表径流分散保蓄。

整地对保持水土的效果，除与各地区的自然条件有关外，还与整地方法、质量、季节等有关。整地对天然植被的破坏及对土壤的翻垦又是加剧水土流失的条件，因此生产中一定要选择适宜的方式方法，保证施工质量，把水土流失减少到最低限度。

（三）提高造林成活率，促进幼林生长

整地改善了造林地的水分条件，直播的种子迅速吸水膨胀，生根出土；栽植的苗木根系愈合快，生长的新根多，可以顺利成活。整地后，土壤疏松，土层加厚，灌木、杂草及石块被清除，苗木根系向土层深处及四周伸展的机械阻力减小，促进了根系生长发育。通过整地，土地表层的温度、湿度提高，春季林木的生长开始得早，树液流动、发芽、展叶等物候期提前到来，而秋季生长停止稍有推迟，实际上延长了生长期。

造林地立地条件的综合改善，可使幼林的生长情况显著改观。一般在经过整地的土壤上营造的幼林，比在未经整地的土壤上生长好。整地促进林木生长的良好作用，一般主要表现在造林后的初期，随着土壤恢复自然状态，其良好的作用逐渐消失，但是绝不

能因此而否定整地的作用，因为幼林前期生长良好，肯定对后期生长是有利的。

但是，整地方法不同，作用的程度不同；造林整地促进林木生长的效果，与造林地原来的立地条件有关，同一种整地方法用在不同的立地条件下，收效也不一样。一般是条件好的立地不如条件差的立地收效显著。因此，造林地的立地条件越差，越需要细致整地，特别是在我国西部和内蒙古地区更为如此。相反，在有些地方，则可以适当降低整地质量标准，甚至可以不整地。例如，吉林长白山林区，在湿润、肥沃、疏松及植被稀疏的采伐迹地上进行"保土防冻"人工更新，就是不整地造林的一个实例，这种方法突出的优点是可以减轻冻拔危害，保证迹地及时更新。

（四）便于造林施工，提高造林质量

造林整地使播种和植苗便于机械化作业，有利于提高作业速度和质量。在干旱地区，降水少且集中，通过整地，最大限度地把有限的季节性降水保存起来，并尽量减少蒸发，以满足造林成活、幼林生长的需要，这是非常重要的一项措施。细致整地，可以减少造林的障碍，便于进行栽植、抚育管护。细致、适时地进行整地，对提高造林成活率、促进幼林生长、实现人工林的速生丰产具有重大作用。

目前在一些地区的造林工作中，存在着质量不高的问题，造成这种情况的原因之一是整地质量差，如植苗窝根，不仅是由于不重视植苗的技术要求，更重要的还是因为植苗穴的深度没有达到要求。所以，要提高造林质量，应该从提高整地质量做起。

第二节　造林地的清理

造林地的清理，是造林整地翻垦土壤前清除造林地上灌木、杂草、杂木的一项工作。清理对象为植被茂密的造林地上的灌木、杂草、竹类，以及采伐迹地上的枝丫、梢头、倒木、伐根等。不是任何造林在任何情况下都需要进行清理，造林清理的主要目的是改善立地条件和卫生状况，同时为进行整地、造林和随后的幼林抚育管理创造便利条件。因此，在植被比较稀疏，或迹地上采伐剩余物数量不多时，则无须进行清理。

造林地清理的方式，可分为全面清理、带状清理和块状清理三种。每种清理方式的应用，随造林地的植被种类和覆盖度、采伐剩余物的数量及散布情况、造林方式及经济条件等而不同。例如，阳性树种全面造林时，可以进行与之相适应的全面清理，而一般的灌草坡，为了保持水土、保护原有植被、控制土壤侵蚀、节省清理用工，可进行带状清理。

清理造林地的方法很多，有割除清理、烧除清理、化学药剂清理等。我国各地多以割除和烧除清理为主。现在一些国家用化学药剂清理植被的方法发展很快。

一、割除清理

把造林地上的杂草、灌木、竹类等割除砍倒，是一种最常用的清理方法，也是一种花费劳力较多的方法。

我国南方一些地区，习惯上在造林前先行全面割除灌木、杂草、竹类，称为劈山。劈山多在 8 月进行，此时阳光强，雨量少，杂草种子未成熟，竹鞭含养分少难以发芽，砍倒的茎秆易干燥。劈山以后将割下晒干的茎秆枝叶放火烧掉，称为炼山。从劈山到炼山形成了一套完整的制度。其他地区一般多用带割而不火烧，带宽 1～3m，随植被的高度而不同，带的方向在山地与等高线平行，在平原为南北向。割下的灌木、杂草，可以平铺在地表，也可以运出做薪柴或用作编织原料。

在我国，割除清理主要用手工工具和割灌机进行。国外大面积作业常用推土机、切碎机、割灌机及安装有剪切刀片的履带式拖拉机。割除清理的方法适用于幼龄杂木林、灌木、杂草繁茂的荒山荒地，以及植被已经恢复的老采伐迹地等。

二、烧除清理

灌木、杂草茂密或采伐剩余物很多的造林地，可以用火烧的方法进行清理。火烧清理多为全面清理，因为一旦火起，火势便向四周蔓延。但有时伐区在堆积清理的基础上进行火烧，就带有局部清理的性质。烧除清理的优点是可以提高地温，增加灰分，消灭病虫害，清理彻底、省工。但在雨量多、坡度陡的地区，骤然把植被清除干净，容易造成水土流失。

火烧清理开始前，应事先把灌木、杂草砍（割）倒晒干，也可以在杂草干枯易燃的季节进行。点火前，先在造林地四周开好防火线，选无风阴天、清晨或是晚间点火，点火宜从山坡上部点起，使火自上向下燃烧。点火后要派专人密切监视火场，严防尾火蔓延成灾。

三、化学药剂清理

割、烧、堆等几种清理方法，目前都是以手工作业为主，费工、费力、投资多，有的还有一定的危险性，清理效果有时也不十分理想。现在世界上有一些国家开始采用化学药剂清理的方法，效果较好，很值得进行试验推广。化学药剂清理可以从空中或地面对植物的茎、叶、伐桩喷洒水溶液、油溶液或拌施粉剂，也可以开沟注入。

用于造林地清理的化学除草（莠）剂种类很多，有些可以毒杀草本植物，少数能杀死木本植物，有的只能杀死某些属的植物。常用的化学除草剂有五氯酚钠，以及利谷隆、敌草隆、氨基硫酸、亚硝酸钠、西玛津等，效果好、成本低。还有专门用于消灭禾本科草类的药剂，如茅草枯等。茅草枯可以有效地毒杀单子叶植物，造林前一个月左右施用，既能清理造林地，又能减轻造林初期的草类危害。百草枯能毒杀禾草类植物，但与土壤接触后即失效，故施用后不久就能进行造林。除草剂一般通过与灌木、杂草、竹类等器官的直接接触，还可以通过植物根、茎、叶的吸收进入其体内，或在土壤中抑制杂草、灌木种子发芽等方式起到灭草杀灌的作用。使用化学除草剂时，应注意人畜安全，不伤害农作物，不造成环境污染。

第三节　水土保持造林整地工程

整地可分为全面整地（全垦）和局部整地两种方式。局部整地又可分为带状整地（带垦）和块状整地（块垦）。

一、全面整地

全面整地是对造林地的土壤进行全部耕翻的整地方式。这种整地方式对改善土壤理化性质的作用大，能彻底消灭灌木、杂草，便于机械化作业及实行林粮间作，对幼林生长比采用局部整地的效果好。但是全面整地用工较多、投资较大、成本高。且很多地方全面整地受到地形条件（如坡度）、环境状况（伐根、大块岩石、更新树木）以及经济条件的限制，主要应用于平原地区的荒地、草原、无风蚀危险的固定沙地、盐碱地及山区的平整缓坡、水平梯田等。南方植被恢复较快的山地，如采取水土保持措施，可用于坡度不超过 20° 的坡地。

二、局部整地

局部整地是翻垦造林地部分土壤的整地方式。包括带状整地和块状整地两种。

（一）带状整地

带状整地是呈长条状翻垦造林地土壤的整地方法。带状整地主要应用于平坦的造林地、坡面平整的山地，以及伐根数量不多的采伐迹地和林中空地等。带状整地改善立地条件的作用较好，有利于水土保持，便于机械化作业。山地应用的带状整地方法有水平带状（环山水平带）、水平阶（条）、水平沟、反坡梯田、撩壕整地等；平原应用的带状整地方法有带状、犁沟、高垄整地等。

在山地带状整地时，带的方向应沿等高线保持水平；带宽可根据整地目的和植被条件等确定；破土带的断面可与原坡面平等或构成阶状、沟状；带长应根据地形情况而定，在可能条件下，带宜长些。但带过长，不易保持水平，容易汇集水流，造成冲刷。

1. 水平阶整地　一般沿等高线将坡面修筑成狭窄的台阶状台面。阶面水平或稍向内倾斜，有较小的反坡；阶外缘培修土埂或不修土埂，阶面宽因地区而异，石质及土石山地较窄，一般为 0.5～0.6m，土石山地及黄土地区较宽，可达 1～1.5m；阶长一般为 3～6m，视地形而定。适用于土层较薄的石质山地与黄土地区。

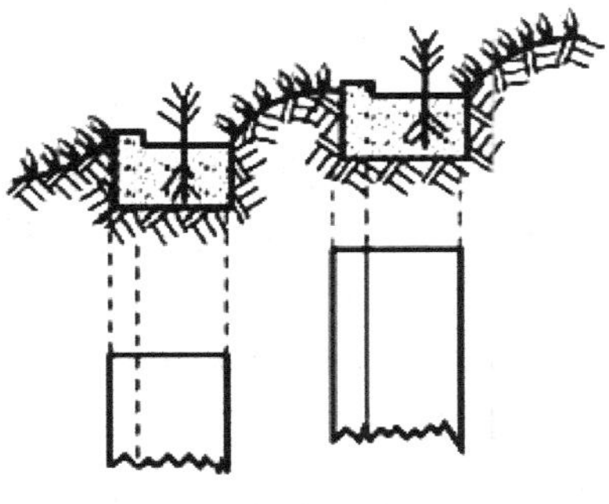

图 6-1　水平阶整地

水平阶整地施工时是从坡下开始，先修第一阶，然后将第二阶的表土下填，以此类推，最后一阶可就近取表土盖于阶面（图 6-1）。

水平阶整地有一定的改善立地条件的作用，可以蓄水保墒，比较灵活，可以因地制宜地改变整地规格，如地形破碎时，阶长可短。一般用于山地和黄土地区土层厚的缓坡和中等坡。

2. 水平沟整地　是沿等高线挖沟的一种整地方法。沟的横断面呈梯形或矩形，破土面低于原土面。外侧修埂，埂顶宽 0.2m。一般水平沟的上口宽 0.5～1.0m，沟底宽 0.3～0.5m，沟深 0.4～0.6m，外侧斜面坡度约为 45°，内侧坡（植树斜面）约为 35°；沟长 4～6m；两水平沟距离为 2～3m。沟由半挖半填做成，挖沟时先将表土堆于上方，用底土培埂，再将表土填盖在植树斜坡上；也可以将表土层铲下培于沟的下方，然后再从沟内挖心土盖在表土上培埂，最后在内斜坡栽植苗木（图 6-2）。整地时可根据设计的造林行距和坡面暴雨径流，确定上下两沟的间距和沟的具体尺寸。水平沟过长时，沟内可留横埂。为增强保持水土的效果，可将各沟串联起来。

水平沟整地由于沟深，容积大，能够拦蓄较多的地表径流，沟壁有一定的遮阴作用，可以降低沟内温度，减少土壤水分蒸发，但是水平沟整地动土量大，比较费工。这种方法多用于水土流失严重的黄土高原丘陵地区、土层较厚的山地，适用于15°～25°的坡面。

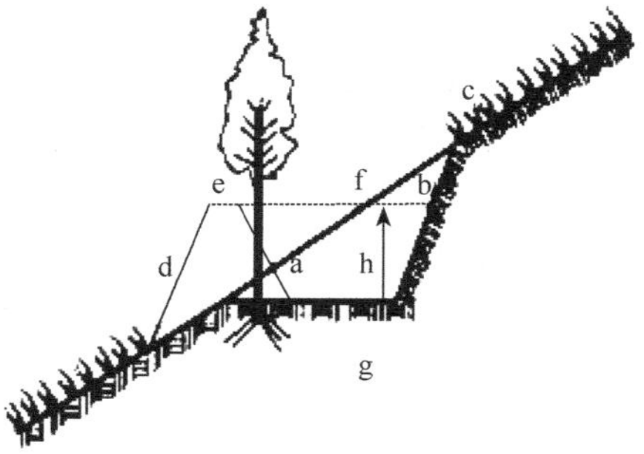

图 6-2　水平沟整地

a. 自然坡度；b. 内斜面坡；c. 植树斜面坡；d. 外斜面坡；e. 土埂顶宽；f. 沟上口宽；g. 沟底宽；h. 沟深

3. 反坡梯田整地　又称为三角形水平沟，梯田面向内倾斜3°～15°，田面宽1～3m，田埂外坡约为60°，内侧坡也约为60°。反坡梯田的修筑方法与水平阶相似（图 6-3）。内侧蓄水，外侧栽树，树苗植于距阶边0.3～0.5m（约1/3田面宽）处。根据拦蓄全部降雨的要求确定阶面宽度、反坡坡度和阶间距离。长度依据地形而定。

反坡梯田蓄水保土、抗旱保墒能力强，改善立地条件的作用大，造林成活率较高，林木生长良好，但整地工程量大，花费劳力较多，反坡梯田适用于黄土高原等平坦完整的坡面。

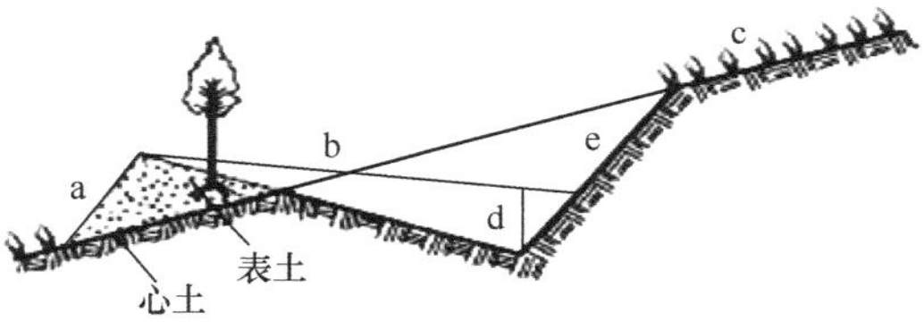

图 6-3　反坡梯田整地

a. 自然坡面；b. 田面宽；c. 埂外沟；d. 沟深；e. 内侧沟

4. 撩壕整地　又叫倒壕法、抽槽整地。撩壕整地是先顺着等高线挖长壕沟，壕沟的深度和宽度不完全相同，大撩壕宽约0.6m，深约0.5m，两壕相距2.3～2.5m；小撩壕宽约0.5m，深0.30～0.35m，两壕相距2m。壕长不限。

整地时，是沿等高线从山坡下部开始挖起，先在坡下部挖一条壕，心土放于壕沟的下侧做埂，待壕沟挖到规定的深度后，再从坡上部相邻壕沟起出肥沃表土和杂草等，填入下边的壕沟中（图 6-4）。

撩壕整地主要适用于土层薄、土壤黏重的南方山地丘陵区造林。撩壕整地松土深度大，肥沃表土集中，有利于林木生长。但是，撩壕整地动土量大、用工量较多、投资较高；破坏植被也较严重，容易引起水土流失。

5. 高垄整地　连续的条状，翻土起垄，垄面高于地面0.2～0.3m，垄面宽0.3～0.4m，长度不限，垄两侧有排水沟（图 6-5）。

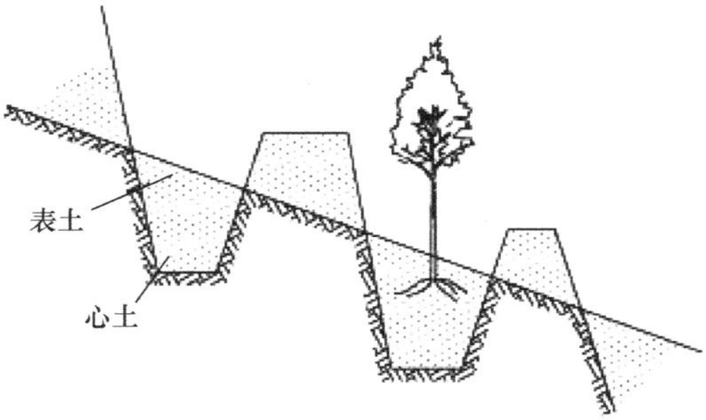

图 6-4　撩壕整地

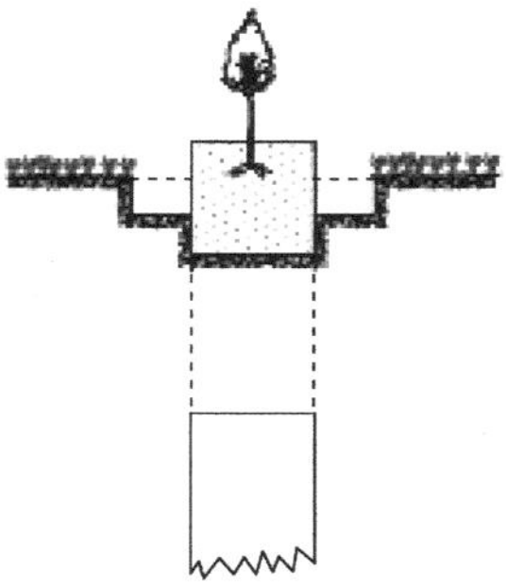

图 6-5　高垄整地

适用于水分过剩的迹地、草地、水湿地和干旱地区的盐碱地。

（二）块状整地

块状整地是呈块状地翻垦造林地土壤的整地方法。块状整地灵活性大、省工、成本较低，能适用于各种造林地条件，但改善立地条件的作用相对较差。块状整地方法主要有穴状、块状、鱼鳞坑和高台整地等。

块状整地可适用于平原、山地各种造林地，如地形较破碎的山地、伐根较多且有局部天然更新的迹地、风蚀严重的荒地、沙地以及沼泽地等。

1. 穴状　一般为圆形穴坑，穴面在山地与坡面基本持平或水平，在平地与地面持平。面积较小，穴的直径为0.3～0.5m，深度为0.3～0.6m。适用于岩石裸露、土层薄的地方。

这种整地方法灵活性大，整地省工，能适用于各种立地条件。但对改善立地条件的作用比其他方法差。

2. 块状　为正方形或矩形的坑穴。坑面保持水平，边长为0.4～1.0m，深度为0.4～1.0m，外侧修埂。

这种整地方法用于一般山地各种土壤植被状况的缓、中、陡坡。大规格的块状整地及大穴适用于营造经济林；较小规格的则适用于山地及地形破碎地方。

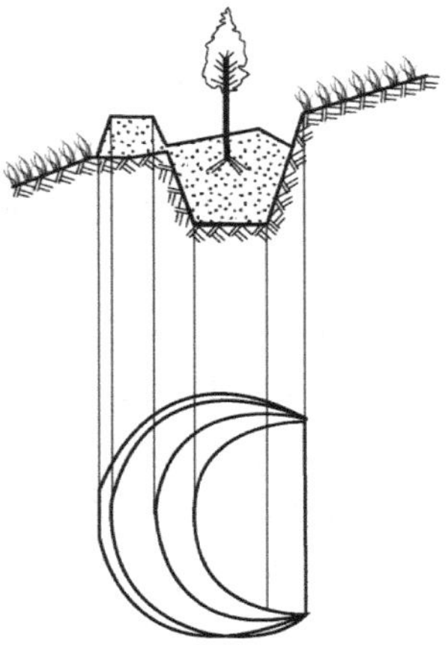
图 6-6　鱼鳞坑整地

3. 鱼鳞坑　为近似半圆形的坑穴。规格有大小两种，大鱼鳞坑长径为0.8～1.5m，短径为0.6～1.0m；小鱼鳞坑长径为0.7m，短径为0.5m。坑面低于原地面，水平或稍向内倾斜，坑深0.3～0.5m，坑内取土在下沿做成弧状土埂，高0.2～0.3m，半环形（中部较高，两端较低）。有时在坑的两端开挖宽、深各0.2～0.3m、呈倒“八”字形的截水沟，与坑两角的引水沟相通（图6-6）。

鱼鳞坑的布置是从山顶到山脚，每隔一定距离成排地挖月牙形坑，每排坑在坡面基本上沿等高线布设，呈“品”字形错开排列，以利于保土蓄水。根据设计造林的行距和株距，确定坑的行距和穴距。鱼鳞坑整地时，一般先将表土堆于坑的上方，心土放于下方筑埂，然后再把表土回填入坑。树苗栽植在坑内距下沿0.2～0.3m的位置。

鱼鳞坑整地方法的蓄水保土力强，使用灵活，有一定的保持水土效能，适用于水土流失严重、地形破碎的干旱山地及黄土地区。小型鱼鳞坑用于陡坡、土薄、地形破碎的地方，大鱼鳞坑可用于土厚、植被茂密的中缓坡。

有些地方把两种整地工程结合运用，如在一个坡面上修一条反坡梯田，再挖2～3排鱼鳞坑，或者根据坡面的变化，梁峁顶部用鱼鳞坑，斜坡或沟坡上用反坡梯田等。这样既节省用工，又可达到蓄水保墒、保持水土的目的。此外，在干旱、半干旱地区，也可采用坡面防渗集流整地技术。

资源 6-1

4. 高台　高台整地又称丘状整地、扣草皮子，是平原块状整地方法之一，破土面多为正方形，台面高于原地面0.2～0.3m及以上，台面边长0.3～0.5m或1～2m，一侧有排水沟，利于排除土壤中过多的水分（图6-7）。适用于水分过多的迹地、采伐迹地、草甸、沼泽地以及盐碱地等地方。

三、生产建设项目工程扰动地立地改良

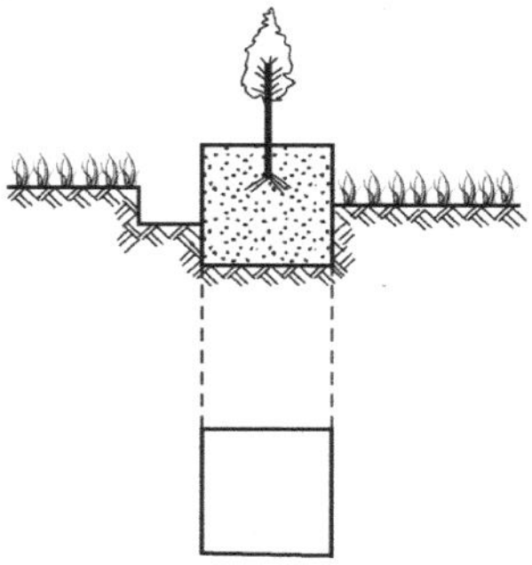
图 6-7　高台整地

生产建设项目工程扰动土地的限制性立地因子主要有弃土（石、渣）的物理性状，如岩石风化强度、粒（块、砾）径大小、透水性和透气性、堆积物的紧实度、水溶物或风化物的pH；覆土状况，如覆土厚度、覆土土质；特殊地形，如高陡边坡（裸露、遮雨或强冲刷等）、阳侧岩壁聚光区（高温和日灼）、风口（强风和低温）、易积水湿洼地及地下水位较高等；沙化、石漠化、盐碱（渍）化和强度污染。应根据工程扰动或未扰动两种情况，在充分考虑地块的植被恢复方向后，依据立地类型现状确定相应的立地改良要求。立地改良主要通过整地措施、土壤改良措施及工程绿化相关工法等实现。

1. 整地措施　　仅涉及有正常土壤层的无扰动、轻微扰动和扰动后经土地整治覆土的待绿化土地。

2. 土壤改良措施　　针对不同的地表特点采用不同的土壤改良措施。

1）以土壤或土壤发生物质（成土母质或土状物质）为主的地块，宜依据其覆盖厚度和植树造林（种草）的基本要求，采取相应的土壤改良措施或整地方式；碎石为主的易渗水地块，覆土前可铺一层厚度为30cm左右的黏土并碾压密实作为防渗层；裸岩地块易积水的，覆土前先铺垫30cm的碎石层做底层排水。

2）地表为风沙土、风化砂岩时，可添加塘泥、木屑等进行改良；以碎石为主的地块，且无覆土条件时，可采用带土球苗、容器苗或客土植树造林，或填注塘泥、岩石风化物等植树造林。

3）开挖形成的裸岩地块，且无覆土条件时，采取爆破整地、形成植树穴并采用带土球苗、容器苗或客土植树造林，或填注塘泥、岩石风化物等植树造林。

4）pH过低或过高的土地，可施加黑矾、石膏、石灰等改良土壤。

资源 6-2

5）盐渍化土地，应采取灌水洗盐、排水压盐、用客土等方式改良土壤。

6）优先选择具有根瘤菌或其他固氮菌的绿肥植物。必要时，工程管理范围的绿化区应在田面细平整后增施有机肥、复合肥或其他肥料。

3. 工程绿化相关工法　　对于生产建设项目施工扰动后形成的无正常土壤层地段、裸岩地段和过陡坡面，整地和常规土壤改良措施难以奏效，其绿化过程的相应措施应采用工程绿化领域的特殊工法处理。

第四节　整地工程设计

一、整地工程设计原则

坡面造林整地工程措施的目的是以径流利用为基础，以降水资源的合理时空分配为手段，在干旱的气候环境下，为林木生长创造较适宜的土壤水环境，以维持稳定林木的正常生长发育。设计时以制约人工林植被建设的最大障碍——水分为中心，运用水量平

衡原理、土壤-植物-大气连续体系（SPAC）水分运移理论以及坡面产流基本原理，在充分调查造林地气候情况、地形、造林情况的基础上，以满足树木生长发育的需水量为基点，考虑造林整地工程的安全性，达到保持水土的作用。

坡面整地工程的实质是建立一个小型的径流区集水系统，它由两个部分组成：产生径流的集流面和截流渗蓄径流的植树带或植树坑。设计中主要考虑造林树种类型、降水量、降水性质、降水的年内分配及年际变化、降雨径流的发生规律、不同时期的产流量以及土壤因素等。

二、坡面造林整地工程设计的有效容积

1. 反坡梯田　由于反坡梯田的种植面向内倾斜成反坡，形成了一定的蓄水容积［图 6-8，图中 h 为沟深（m），θ 为自然坡角（°）］，当挖方和填方相等时，单位长度梯田的最大有效蓄水容积为

$$V=\frac{B^2\tan\beta}{2}\left(1+\frac{\tan\beta}{\tan\varphi}\right)$$

式中，V 为梯田的有效容积（m^3/m）；B 为梯田田面的水平宽（m）；β 为梯田的反坡角（°）；φ 为梯田的外坡角（°）。

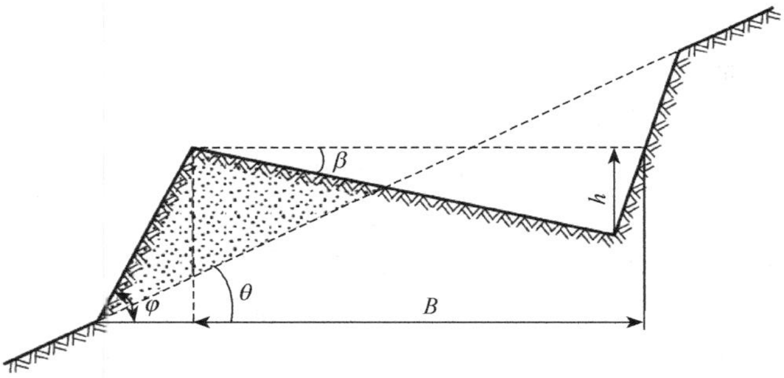

图 6-8　反坡梯田的有效容积

梯田的反坡角 β 为

$$\beta=\arctan\left[\frac{\tan\varphi}{2}\left(\sqrt{1+\frac{8V}{B^2\tan\varphi}}-1\right)\right]$$

2. 水平沟　水平沟整地沟口宽为 B（m），外埂顶宽为 e（m），则实际栽植区的水平宽度为 $B+e$（m），外侧斜坡 φ 一般取 45° 左右，内侧斜坡 φ_1 一般取 35° 左右，里内侧斜坡 φ_2 一般取 70° 左右。当自然坡度为 θ（°）、沟深为 h（m）、沟底宽为 d（m）时，则单宽有效容积 V（m^3/m）为（图 6-9）

$$V=\frac{U\left(h+\dfrac{d}{2}\right)-d^2}{2U}$$

$$U=\frac{1}{\tan\varphi_1}+\frac{1}{\tan\varphi_2}$$

3. 鱼鳞坑　当自然坡度为 θ（°）、外坡角为 φ（°）、边埂顶宽为 B（m）时，则单个鱼鳞坑有效容积 V（m^3/m）为（图 6-10）

$$V=\frac{1}{6}(R_1+R_2)^2\times h$$

式中，R_1 为底面半径（m）；R_2 为顶面半径（m）；h 为坑深（m）。

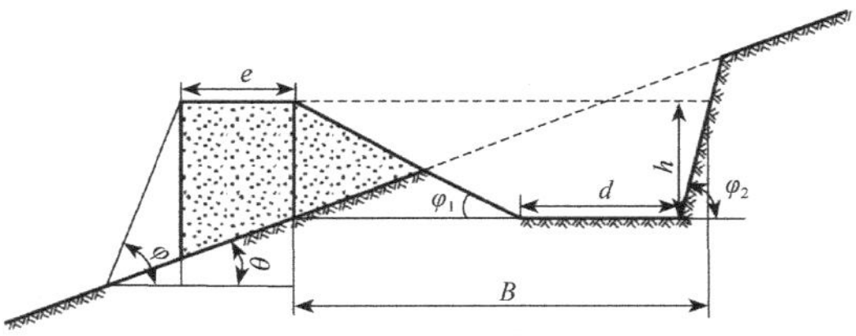

图 6-9　水平沟的有效容积

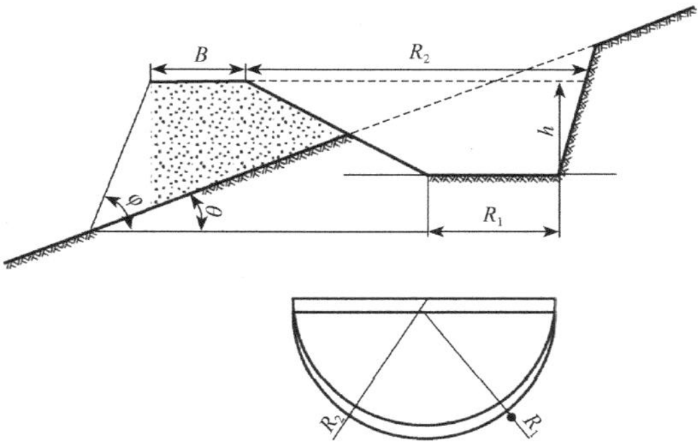

图 6-10　鱼鳞坑的有效容积

三、降雨集流效果分析

（一）造林整地工程年集水量与集流面积及降水的关系

在地形、土壤条件相同的情况下，整地工程的集水量与工程类型、集流面积及降水特征有关。原西北林学院王佑民研究和分析了陕北半干旱黄土丘陵沟壑区内的鱼鳞坑、水平沟和反坡梯田三种主要造林整地工程的集流与蓄水能力，结果表明造林整地工程是提高栽植穴土壤水分的有效措施。年均集水量与集流面积及降水量成正比，集水面积分别为 1.5m^2、2.0m^2、2.5m^2 时，年平均集水量分别为 29.22kg、33.95kg、37.58kg。通过小区径流观测资料计算分析得出，不同造林整地工程的集流能力不同，鱼鳞坑＜水平沟＜反坡梯田。年均集水量随着集流面积及降水量的增大而增加。

（二）不同造林整地工程与蓄水量的关系

不同造林整地工程年蓄水量不同，反坡梯田最高，水平沟次之，鱼鳞坑最低。主要是不同造林整地工程活土层的深度、宽度以及特有的微地形特征不同，影响了土壤水分的渗透和蒸发。

（三）不同造林整地工程单场降雨集流状况

在陕北半干旱黄土丘陵沟壑区，鱼鳞坑、水平沟、反坡梯田三种造林整地工程均有明显的集流作用，其中反坡梯田效果最好，水平沟次之，鱼鳞坑最差。

四、造林整地技术规格

造林地整地技术规格包括整地的深度、宽度、长度（局部整地）、断面形式、间距及其他质量要求等。整地技术规格的制定，应有一定的科学依据。

（一）深度

整地深度是整地各种技术指标中最重要的一个指标。整地深度在改善立地条件方面的作用比整地破土面积大得多。所以，适当地增加整地深度，加厚疏松肥沃的土层，往往比加大整地面积更能给林木的生长发育创造适宜的环境。

一般在确定整地深度时，应考虑下列条件。

（1）造林地区的气候特点　气候干湿类型不同的地区，整地的深度应有差别，在干旱地区，为了提高蓄水能力，增加土壤含水量，整地深度应比湿润地区深些，如北非干旱地区的一些国家，整地深度需达到 0.60～0.80m。

（2）造林地的立地条件　在同一地区，立地条件不同，整地的深度也不相同，阳坡、低海拔地方，土壤水分含量低、变化大，整地深度应比阴坡、高海拔的地方深。水土流失严重的地区宜深。同时还应考虑土壤本身的特点：①土壤水分在不同时期、不同深度的动态变化。由于表层湿度低而不稳，深层含水量较丰富、波动较小，因此，整地的深度就应比水分易受外界因素影响而产生波动的土层深一些，以便切断上下层之间的联系，减少水分的蒸发损耗。②土层厚度。在土层较薄、母岩坚硬风化不良的地方，整地费工费力，整地深度不可能太深；而土层虽薄，但母岩风化良好的地方，就可以适当增加整地的深度。③是否带有间层。河流两岸的沙地，因洪水大小及泥沙沉降速度不同，土壤剖面上经常呈现出质地不同的层次。整地深度可按间层的质地和埋藏部位确定，一般应注意使粗沙、细沙或壤土、砂土相互掺和，以改良土壤。不少的草原土有钙积层的分布，这种钙积层对林木根系发育极为不利，特别是胶结紧密或厚度大的，根系更是难以向下穿透，所以整地时应加深，要尽量使其松动和破坏。

（3）苗木及林木根系分布的特点　在自然界中，林木根系的分布范围一般随树种、林龄和立地条件而不同，大苗宜深、小苗宜浅；深根树种宜深、浅根树种宜浅。在一定范围内，加大整地深度，根系的分布也有加深的趋势。但是，在一定的年龄阶段，树种根系分布范围又是相对稳定的。据国外资料，8 年生的不同树种根系在 0～40cm 土层中占总根量的百分率为云杉 99.4%、松树 98.4%、落叶松 95.9%、栎类 96.7%、锦鸡儿 96.1%、接骨木 92.0%，更深土层中的根量很少。从这些资料可以看出，林木的绝大部分根系集中分布在 0.40m 以上的土层中，这可作为整地深度的上限，但速生丰产林可达到 0.50～0.60m，甚至 1.0m。整地深度的下限，应超过造林常用苗木根系长度，由于一般苗木根系长度为 0.20～0.25m，因此整地深度的下限应为 0.20m 以上，以保证根系充分伸展不窝根。有些地区营造速生丰产林，经营强度较大，整地深度可以加大到 0.50～0.60m，但如果整地深度无限地增加，不但所获得的收益不能抵偿施工的巨大支出，而且施工技术上也有一定困难，大面积造林无法采用。

黑龙江省庆安国有林场管理局通过不同整地深度对土壤物理性质的影响的试验研究结果表明，深整地土壤含水率较对照提高 0.46%，深度为 0～0.70m 时，其每增加 0.10m，浅整地地温下降 1.0℃，而深整地的下降 0.9℃；深度为 0.30～0.50m 时，浅整地比深整地下降幅度更大，分别是 1.15℃和 0.85℃。由此可见，深整地能提高土壤蓄水保墒能力，增加深层土壤地温。另外，深整地较一般整地土壤容重减小 11%，土壤孔隙度增加 5.5%，土壤容重的减小，提高了蓄水保墒能力，使土壤温度、湿度都有了一定的提高，增加了土壤孔隙度，必然提高土壤透气性和蓄水保墒能力，改善了土壤温湿度条件，促进了林木根系发育，从而加速了林木生长。研究结果还表明，适宜的整地深度以 0.50～0.60m 为宜，这将有助于降低造林成本，提高经济效益。

（二）宽度

局部整地时的破土宽度，应以在自然条件允许和经济条件许可的前提下，力争最大限度地改善造林地的立地条件为原则。确定破土宽度一般需要考虑下列条件。

（1）引起水土流失的可能性　整地既是保持水土的措施，又是引起水土流失的诱因，所以，水土流失严重区整地的宽度不宜过大。

（2）坡度的大小　在陡坡，如果破土宽度太大，断面内切过深，则土体不稳，容易塌陷，既费工，又造成水土流失。缓坡整地的宽度可以大一些，据山西省大泉山的经验，在坡度为20°、30°及40°的山坡上，水平阶的阶宽随坡度的增大而减小，依次为1.30m、0.90m和0.75m。又如甘肃省康乐县的经验，在10°～20°、21°～30°、31°～45°及45°以上的坡上，反坡梯田的田面宽度相应为3.00m、2.50m、2.00m及1.50m。

（3）植被状况　在有植被覆盖的造林地上，杂灌木遮阴范围越大，破土宽度也应大一些，以保证幼林的地上部分和根系有较大的伸展空间，在与杂、灌、草的竞争中处于有利地位。

（4）经济条件　因为整地宽度与所需的劳力、物力和时间有关，所以经济条件好的应加宽。

（5）树种或林种　树种要求有一定的营养面积，特别是经济林树种，更是要有较大的营养面积，整地宽度应大一些。

（三）长度

整地破土面的长度，主要是指带状或块状整地的带或块的边长。在山地和采伐迹地上，破土面的长度随地形破碎程度、裸岩或伐根的分布和坡度而不同。一般地形越破碎，影响整地施工的障碍越多，破土的长度应越小，坡度越陡，破土面长度也应越小，因为在有些条件下，长度过大，破土面不易保持水平，反而会使地表径流大量汇集，沿坡流下造成冲刷。破土面长度大，有利于种植点的均匀配置。整地长度主要由施工地的施工条件、引起水土流失的可能性及作业方式决定，一般来说，山区、采伐迹地的整地长度宜短，机械作业的平原区宜长，地形破碎时宜短，坡面整齐时可长。

（四）断面形式

指破土面与原地面（或坡面）所构成的断面形式。这种断面形式一般多与造林地区的气候特点和造林地的立地条件相适应。在干旱、半干旱地区，为了更多地积蓄大气降水，减少蒸发，增加土壤湿度，破土面可低于原土面（或坡面）或与原土面（或坡面）构成一定的反坡，如水平沟、鱼鳞坑、反坡梯田、机械开沟等，以构成一定的积水容积。在水分过剩或地下水位过高的地区，为了排除多余的土壤水分，提高地温，改善通气条件，促进有机质的分解，破土面可高于原地面，如高垄、台田等。介于干旱和过湿类型之间的湿润地区造林地，破土的断面也应采用中间类型的形式，翻土面平行于原土面，如穴状、带状等，主要根据降雨多少确定。块状整地的整地面积，应视造林地植被和土壤条件，以及造林所用苗木规格和劳力等而定，植被稀疏、土壤质地疏松，并采用小苗造林时，整地规格可小些，反之，宜稍大些。一般块状地的边长或穴径不超过1m，多数为0.5m左右。营造经济林或群状造林，块状地的规格应大些，如大规格的鱼鳞坑等，块状整地的断面形式与带状整地相同。

（五）间距

破土穴或带间的距离，主要根据造林地的坡度和植被状况等而定。在陡坡、植被稀少、水土流失严重的地方，带（或穴）间保留的宽度可以大些，原则上应使其上产生的地表径流量能为整地带（穴）所容纳。一般破土宽度与保留部分宽度为：杂草、灌木高度不大的荒山可为 1∶1 或 1∶2；灌木高大茂密的地方，可采用 1∶1 或 2∶1；在干旱区一般上下带间距为 3～5m，湿润区为 2～3m，左右带间距为 1～3m。

（六）其他质量要求

整地的技术规格，还涉及土埂的有无及其规格等，一般在带（或穴）外缘修筑土埂有利于蓄水拦泥；在带中修筑横埂有利于防止水流汇集。此外，整地还有一定的质量要求，就是说整地要严格按照既定的技术规格施工，如整地深度、宽度和长度要符合标准。表土要回填 0.20～0.30m。底土做埂，土埂要修筑牢固、拍实。挖穴时表层肥土与底层心土放置有序，土层不乱，土内的石块草根捡拾干净等。

五、整地工程设计标准检验

1）整地工程必须符合图示要求。水土保持造林，一般都应采取整地工程，以保水保土，促进林木正常生长。

2）不同立地条件、不同林种，应分别采用不同形式的整地工程。除河滩、湖滨等平缓地面外，凡有 5° 以上的荒地，一律不应采取全垦造林。

3）整地工程防御标准，按 10～20 年一遇、3～6h 最大雨量设计。根据不同降雨情况，分别采用不同的暴雨频率和当地最易产生严重水土流失的短历时、高强度暴雨。

4）整地的地形应考虑泄水坡度及土壤安息角，如为坡地，其坡面应平顺完整，除图面特别标示外，不可颠簸、凹凸不平。

5）整地应根据现场实际情况分为粗整地及细整地。粗整地所回填的土应用不含任何垃圾的纯净土，完成浇水夯实后，方可再进行细整；细整地的回填土应加入植物所需的有机质，有机质含量应不少于 3%。

6）整地时，应在地形谷地处设置导流沟，以便导引排水，避免地面径流直接冲刷。

7）无论采用何种整地方式，都要根据造林地区的气候特点、土壤状况以及苗木根系长度，合理地确定整地深度。一般深度为 0.30～0.60m，甚至 1m 以上。

8）整地时间。整地若与栽植或直播同时进行，则对立地条件的改善作用较小，多用于条件较好的造林地。通常在栽植或直播之前几个月甚至一个生长季进行整地，这样可使造林地的土壤水分状况更好地得到改善，植物残体被更充分地分解，有利于造林苗木的成活和生长。

第五节　整 地 季 节

适宜的整地季节，是充分利用外界有利条件，回避不良因素的一项措施。通常根据造林时间，采用随整随造或提前整地。要在分析各地区自然条件和经济条件的基础上，选定适宜的整地季节，可以较好地改善立地条件，提高造林成活率，节省整地用工，降低造林成本。

一、随整地随造林

整地如果与造林同时进行，叫作随整随造。这样由于整地的作用尚未充分发挥就造林，苗木受益不多，而且还常因整地不及时，丧失造林的良好时机，因此一般效果不好，尤其在干旱地区的效果更差。但是在土壤深厚肥沃、杂草不多的熟耕地上，土壤湿润、杂草、灌木覆盖率不高的新采伐迹地，随整随造也能收到良好效果；在风沙地区过早整地，造林反而容易发生风蚀，所以应随整随造。

二、提前整地

提前整地是指整地与造林不同时进行，而是提前进行整地，一般是提前1～2个季节，但最多不超过一年。一般要求在造林前的半年或一年，最适宜的季节为初夏，也就是雨季前。提前整地的优点是：①调节土壤的水分状况，在干旱地区能很好地利用雨季降水，蓄水保墒，改善造林地水分状况，为苗木成活和生长创造了一个较适宜的环境条件，使苗木顺利渡过缓苗期、能够成活并生长良好，提高造林成活率。不同季节提前整地，造林成活率差异较大，提前一年春季和雨季的各种方式的整地，苗木成活较好，死苗很少发生，而秋季各种方式整地和不提前整地，造林苗木成活较差，死苗现象严重。不同方式提前整地，苗木的成活率和保存率也有一定的差异，据黑龙江省调查，耕后种一年农作物的造林地上栽植的杨树成活率达85%，而随整随造的成活率仅为31%。②给灌木、杂草等茎叶根系的充分腐烂分解创造条件，并增加土壤中的有机质，特别是夏季降雨多、湿度大、气温高，杂草幼嫩，翻入土中容易腐烂。③提前整地便于安排造林生产活动，到造林季节不需要在整地上用过多的劳力，可以把较多的时间用于造林，保证不误林时。因此造林整地必须要提前，特别在干旱地区尤为重要。

内蒙古自治区水土保持工作站的研究表明，提前整地后土壤含水率明显增加，水平沟、鱼鳞坑和机械开沟整地分别比不提前整地提高了10.59%、7.32%、5.98%；提前整地后土壤容重相对降低，水平沟整地降低了0.619g/cm^3，鱼鳞坑整地降低了0.461g/cm^3，机械开沟整地降低了0.38g/cm^3；提前整地后土壤孔隙度明显增加，水平沟、鱼鳞坑和机械开沟整地与不提前整地相比分别提高了24%、18%、15%；通过提前整地，土壤持水量增加，水平沟、鱼鳞坑和机械开沟整地与不提前整地相比分别增加了0.1075g/cm^3、0.0783g/cm^3、0.0682g/cm^3；与不提前整地相比，水平沟整地后的氮和磷含量分别提高了3.8倍和19倍，鱼鳞坑和机械开沟整地氮含量提高了3倍和2.2倍，磷含量提高了19倍和5倍。

提前整地，最好使整地和造林之间有一个降水较多的季节，如准备秋季造林，可以在雨季前整地；准备春季造林，可以在头年雨季前、雨季或至少在头年秋季整地；雨季整地，除了能有效地蓄水外，还由于土壤吸足了水分而变得比较松软，整地省力，工效高，又不损坏工具。

提前时间过短，不起作用；提前过久，整地后久置不造林，经过改善的立地条件又会变坏，杂草重新大量丛生，便失去了提前整地的意义。

整地季节与造林季节的配合，是一个技术问题，在实际工作中，整地季节还是一个经济问题，因为它关系到劳动力的使用和安排。所以要搞好整地工作，这两方面都要兼顾。

思　考　题

1．造林整地的作用有哪些？

2．简述造林整地对土壤水分的影响。

3．简述造林地清理的方式方法。

4．简述造林整地的主要技术规格。

5．常用的造林整地方式有哪些？请为湿润山区、平原、水湿地和干旱山地各选择一种合适的整地方法，并说明理由。

第七章 造林方法

【内容提要】

造林方法是否得当对造林成活率和幼林生长影响极大，应根据不同的树种特性、立地条件、经营条件等确定适宜的造林方法。本章主要介绍植苗造林，播种造林，分殖造林。

造林方法通常按照人工造林所选用的种植材料划分为植苗造林、播种造林和分殖造林。造林方法是否得当，对造林成活率和幼林生长有很大影响，应依据树种的繁殖特性、立地条件、经营管理条件等确定适宜的造林方法。不同的造林方法有各自的适用条件。我国大部分地方多采用植苗造林；在直播种子容易出苗和成活的地方可采用直播造林，在交通不便、偏远的荒山荒坡，可采用飞机播种造林；对于一些萌芽力强的树种，可采用分殖造林。

第一节 植苗造林

植苗造林（tree planting）是用苗木作为造林材料进行造林的方法，又称栽植造林、植树造林。

一、植苗造林的特点及适用条件

用于植苗造林的苗木，具有完整的根系和生长健壮的地上部分，对不良环境的抵抗力较强，造林后成活率高，幼树初期生长迅速，郁闭早、成林快、林相整齐。所以植苗造林是应用最广泛而且比较可靠的造林方法。

植苗造林对造林地的立地条件要求不高，适用于绝大多数树种和各种立地条件。此外，植苗造林可以节约种子，对于种子产量少、价格昂贵的珍稀树种造林尤为适用。

植苗造林不足之处是苗木培育及栽植费工，造林成本高；在苗木移植过程中，苗木根系容易受到损伤，栽植后有一定时间的缓苗期。

应用植苗造林的造林地基本上不受限制，尤其在立地条件差的造林地造林，比播种造林和分殖造林更为可靠，如干旱、半干旱地区、盐碱地区、水土流失严重地区、极易滋生杂草的造林地、容易发生冻拔害的造林地，以及鸟兽危害严重和播种造林受限的造林地等。

二、植苗造林技术要点

（一）造林苗木

1. 苗木的种类、规格和质量　植苗造林的苗木分为播种苗、营养繁殖苗和两者的移植苗以及容器苗等种类。根据苗木出圃时是否带土，可分为裸根苗和带土坨苗两大类。

裸根苗是根系裸露、没有泥土等附着的苗木。裸根苗重量小，起苗容易，栽植省工，包装、运输、贮藏较为方便，造林成本低，是目前造林中应用最广泛的一类苗木。但起苗时容易伤根，栽植后遇到干旱等不良环境条件时常影响成活。带土坨苗包括容器苗和一般带土苗，这类苗木根系基本不裸露，具有比较完整的根系，造林后没有缓苗过程，成活率比裸根苗高。但重量大、搬运费工、成本高。在造林工作中，依据林种、树种和立地条件采用不同的苗木种类。一般用材林用留床苗或经过移植的裸根苗；防护林、薪炭林常用裸根苗；经济林多用嫁接苗；城市绿化和风景林多用带土球的移植苗；在干旱、半干旱地区以及立地条件较差的地方，针叶树造林时多用容器苗。容器苗能够克服露根或起苗伤根的缺点。容器苗造林时，把带有营养土的苗木原封不动地移植到造林地，不但成活率高，而且没有缓苗过程，具有很好的造林效果。此外，容器苗造林不受造林季节的限制，能延长造林时间。

造林成活率的高低，除了受造林地的立地条件和栽植技术影响外，与苗木质量的好坏有很大的关系。因此，造林苗木必须经过严格筛选。选择苗木规格时，应根据国家和地方的苗木标准确定，苗木分级以根系、地径和苗高为主要指标，选用生长健壮、根系发达的一级、二级苗进行造林。凡是侧根少、伤根劈裂、地径和高度不够、木质化程度很低、地上和地下部分生长不平衡、枯干霉烂以及没有顶芽的针叶树等不符合出圃规格的苗木，一律不准用于造林。

苗木年龄的大小，关系到其适应性和对不良环境条件的抵抗能力。造林实践证明，苗龄小的苗木，起苗伤根少，运苗栽植方便，栽后缓苗期短，在适宜条件下造林成活率高，投资较少，但对不良环境的抵抗力弱。苗龄大的苗木，对干旱、冻拔、杂草等的抵抗力强，在适宜条件下成活率高，幼林郁闭早，但育苗和造林成本高，栽植后苗木地上部分耗水量大，土壤水分不足时成活率低。由于树种和立地条件不同，对苗龄的选择也有所不同。按照树种确定苗龄，主要考虑树种的生长习性，如杨树、泡桐等速生树种，常用年龄小的苗木，云杉、冷杉、白皮松等慢生树种，常用年龄大的苗木。一般大面积荒山造林，阔叶树常用 1 年生苗木，有时也用 2 年生苗木。针叶树常用 2～3 年生苗木，如油松、落叶松用 2 年生苗木，红松、樟子松用 2～3 年生苗木。对于城市和四旁绿化，常用多次移植的大龄苗木。

2. 苗木的保护与处理　保证苗木体内的水分平衡是造林苗木成活的关键，旺盛的苗木活力是苗木成活的基础。苗木体内的水分含量是影响苗木生活力的最主要的因素。

（1）苗木成活与水分的关系　苗木生长在苗圃地时，由于人为灌溉，土壤水分充足，苗木体内水分处于平衡状态。起苗后苗木体内水分状况发生了根本的变化。一是在起苗过程中，苗木根系不可避免地遭受损伤，尤其是须根、菌根的破坏，苗木根系吸水功能下降。二是在苗木运输过程中，由于地上部分的蒸腾和根系失水，苗木体内含水量降低，体内水分平衡失调。如果苗木失水过多，生理机能受到严重破坏，苗木就会死亡。例如，樟子松苗木在 20℃的晴天，经风吹日晒 10min 后，成活率仅为 8%，日晒 30min 后全部死亡。

因此，植苗造林成活的关键在于苗木体内的水分平衡。从起苗后到造林前，必须保护好苗木，特别是避免苗木根系失水。

（2）苗木的保护与处理方法　苗木的保护与处理的目的是维持苗木体内的水分平

衡，特别是用裸根苗造林，必须在起苗、分级、包装、运输、造林地假植和栽植等各个工序中加强保护，最大限度地减少苗木失水，同时防止根、芽、茎、叶等受到机械损伤，避免受热和受冻。要尽量缩短从起苗到栽植的间隔时间，做到随起、随选、随包、随运、随栽，坚持“五不离水”，即圃地假植不离水、包装不离水、运苗不离水、林地假植不离水、植苗罐不离水，确保苗木根系水分充足，可大大提高造林成活率。为了保持苗木体内水分平衡，栽植前对苗木地上部分可以采取截干、去梢、修枝剪叶、喷洒蒸腾抑制剂等处理，对地下部分可以采用修根、浸水、蘸泥浆、蘸吸水剂、蘸激素、接种菌根菌等处理。

截干是截去苗木大部分主干、仅栽植带有根系和部分苗干的苗木。截干造林是干旱、半干旱地区常用的技术措施，目的是减少地上部分的水分损失。它适用于萌蘖性强的树种，如杨树、刺槐、沙棘、柠条、紫穗槐等。截干后苗干高度为5～10cm。

去梢和修枝剪叶也可以减少苗木地上部分的水分损失。去梢还能够促进新梢生长，培育干形和冠形。去梢的强度一般为树高的1/4～1/3，不超过1/2，具体部位可在饱满芽之上。修枝剪叶一般去掉侧枝全长或叶量的1/3～1/2，主要用于已长出侧枝的阔叶树种苗木。

修根主要是修剪苗木受伤的根系、发育不正常的偏根、短截过长的主根和侧根，以利于恢复根系创伤和吸水功能，便于包装运输，防止栽植时窝根，修根能提高造林成活率，促进生长。修根的强度一定要适宜，注意保持一定数量的细根，只要根系不过长，则可不必短截。

蘸泥浆是将根系蘸上稀稠适度的泥浆，使根系保持湿润，防止根系失水。此法简单易行，在起苗后立即蘸根效果良好。

外源激素蘸根可以促进根系的恢复和新根萌发，常用的激素有萘乙酸、吲哚乙酸、吲哚丁酸、赤霉素、油菜素内酯及其复合制剂（ABT生根粉、根宝）等。激素蘸根所用的浓度和时间依据树种、药剂种类而定，一般使用较高浓度浸蘸的时间短，较低浓度浸蘸的时间长。

吸水剂是一种吸水能力非常强的新型功能的高分子树脂材料，它可吸收自重几十倍至几千倍的水量。高吸水树脂不但吸水性和保水性好，而且能在土壤中形成团粒结构，因此它具有改良土壤和保水抗旱的双重功能。用吸水剂蘸根包括：①水凝胶蘸根，具体为按一定比例将吸水剂加水稀释成凝胶（比例为0.1%～1%），然后把苗根浸入使凝胶均匀黏附在根系表面，形成防止水分蒸发的保护层。②混剂泥土包裹苗根，具体为按一定比例将吸水剂与土壤混合（比例为0.1%～1%），用水调成稠泥，然后用稠泥包根。吸水剂蘸根保水效果好、重量轻、费用低。

菌根是指真菌与植物的根组成的复合器官。菌根能显著改善土壤，扩大根系吸收面积，促进植物对土壤水分和养分的吸收，提高植物的抗逆性，诱导林木产生抗病性，提高土壤的活性，改善土壤的理化性质。国内近年来的研究表明，在北方造林时可选用的外生菌根有厚环乳牛肝菌、土生空团菌、铆钉菇等，对油松、华山松、白皮松、栓皮栎等树种的接种效果比较好。特别要指出的是土生空团菌，其地理分布非常广，被称为世界性的菌根真菌，可与世界上2000多种植物形成菌根，是今后北方菌根化造林中必须给予高度重视的外生菌根菌种。在南方造林时可选择彩色豆马勃，目前中国林业科学研究院林木菌根研究开发中心已研制和成功开发了Pt菌根制剂，并提出了截根菌根化育苗技术。截根与人工接种结合，促进菌根真菌的侵染和菌根的形成。截根的截面成为根与菌根接触的界面，伤口成为菌根真菌的主要侵染途径，改变了外生菌根的侵染途径，菌丝套和哈氏网几乎同时形成，并发生胞内感染，形成内外生菌根的结构。截根菌根化明显促进了苗木根系发育及其菌根化。该技术已成功应用于马尾松、湿地松、火炬松育苗，取得了显著成效，已在国家造林项目中大面积推广应用。具有内生（VA）菌根的树种有槭、枫、榆、槐、杨、桉、侧柏等。目前国内已对桉树、杨树的VA菌根化造林进行研究，取得了显著进展。特别是桉树的VA菌根化造林已进入实用阶段。但是，由于目前在优良菌株的筛选和发酵工艺方面仍没有取得突破，其应用进展比较缓慢。需要指出的是，VA菌根的寄主范围广，一旦规模化生产工艺取得突破，其应用前景将可能超过外生菌根。此外，有一些树种既能形成内生菌根，又能形成外生菌根，如金合欢属、刺柏属、柏木属、椴树属、榆属等属的一些树种。常规苗木接种菌根菌有两种方法，一种是在植苗穴内施入适量菌根真菌接种体，然后植苗；另一种是将适当修剪的苗根蘸菌根真菌接种体黏稠液后再栽植。

资源 7-1

（二）栽植技术

1. 人工植苗造林　植苗造林常用的方法有穴植、缝植、沟植等。

（1）穴植　在经过整地的造林地上挖穴植苗的方法，在造林工作中应用最为普遍，常用于裸根苗和容器苗的栽植。使用这种造林方法时，一般选择壮苗每穴栽植1株苗木，鼠兔危害比较严重的地方每穴可栽植2或3株。植苗深度要求比苗木原土痕深2～3cm，过深不利于根系呼吸，过浅易受旱害。注意不要窝根，否则会影响苗木的成活与生长。

造林前先划线定点，然后挖穴。穴的深度和宽度根据苗根长度和根幅确定，一般应大于苗木根系。穴的底部与上部应大小一致，防止底部成锅底形，挖穴时应将表土与心土分别放于穴旁。栽苗时，先将肥料和表土填入栽植穴，然后将苗木直立于穴中，使根系舒展，再填入心土，在培土至一半时，暂停培土，将苗木稍微向上提一下，使根系舒展后踩实，使苗木根系与土壤紧密接触，尽快吸收水分和营养元素，以便扎根生长。再将剩下的心土填入，直到与地面平齐时再踩实，目的是使树苗树干挺直，也使树苗与土壤紧密结合，以防被风吹斜。最后在苗木基部再覆盖一层松土。这种操作过程称为“三埋两踩一提苗”。

容器苗造林时，对于根系能穿透的泥炭容器和纸质容器，可将苗木连容器一起栽植；苗根不易穿透的容器，如塑料容器，栽植时应去掉容器。为了防止容器内土壤干燥而脱落，在栽植前3d左右灌一次水，然后上山造林，能显著地提高成活率。

（2）缝植　是在经过整地的造林地或土壤深厚湿润的未整地造林地上开缝栽植苗木的方法。具体方法是在种植点用铲开缝，其深度应稍深于苗根，然后将苗木根系理直，放入窄缝中，轻轻往上一提，使根系伸直，并使苗木根茎处于低于地表1～2cm的位置。接着从距离窄缝10cm的地方以同样的深度垂直插锹，然后先向身边拉铲，使前个窄缝的底部孔隙闭塞压紧苗根的下部，再往外推铲，使上部的空隙闭塞压紧苗根上部。为了使第二个窄缝的土壤不至干燥透风，在距离第二个窄缝10cm的地方，再把铲插入土中，前拉后推然后拔出，使第二个窄缝上部与下部紧密闭塞，然后把第三个窄缝用脚踏实。窄缝栽植的这个过程可以简称为“三铲踩实一提苗”。此法的造林速度快，工效高，造林成活率高，一般用于新采伐迹地、沙地栽植的松柏类小苗。

资源 7-2

（3）沟植　是在经过整地的造林地上，以植树机或畜力拉犁开沟，将苗木按一定距离摆放于沟底，然后覆土、扶正、压实。这种方法效率高，但要求地势平坦。

2. 机械造林　东北西部地区面积广大，地形平坦，宜林地集中连片，适用于机械造林。机械造林工效高，减轻了栽苗工作繁重的体力劳动，凡是适合机械造林的地区，应创造条件运用机械造林。

机械造林除了苗木质量、苗木保护与人工植苗造林相同外，还必须抓好以下几个技术环节。

（1）整地质量要求严格　已整好的土地必须土壤疏松、蓄水状况好、深度适宜、没有伐根、草皮充分腐烂，这是保证作业质量的基础。否则，植苗时极易产生拖堆、堵塞、埋苗、培土不严以致损坏机具等现象。

（2）苗木准备　为了便于植苗员投苗、防止埋苗，机械造林使用的苗木要有一定的高度。一般播种苗高度应以 30～40cm 为好，插条苗高 20～25cm，樟子松苗高应保证不低于 15cm。主、侧根过长的可适当修剪。

（3）造林前必须对拖拉机、造林机具全面检修一次　植树机的开沟器必须尖锐、端正；升降和深浅调节装置必须灵敏、准确；覆土镇压轮轮距的中心、开沟器的尖端与牵引环必须在一条直线上，镇压装置重量不足时可适当加重，保证开沟、植苗、培土、镇压等几个主要环节均达到技术要求。

（4）合理进行机械编组，各方人员紧密配合　一般以链轨式中型拖拉机为动力，牵引 3～5 台“蔡式金”或半自动植树机。每个机组设驾驶员 2 人，植苗员 6～10 人，指挥兼质量检查 1 人，苗木管理 1 人，土壤状况不够理想时还要相应配备踏实人员，结合进行人工补苗扶正工作。

植苗员必须很好地进行技术训练。二人一组互相配合，植苗速度与拖拉机行速相适应，保证株距误差不超过 5cm。

（三）植苗造林季节

造林季节适宜与否，直接关系到造林的成活与幼林生长。适宜的造林季节应当具有良好的土壤水分和温度条件，以利于种子、苗木和插穗的发芽和生长，此外，还应使幼苗避免干旱、晚霜和冻害等自然灾害，我国地域辽阔，从南到北自然条件差异很大，应根据当地气候条件，因地制宜地确定造林季节。

1. 春季造林　早春是树木发芽前生根最旺盛的初期，这时的气候和土壤条件都对生根有利。春季造林一般在树木萌芽前 1～2 周栽植最好。因为这时树木的地上部分还处于休眠时期，而根部刚开始活动，具有生根能力，栽植后到地上部分萌芽发叶时，根系已能吸收水分，供给地上部分的需要，所以其容易成活，造林成活率高。春季植苗造林不能过晚，因为栽植过晚，苗木根系开始生长也晚，在幼苗芽苞开放以前还没有开始生根，随着气温升高，幼树叶量增加，蒸腾作用加强，而根系吸收的水分不能满足植株地上部分蒸腾消耗的水分，使苗木内部的水分平衡遭到破坏，苗木就会干枯死亡。所以，春季造林要在土壤解冻达到栽植深度时，立即进行早春顶浆造林，可以提高造林成活率（表 7-1）。

表 7-1 落叶松造林效果比较

地点	造林时间	成活率/%	地点	造林时间	成活率/%
辽宁阜新红帽子林场	2007 年 4 月 2～10 日	94	辽宁抚顺清原湾甸子林场	2007 年 4 月 15～24 日	95
	2008 年 4 月 20～29 日	83		2008 年 5 月 2～15 日	85

2. 雨季造林　在春季多风少雨干旱造林成活率低的地区，如东北西部、华北北部及西北等地，应考虑雨季。雨季造林的成功经验很多，如辽宁省北镇市油松百日苗雨季造林获得成功，又如黑龙江省西部干旱地区，近年来利用窖藏苗法，低温控制萌动，进行樟子松雨季造林，也获得较好的效果。雨季造林适用于针叶树种，特别是松、柏针叶树容器苗造林。

3. 秋季造林　在春季干旱多风、秋季长而温暖的地区，可以进行秋季造林。从树木停止生长时开始，到土壤冻结前 1～2 周为秋季造林的最好时期。这时苗木的地上部分蒸腾作用已经减少或近于休眠状态，而根系继续生长，造林后在当年秋季可以完成生根过程，在土壤结冻前根系与土壤紧密结合。第二年开始生长以前根系已能吸收水分，有利于苗木的生长，并增强其抗旱能力。在秋季有强风吹袭的地区或潮湿黏重的土壤上，易发生冻拔害，不宜秋季造林。

秋季造林时间比较长，劳力容易调配，因而在造林任务大的地区，分春秋两季造林，可以减轻春季的造林任务。

4. 冬季造林　在冬季不冻结的南方地区，可在冬季进行植苗造林。

第二节 播种造林

播种造林（seeding），又叫直播造林，是直接把种子播种到造林地的造林方法。播种造林可分为人工播种造林和飞机播种造林。

一、播种造林的特点及适用条件

播种造林能使植株形成发育完全而匀称的根系，避免了植苗造林时可能引起的根系损失；播种造林幼林可塑性强，从播种后就在造林地环境条件下生长，易适应造林地的条件；播种造林时播种穴上生长的幼苗多，经过自然分化或人为选择，选留生长健壮的植株最后定苗，可以提高林分质量；播种造林工作便于机械化；播种造林不经过育苗和繁重的栽植工序，施工简单，节约开支。播种造林虽有上述优点，但也有它的不足，播种造林后，要求较细致的抚育管理；易遭受鸟、兽、杂草的危害；种子消耗多，在缺种地区的应用受到限制；要求较严格的造林环境条件，只有在土壤湿润的造林地才容易成功。

播种造林主要适用于一些大粒种子的树种，如橡栎类、核桃、油茶、油桐、山杏和文冠果等，但在环境条件较好的造林地，发芽容易的中小粒种子的树种，如油松、马尾松、云南松、华山松、沙棘、柠条、紫穗槐等，也可播种造林；种子来源丰富、幼苗生长快而且适应能力强的树种；立地条件较好、土壤湿润疏松、杂草较少、鸟兽危害不严重的造林地；在人烟稀少、造林地面积大的地区，适宜飞机播种造林。

二、人工播种造林

（一）播种前的种子处理

直播造林对种子质量的要求较高，一般发芽率应在95%以上，播前要进行发芽试验和种子处理。播种前种子的处理包括消毒、浸种、催芽、拌种（积极采用鸟兽驱避剂、植物生长调节剂等），以及包衣、黏胶化等技术措施。对休眠期长的种子在春播前必须进行催芽，对强迫休眠的种子在春播前也应进行浸种等处理，力求种子出苗齐，出苗早，保证有足够的生长时间，以提高对高温、干旱的抵抗能力。但一般树种秋播时不进行催芽。在病虫害及鸟兽害较严重的地区，对种子应进行药剂拌种处理。

（二）播种造林方法

播种造林的方法可分为穴播、块状播种、条播、撒播和缝播等 。

1. 穴播　是按一定的株行距进行挖穴播种的方法。穴播应用灵活性最大，是当前播种造林中应用最广的一种。播种前对造林地要进行细致的块状整地，在块状地的中心挖穴，在穴中均匀播入数粒（大粒种子）至数十粒（小粒种子）种子，然后覆土镇压。

2. 块状播种　简称块播，是在经过块状整地（面积一般在$1m^2$以上）的造林地上进行密播和簇播。块状密播是在块状地上全面撒播或条播，播种量较大，簇播则是在块状地上集中分成几个穴进行密集播种。两种块播都可自动形成较强大的植生组，对抵抗外界不良环境因子及种间竞争的能力强，适用于已部分天然更新林地及低产林的改造，有一定数量阔叶树种的迹地引进针叶树种以及对分布不均匀的次生林进行补植改造。

3. 条播　是在经过全面整地或带状整地的造林地上，按一定的行距，在播种带上播种成单行或双行、连续或间断的播种方法。播种入土或播后覆土镇压。条播深度控制在1～2cm，通常一行或两行为一带，行距为1m，带距为2～3m。适用于采伐迹地更新及次生林改造（引进针叶树种），也可用于黄土高原等水土流失地区或沙区播种灌木树种和个别乔木树种。但由于地形限制，一般应用不多。

4. 撒播　是在造林地上均匀撒播种子的播种方法。撒播前一般不整地，播后不覆土。主要适于地广人稀、劳力缺乏、交通不便的大面积荒山荒地、沙地和采伐迹地等。

5. 缝播　又称偷播。在鸟兽危害严重、植被覆盖度不太大的山坡上，选择灌丛附近或有杂草石块掩护的地方，用锹（或刀）开缝，播入适量种子，将缝隙踏实，地面不留痕迹。此法可避免种子被鸟兽发现，同时又可借助灌丛杂草庇护幼苗，防风吹日晒，具有一定的实践意义。但不宜大面积应用。

（三）播种密度和播种量

播种造林需要正确地掌握播种密度。根据造林地上种子发芽和单位面积上要求最低限度的幼树数量来确定播种密度，种子萌芽力强和幼苗生活力强的树种，播种密度可小一些；种子品质优良，立地条件好，整地细致时，播种密度也应小一些。在相反的情况下，播种密度要大一些。

穴播时每穴播种的种子粒数，依各树种种粒大小而异。一般核桃、板栗、核桃楸、油桐等特大粒种子每穴2或3粒，栎类、油茶、山杏、山桃、文冠果等大粒种子每穴3

或4粒，红松、华山松等中粒种子每穴4～6粒，马尾松、云南松、樟子松、油松等小粒种子每穴10～20粒，柠条、花棒等小粒种子每穴20～30粒。计算播种量应根据每个单位（以每平方米或每米长度为单位）上预期幼苗数量，按种子可能成苗的比例算出种子需要量，然后再按种子千粒重换算出单位面积播种量。例如，播种时每公顷造林地上播种条的总长度为5000m，若每米播樟子松0.3g，则每公顷播种量为1.5kg。

（四）覆土

播种后的覆土对种子的发芽、出土和蓄水保墒等影响极大。覆土的厚度要达到既有利于保墒，又不妨碍种子发芽和幼苗出土。覆土过厚虽有利于保墒，但会造成种子发芽困难、幼苗不能出土，或种子霉烂。覆土过浅则种子容易干燥，影响发芽。覆土的厚度应根据土壤的性质、土壤水分、树种特性和播种期的早晚来决定。在水分好的黏土上播种时覆土宜薄，在砂土上播种时覆土应稍厚一些。秋播覆土宜厚，春播宜薄。大粒种子覆土5～7cm，中粒种子2～5cm，小粒种子1～2cm。为了达到保墒以有利于种子发芽和幼苗出土的要求，除确定适宜的覆土厚度外，在覆土后还要进行镇压，使土壤和种子紧密结合。

（五）播种造林季节

选择播种造林时期最基本的要求：土壤水分状况和温度条件有利于种子发芽，避免幼苗受干旱和晚霜的危害。

1. 春季播种　春季土壤水分充分、温度适宜，有利于种子发芽，多数树种可在春季进行播种，特别是松类及小粒种子春播比较容易成功。春季顶浆播种造林可以获得较高的发芽率。春播长期休眠的种子，播前种子必须经过催芽处理。

2. 雨季播种　在春季干旱较严重的地区，可利用雨季进行播种造林，如华北、西北和云贵高原地区，雨季气温较高、湿度大，最好在雨季来临之前播种，播后种子发芽出土快。但不能过迟，否则不易越冬。

3. 秋季播种　秋季也是播种造林的好季节。秋季播种后种子在地下越冬，具有催芽作用，翌春发芽早，幼苗生长健壮，抗逆性强。一些大粒种子，如核桃、栎类、油桐、松类、山杏、山桃等适宜秋播，但秋播一般不宜过早，防止当年发芽在冬季遭受冻害。

三、飞机播种造林技术

（一）飞播造林的重大意义

飞机播种造林，简称飞播造林或飞播，是利用飞机或其他飞行器把种子直接播种在造林地上。飞播造林具有速度快、效率高、省劳力、成本低、收效大的特点。特别是在人烟稀少、交通不便、劳力缺乏的大面积荒山、沙漠和采伐迹地，采用飞播造林对迅速恢复和扩大森林资源、控制水土流失和风沙危害、改善生态环境具有重大的现实意义。

世界上许多国家使用飞机播种造林技术，美国、加拿大、俄罗斯、澳大利亚应用最为广泛。我国飞播造林已有40余年的历史，积累了宝贵的经验，现在全国已有22个省（自治区）、446个县采用飞机播种造林，效果良好。

（二）飞播造林规划设计

飞播造林首先要确定播种地区，调查播区地形地貌、海拔、土壤、水文、植被和气象等因子，绘制基本图或土地利用现状图，统计适宜飞播的面积。设计适宜的飞播树种、播种期、播种量，并对飞播的航线和播种技术方案等做出具体设计。

（三）飞播地区的选择

1）气候湿润、水分条件好，是飞播成功的重要条件。我国南方湿润气候区是开展飞播的主要地区；半湿润区也有不少飞播成功的经验；一些条件较好的干旱区如果飞播方法恰当，也有成功的可能。北方山区和黄土丘陵区一般水分条件差，播区应选择在阴坡和半阴坡。

2）宜林荒山荒地面积较大，播区一般不宜小于5万亩①。要集中成片，最好是长方形，其长边与航行方向一致，最好能与主要山脊走向和主风方向平行。

3）地形起伏不能太大，以利于飞行。在同一播带上的相对高差不能超过飞机作业飞行的高差要求。

4）播区的土壤和植被条件应有利于种子的发芽生根和幼树的生长。一般荒山荒坡、稀疏的林地和灌木林地成苗均较好。

（四）飞播树种的选择

根据适地适树的原则，选择种源充足、适应性强、易于发芽生根并能成林的树种。我国用于飞播造林的主要树种有云南松、马尾松、油松、华山松、黑松、黄山松、思茅松、高山松、漆树、侧柏、臭椿、赤杨、桦树等。在西北沙漠地区用花棒、沙棘、踏郎、沙打旺等灌、草种子进行飞播，也取得了一定成效。

（五）播种期

适时播种是飞播造林成败的关键之一。播种期适时与否，直接影响种子发芽率的高低和成苗数量、幼苗木质化程度和抗旱抗寒的能力。因此，应充分掌握当地气候特点和年降雨量的分布规律，再根据生产任务和出动飞机架次的多少确定播种期。一般应在接近雨季来临之前进行。另外，在飞播时还需要具备适宜的天气条件，如少云雾、风速小于3级等。

（六）播种量

飞播的单位面积播种量，应根据当地气候、土壤、经营条件和种子质量等因素确定。例如，四川飞播华山松，每亩播种1.5kg（种子发芽率为50%）；湖北飞播华山松，每亩播种1kg（发芽率为80%）；云南飞播云南松，每亩播种0.15kg（纯度95%、发芽率80%），漆树每亩播种1.5kg，油松每亩播种0.4kg。

（七）播种技术

1. 植被处理　　植被的种类、覆盖度和生长情况是影响飞播成败的重要因素，它不仅直接影响到种子着土、发芽和幼苗生长，还与鼠类的栖息也有很大关系。例如，在榛子、栎类、杜鹃、厚皮香等灌木为主的植被条件下，播种华山松种子的损失率达到90%以上；而在以禾草、草莓、蕨类为主的草本植被条件下播种，发芽率高于灌木林地4倍。又例如，植被盖度为0.6的播种区，每亩平均有苗433株；植被盖度在0.9以上的地区，每亩平均有苗仅10株。在荒山草坡、疏林地、灌木散生的山坡地，飞播成苗的效果好。密度较大、灌木繁茂的山坡地，枯枝落叶层厚，种子不易接触土壤，故很难成苗，或由于光线不足，幼苗生长细弱，不易成活。如果植被过于稀疏，地表层土壤水分变化大，

① 1亩≈666.67m^2

不利于种子发芽和幼苗生长。一般飞播地区范围广大，不宜要求过于严格，凡覆盖度在30%～70%的矮草植被宜林地上均可飞播。例如，盖度在70%以上，而又为稠密灌丛、高草丛时，应在飞播前一年进行夏砍秋烧，以利于种子着土发芽和幼苗生长，同时也能减轻鼠害。

2. 种子处理　种子质量的优劣关系到飞机播种的成败，用低劣种子飞播会浪费人力、物力和财力。所以，播种前要对种子进行品质检验，以确保飞播质量。有些不易发芽的种子，可按常规方法进行处理，如华山松可用水选除掉空粒，漆树种子可用浓度为2%的沸碱水浸3～4min，去掉蜡皮。近年来，在北方的一些地区，采用种子包衣处理进行飞播，取得了一定成效。

3. 航标的设置　航标是在飞播地区设置信号进行导航的依据，设置在播区的两端和中部。播幅宽度：华山松为40m，油松为60m，云南松、马尾松、侧柏为70m。在两个航标的中间，设置接种样方点，以便检查播种量。

4. 飞机播种　飞机进入播区时，沿航标信号摆正航向，播种人员按作业图的标示和地面信号位置，准时开关种子箱，按设计播种量调准种子箱开口，并根据地面通信联系，及时调整播种量。地面人员要做好信号烟雾或信号旗的工作，测量播幅和接种人员应准时测定实播宽度和单位面积上的平均落种量，并随时与机组联系，不妥之处及时纠正，以提高播种质量。

（八）经营管理

播种地管理和保护的好坏是飞播造林成败的关键之一。每个播区应建立经营管理机构；要实行封山育林，宣传护林，建立健全防火制度；对漏播地段应及时补播；注意防治病虫鼠害；对成苗情况及幼林要进行抽样检查，划分幼林经营区，制定抚育方案；要建立飞播技术档案。

第三节　分 殖 造 林

分殖造林（cloning）又称分生造林，是利用树木营养器官的一部分，如茎、枝条、根、地下茎等直接栽植于造林地的方法。

一、分殖造林的特点及适用条件

分殖造林能较好地保持母体的优良遗传性状，生长速度较快，施工技术比较简单，省工、省时、成本低，但多代无性繁殖易造成寿命短、生长衰退等。由于分殖造林所用的材料没有现成的根系，因此要求比较湿润的土壤条件。例如，杨、柳类可以采用分殖造林，造林成活率和人工林生长情况较好。分殖造林所用的繁殖材料的数量比较多，因此要求母树的来源要丰富。

分殖造林主要适用于营养器官萌芽能力强，并且能够迅速产生大量不定根的树种。

二、分殖造林的技术要点

根据采用营养器官的部位和栽植方法的不同，分殖造林分为插条造林、插干造林、埋干造林、压条造林、分根造林、分蘖造林和地下茎造林等。

（一）插条造林和插干造林

插条（干）造林是利用树木或苗木的一段枝条或树干作插穗（干）直接插于造林地的造林方法。插穗（干）成活的关键在于能否生根。所以，插条插干造林对立地条件要求严格。插穗（干）从插后到生根，需要充足的水分、适宜的温度和氧气。因此，插条插干造林的土壤要具备湿润疏松的条件，以富于保水的壤土和黏壤土为宜，干燥的砂土不适于插条插干造林，过于黏重的土壤插穗（干）发根不好，透水性不好容易导致插穗（干）腐烂。北方地区可选择地下水位较高且土层较厚的河滩地、潮湿沙地，南方地区宜选择阴坡、山谷或山麓进行插条插干造林。

1. 插条造林　插穗是插条造林的物质基础，插穗的年龄、规格、健壮程度和采集时间对于插条造林影响很大。插穗宜在中壮年优良母树上采集，所采插穗具有较强的生根能力，也可从苗圃或采穗圃采集枝条，最好用树干基部或根部萌生的粗壮枝条。插穗应具有饱满的侧芽，以枝条中下部最好，避免采用萎缩枝。枝条的年龄因树种而不同，一般以1～3年生为宜，柳杉、垂柳和旱柳等为2～3年，杉木、小叶杨、花棒和柽柳等为1～2年，紫穗槐、杞柳等为1年。插穗的长度为30～70cm（针叶树30～60cm），粗度为1～2cm。插穗采集时间以秋季落叶后至春季萌芽前为宜。采条后必须妥善保管，以免风干。下切口为平口或马耳形，多用直插。

为了增强插穗抗旱能力，要对插穗进行浸水3～6d，使插穗保持足够的水分，可以大大提高造林成活率。插前要采用局部整地，挖穴深度一般应稍深一些，以利于蓄水。在水分较好或土壤含盐量较高的造林地造林时，插穗可露出地面3～5cm；在干旱和风沙危害严重的地区造林时，应深埋插穗，使其刚好被土覆盖，以防失水。对于常绿针叶树种，应选择梢部带有顶芽的枝条，插植深度可为插穗长度的1/3～1/2。

2. 插干造林　插干造林又叫栽干造林，主要适用于易生根的柳树和杨树。一般采用2～4年生的苗干或粗枝，直径3～5cm，长度视树种和立地条件而异，一般干长2～3m。插植深度约1m。近年来，北方地区和华东地区推广的杨树长干深栽，也是一种插干造林的方法。具体方法是把2年生、3年生的大苗自根茎处截断，剪去部分枝叶，用此茎干深插2～3m使其接近地下水，其余部分露出地面。栽插所用的孔穴可以人工挖，也可用专用机械钻孔。长干插入土后，插孔要填土砸实，插后浇足水促进生根。由于深栽的下切口可以直接吸收地下水，插干的下端处于湿润的土层中，因此发根快、成活率高、长势旺。为保证插干不失水，顶端切口可涂蜂蜡、沥青或油漆。

（二）埋干造林和压条造林

埋干造林是用树木的枝条或苗干，横埋于造林地的一种造林方法。常用于沿河低地、湿润沙地栽培杨、柳等，一般用犁开成长沟，将插穗平放于沟中，再用犁覆土，然后压实土壤。埋干法通用的是全埋法。全埋法是用1～2年生枝条或更粗的枝干，长度以1～1.5m较好，修去侧枝，将插穗全埋于土中，粗枝埋6cm深，细枝埋3cm深，如图7-1所示。

压条造林是将生长在母树上的枝条，用土埋压一段，促其生根的造林方法。常用的方法为沟压法，是在母树附近挖沟，把生长在母树上的枝条弯曲在沟里，在沟中的一段用土埋压，当被压部分生根后截断与母树分离。这种方法比插条造林成活率高，但因埋条所用材料较多，大面积造林受到限制。

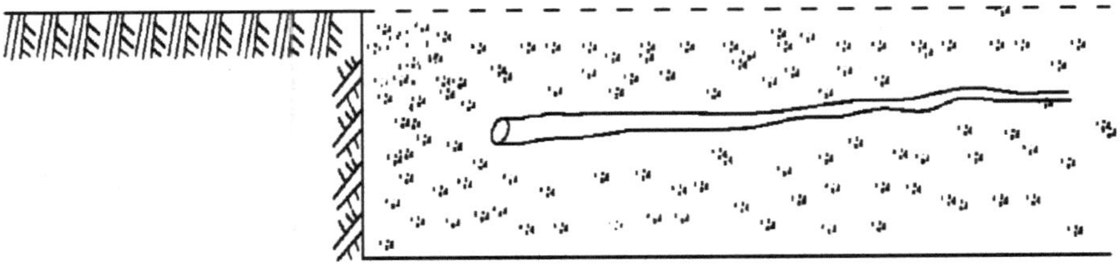

图 7-1　全埋法示意图

（三）分根造林

分根造林是用一段树根直接插入造林地的一种造林方法。主要用于一些萌芽生根能力强的树种，如泡桐、漆树、楸树、香椿、刺槐、桑树、相思树和樱桃等。根插穗一般从秋季落叶后至春季萌芽前从健壮的母树根部采集，一般采集直径为 1～2cm、生长旺盛的根条，截成 15～20cm 长，粗头朝上，细头朝下，倾斜或垂直埋入土中，上端微露，并在上切口封土，防止水分蒸发。

（四）分蘖造林

分蘖造林是用根蘖条进行造林的方法。此法适用于能产生根蘖和桩蘖的树种，如杉木、毛白杨、枣树、泡桐、香椿、樱桃和丁香等树种。由于根蘖条来源有限，不宜用于大面积造林。

（五）地下茎造林

地下茎造林是竹类造林的方法之一。地下茎是竹类孕笋成竹、扩大自身数量和范围的主要结构。竹类地下茎一般分为单轴型、合轴型和复轴型三大类（图 7-2）。单轴型竹类为地下横走的竹鞭，其上有节，节上有根，称为鞭根，这类竹又称散生竹。合轴型竹类没有地下横走的竹鞭，又称丛生竹。复轴型兼有以上两种类型的特点，又称混生竹。

资源 7-3

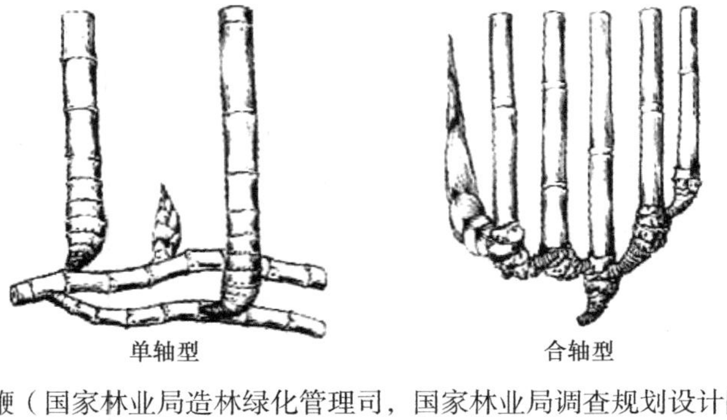

图 7-2　竹鞭（国家林业局造林绿化管理司，国家林业局调查规划设计院，2018）

散生竹主要采用移母竹、移鞭造林等方法。移母竹法造林是从原有竹林中挖取母竹栽植于造林地。母竹以 1～2 龄为佳，因为 1 龄的母竹所连的竹鞭一般都处于壮龄鞭阶段，鞭上着生的健壮饱满芽多，竹鞭根系发达。母竹的粗细以胸径 3～4cm（毛竹等大径竹）或 2～3cm（小径竹）为宜。过粗，因竹子高大，挖掘栽植困难，且造林后易受风吹摇动，影响成活与生长；过细则生长不良，不能做母竹。母竹应是分枝低、枝叶茂盛、竹节正常、无病虫害的健康立竹。散生竹母竹的规格一般要求来鞭长 30～40cm，去鞭长 40～70cm，竹竿留枝 3～5 盘，截去顶梢，鞭蔸多留蓄土。挖出的母竹打梢包装，运到造林地栽植，使鞭根与土壤紧密接触，然后分层埋土踏实。移母竹造林成活率高，成林快，在生产上应用最普遍。移鞭造林是从成年竹林中挖取根系发达、侧芽饱满的壮龄竹鞭进行造林。竹鞭年龄为2～5年生，竹鞭长度为30～50cm，每个鞭段应有不少于5个健壮侧芽。挖取的鞭段要根系完整，侧芽无损，多带蓄土，栽植时将根系摆放舒展，填土、压实、浇水。移鞭造林取鞭简单，运输方便，适于交通不便的地区造林或长距离引种。

思 考 题

1．简述植苗造林的特点和适用条件。
2．影响苗木成活的因素有哪些？
3．以植苗造林成为例，试分析如何提高造林成活率。
4．播种造林的特点和适用条件是什么？
5．简述飞播造林的特点及造林技术要点。

第八章　生产建设项目植被营建技术

【内容提要】

针对生产建设项目实施造成植被破坏、表土或心土流失，更甚者岩石裸露、残存的坡面陡峭等环境问题，根据土地退化的程度和生产建设区的特点，可分别采用常规绿化、工程绿化和园林式绿化的方式恢复植被。

随着经济迅猛发展，人民生活水平日益提高，生态环境保护和生态文明意识不断增强，尤其是随着生产建设项目水土保持方案制度的建立和完善，生产建设项目水土保持工作的技术手段及水平不断提高，一些植被恢复与建设新技术、新工艺、新方法也不断涌现，并日臻完善。这些植被营建技术对提升工程整体环境效果、打造工程整体形象、提高工程安全运行管理质量等方面发挥着越来越重要的作用。

第一节　设计的原则和要求

一、基本原则和要求

（一）基本原则

生产建设项目植被恢复与建设工程的总体布局应遵循以下基本原则。

1. 统筹规划　　统筹规划使植被恢复与建设工程的布局满足工程等级划分要求，符合各行业涉林规定，与主体工程设计要求相协调，满足为项目区生产、生活服务的功能要求。

2. 生态优先　　在不影响主体工程安全的前提下，优先考虑生态与景观，尽可能恢复植被。

3. 景观协调　　符合当地生态环境建设规划要求，与周边自然景观、项目所在区域条件相协调，兼顾生态和景观，合理配置树草种。

4. 因地制宜　　与项目区自然环境条件相适应，特别是与工程扰动后植被恢复的实际条件相协调，按照对水土资源扰动程度和潜在危害程度，配合水土保持工程措施，因地制宜地布局植被恢复与建设措施。

5. 经济合理　　与当前经济条件及工程建设投资相适应，在节约成本、方便管理的基础上，以最少的投入获得最大的生态效益和经济效益。

（二）基本要求

生产建设项目植被恢复与建设工程的布置根据总体布局的原则，综合考虑生产建设项目的特点（如线性、点状等）、措施布置位置、等级要求、功能定位、立地条件和工程扰动状况等，选择措施类型，做到适地适树（草）、景观协调、草灌乔优化配置、因地制宜、经济合理。

1）根据统筹规划原则和主体工程设计要求，合理划分防治分区，选配适宜的营建工程类型。

2）不同类型的工程运行管理对植物种有不同的要求，措施布局要注重树种生物学特性，优化植物配置，满足主体工程和行业的相关要求。

3）根据生态优先原则，生产建设项目所涉及的各类裸露土地均应进行绿化，加大林草措施比例。

4）大型工程应开展景观规划，使植被恢复与建设工程的布局与主体工程布局、周边环境及社会经济、人文环境等相协调。

5）要根据生产建设项目的水土流失特点及设计场地的生态环境条件，因地制宜地选择适当的措施类型和植物种类，使植物本身的生态习性和布设地点的环境条件基本一致。

6）对措施布局等要进行技术经济方案比选，在达到设计要求的情况下，选择造价比较低的方案。例如，在满足功能需求等情况下，多选用寿命长、生长中等、耐粗放管理、耐修剪的植物，以减少资金投入和管理费用。

二、行业涉林规程或标准

不同行业生产建设项目对植被营建要求各不相同；设计者一定要熟悉这些涉林设计规程和标准。

（一）林业行业及城建绿化标准

林业行业及城建绿化标准包括《造林技术规程》（GB/T 15776）、《生态公益林建设　导则》（GB/T 18337.1—2001）、《生态公益林建设　规划设计通则》（GB/T 18337.2—2001）、《生态公益林建设　技术规程》（GB/T 18337.3—2001）、《开发建设项目水土保持技术规范》（GB 50433—2008）、《水土保持工程设计规范》（GB 51018—2014）、《城市绿地草坪建植与管理技术规程　第1部分：城市绿地草坪建植技术规程》（GB/T 19535.1—2004）、《城市绿地设计规范》（GB 50420—2007）（2016年版）、《城市道路绿化规划与设计规范》（CJJ 75—97）、《北方地区裸露边坡植被恢复技术规范》（LY/T 2771—2016）等。

（二）水利、水电工程和交通行业涉林标准

《水利水电工程水土保持技术规范》（SL 575—2012）、《电力设施保护条例实施细则》《铁路工程环境保护设计规范》（TB 10501—2016）、《公路环境保护设计规范》（JTG B04—2010）、《港口工程环境保护设计规范》（JTS 149—1—2007）、《民用机场总体规划规范》（MH 5002—1999）等。

（三）矿采、化工行业和管线工程涉林标准

《煤炭工业矿井设计规范》（GB 50215—2015）、《煤炭工业露天矿设计规范》（GB 50197—2015）、《化工企业总图运输设计规范》（GB 50489—2009）、《工业企业设计卫生标准》（GBZ 1—2010）、《制定地方大气污染物排放标准的技术方法》（GB/T 3840—91）、《66kV及以下架空电力线路设计规范》（GB 50061—2010）、《110～500kV架空送电线路设计技术规程》（DL/T 5092—1999）、《工业企业标准轨距铁路设计规范》（GBJ 12—87）、《中华人民共和国石油天然气管道保护法》、《石油天然气管道保护条例》、《油气管道工程水工保护施工技术规范》（Q/SY GJX 138—2012）等。

三、设计类型

生产建设项目植被恢复与建设工程主要布设于工程扰动或占压的裸露地，以及工程管理范围内未扰动的土地。包括主体工程辖区涉及的一切裸露地区，如施工生产区、厂区、管理区、弃土（石、渣）场、土（块石、砂砾石）料场和各类开挖填筑扰动面。

在进行植被恢复与建设工程总体布置时，应在不影响主体工程安全的前提下，优先考虑林草措施或工程与林草相结合的措施。混凝土和砌石边坡等区域，有条件的应进行复绿。尽可能增加植被覆盖面积。

林草措施设计类型分为常规绿化、工程绿化及园林式绿化。

有正常土壤层的无扰动、轻微扰动和扰动后经土地整治覆土的待绿化土地，经整地和土壤改良（根据需要）后，可采用常规的林草措施设计，即“常规绿化”。

对于生产建设项目施工扰动后形成的无正常土壤层地段、裸岩地段、过陡坡面、混凝土和砌石边坡等区域，以及部分经土地整治后亟待提高绿化效果的土地，根据景观需求可采用相应的工程绿化设计，即“工程绿化”。

对于有园林景观要求的应结合主体工程设计，将生态学要求与景观要求结合起来，采用园林绿化设计，使主体工程建设达到既保持水土、改善生态环境，又美化环境、符合景观建设要求，即“园林式绿化”。

第二节　常规绿化

适用于主体工程管理的范围涉及有正常土壤层的无扰动、轻微扰动和扰动后经土地整治覆土的土地，包括施工生产生活区、厂区、管理区、弃土（石、渣）场、土（块石、砂砾石）料场及各种开挖填筑扰动面等各类土地的植被营造。

常规绿化设计是按照造林学的基本原理，通过适地适树的立地条件划分和树种选择开展造林设计。

一、设计要点

（一）整地设计

生产建设项目所涉及平缓土地的整地措施，可采用全面整地和局部整地。生产建设项目所涉及一般边坡的整地工程，主要采用局部整地。整地规格可参照 GB/T 18337.3—2001 和《水土保持综合治理技术规范　荒地治理技术》（GB/T 16453.2—2008）执行。

（二）植树造林植草设计

在平缓区域，立地类型划分的主导因子包括地面组成物质（岩土组成）、覆盖土壤的质地和厚度、地下水等。各类边坡的立地类型划分的主导因子中要补充坡向、坡度（急、陡、缓）两个因子。

根据生产建设项目植被恢复与建设工程等级，进行树草种选择与配置。弃土（石、渣）场、土（块石、砂砾石）料场及各类开挖填筑扰动面，根据立地特点，选择困难立地植树造林树种或灌草、块状混交或整齐坡面带状混交。涉水管理范围有环境污染问题的，选择挺水植物和沉水植物，建立生态工程植被恢复区，减污滤泥。涉及湿地恢复的，选择耐水湿树种或水源涵养林树种。生产建设项目工程扰动土地主要适宜树种、草种见表 8-1。

表 8-1　生产建设项目工程扰动土地主要适宜树种、草种

区域或植被类型区	耐旱	耐水湿	耐盐碱	耐沙化（北方及沿海）/石漠化（西南）
东北区	辽东桤木、蒙古栎、黑桦、白榆、山杨；胡枝子、山杏、文冠果、锦鸡儿、枸杞；狗牙根、紫苜蓿、爬山虎①	兴安落叶松、偃松、红皮云杉、柳、白桦、榆树	青杨、樟子松、榆树、红皮云杉、红瑞木、火炬树、丁香、旱柳；紫穗槐、枸杞；芨芨草、羊草、冰草、沙打旺、紫苜蓿、碱茅、鹅观草、野豌豆	樟子松、大叶速生槐；花棒、杨柴、柠条、锦鸡儿、小叶锦鸡儿；沙打旺、草木犀、芨芨草
三北风沙地区	侧柏、梭梭、胡杨；枸杞、柠条、沙棘、柽柳、花棒、杨柴、胡枝子、沙柳、沙拐枣、黄柳、文冠果；沙蒿、高羊茅、野牛草、紫苜蓿、紫羊茅、黄花菜、无芒雀麦、沙米、爬山虎①	柳树、胡杨、香椿、臭椿、旱柳、桑；柽柳、沙棘	旱柳、沙枣、胡杨、梭梭；柽柳、银水牛果、柠条、紫穗槐、枸杞、白刺、沙拐枣、盐爪爪、四翅滨藜；芨芨草、盐蒿、芦苇、碱茅、苏丹草	樟子松；柠条、沙棘、沙木蓼、花棒、踏郎、梭梭、霸王；沙打旺、草木犀、芨芨草
黄河上中游地区	侧柏、旱柳、柽柳、柠条、沙棘、爬山虎①	柳树、旱柳、刺柏、桑；柽柳、沙棘	沙枣、柽柳、四翅滨藜、柠条、紫穗槐、沙棘、盐爪爪	侧柏、刺槐、杨树；沙棘、柠条、柽柳、杞柳；沙打旺、草木犀
华北中原地区	侧柏、油松、刺槐、青杨；伏地肤、沙棘、柠条、枸杞；爬山虎①	柳树、旱柳、构树、杜梨、垂柳、钻天杨、桑、红皮云杉、柽柳、沙棘	柽柳、四翅滨藜、银水牛果、伏地肤、紫穗槐	樟子松、旱柳；荆条、紫穗槐；草木犀
长江上中游地区	侧柏、马尾松、野鸭椿、白皮松、木荷、砂地柏；多变小冠花、金银花①、爬山虎①	柳树、桑、水杉、池杉、落羽杉、冷杉、红豆杉、芒草	欧美杨、乌桕、落羽杉、墨西哥落羽杉、中山杉；双穗雀稗、香根草、芦竹、杂三叶草	欧美杨、马尾松、云南松、干香柏；苦刺花、蔓荆；印尼豇豆
中南华东（南方）地区	侧柏、马尾松、黄荆、油茶、青檀、香花槐、黧蒴、桑、杨梅；黄栀子、山毛豆、桃金娘；假俭草、百喜草、狗牙根、糖蜜草、铁线莲①、爬山虎①、五叶地锦①、鸡血藤①	桑、水杉、池杉、落羽杉、樟树、木麻黄、水翁、湿地松、榕树、大叶桉；铺地藜、芒草	木麻黄、南洋杉、柽柳、红树、椰子、棕榈；苇状羊茅、苏丹草	球花石楠、干香柏、旱冬瓜、云南松、木荷、黄连木、清香木、降香黄檀、任豆；火棘、常绿假丁香、苦刺花；冬瓜、象草、香根草、五叶地锦①、常春油麻藤①
东南沿海及热带地区	榆绿木、大叶相思、多花木兰、山楂、澜沧栎；木豆；假俭草、百喜草、狗牙根、糖蜜草、爬山虎①、五叶地锦①	青梅、枫杨、水杉、喜树、长叶竹柏、长蕊木兰；长柄双花木	木麻黄、椰子树、棕榈、红树类、柽柳	砂糖椰、紫花泡桐、直干桉、任豆、顶果木、枫香、柚木

资料来源：《水土保持设计手册　生产建设项目卷》，2018

①攀缘植物

植树造林密度应根据当地的降水条件、树种特性等确定。造林初始密度可参照 GB/T 18337.3—2001 或 GB/T 15776—2016 执行。

草皮及草坪建植。草种选择通常包含主要草种和保护草种。保护草种一般是发芽迅速的草种，其作用是为生长缓慢和柔弱的主要草种遮阴和抵御杂草，如黑麦草和小糠草。在酸性土壤上应以剪股颖或紫羊茅为主要草种，以小糠草或多年生黑麦草为保护草种。在碱性及中性土壤上则宜以草地早熟禾为主，以小糠草或多年生黑麦草为保护草种。混播一般用于匍匐茎或根茎不发达的草种。

草坪草混播比例应视环境条件和用途而定。我国北方以早熟禾类为主要草种，以黑麦草作为保护草种，如采用早熟禾（40%）＋紫羊茅（40%）＋多年生黑麦草（20%）的组合。在南方地区宜用红三叶、白三叶、苕子、狗牙根、地毯草或结缕草为主要草种，以多年生黑麦草、高牛尾草等为保护草种。常见草坪草生产特性见表 8-2。

表 8-2　常见草坪草生产特性

	草坪草种名	每克种子粒数 /（粒 /g）	种子发芽适宜温度 /℃	草播种子用量 /（g/m^2）	营养体繁殖面积比 /（m^2/m^2）
寒地型草	小糠草	11 088	20～30	4～6（6）	7～10
	匍匐剪股颖	17 532	15～30	3～5（7）	7～10
	细弱剪股颖	19 380	15～30	3～5（7）	5～7
	欧剪股颖	26 378	20～30	3～5（7）	5～7
	草地早熟禾	4 838	15～30	6～8（10）	7～10
	林地早熟禾	5 524		6～8（10）	7～10
	加拿大早熟禾	5 644	15～30	6～8（10）	8～12
	普通早熟禾	1 213	20～30	6～8（10）	7～10
	早熟禾		20～30		
	球茎早熟禾		10		
	紫羊茅	1 213	15～20	14～17（40）	5～7
	匍匐紫羊茅	1 213	20～25	14～17（40）	6～8
	羊茅	1 178	15～25	14～17（40）	4～6
	苇状羊茅	504	20～30	25～35（40）	8～10
	高羊茅	504	20～30	25～35（40）	8～10
	多年生黑麦草	504	20～30	25～35（40）	8～10
	1 年生黑麦草	504	20～30	25～35（40）	8～10
	鸭茅		20～30		
	猫茅	2 520	20～30	6～8（10）	6～8
	冰草	720	15～30	15～17（25）	8～10
温地型草	野牛草	111	20～35	20～25（30）	10～20
	狗牙根	3 970	20～35	5～7（9）	10～20
	结缕草	3 402	20～35	8～12（20）	8～15

续表

	草坪草种名	每克种子粒数 /（粒 /g）	种子发芽适宜温度 /℃	草播种子用量 /（g/m^2）	营养体繁殖面积比 /（m^2/m^2）
温地型草	沟叶结缕草		20～35		
	假俭草	889	20～35	16～18（25）	10～20
	地毯草	2 496	20～35	6～10（12）	10～20
	两耳草		30～35		
	双穗草		30～35	6～10（12）	7～10
	格拉马草	1 995	20～30		
	垂穗草		15～20		

资料来源：《水土保持设计手册　生产建设项目卷》，2018

注：括号内是指为特殊草坪目的加大的草播种子用量，若用于种族生产时，草播种子用量适当减少；野牛草的草播种子用量包含头状花絮量

二、设计案例

生产建设项目施工生产生活区植被恢复。

（一）设计条件

某工程施工生产生活区位于西北黄土高寒区，年平均降雨量为 360mm，年平均气温为 3.9～5.2℃，无霜期为 102～120d，地势平缓。施工前场地有沙棘、中间锦鸡儿、短叶锦鸡儿等灌木分布或混生，呈零星灌丛状分布，盖度较低；草本植物主要有禾本科、蒿类、骆驼蓬、披针叶黄花等。黄土母质为栗钙土，轻度土壤侵蚀。

（二）设计内容

1. 立地条件分析　黄土山前平缓台地和坡地，高寒、春季干旱。平缓台地为主要施工生产区，植被扰动严重；坡地堆放电力输送器材，植被轻微扰动。

2. 整地　台地全面整地后再块状深度整地，便于苗木防寒保温和减少土壤蒸发耗水；植树穴周边“回”字形集水整地，便于雨季降水集于植树穴，抗旱植树造林。坡面局部整地，连片坡面竹节式水平阶集水整地，不完整坡面鱼鳞坑整地。

3. 植物措施设计

（1）台面　行带混交。树草种为祁连圆柏、云杉、紫苜蓿，株行距为 2m×3m。采用生根粉蘸根，施用菌根制剂和保水剂（保水剂用量为植树穴体积的 1‰）。春季随起苗随植树造林。林木行间种植紫苜蓿，以 60cm 宽带状播种。

（2）水平阶坡面　祁连圆柏、云杉，株行距为 2m×4m。生根粉蘸根，施用菌根制剂和保水剂（用量为植树穴体积的 1‰）。春季随起苗随植树造林。

（3）鱼鳞坑整地坡面　沙棘，株行距为 2m×2m，生根粉蘸根，施用保水剂（用量为植树穴体积的 1‰）。春季随起苗随植树造林。

不同形式的整地植树造林设计见表 8-3～表 8-5，相应的典型植树造林设计见图 8-1～图 8-3。

表 8-3 “回”字形集水整地植树造林设计

项目	时间	方式	规格与要求
整地	秋季	“回”字形块状集水整地	块状整地，植树穴尺寸为1m×1m、深0.6～0.8m。集水坡面拍光，集水面外围修筑宽20cm、高15～20cm的土埂并拍实，形成“回”字形微型集水区
栽植、林草复合	春季	植苗、播种	行带混交。植树造林树种：祁连圆柏、紫苜蓿、云杉。株行距：2m×3m。生根粉蘸根，施用菌根制剂和保水剂（用量为植树穴体积的1‰）。春季随起苗随植树造林。坡面种植紫苜蓿，林木行间呈60cm宽带状播种
抚育	春季、夏季		植树造林后连续抚育3年

资料来源：《水土保持设计手册　生产建设项目卷》，2018

表 8-4 竹节式水平阶集水整地植树造林设计

项目	时间	方式	规格与要求
整地	秋季	竹节式水平阶集水整地	尽量不破坏周边原始植被，地埂拍实，熟土回填
栽植	春季	植苗	植树造林树种：祁连圆柏、云杉。株行距：2m×4m。生根粉蘸根，施用菌根制剂和保水剂（用量为植树穴体积的1‰）。春季随起苗随植树造林
抚育	春季、夏季		植树造林后连续抚育3年

资料来源：《水土保持设计手册　生产建设项目卷》，2018

表 8-5 鱼鳞坑整地植树造林设计

项目	时间	方式	规格与要求
整地	秋季	鱼鳞坑整地	尽量不破坏周边原始植被，地埂拍实，熟土回填
栽植	春季	植苗	植树造林树种：沙棘。株行距：2m×2m。生根粉蘸根，施用菌根制剂和保水剂（用量为植树穴体积的1‰）。春季随起苗随植树造林
抚育	春季、夏季		植树造林后连续抚育3年

资料来源：《水土保持设计手册　生产建设项目卷》，2018

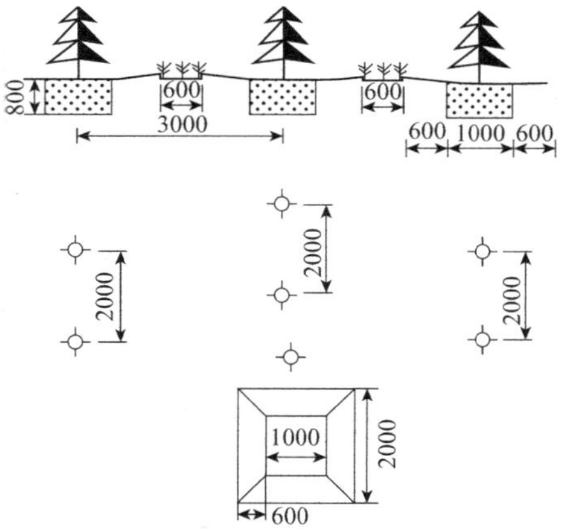

图 8-1 “回”字形集水整地典型植树造林设计图（《水土保持设计手册　生产建设项目卷》，2018）

单位：mm

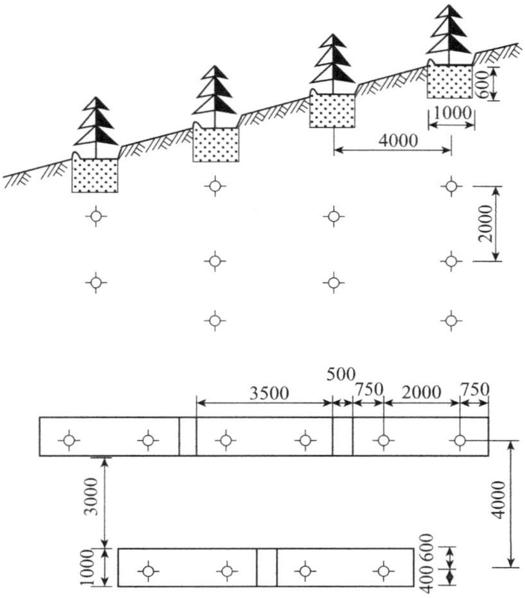

图 8-2　竹节式水平阶集水整地典型植树造林设计图
（《水土保持设计手册　生产建设项目卷》，2018）
单位：mm

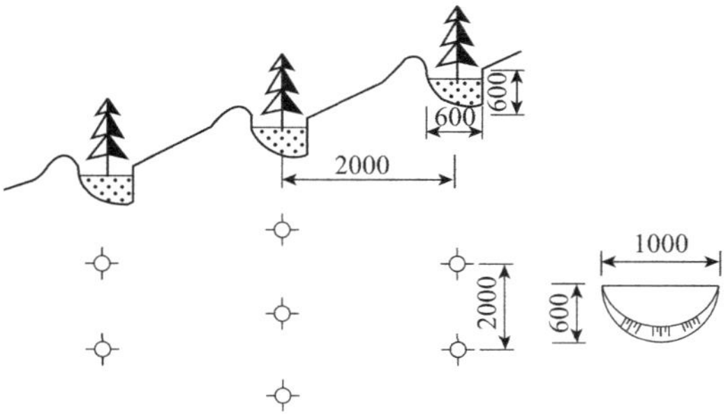

图 8-3　鱼鳞坑整地典型植树造林设计图
（《水土保持设计手册　生产建设项目卷》，2018）
单位：mm

第三节　工 程 绿 化

工程绿化是指在水土保持工程中进行植被恢复建设时，由于立地条件较差，需要以土木工程措施为基础进行绿化的技术或方法。工程绿化技术广泛应用于控制水土流失的绿化、保护环境的绿化和美化风景的绿化，其技术体系由土木工程措施基础上的生境营造、形成稳定群落的植被营造和必要的维护管理三部分组成。

工程绿化技术按照应用材料、技术形式、技术特点和适用范围有多种划分类型，常见工程绿化技术有客土喷播绿化、植被混凝土护坡绿化、植生毯绿化护坡、生态袋绿化护坡、桩板挡土绿化护坡、浆砌石骨架植草护坡、矿区废弃地植被建设技术等。工程绿化技术的主要绿化类型见表 8-6。

表 8-6　工程绿化技术的主要绿化类型

类型	技术名称	技术形式	技术特点	适用范围
毯垫类	植生带	含植物种子的纸卷	覆盖表土稳固种子	微坡细土
	植生毯	含植物种子的植物纤维铺装毯	林下枯落层仿生产品	25° 以下土质坡面
	生态垫	有机纤维织造的胶合毯	抗侵蚀种床	35° 以下砾石坡
枕袋类	植生袋	含种塑料网袋	植物生长初期的固土护坡	35° 以下土石坡
	生态袋	耐候性土工无纺布袋组件	装填后堆叠成柔性支护种床	25°～55° 土石坡
	植生模袋	耐候性土工无纺布连体袋组件	铺设灌装成柔性防护种床	25°～35° 土石坡

续表

类型	技术名称	技术形式	技术特点	适用范围
喷播类	液压喷播	水力机械喷射播种	降低侵蚀、保护种子、优化表土	45° 以下土质坡
	覆盖喷播	水力或风力喷射有机纤维覆盖		
	三维网喷播	三维网覆土与液压喷播结合	表土优化的液压喷播种植	55° 以下生土或土石坡
	客土喷播	钢丝网锚固骨架喷覆客土种植	表土重建种植一体化	75° 以下岩质坡
	厚层基材喷播	草炭腐叶土有机肥干法喷播	有机材料为主的轻质基材	
	高次团粒喷播	自然土团粒剂改良湿法喷播	通过团粒剂改善土壤性能抗侵蚀	
	有机纤维喷播	自然土有机纤维改良喷播	通过有机纤维雀巢骨架增加抗侵蚀	
	喷混植生	改性水泥固结土壤喷播	通过水泥蜂巢骨架增加依附和抗侵蚀	85° 以下岩质坡

资料来源：《水土保持设计手册　生产建设项目卷》，2018

在选择应用工程绿化技术进行设计时应遵循以下准则。

1）工程绿化边坡通过主体工程设计、治理达到稳定状态，工程绿化只是对坡体表面或浅层进行防护性绿化。

2）工程绿化措施所应用的材料及其在应用过程中和形成的结构本身是安全和稳定的，工程绿化措施对坡体施加的荷载不会对边坡稳定产生不利影响。

3）工程绿化设计必需的结构和稳定计算方法应由技术、产品供应商在技术应用手册或产品手册中提供，工程绿化技术产品应满足安全稳定前提下的质量检验和评定规则要求。

在实际应用中，由于项目条件的复杂性，设计人员一般应根据具体情况进行自然条件和工程条件论证分析，采用一种或多种组合技术。工程护坡技术与工程绿化技术组合的综合护坡配置类型见表 8-7。

表 8-7　工程护坡技术与工程绿化技术组合的综合护坡配置类型

类型	技术名称	技术形式	技术组合、配套特点	适用范围
工程护坡类型	稳定土石坡的坡基硬砌护	生态棒、T 形板水平格挡或金属网、土工格栅、主动防护网表面固结	喷混植生、有机纤维喷播、厚层基材喷播、客土喷播、三维网喷播	80° 以下稳定岩质坡
	喷混凝土护坡	金属网、土工格栅、主动防护网或三维网表面固结		
	浆砌石护坡			
支护类型	干砌石骨架	干砌石骨架	生态袋技术、液压喷播、覆盖喷播、三维网喷播、客土植生	55° 以下不稳定土石坡
	浆砌石骨架	浆砌石骨架		
	预制构件骨架	预制构件骨架	喷混植生、有机纤维喷播、厚层基材喷播、客土喷播、三维网喷播	75° 以下不稳定岩质坡
	现场浇筑骨架	现场浇筑骨架		
	预制丝笼骨架	预制宾格网等骨架		

续表

类型	技术名称	技术形式	技术组合、配套特点	适用范围
拦挡类型	预制构件拦挡	预制构件拦挡存蓄土水种植	生态袋技术、客土植生技术	65° 以上稳定岩质崖坡
	现场浇筑拦挡	现场浇筑拦挡存蓄土水种植		
	锚固支架拦挡	锚固支架拦挡存蓄土水种植		

资料来源：《水土保持设计手册　生产建设项目卷》，2018

一、客土喷播绿化

客土喷播是利用液压流体原理将草（灌、乔木）种子、肥料、黏合剂、土壤改良剂、保水剂、纤维物等与水按一定比例混合成喷浆，通过液压喷播机加压后喷射到边坡坡面，形成较稳定的护坡绿化结构。具有播种均匀、效率高、造价低、对环境无污染、有一定附着力等特点，是边坡绿化基本技术。通常依据边坡基面条件的不同分为直喷和挂网喷播。

资源 8-1

（一）适用条件

1. 通用条件　各地区均可应用。在干旱、半干旱地区应保证养护用水的供给；边坡无涌水、自身稳定，坡面径流流速小于 0.6m/s 的各种土质、石质边坡。

2. 直喷　边坡坡度小于 45°，坡面高度小于 4m 的土质边坡。

3. 三维土工网　边坡坡度小于 60°，边坡高度小于 8m 的土质边坡或坡面平整的石质边坡。

4. 金属网　边坡坡度小于 75°，坡面高度大于 8m，坡面平整度差、风化严重的石质边坡。

5. 技术应用包括的约束条件　年平均降水量大于 600mm、连续干旱时间小于 50d 的地区，但在非高寒地区和养护条件好的地区可不受降水限制。坡度不超过 1∶0.3 的硬质岩石边坡及混凝土、浆砌石面边坡；各类软质岩石边坡、土石混合边坡及贫瘠土质边坡。

（二）技术设计

1. 技术要点与技术指标

（1）锚钉与网的设计　锚钉与网的选型应根据不同边坡类型选取，对于深层不稳定边坡，锚钉应根据边坡加固类型选取。网按从上到下的顺序铺设并张紧，上坡顶反压长度不小于 500mm，网片的搭接长度为横向 100mm。网与坡面间距保持 2/3 喷射厚度，否则用垫块垫起来。锚钉一般采用梅花形布置，间距为 1000mm×1000mm，边坡周边锚钉应加密 1 倍左右。坡顶或坡面较破碎及风化程度较严重的部位，锚钉应加粗、加大、加长。一般锚钉外露长度为喷射厚度的 80%～90%，在离坡面 50～70mm 处与网绑扎。

（2）基材混合物配比　一般基材种植土、绿化基质、纤维的配比（体积比）为 1∶0.2∶0.2。喷射厚度考虑边坡类型、坡度和降水量等影响因素，常用约束条件下的基材混合物喷射厚度建议值可参考表 8-8。

表 8-8　常用约束条件下的基材混合物喷射厚度建议值

边坡类型	年平均降水量 /mm	坡比	喷射厚度 /mm
硬质岩石坡边	600～900	1 ∶ 0.3	10
		1 ∶ 0.5	10
	900～1200	1 ∶ 0.3	9
		1 ∶ 0.5	9
	＞1200	1 ∶ 0.3	8
		1 ∶ 0.5	8
软质岩石坡边	600～900	1 ∶ 0.75	8
	900～1200	1 ∶ 0.75	7
	＞1200	1 ∶ 0.75	6
土石混合边坡	600～900	1 ∶ 0.75	6
		1 ∶ 1.0	6
	900～1200	1 ∶ 0.75	5
		1 ∶ 1.0	5
	＞1200	1 ∶ 0.75	4
		1 ∶ 1.0	4
贫瘠土质边坡	600～900	缓于 1 ∶ 1.0	4
	900～1200	缓于 1 ∶ 1.0	3

资料来源：《水土保持设计手册　生产建设项目卷》，2018

2. 材料选取

（1）锚钉　对于深层稳定边坡，锚钉的主要作用为将网固定在坡面上，长度一般为 30～60cm；对于深层不稳定边坡，其作用为固定网和加固不稳定边坡，应根据边坡稳定分析结果选型。规格为直径 12～25mm，长度 300～1000cm。

（2）网　依据边坡类型选择普通铁丝网、镀锌铁丝网或土工网。

（3）基材混合物　由种植土、绿化基质、纤维和植物种子等组成。种植土一般选择工程所在地原有的地表耕植土，经晒干、粉碎、过 8mm 筛即可，含水量不超过 20%。基材由有机质、肥料、保水剂、稳定剂、团粒剂、消毒剂、酸度调节剂等按照一定比例混合而成，一般由现场试验确定配合比，也可采用有关单位的专利产品。纤维就地取材，秸秆、树枝等粉碎成 10～15mm 长即可。种子一般选择 4～6 种冷、暖型混合植物。

（三）施工要求

1. 清坡

1）边坡坡面基本平整，坡比不大于 1 : 0.75，坡顶与自然边坡圆滑过渡。

2）坡顶采取防冲蚀措施。顺向坡坡顶应修建截排水沟，排水沟距边坡大于 1m。反向坡坡顶如无汇水空间，可修防水垄。

3）对于回填边坡，其填方土应压（夯）实，超填应削坡。

4）沟槽及冲沟处理办法。在沟槽及冲沟底部做台状处理，用降解袋装土压实后，自下至上依边坡坡率逐袋叠放，用锚杆加以固定，喷播前割破包装袋表面，以利于植物生根。

2. 挂网

1）按设计标准严格使用质量合格的金属网或土工网。坚硬岩质崖坡，一般使用金属网网丝直径为 2.5～3mm，网眼不大于 50mm×50mm，网长和幅宽根据边坡高度和宽度选定。土质和土石急险坡可使用网丝直径为 2mm 的金属网。

2）边坡顶部安全包裹范围通常不得小于 60cm，根据坡体的稳定性和安全性可适当加宽包裹坡头的距离。

3）金属网铺设上下边缘整齐一致，纵向连接时，连接上下金属网的金属丝，必须环环缠绕串联，不得遗漏一环。

4）金属网横向连接时，两网重叠宽度不小于 8cm。覆在上面的金属网边缘需要全部打结，不得遗漏。金属网连接处应平整，边缘无突起的网丝。

3. 固网

1）土质边坡和土石边坡固网锚杆规格。主锚杆长 300mm，钢筋直径为 10mm；辅锚杆长 200mm，钢筋直径为 10mm。如遇砂质土边坡，主锚杆长度为 400～600mm。锚杆密度为［（3 主锚杆＋15 辅锚杆）/$10m^2$］。

2）坚硬岩质边坡固网锚杆规格。一般要求主锚杆长 300～400mm，钢筋直径为 12～16mm；辅锚杆长 250mm，钢筋直径为 12mm。锚杆密度为［（2 主锚杆＋13 辅锚杆）/$10m^2$］。

3）锚杆前端呈切割斜面，弯头处呈“「”形或“∩”形，弯头长度不小于 30mm。使用“「”形锚杆固定金属网时，锚杆沿网孔最上缘垂直钉入边坡，弯头朝坡头方向钉入边坡。使用“∩”形锚杆固定金属网时，锚杆开口向下沿网孔最上缘垂直钉入边坡。

4）当同时固定两幅金属网时，应将两幅金属网的金属丝同时固定在锚杆的弯头内。在两幅金属网搭接处，锚杆需将两幅网的铁丝同时压住。在坡头包裹处固定金属网时，锚杆以 70°～80° 斜向钉入地面。

5）钉入坡体的锚杆要牢固且稳定。当边坡形态起伏时，在边坡起伏拐点处增设锚杆，保证网体与坡体平行。边坡锚固后的金属网要松紧适度，一般在锚杆固定的中间拉起 5～20cm 距离为适度，岩质边坡固定金属网，可借助电锤打眼，然后放入锚杆。

6）砂质土边坡固定金属网，由于其松散不易固定，可用木桩钉入坡体加以固定，木桩长度可根据边坡情况而定。

4. 喷播　根据试验确定均匀喷播技术方法。空压机带负荷作业压力保持在 6.5～7.3Pa。喷射管喷播作业角度为 75°～90°。单管喷射时，最大喷射距离不得超过 250m；双管喷播时，其中 1 支喷射管的最大喷射距离不得超过 140m。

喷播厚度。单层喷播时，土质边坡和土石边坡喷播厚度为 5～8cm，坚硬岩质边坡喷播厚度为 8～15cm；双层喷播时，底层客土喷播厚度为 5～8cm，上层基材喷播厚度为 5～8 cm。

（四）管护要求

1. 挂遮阳网和无纺布　每条喷播后立即挂网遮阳。阴坡面挂单层遮阳网，阳坡面先铺无纺布再挂遮阳网。无纺布、遮阳网应完全牢固地覆盖边坡，喷播面不可有裸露。

2. 初期浇水养护　喷播基材初凝后第一次浇水建议在 12h 内完成。最长不宜超过 24h。浇水原则：边坡上部浇水量大于边坡下部，上部浇水时间应适当加长。在无自然降水补给时，在喷播后到禾本科植物发全苗前一定确保边坡水分供给，以保证喷播面湿润，避免形成板结影响出苗。

3．摘网　　摘网时间需根据阴、阳坡及施工季节不同而不同。建议草本类植物苗高在3～5cm，豆科类植物苗高在2～4cm（生真叶前）时摘网，过早不利保墒，过晚会发生灼苗现象。

4．补救　　如喷播面出现出苗不好的情况，及时分析原因，尽早采取补救措施。

（五）同类技术

为克服客土喷播在抗冲刷性、耐候性等方面的不足，人们研发了厚层基材喷播绿化、有机纤维喷播绿化、高次团粒喷播绿化等技术。

1．厚层基材喷播绿化　　因基材质量轻，同等条件下可以在陡坡上形成更厚的植生层而得名。采用立式双罐干法喷射机、配料输送机等成套设备及其施工工艺规程。以草炭土、腐叶土、植物纤维为主材，与有机堆肥配制成植生基材，加入黏合剂等调理添加剂，依靠压缩气流输送喷覆在坡面上，借助锚固在坡面上的钢丝网包络骨架形成稳定的植生基质层。纤维状材料在钢丝网上交织形成雀巢骨架结构，黏合剂将粒状、卵状、片状有机材料稳固在坡面上，基材整体质量轻，固结厚度大。

（1）技术特点　　在基地（或现场）以草炭土、腐叶土、有机物碎屑与有机堆肥按比例混合，有机质材料比重大于60%；施工时可现场取无砾石土混配，砂粒含量应小于10%。锚杆直径随坡度增加而增加，锚杆长度随坡质硬度降低（或风化程度）而增加，较破碎的石质坡应增加锚杆密度，稳定性差的坡面应增加锚固措施。

（2）典型设计图　　厚层基材喷播典型剖面图和平面设计图见图8-4。

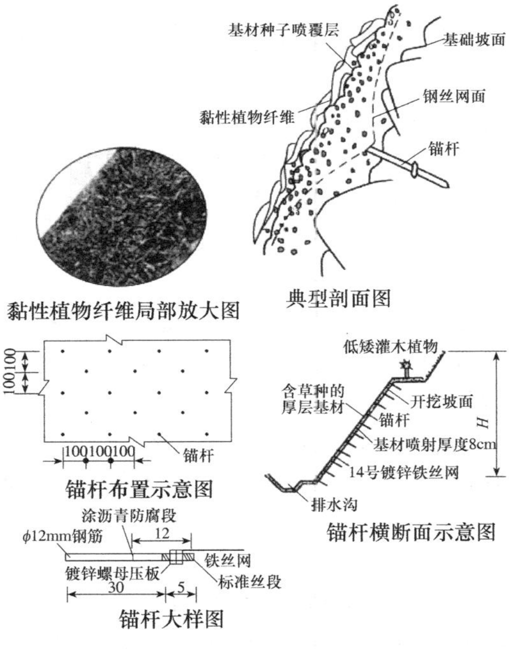

图8-4　厚层基材喷播典型剖面图和平面设计图
（《水土保持设计手册　生产建设项目卷》，2018）
单位：cm

2．有机纤维喷播绿化　　有机纤维喷播绿化因有机纤维形成的雀巢骨架结构可以稳固客土面而得名，成套技术包括植物胶、木纤维、软管泵泥浆喷播机械及其施工工艺规程。其原理是现场取自然土配制种植客土泥浆，加入木纤维、黏合剂与保水剂增稠，喷覆到坡面上。随后木纤维、保水剂吸湿与黏合剂的增稠效果持续增加，借助锚固在坡面上的钢丝网包络骨架，土壤颗粒靠胶黏剂依附在木纤维交织成的雀巢骨架上形成稳定的植生客土层。通过较大长细比的有机纤维在钢丝网上交织形成雀巢骨架结构，再依靠黏合剂将土壤颗粒充满纤维之间，从而形成稳固的坡面。

（1）技术特点　　客土喷播有机纤维以1～2cm长的粗纤维为主，应具有一定的长细比和柔韧性，长纤维、中长纤维、短纤维、卵状纤维、粉状纤维的纤维筛分值合理的比例为5：2：1：1：1。有机纤维以强度高、韧性好、降解慢的木质纤维为佳，持水能力以干重量的6～10倍及以上为宜。

（2）典型设计　有机纤维喷播典型剖面图和平面设计图见图8-5

3. 高次团粒喷播绿化　因高次团粒剂的特殊功效而得名。成套技术包括团粒剂、双罐双轮离心泵喷播机、混合流喷枪及其施工工艺规程。其原理是现场取自然土，添加有机质材料及微量元素配制种植客土泥浆，在喷射枪口与团粒剂浆液充分混合发生化学反应，喷覆过程中产生絮桥，吸附凝聚形成絮凝体、析出水分，落到坡面时形成高次团粒絮凝泥块并逐渐交联变大，借助锚固在坡面上的钢丝网包络骨架，形成稳定的植生客土层。特点是以自然土为主体的絮凝结构客土层，其土壤稳固及抗侵蚀能力源于不同特性团粒剂絮桥交联作用，有机质材料的交织强度贡献较小。

（1）技术特点　现场取无砾石的自然土，砂粒含量应小于10%；有机材料添加物以稻糠、木屑、粗纸浆、有机堆肥为主；团粒剂絮凝速度应为5～8s；湿法施工，采用双罐体复合喷枪泥浆喷播机，喷播厚度为3～10cm，在表层2cm内加入种子。

（2）典型设计图　高次团粒喷播典型剖面图和平面设计图见图8-6。

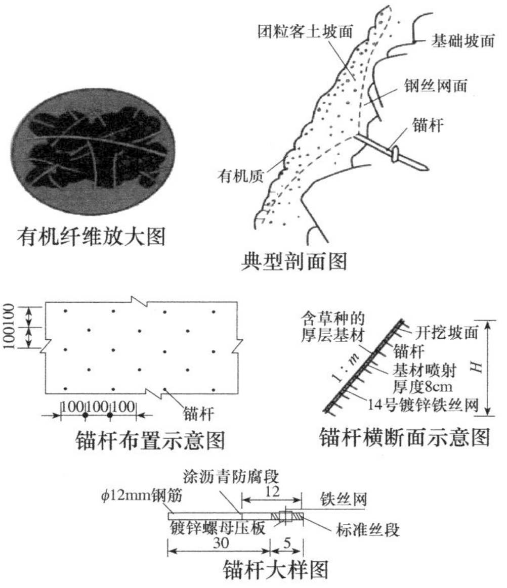

图8-5　有机纤维喷播典型剖面图和平面设计图
（《水土保持设计手册　生产建设项目卷》，2018）
单位：cm

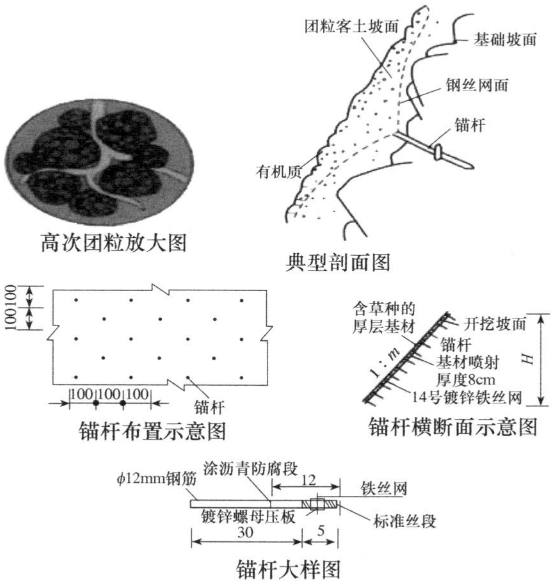

图8-6　高次团粒喷播典型剖面图和平面设计图
（《水土保持设计手册　生产建设项目卷》，2018）
单位：cm

二、植被混凝土护坡绿化

植被混凝土护坡绿化技术是指采用特定的混凝土配方、种子配方和喷锚技术，对岩石及工程边坡进行防护的一种新型生态性工程绿化技术，它运用喷混机械将土壤、水泥、有机质、性能改善材料（添加剂）、植物种子等按比例组成的混合干料加水拌合后喷射到坡面上，形成一定厚度的具有连续空隙的硬化体，在坡面上营造一个既能让植物生长发育又不被冲蚀的相对永久的多孔稳定结构，为植被恢复提供可持续自我调节的生境条件。

对一定范围内的高陡硬质边坡以及受水流冲刷较为严重的坡体生境进行保护性重建及植被恢复。

（一）适用条件

植被混凝土护坡绿化技术主要适用于各类无潜在地质隐患、坡度为45°～80°的各种硬质、高陡边坡，以及受水流冲刷较为严重的坡体的浅层防护与植被恢复重建。其中硬质边坡包括各种风化程度不一的岩石边坡、混凝土边坡、浆砌石与干砌石边坡等；各种高陡边坡除硬质边坡外，还包括土质高陡边坡、堆积体边坡等；受水流冲刷较为严重的坡体主要指受降雨侵蚀严重的坡地以及湖泊、河流和水库的消落带等。可应用于因开挖、堆砌形成坡体的植被修复，采取工程护坡措施之后的坡体的植被重建，矿山与采石场的生态恢复，裸露山体和堆积体的快速复绿，以及湖泊、河流、沟渠及水库消落带的植被建植等。

（二）技术设计

1. 技术要点

1）植被混凝土与锚杆挂网构成加筋植被基材型混凝土，在太阳暴晒及温度变化情况下基材稳定性好，不产生龟裂，与重建植被组合能有效地防御暴雨与径流冲刷，在达到边坡生态复绿的同时具备显著的边坡浅层防护作用。

2）植被混凝土技术的核心组分是混凝土绿化添加剂，它能有效地调节基材的pH，降低水化热，增加基材孔隙率，改变基材变形特性，建立土壤微生物和有机菌的繁殖环境，调节基材的活化速率，使植被混凝土具备保水、保肥及水、肥缓释的功能。

3）植被混凝土技术表征由符合自然特点及生态、景观要求的植物形态反映。重建的植被群落与周边自然环境构成连续的生物廊道，且不会使生态环境受到侵害与发生变异。

2. 技术指标

1）植被混凝土配比。通过对边坡坡体性质、坡度、高度及应用材料（水泥、砂壤土、水、腐殖质等）分析确定。

2）植被混凝土无限侧抗压强度7d的为0.15～0.3MPa，28d的为0. 4～0.45MPa。

3）植被混凝土容重要求为14～15kN/m^3，孔隙率为30%～45%。

4）植被混凝土肥力综合指数不大于3.5。

5）植物生长指标。多年生先锋植物发芽率不小于90%、覆盖率不小于95%，植物持续本土化。

3. 材料选取　一般可选择14号镀锌（对于完整岩体边坡、混凝土边坡应采用包塑）活络铁丝网，网孔大小为5cm×5cm。锚钉（杆）采用直径为12～20mm的螺纹钢。砂壤土为就近选用工程所在地原有地表土经干燥粉碎过筛而成，土壤中砂粒含量不大于5%，最大粒径小于8mm，含水量不大于20%。采用P42.5普通硅酸盐水泥。

有机质一般采用酒糟、醋渣或新鲜有机质（稻壳、秸秆、树枝）的粉碎物，其中新鲜有机质的粉碎物在基材配置前应进行发酵处理。植被混凝土绿化添加剂由保水剂、速效肥、缓释肥、微生物、水泥特性改良物质等配比组成。

综合考虑地质、地形、植被环境、气候等自然条件，以及水土保持与景观等工程要求，选择搭配冷、暖季型多年生耐受性强的混合种子（对于完整岩体边坡、混凝土边坡应选用匍匐根系发达的种子），适当配置本地可喷植草种。

4. 典型设计图　　植被混凝土生态护坡典型设计图见图 8-7，植被混凝土生态护坡锚固及挂网典型设计图见图 8-8。

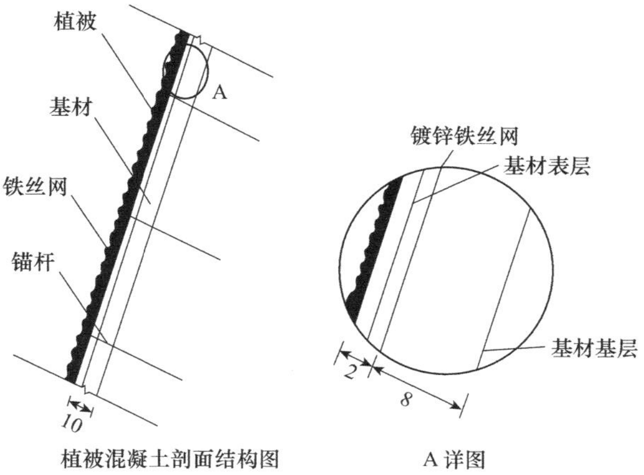

图 8-7　植被混凝土生态护坡典型设计图
（《水土保持设计手册　生产建设项目卷》，2018）
单位：cm

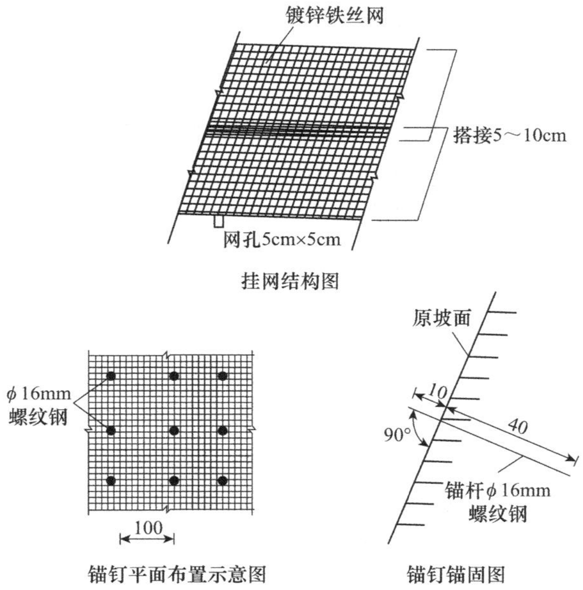

图 8-8　植被混凝土生态护坡锚固及挂网典型设计图
（《水土保持设计手册　生产建设项目卷》，2018）
单位：cm

（三）施工要求

1. 清理坡面　　清理坡面开口线以上原始边坡的接触面，清理宽度为 1.0～1.5m，铲除原始边坡上的植物枝干，无须对地下根茎进行挖除，这部分作为工程与原坡面的过渡。清除坡表面的杂草、落叶枯枝、浮土浮石以及明显不稳定或凸出的部分，对于明显凹进的地段，采用土石进行填补牢固。结合边坡排水设计，做好与排水沟边结合部位的处理。

2. 挂网　网片从植被结合部位的顶部由上至下铺设，加筋网铺设要张紧。网片上下需进行不小于10cm的搭接。网片左右需进行不小于5cm的搭接，所有网片之间及与锚钉接触处应使用18号镀锌铁丝绑扎牢固。网片与坡面保持6～7cm的距离，可在网片与坡面之间使用垫块支撑。

3. 锚固　一般锚杆直径不小于12mm，坡顶锚杆直径不小于18mm，坡面高度超过30m时，锚杆直径不小于16mm。根据坡体性质及结构确定锚杆长度，硬质岩石边坡为30～45cm，软质岩石边坡为45～60cm，土石混合边坡、瘠薄土质边坡为50～80cm。根据边坡坡度确定锚杆间距，边坡坡度小于60°时，锚杆间距为100cm×100cm，边坡坡度为60°～80°时，锚杆间距为75cm×75cm。

固定锚杆时，锚杆外露9～10cm，对坡体顶部以及部分岩石风化严重处，视情况对锚杆进行加长处理。采用钻孔植入和直接击入方式固定锚杆，锚杆与坡面夹角为75°～85°，锚杆锚固必须稳定牢靠。

4. 植被混凝土喷植施工　喷植按基层和表层分次沿坡面从上到下进行，总喷植厚度约为10cm，基层厚度为8～9cm，表层厚度为1～2cm（含混合植物种子），施工时，植被混凝土采用机械现场搅拌均匀，坍落度以喷射时不堵管、喷射到坡面时结合紧密但不流淌为准。植被混凝土拌合料输送高度在60m以下时采用12m^{3}空压机，输送高度在60～100m时可采用17m^{3}空压机，超过100m时应采用分级加压泵送。

（四）管护要求

1. 强制性养护　喷植结束后2个月内，视情况进行覆盖保墒（采用无纺布、遮阳网及其他材料进行覆盖保墒），采用人工洒水或建立喷灌系统洒水养护。对出芽不齐和没有出芽的坡面进行补植，及时更换或补种没有成活的苗木。及时防治病虫害。

2. 常规性养护　强制性养护结束后1年内，监测植物生长过程中的抗逆性能，并在极端气候（强暴雨、长时间干旱、高温、低温等）情况下，根据植物生存态势采取对应措施（补植、修剪、支护、间伐、补水、补肥、病虫防治等），以保证植物成活。

三、植生毯绿化护坡

植生毯坡面植被恢复绿化技术是利用工业化生产的防护毯结合灌草种子进行坡面防护和植被恢复的技术方式。坡面覆盖植生毯能固定坡面表层土壤，增加地面糙率，减缓径流速度，分散坡面径流，减轻雨水对坡面表土的溅蚀冲刷。该技术施工简单易行，保墒效果好，后期植被恢复效果也好，水土流失防治效果明显。

（一）适用条件

适用于土质、土石质挖填边坡。边坡坡比为1∶4～1∶1.5，坡长大于20m时需进行分级处理。尤其适用于养护管理困难的区域。工程应用中，植生毯坡面植被恢复技术既能单独作用，也常与其他技术措施结合使用，是其他坡面植被恢复技术措施的良好覆盖材料。

（二）技术设计

1. 材料与结构　植生毯是利用稻草、麦秸、椰丝等为原料，在载体层添加灌草种子、保水剂、营养土等生产而成。根据使用需要可以采用两种结构形式，一种为带种子的植生毯结构，分上网、植物纤维层、种子层、木浆纸层、下网五层；另一种为不带种子的植生毯结构，分上网、植物纤维层、下网三层。植生毯结构见图 8-9。

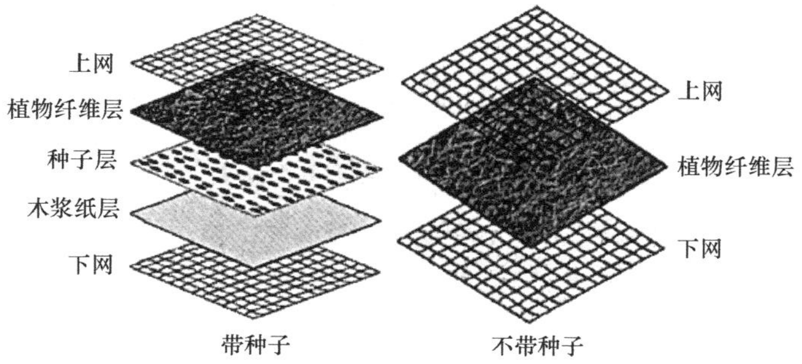

图 8-9　植生毯结构（《水土保持设计手册　生产建设项目卷》，2018）

2. 技术要点　植生毯规格可根据坡面尺寸、形状及使用目的选定。一般选用长 10m 或 50m、宽 1m 或 2.4m、厚 0.6～5cm 的规格。

对于施工地点相对集中、立地条件相仿，且能够提前设计、定量加工的项目，可以直接采用五层结构的植生毯；对于施工地点分散且立地条件差异大、运输保存条件不好的项目，可以直接播种后再覆盖三层结构的植生毯。

植生毯种子层中的或植生毯下撒播的植物种一般选用乔灌草植物种混合配方，植物种子的选配根据工程所在项目区的气候、土壤及周边植物等情况确定，优先选择抗旱、耐瘠薄的植物种。

3. 典型设计图　植生毯坡面植被恢复绿化典型设计图见图 8-10。

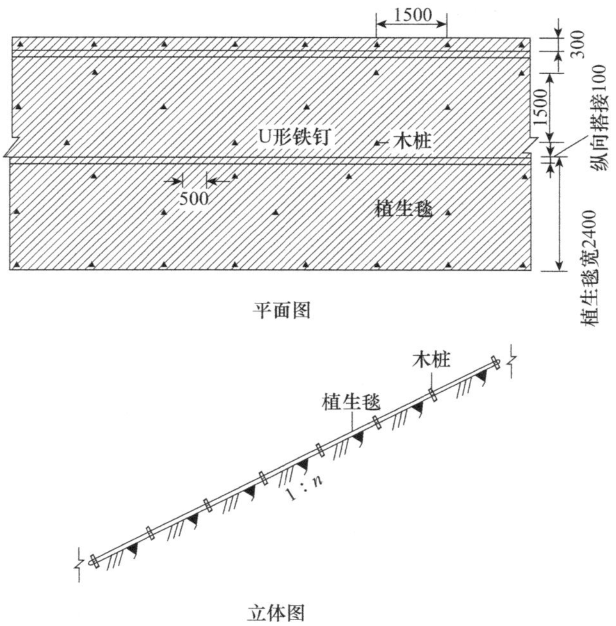

图 8-10　植生毯坡面植被恢复绿化典型设计图（《水土保持设计手册　生产建设项目卷》，2018）

单位：mm

n 为 4～1.5 之间的值

（三）施工要求

植生毯铺设前进行坡面整理、土壤改良、坡面排水等相关工作。植生毯应随用随运至现场，尤其要做好含种子的五层结构植生毯的现场保存工作。植生毯铺设应与坡面充分接触，并用U形铁钉或木桩固定。毯之间要重叠搭接，搭接宽度不小于5cm。根据坡长确定植生毯的铺设方式，坡长小于10m的坡面，自左向右或自右向左铺设；坡长大于10m的坡面，自上而下铺设，铺设时从距坡顶外10cm处开始，坡脚处预留5cm，做好埋压。

固定木桩应选用直径为2～5cm、长40～70cm的规格。固定时木桩外露10cm左右。U形铁钉或木桩在坡面呈梅花形布置，间距为1.5m×1.5m；坡顶、坡脚、两毯搭接处布置一排，间距为1m。

（四）管护要求

施工后立即喷水灌溉，保持坡面表层2～3cm的土壤湿润直至种子发芽。出苗期浇水量不宜太大，避免水资源浪费。遇大风天气时，需及时进行检查，防止大风将植生毯刮起，并注意明火防范。植被覆盖保护形成后的前2～3年，对灌草植被组成进行人工调控，以利于目标群落的形成。

四、生态袋绿化护坡

生态袋具有退水不透土的过滤功能，既能防止填充物（土壤与营养成分混合物）流失，又能实现水分在土壤中的正常交流，植物生长必需的水分可得到有效保持和及时补充。同时，植物可以通过生态袋体自由生长。三维排水联结扣使单个生态袋体联结成为一个整体的受力系统，有利于结构的稳定和抵抗破坏。生态袋及其组件具备在土壤中不降解、抗老化、抗紫外线、无毒、抗酸碱盐及微生物侵蚀的特点。在坡面或坡脚以不同方式码放生态袋，可起到拦挡防护、防止土壤侵蚀，同时恢复植被的作用。该技术对坡面质地无限制性要求，尤其适宜于坡度较大的坡面，是一种见效快且效果稳定的坡面植被恢复方式。

资源 8-2

（一）适用条件

适用于立地条件差、坡比为1∶2～1∶0.75的石质坡面，也常用于坡脚拦挡和植被恢复。对于较陡的坡面，坡长大于10m时，应进行分级处理。生态袋可直接码放进行护脚、护坡，也常结合加筋格栅、钢筋笼等加筋措施，应用到更大范围上。效果稳定，防护作用明显。

（二）技术设计

1. 技术特点　可在0°～90°建造一定高度任何坡角的边坡，与土木工程有良好的匹配性和组合性，使结构稳定和生态植被同步实现；对外界冲击力有吸能缓冲作用，从而保证边坡稳定；不产生温度应力，无须设置温度缝；植被的发达根系与坡体结合成一个同质整体，使其形成自然的、有生命力的永久生态工程；不对边坡结构产生反渗水压力；因地制宜地选择适生物种，施工简便。

2. 材料选取　生态袋是由聚丙烯或聚酯纤维为原料制成的双面熨烫针刺无纺布加工而成，具有抗紫外线、耐腐蚀、不易降解、易于植物生长等优点。附件包括工程扣、联结扣、扎口线或者扎口带，常结合格栅、铁丝网。生态袋中主要填充种植土，并按一定比例加入草种、肥料、保水剂等材料，搅拌混合均匀。也可采用表面预先植入种子的生态袋。植物配置采用灌、草结合方式，优先选用乡土树草种。

3. 典型设计图　　生态袋护坡典型设计图见图 8-11。

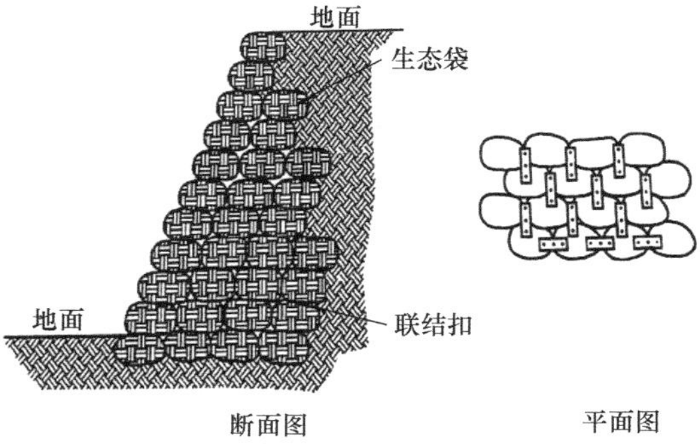

图 8-11　生态袋护坡典型设计图（《水土保持设计手册　生产建设项目卷》，2018）

（三）施工要求

对坡脚基础层进行适度清理，保证基础层码放得平稳。根据施工现场土壤状况，在生态袋内混入适量弃渣，实现综合利用。码放中要做到错茬码放，且坡度越大，上下层生态袋叠压部分越大。生态袋之间以及生态袋与坡面之间采用种植土填实，防止变形、滑塌。施工中注意生态袋的保护，尤其注意防潮保护，以保证种子的活性。

（四）管护要求

施工后立即喷水，保持坡面湿润直至种子发芽。种子基本发芽后，对未出苗部分，采用打孔、点播的方式及时补播。植被完全覆盖前，合理补水、适当施肥。植被覆盖形成后的 2～3 年，注意灌草植被的人工调控，以利于目标群落的形成。

五、桩板挡土绿化护坡

桩板挡土是用桩或板结构在反坡梯田外沿形成支护，达到调整坡降、阻缓地表径流、有效防止坡面蠕动滑移的目的。适用于小于 45° 的植被生长土质疏松的坡面。作业不需大动土方，在保持坡面植被完好的条件下，反坡筑面、挖沟设桩、水平拦挡，防止坡面沟蚀与崩塌，在不稳定的土体条件下也能够施工。其形式多由桩或板组成，根据工程的具体要求可采用多种材料（木材、石材等）搭建，然后再以此为基础，种植适宜的植物。桩板挡土绿化工程可以提高坡面稳定性，保持坡面原有植被，顾及周围景观和自然环境，做到工程防护与绿化美观相结合。

资源 8-3

（一）适用条件

适用于河湖岸边的填土坡面、公路边坡的切削坡面、隧道口边坡的仰坡坡面等对景观要求较高的建设项目边坡。适用于土质和土石结合边坡。适用于不稳定土体厚度在 2m 以下且坡度小于 45° 的坡面。

（二）技术设计

1. 技术要点　　设计中主要考虑的是其防止坡面滑动、缓解冲刷的能力。选择合适的材质和相对应的结构设计，在阻截坡面径流的同时，还能抵抗坡面的滑动力。立地条件较差的坡面，需要对植物种植部位进行土壤改良，保障植物生长所需的土壤肥力条件。在植物的选择上要尽量使用乡土植物，此外，还应考虑其美观性和经济性，避免在坡面种植载重较大的大型乔木，防止造成坡面的不稳定。

2. 材料选取　　木桩一般使用末端直径为 7～15cm 的圆木或 10cm×10cm 左右的方木。桩与板的材料根据设计需要可分为木材、石材、金属材料、工程塑料等，在保证结构强度的同时还要具有自然、美观的特点。

3. 典型设计图　　桩板挡土绿化典型设计图见图 8-12。

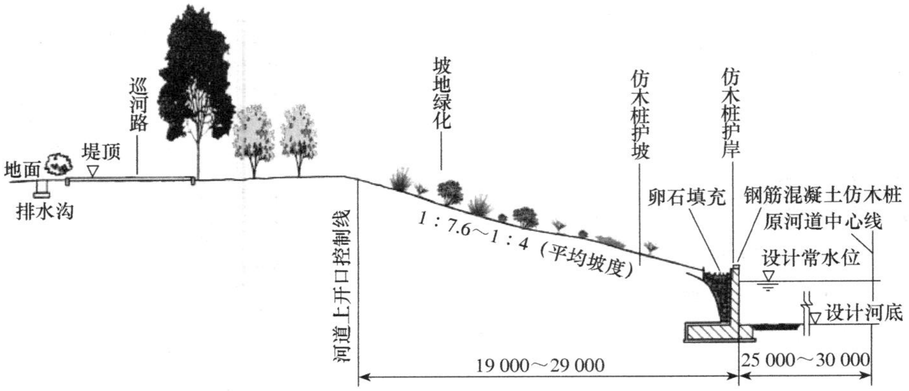

图 8-12　桩板挡土绿化典型设计图（《水土保持设计手册　生产建设项目卷》，2018）
单位：mm

（三）施工要求

木桩的间隔根据板材长度确定，一般为 80～150cm。横板高度控制在 45cm 左右。在塌陷地段采用回填砂砾石料置换方法处理，防止出现二次事故。基础面必须平整坚实，不得有突起、松动块体、虚土浮渣等缺陷。基础面完工后必须进行必要的保护。作业时要注意对施工地点植被的保护，对已破坏的要做补植修复。对出现坡面渗水的部位，提前做好截水、排水设施，稳固岸坡后再施工。

（四）管护要求

播种或栽植苗木后及时洒水养护，洒水时采用雾化水，防止冲散表层土壤，使水均匀湿润地面。养护期间应根据坡面土壤水分、植物生长状况适时适度补充水分。种子出苗或草皮成活后，对稀疏区域或无植被区及时进行补播、补植。对有景观要求的区域，应注意对杂草进行人工控制。对桩板的牢固性进行定期检查，如有松动需要加固和更换。此外，在施工完毕后还要加强对坡面滑动情况的监测。

六、浆砌石骨架植草护坡

资源 8-4

浆砌石骨架植草护坡是指采用浆砌片石或空心砖在坡面形成框架，结合铺草皮、三维植被网、土工格室、喷播植草、栽植苗木等方法形成的一种护坡技术。浆砌石骨架根据形状的不同，可以分为方形、菱形、弧形、“人”字形等。

（一）适用条件

浆砌石骨架植草护坡适用于各类土质路堤、路堑边坡及渣场边坡，强风化岩质边坡也可应用，但要求每级坡高不超过 10m，同时要求边坡深层必须稳定。

1. *应用地区*　各地区均可应用，但在干旱、半干旱地区应保证养护用水的持续供给。

2. *边坡状况*　各类土质边坡均可应用，强风化岩质边坡可应用，路堤、路堑边坡及渣场边坡均可应用。常用坡比为 1∶1.5～1∶1.0，坡比超过 1∶1.0 时慎用。每级高度不超过 10m。用于深层稳定边坡。

3. *施工季节*　一般施工应在春季和秋季进行，应尽量避免在暴雨季节施工。

（二）技术设计

1. 技术要点

1）设计应考虑工程的服务期限。设计之前，在调查、收集、分析原有地形、地质资料的基础上进行现场钻探和试验等，查明边坡工程地质和环境地质条件。

2）对边坡稳定性进行计算并作为设计的依据。边坡设计荷载应包括边坡体自重、静水压力、渗透压力、孔隙水压力、地震力等。

3）当边坡高度超过 30m 时，须设马道放坡，马道宽 1.5～3.0m。

2. 技术指标

1）边坡稳定性分析和荷载计算。

2）选择框格护坡型式及加固方案。

3）拟定框格的尺寸、确定锚杆（索）的锚固荷载。

浆砌块石断面设计以类比法为主。断面一般不小于 300mm（高）×200mm（宽），各种型式框格水平间距均应小于 3.0m，边坡坡面应平整，坡度一般小于 35°。为了保证框格的稳定性，可根据岩土体结构和强度在框格节点设置锚杆，长度一般为 3～5m，全黏结灌浆。若岩土体较为破碎和易溜滑时，可采用锚管加固，全黏结灌浆，注浆压力一般为 0.5～1.0MPa。

4）锚杆（索）的设计计算；框格内力计算及结构设计。

5）加固后边坡的稳定性验算。结构的计算方法参考 GB 50433—2008 中“斜坡防护工程”部分相关内容。

3. 材料选取　　材料为浆砌块石框格，框格常用型式有以下四种。

方形：指顺边坡倾向和沿边坡走向设置的方格状框格。对于浆砌块石框格，框格水平间距应小于 3.0m，见图 8-13A。

菱形：沿平整边坡坡面斜向设置的框格。框格间距应小于 3.0m，见图 8-13B。

“人”字形：按顺边坡倾向设置浆砌块石或混凝土条带，沿条带之间向上设置“人”字形浆砌块石拱或混凝土拱。对于浆砌块石框格，框格横向或水平间距应小于 3.0m，对于现浇钢筋混凝土框格，应小于 4.5m，见图 8-13C。

弧形：按顺边坡倾向设置浆砌块石，沿条带之间向上设置弧形浆砌块石拱。框格横向或水平间距均应小于 3.0m，见图 8-13D。

4. 典型设计图　　浆砌石骨架植草护坡典型设计图见图 8-14～图 8-16。

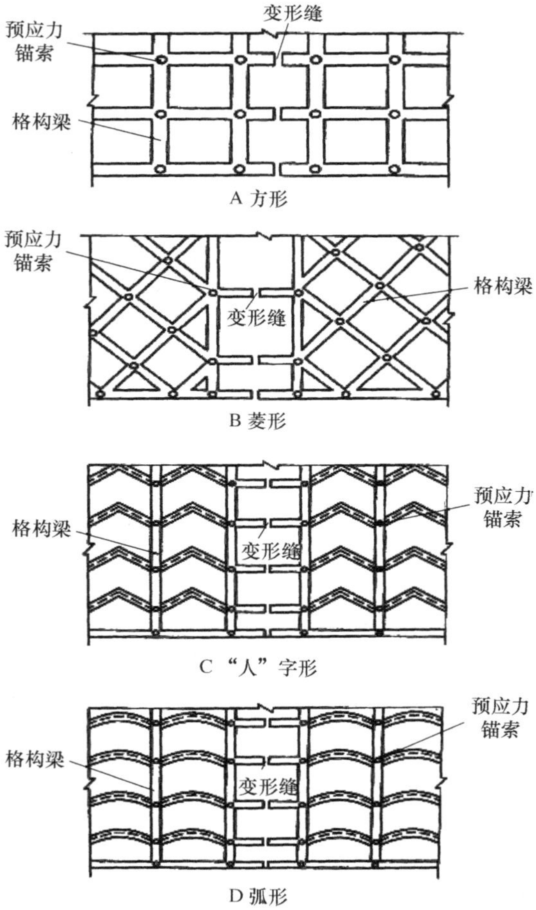

图 8-13　框格的常用型式

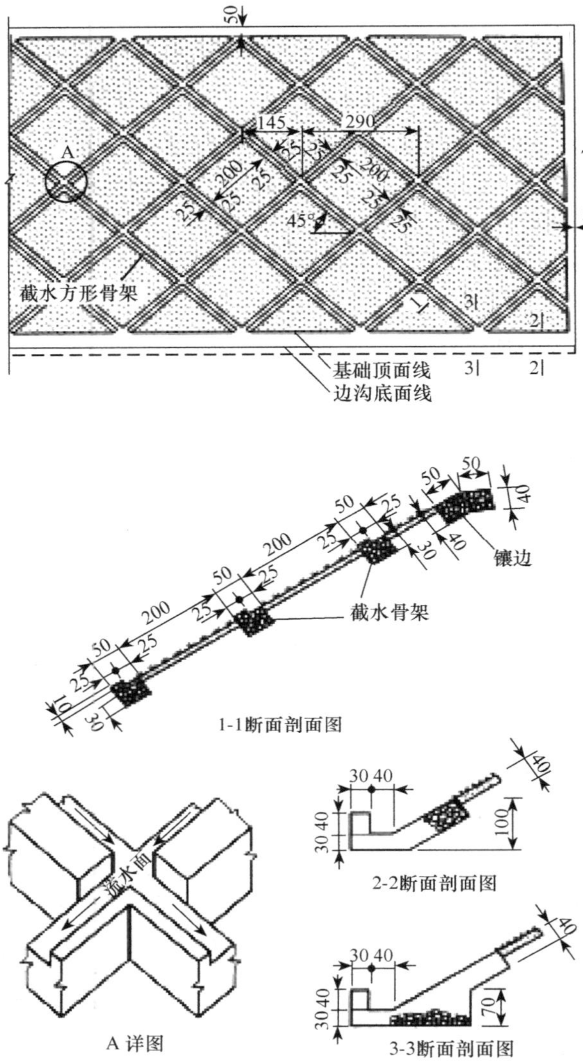

图 8-14　方形框格植草护坡典型设计图
（《水土保持设计手册　生产建设项目卷》，2018）
单位：cm

（三）施工要求

浆砌石骨架护坡施工工序包括平整坡面和浆砌片石骨架施工、回填客土、铺草皮施工。

1. *平整坡面和浆砌片石骨架施工*　按设计要求平整坡面，清除坡面危石、松土、填补坑凹等。做好每条骨架起讫点的控制放样，然后根据设计尺寸开挖骨架沟槽。在骨架底部及顶部和两侧范围内，应用水泥砂浆砌片石镶边加固。自下而上逐条砌筑骨架，骨架衔接处平顺，骨架应与边坡密贴，骨架流水面应与草皮表面平顺。

2. *回填客土*　片石骨架砌筑好后，骨架内填充客土，充填时要使用振动板压实，并与骨架和坡面密贴。靠近表面时用潮湿的黏土回填。

3. *铺草皮施工*　草皮块在坡面顺次平铺，草皮块与块之间应保留 5mm 的间

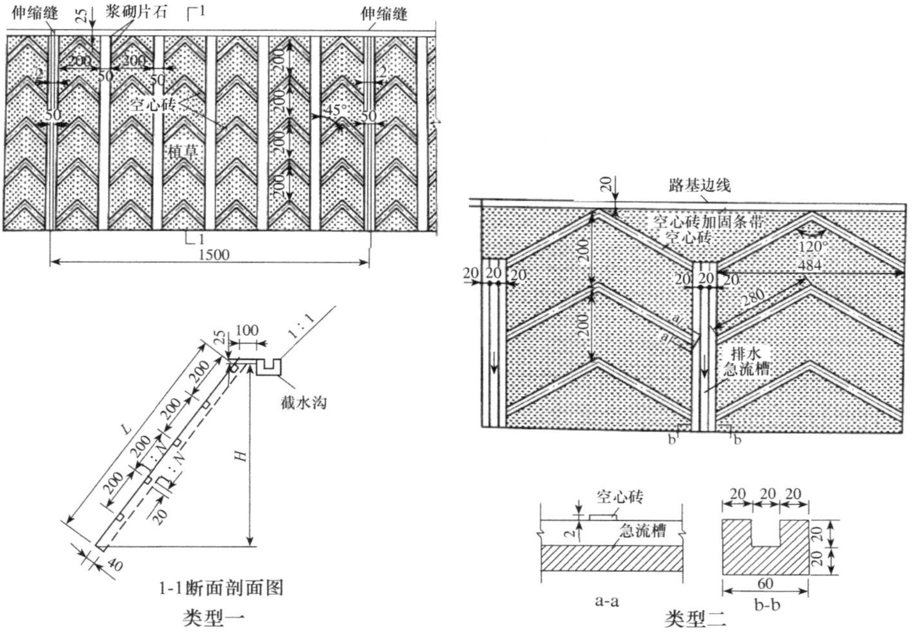

图 8-15　“人”字形框格植草护坡典型设计图（《水土保持设计手册　生产建设项目卷》，2018）

单位：cm

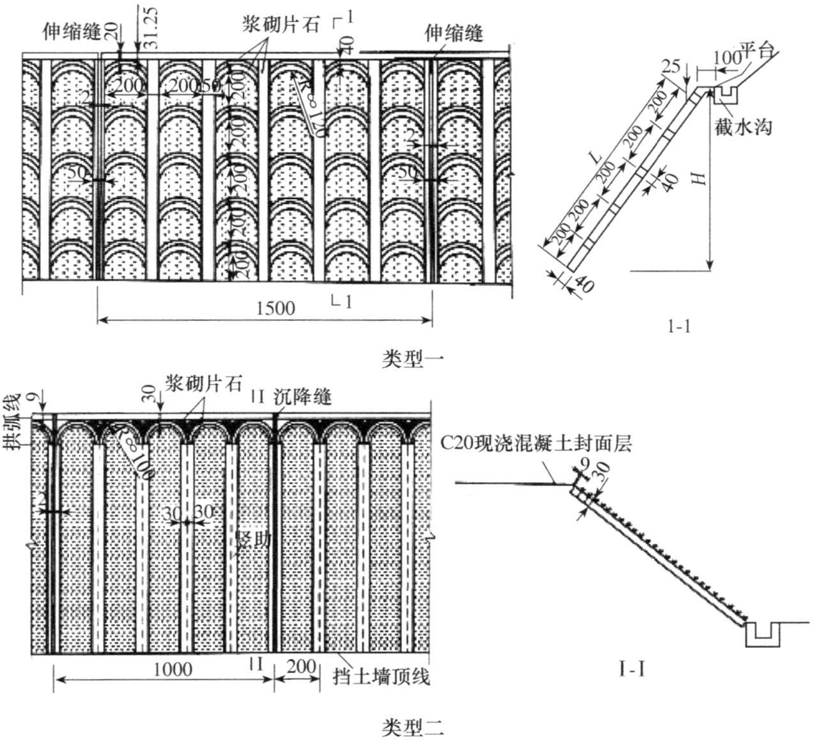

图 8-16　弧形框格植草护坡典型设计图（《水土保持设计手册　生产建设项目卷》，2018）

单位：cm

隙，以防止草皮块在运输途中失水萎缩，遇水浸泡后出现边缘膨胀的问题，块与块之间的间隙填入细土。铺好的草皮在每块草皮的四角用尖桩固定，尖桩为木质或竹质，长20～30cm，粗1～2cm，尖桩应与坡面垂直，露出草皮表面不超过2cm，铺草皮结束后用木槌将草皮全面拍一遍，使草皮与坡面密贴。在坡顶及坡边缘铺草皮时，草皮应嵌入坡面内，与坡缘衔接处平顺，以防止水流沿草皮与坡面间隙渗入，使草皮下滑。草皮应铺过坡顶肩部100cm，坡脚应做砂浆抹面处理。

为节约草皮，利用草坪分蘖和匍匐茎蔓延的特点，也可采用间铺法和条铺法。

（1）间铺法　草皮块切成正方形或长方形，铺装时按照一定的间距排列，如棋盘式、铺块式等。铺草皮时要在平整好的坡面上，按照草坪形状和厚度，在计划铺草皮的地方挖去土壤，镶入草皮，并使草皮块铺下后与周围土面相平，经一段时间后，草坪匍匐茎向四周蔓延直至完全结合，覆盖坡面。

（2）条铺法　将草皮切成6～12cm宽的长条，两根草皮条平等铺装，其间距为20～30cm，铺装时在平整好的坡面上，按草皮的宽度和厚度，在计划铺草皮的地方挖去土壤，镶入草皮，保持其与周围土面相平，经一段时间后，草皮即可覆盖坡面。

（四）管护要求

1. *前期养护*　草皮从铺装到适应坡面环境的健壮期间，每天都需要及时进行洒水，每次的洒水量以保持土壤湿润为原则，每日洒水次数视土壤湿度而定，至出苗成坪。当草苗发生病害时，应及时使用杀菌剂防治病害。为了保证草苗能茁壮成长，可根据草皮生长需要及时追肥。

2. *后期管理*　工程养护期限视坡面植被生长状况而定。养护期应根据植物生长情况和水分条件，合理补充水分。

七、矿区废弃地植被建设技术

矿区废弃地是一种极端的生境，不具备正常土壤的基本结构和肥力，从实质上来说，废弃地植被重建就是恢复其自然演替，加快自然演替过程。植被重建能否成功在很大程度上取决于植物种类的选择，在对矿区废弃地的各类条件充分调查分析的前提下，解决废弃地植物生长所必需的土壤水分、养分问题，做好抗逆植物的选育，才能达到矿区植被恢复与重建的目标。

（一）矿区废弃地的基质改良

1. *矿区废弃地的化学改良*　在矿区废弃物堆积场，由于组成物质主要是砂质岩土、灰烬等，具有分散易侵蚀的特点，改善其理化性质时，常采用化学改良剂。它们是由化工厂的废弃物形成的复杂有机矿物化合物，不仅能形成预防表层土壤冲刷、不妨碍植物根系的防护膜，还能提供足够的酸性中和剂、氧化剂和一定的营养元素，同时，能防止日灼和水分蒸发。

2. *矿区废弃地的生物改良*　生物改良是利用对极端生境条件具有耐性的固氮植物、绿肥作物、固氮微生物、菌根真菌，改善矿区废弃地的理化性质。生物固氮是化肥和有机肥的很好替代。在毒性较低的废弃地，生物固氮具有巨大的潜力。

（二）矿区废弃地的植被建设与恢复技术

1. *自然恢复*　所谓“自然恢复”就是无须人工协助，只依赖自然演替的力量来恢复已退化的生态系统。生态系统的恢复可以通过自然恢复过程来实现。这一自然恢复过程在破坏不是很剧烈的情况下可发挥作用，有时会比人们所预期的时间要长。自然演替一般需要50～100年，才能在废弃地上恢复一个满意的植被覆盖。

自然恢复林草植被具有人工林所无法匹及的生态作用与功能。植被的自然恢复与植被生活型、立地退化程度、立地特征、土壤环境与肥力，甚至微生物和动物活动都相关。自然恢复的主要途径是封育，利用自然的力量来恢复植被。

2. 人工促进自然恢复　在土壤和植被退化不是十分严重的矿区废弃地，可采用人工补种或者补栽的方式促进植被的恢复。这些地区的植被有一定的自然恢复能力，通过人工补种或者补植可以使其恢复速度加快，缩短恢复期。

3. 人工造林种草　即通过人工方法，按照自然条件和林草发育规律恢复植被。选择适应不同矿区所需要的许多树种，一些豆科、非豆科树种在改良矿区土壤方面具有重要作用。由于矿业废弃地立地环境复杂，不同矿区存在不同类型的有害物质，若从一开始就直接发展人们直接食用的农、牧、果类产品，则易受污染，风险性大，而造林种草则无风险，林草根系能吸收、转移有害物质，净化和改良土壤。

（1）树草种筛选　在植被恢复和重建过程中，植物选择十分重要。选择时应该遵循以下原则：生长快、适应性强、抗逆性好；优先选择固氮树草种；尽量选择当地优良的乡土树草种和先锋树草种；选择树草种时不仅要考虑经济价值，更重要的是要考虑其作用与功能，特别是抗污染的树草种；矿区废弃地人工植被建设要遵循生物相生相养和因地制宜的基本原则，根据废弃地的立地条件及土壤状况进行建设，先选择一些豆科类植物作为先锋植物，达到种地养地的目的；随着土壤肥力的提高，逐步增加一些耐旱、耐瘠薄、抗污染性较强的多年生草本、灌木、乔木。例如，在黄土高原选择榆树、侧柏、桧柏、刺槐、紫穗槐、沙棘、臭椿、夹竹桃、杠柳、柠条、黄刺玫、苜蓿、沙打旺、草木犀等树草种。

（2）绿化模式选择　根据不同类型矿区和废弃地的立地类型、土壤条件、土壤改造工程及经济投入、市场需求等进行技术经济综合分析评价，确定不同的复垦模式或几种模式组合。用材林模式包括工业、农业用材林、矿柱林等，以生产矿柱材为主要营林目的，要求立地条件较好，土壤肥力较高。特用经济林模式包括调料香料林、工业原料林、药材林等，要求生态环境好，土壤无污染，无铅、汞、氟等有毒物质。果园林模式包括干果林和水果林，以生产干鲜水果为目的，产品直接供人们食用，对土壤、水质及大气等条件要求更严。环境保护林模式包括水土保持林、风景林等，以保护环境、防治生态恶化为目的。组合模式是林农混种、林药混种、林草混种等多种以林为骨干的混种模式。林网模式是指在矿区，尤其是农作物区和居民区，乔、灌、草优化配置成林网，既生产木材又发挥生态环境效益。

（3）人工造林种草的方法　矿区废弃地的立地条件不同于一般的造林地，土壤干旱、瘠薄，且污染比较严重，因此，在土壤改良的基础上，应采用客土植苗造林和客土穴播种草。

此外，根据不同的边坡地质条件，可采用土工网植草、蜂巢式网格植草、喷混植生植物、植生基质喷射等生态防护技术进行矿区废弃地植被恢复。

（三）植被恢复重建后的管理维护

恢复重建后的前一两年要加强管理，保证水分供应，以后可以逐渐降低管理强度，使其自然演替。但重建的植被群落稳定性较差，逐渐停止管理后，可能会发展成两种情况。一种是植被生长良好，群落生产力逐年提高，生态结构越来越复杂，引进的先锋树种被乡土树种或适应当地环境竞争力强的树种所取代，群落沿着顺行的方向演替，并最终形成稳定的、功能强大的生态系统。另一种情况相反，表现为植被生长不良，密度降低，盖度下降，种类减少，甚至完全退化或消失。在这种情况下，应当采取有效的措施，定期监测找出退化的原因，使其朝着正常的方向发展。因此，矿业废弃物植被恢复与重建工作要精心规划设计，采取适当的工程措施，选择适宜的树种，在兼顾经济效益的前提下改善生态环境。

第四节　园林式绿化

园林式绿化工程设计，主要适用于主体工程管理范围涉及的有园林景观要求的土地，特别是植被恢复与建设工程级别界定为 1 级的区域，包括生产建设项目主体工程周边可绿化区域及工程永久办公生活区、管理场站、桥涵、道路联通匝道、道路枢纽、水利枢纽、闸（泵）站等周边或沿线；为展示工程建设风貌，面向公众的相关工程重要节点等区域。

一、总体布设基本要求

以人为本，以主体工程功能划分为基础，针对不同功能区对园林绿化的要求，以突出主体工程的建设风貌和整体景观及生态防护为主要内容，以达到优化空间结构、充分利用土地资源、绿化美化主体工程及有效发挥服务功能的目的。

二、园林式绿化设计

（一）种植设计

种植设计应根据不同条件，分别采取孤植、对植、列植、丛植、群植、带植和绿篱等多种形式。孤植、对植、列植常用树草种见表 8-9。

1. 孤植　单株树木孤植，要求发挥树木的个体美，作为园林构图中的主景，也可将数株同一树种密集种植为一个单元，能起到相同的效果。孤植树木的四周应留出最适宜的观赏视距，一般配置在大草坪及空地的中央地带，地势开阔的水边、高地、庭园中、山石旁，或用于道路与小河的弯曲转折处。

2. 对植　采用同一树种的树木，垂直于主景的几何中轴线作对称（对应）栽植。对植位置常用于大门入口处或桥头等地。

3. 列植　将乔灌木按一定的株行距成列种植，形成整齐的景观效果。多应用于道路两侧、规则式园林绿地中以及自然式绿地的局部。

表 8-9　孤植、对植、列植常用树草种

类型	常用树（草）种
大乔木	雪松、白皮松、罗汉松、油松、黑松、香樟、侧柏、棕榈、大叶女贞、广玉兰、银杏、悬铃木、龙爪槐、楸树、鹅掌楸、枫杨、栾树、黄山栾树、白蜡树、重阳木、三角枫、五角枫、元宝枫、水杉、乌桕、七叶树、馒头柳、垂柳、旱柳、青桐、巨紫荆、合欢、柿树、核桃、千头椿

续表

类型	常用树（草）种
小乔木及大灌木	枇杷、石楠、白玉兰、紫玉兰、二乔玉兰、山茱萸、山楂、木瓜、日本晚樱、垂丝海棠、西府海棠、山樱花、紫薇、紫叶李、桂花、红枫、鸡爪槭、黄栌、梅花、榆叶梅、碧桃
小灌木及观赏草类	蜡梅、八仙花、火棘、枸骨、红叶石楠、小叶女贞、大叶黄杨、海桐、木香、紫藤、凌霄、细叶芒、斑叶芒、蒲苇、荻、拂子茅

资料来源：《水土保持设计手册 生产建设项目卷》，2018

4. 丛植 将两株至十几株乔木加上若干灌木栽植在一起，以表现群体美，同时表现树丛中的植物个体美。

5. 群植 将二三十株或更多的乔木、灌木栽植于一处，组成一种封闭式群，以突出群体美。

6. 带植 设计成带状树群，要求林冠外轮廓线有高低起伏、林缘线有曲折变化。布设于园林中不同区域的分界处来划分园林空间，也可作为河流与园林道路两侧的配景。丛植、群植、带植常用树草种见表 8-10。

7. 绿篱 根据高度，绿篱可分为四类：绿墙高 1.6m 以上，高绿篱高 1.2～1.6m，中绿篱高 0.5～1.2m，低绿篱高 0.5m 以下。篱植、片植常用树种见表 8-11。

表 8-10 丛植、群植、带植常用树草种

类型	常用树（草）种
观花	稠李、巨紫荆、合欢、石楠、白玉兰、紫玉兰、二乔玉兰、山茱萸、山楂、木瓜、日本晚樱、垂丝海棠、西府海棠、山樱花、紫薇、紫叶李、桂花、黄栌、梅花、榆叶梅、丁香、花石榴、碧桃、郁李、木槿、贴梗海棠、棣棠、黄刺玫、珍珠梅、蜡梅、八仙花、金银木、红花檵木、大花醉鱼草、连翘、迎春花、火棘、小叶女贞、凤尾兰、夹竹桃、丰花月季、金钟花、藤本月季、黄素馨、蔷薇、胡枝子、锦鸡儿、金银花、牡丹、芍药、美人蕉、大花萱草、金娃娃萱草、鸢尾、玉簪、白三叶、红花酢浆草、葱兰、麦冬、二月兰、波斯菊
观叶	雪松、白皮松、油松、黑松、香樟、侧柏、棕榈、龙柏、大叶女贞、银杏、悬铃木、国槐、刺槐、楸树、鹅掌楸、枫杨、栾树、黄山栾树、白蜡树、重阳木、三角枫、五角枫、元宝枫、水杉、乌桕、丝棉木、七叶树、旱柳、垂柳、馒头柳、青桐、金丝柳、千头椿、巨紫荆、合欢、柿树、火炬树、枇杷、蚊母树、石楠、山楂、木瓜、紫叶李、桂花、红枫、鸡爪槭、黄栌、珊瑚树、红瑞木、木槿、棣棠、珍珠梅、枸骨、红叶石楠、大叶黄杨、小叶女贞、海桐、凤尾兰、八角金盘、夹竹桃、金叶女贞、金森女贞、铺地柏、阔叶十大功劳、南天竹、紫叶小檗、扶芳藤、五叶地锦、常春藤、白三叶、葱兰、麦冬、狼尾草、细叶针茅、拂子茅、斑叶芒、细叶芒、蒲苇、淡竹、刚竹、早园竹
观果	柿树、火炬树、大樱桃、山楂、木瓜、石榴、金银木、火棘
闻香	白玉兰、紫玉兰、二乔玉兰、桂花、梅花、丁香、蜡梅、小叶女贞、金银花

资料来源：《水土保持设计手册 生产建设项目卷》，2018

表 8-11 篱植、片植常用树种

类型	树种
观花	红花檵木、火棘、小叶女贞、海桐、夹竹桃、南天竹、丰花月季、珍珠梅、八仙花、大花醉鱼草、连翘、迎春花、金钟花、紫穗槐、藤本月季、黄素馨、蔷薇、扶芳藤、金银花、棣棠、珍珠梅
观叶	枸骨、红叶石楠、大叶黄杨、小叶女贞、海桐、凤尾兰、八角金盘、夹竹桃、金叶女贞、金森女贞、龙柏、铺地柏、阔叶十大功劳、南天竹、紫叶小檗、扶芳藤、五叶地锦、常春藤、红瑞木、阔叶箬竹

续表

类型	树种
观果	金银木、火棘、枸骨、阔叶十大功劳、南天竹、紫叶小檗
闻香	小叶女贞、金银花
强修剪篱	红花檵木、火棘、小叶女贞、红叶石楠、大叶黄杨、金叶女贞、金森女贞、龙柏、海桐
弱修剪篱	阔叶十大功劳、凤尾兰、夹竹桃、南天竹、红瑞木、枸骨

资料来源：《水土保持设计手册　生产建设项目卷》，2018

（二）花卉设计

1. 花坛　　图案设计要符合视觉原理。设计花坛的平面图案时，要考虑到人的视线夹角与距离的关系。如果是图案花坛，面积不宜过大，短轴不要超过 9m，游人可以看清所处一侧的一半图案，到另一侧又能看清另一半。根据花坛的作用、形式、图案等选择合适的植物。例如，低矮紧密而株丛较小的花卉，适合于表现花坛平面图案的变化，高大整齐的花卉，适合作为遮挡及背景。花坛的类型见表 8-12。

表 8-12　花坛的类型

分类依据	类别	特点
花材	盛花花坛（花丛花坛）	主要由观花草本植物组成，表现盛花时群体的色彩美或绚丽的景观。可由同种花卉不同品种或不同花色的群体组成，也可由不同花色的多种花卉的群体组成
	模纹花坛	毡花坛：是由各种观叶植物组成的精美的装饰图案，植物修剪成同一高度，表面平整，宛如华丽的地毯 浮雕花坛：依花坛纹样变化，植物高度有所不同，部分纹样凸起或凹陷。凸出的纹样模多由常绿小灌木组成，凹陷面多栽植低矮的草本植物。也可以通过修剪，使同种植物因高度不同而呈现凸凹变化，整体上具有浮雕的效果 彩结花坛：是花坛内纹样模仿绸带编成的绳结式样，图案的线条粗细一致，并以草坪、砾石或卵石为底色
	现代花坛	常见 2 种类型相结合的形式。例如，在规则式几何形植床中，中间为盛花的布置形式，边缘用模纹式，或在立体花坛中，立面为模纹式，基部为水平的盛花式等
空间位置	平面花坛	花坛表面与地面平行，主要观赏花坛的平面效果，包括沉床花坛或稍高出地面的花坛
	斜面花坛	花坛设置在斜坡或阶地上，也可以布置在建筑的台阶两旁或台阶上，花坛表面为斜面，是主要观赏面
	立体花坛	立体花坛向空间伸展，具有竖向景观，是一种超出花坛原有含义的布置形式，它以四面观为多。常包括造型花坛、标牌花坛等形式

资料来源：《水土保持设计手册　生产建设项目卷》，2018

2. 花境　　花境园林不仅增加了自然景观，还有分隔空间和组织游览路线的作用，一次种植后可多年使用，四季有景。花境的类型与风格，取决于环境特点、植物材料以及设计者个人的喜好及理解。花境的类型见表 8-13。

表 8-13　花境的类型

分类依据	类别	特点
以观花形式分类	单面观赏花境	单面观赏花境是传统的花境形式，花境常以建筑物、矮墙、树丛、绿篱等为背景，前面为低矮的边缘植物，整体上前低后高，供一面观赏

续表

分类依据	类别	特点
以观花形式分类	双面观赏花境	这种花境没有背景，多设置在草坪上或树丛间，植物种植是中间高、两侧低，供两面观赏
	对应式花境	在园路的两侧、草坪中央或建筑物周围设置相对应的两个花境，这两个花境呈左右二列式。在设计上统一考虑，作为一组景观，多采用拟对称的手法，以求有节奏和变化
以植物选材分类	宿根（球根）花卉花境	此类花境全部由可露地越冬的宿根或球根花卉组成，是花境中色彩最为亮丽的部分，也是花境营建的主体，尤其适合初夏至秋季观赏，在其他时间则显得过于空落。但其丰富的季相变化，也给设计者提供了很大的想象空间
	灌木花境	很多灌木可以作为花境中的设计元素，如低矮的种类、具有一定蔓生性的灌木，或观赏性较好的花灌木都可成为花境中的一部分。灌木花境在选择时应考虑植物的花期与花色、叶色与叶形、季相变化以及株形，因为灌木在种植后都会呈现出一个固定的形态结构，体现出一种恒定的状态
	一、二年生草花花境	一、二年生草花常多作为花坛的材料，但因其有着非常长的花期，而且色彩范围非常广，可以组合成各种观赏图案或色彩效果，所以也逐渐受到花境设计师的青睐。通过移栽处于开花期的一年生花卉，可以在很短的时间内就装点出一个灿烂的花境，遮盖裸露的花床
	混合式花境	混合式花境是目前逐渐流行的一种花境形式。它能使设计者更好地将各类植物优化组合，在景观效果上更趋丰富。通过灌木、树木形成较为恒定的景观结构，同时以色彩鲜艳的草本植物进行主题色彩的创造与细节及造型上的丰富，使花境呈变化而又持久的景观。混合式花境的种植材料仍以宿根花卉为主，配置少量的花灌木、球根花卉或一、二年生花卉
	专类花卉花境	以同一属不同种或同一种不同品种的植物为主要种植材料的花境。做专类花境所用的宿根花卉要求花期、株形、花色等有较丰富的变化，从而体现花境的特点，如百合类花境、鸢尾类花境、菊花花境等

资料来源：《水土保持设计手册　生产建设项目卷》，2018

花境设计时的基本构图单位是一组花丛。每组花丛通常由 5～10 种花卉组成，一种花卉集中栽植。平面上看是各种花卉的块状混植，立面上看是高低错落，犹如林缘野生花卉交错生长的自然景观。花丛内应由主花材形成基调，次花材作为配调，由各种花卉共同形成季相景观。理想的花境应四季有景可观，利用花期、花色及各季节所具有的代表性植物来创造季相景观。

（三）水生植物设计

水生植物包括水缘植物、湿生植物、挺水植物、漂浮植物、浮叶植物和沉水植物等。浮叶植物、沉水植物的种植数量有一定限制，但岸边的植物种植可以有较大的自由度。在一个非常规则的岸边，可用限制性栽植，可以保证有足够的水面来产生倒影，增添景观的层次感与情趣。而不规则的岸边一般有着湿地性的边缘，可以种植植物，形成一定的群植景观，有疏有密，保证人们在某些区域可以直接到达水面，构建水景生态平衡。各类水位下的适生植物见表 8-14。

资源 8-5

表 8-14 各类水位条件下的适生植物

类型	品种
50 年一遇水位以上（耐旱，极少被淹）	雪松、白皮松、油松、黑松、龙柏、侧柏、广玉兰、枇杷、银杏、国槐、元宝枫、杂交马褂木、红花刺槐、青桐、泡桐、毛白杨、榆树、构树、杜仲、巨紫荆、白玉兰、紫玉兰、二乔玉兰、合欢、山茱萸、山楂、木瓜、柿树、刚竹、箬竹、桂花、石楠、火棘、枸骨、红叶石楠、小叶黄杨、小叶女贞、大叶黄杨、日本晚樱、山樱花、榆叶梅、无花果、黄刺玫、紫薇、紫荆、白丁香、紫丁香、花石榴、垂丝海棠、西府海棠、贴梗海棠、蜡梅、梅花、木槿、黄栌、红枫、鸡爪槭、金银木、红花檵木、黄荆、溲疏、大花醉鱼草、金叶女贞、金森女贞、铺地柏、砂地柏、南天竹、紫叶小檗、丰花月季、袖珍月季、金焰绣线菊、藤本月季、蔷薇、五叶地锦、木香、胡枝子、锦鸡儿、凌霄、芍药、牡丹、虞美人、玉簪、石竹、波斯菊、白三叶、早熟禾
20～50 年一遇水位（耐湿、喜湿或岸边常用品种，有可能被淹）	罗汉松、圆柏、香樟、大叶女贞、白蜡树、三角枫、五角枫、七叶树、火炬树、桦树、麻栎、梨树、核桃、枣树、樱桃、淡竹、早园竹、珊瑚树、蚊母树、海桐、凤尾兰、夹竹桃、碧桃、珍珠梅、郁李、柽柳、红瑞木、海州常山、八仙花、阔叶十大功劳、连翘、迎春花、金钟花、紫穗槐、黄素馨、扶芳藤、常春藤、鸢尾、二月兰、狼尾草、红花酢浆草、狗牙根、马尼拉
常水位 20 年一遇水位（耐湿或耐短湿、水边常用品种，经常被淹）	枫杨、栾树、悬铃木、重阳木、水杉、乌桕、丝棉木、旱柳、垂柳、馒头柳、金丝柳、楝树、朴树、构树、柿树、棕榈、紫叶李、棣棠、金银花、紫藤、美人蕉、金娃娃萱草、大花萱草、花菖蒲、旋覆花、麦冬、葱兰、金边过路黄、紫萼、细叶芒、黑麦草、匍匐剪股颖、花叶芒、红蓼、石菖蒲
水陆交界带（水深 0～20cm，挺水植物）	黄菖蒲、西伯利亚鸢尾、菖蒲、水生美人蕉、香蒲、再力花、千屈菜、风车草、水葱、灯心草、茭白、慈姑、泽泻、芦苇、芦竹、花叶芦竹、水芹、荻
浅滩（水深 50～80cm，浮水植物）	荷花、睡莲、芡实
浅滩以下（水下沉水植物）	凤眼莲、苦草、眼子菜、菹草、黑藻、狐尾藻

资料来源：《水土保持设计手册 生产建设项目卷》，2018

（四）攀缘植物设计

攀缘植物由于茎较细软，它们自身不能直立生长，需要依附它物进行向上的攀缘。这个特性使园林绿化得以从平面向立体空间延伸，大大增加了绿化率。攀缘植物作为空间垂直绿化的主要组成部分，有草本、木本（包括落叶及常绿树种）之分，具有很高的生态学价值及观赏价值，如可用于降温、减噪、观叶、观花、观果等。而且攀缘植物没有固定的株形，具有很强的空间可塑性。可以营造不同的景观效果，现在已经被广泛地用于建筑墙面、棚架、绿廊、凉亭、篱垣、阳台、屋顶等处。

1. 攀缘植物的分类　根据不同的攀缘能力和方式，将攀缘植物分成缠绕类、卷须类、吸附类、蔓生类四大类型。

2. 攀缘植物的造景方式　建筑墙体垂直绿化、花架绿化、篱笆与围墙绿化、栏杆绿化、护坡绿化等。用于墙面绿化的攀缘植物基本上都属于吸附类攀缘植物，墙面绿化常用的有爬山虎、地锦、常春藤、扶芳藤、薜荔、凌霄、络石、藤本月季等。花架是指园林环境中的一种棚架式建筑小品，除了装饰作用以外，多用来支撑攀缘植物的藤蔓，是极富园林特色的建筑形式。花架一般多设于广场周边、出入口、山地、与亭廊结合处、休憩空间、水边、草坪一角、园路的一部分。常用的观赏性棚架攀援植物品种有很多，如紫藤、木香、凌霄、藤本蔷薇、猕猴桃、油麻藤、金银花、葡萄、三角花，以及一年生草本，如牵牛、茑萝、瓜类、扁豆等。篱笆和围墙除了有分隔作用外，还有防护作用。无论竹篱笆或金属网眼篱笆，都可选用攀缘植物来装饰美化，如藤本月季、藤本蔷薇、云实、木香、金银花、常春藤等都是常用的木本攀缘植物。围篱和围墙边种植攀缘植物时，要留 1m 宽种土带，株距为 1m 左右，加强肥水管理，当年就能使绿篱郁郁葱葱。攀缘植物也是护坡绿化的好材料，在路旁陡坡上栽植藤三七、爬山虎等覆盖表土或岩石，可起到良好的水土保持和美化作用。常春藤、络石、石血等攀缘植物，在河堤旁栽植，作为地被植物覆盖堤岸，也十分美观。

（五）草坪设计

草坪有自然式草坪、规则式草坪、单纯草坪、混合草坪、缀花草坪等类型。缀花草坪是由禾本科植物与少量低矮但开花鲜艳的草花植物组成。草坪点缀植物有秋水仙、石蒜、韭兰等。草坪植物大部分为多年生禾本科植物（少量为莎草科植物），应具有耐践踏、植株矮小、枝叶茂密、耐旱、抗病性强、水平根茎发达、花叶观赏期长等特点。我国各植被区的主要草坪草种见表 8-15。

表 8-15 我国各植被区的主要草坪草种

植被区	主要草坪草种类
寒温带区	羊茅属、早熟禾属、剪股颖属、薹草属等耐寒性强的草坪草
温带区	羊茅属、早熟禾属、剪股颖属、薹草属草坪草，个别地方使用结缕草属
温带草原区	羊茅属、早熟禾属、剪股颖属、野牛草属、落草属、薹草属草坪草，个别地方使用结缕草属、狗牙根属、黑麦草属及冰草属草坪草
温带荒漠区	羊茅属、早熟禾属、剪股颖属、落草属、冰草属、黑麦草属、獐毛属、野牛草属、薹草属、碱茅属草坪草，部分地区使用结缕草属、狗牙根属等
暖温带区	结缕草属、狗牙根属、野牛草属、薹草属等草坪草面积大，早熟禾亚科草坪草也有一定面积
亚热带区	结缕草属、狗牙根属、假俭草属、雀稗属、地毯草属、钝叶草属草坪草的面积很大。冬春季节和气候温和的地方，早熟禾亚科草坪草生长良好
热带区	结缕草属、狗牙根属、假俭草属、雀稗属、地毯草属、钝叶草属草坪草的面积很大。冬春季节早熟禾亚科草坪草生长良好
青藏高原高寒地区	早熟禾亚科耐寒性强的草坪草

资料来源：《水土保持设计手册 生产建设项目卷》，2018

三、案例——新郑市黄水河郑韩湿地文化园综合治理工程

1. 总体方案

（1）工程概况 新郑市位于河南省中部，隶属省会郑州。历史文化源远流长，历来被誉为“黄帝故里”“中华第一古都”。新郑市黄水河郑韩湿地文化园综合治理工程是一项集防洪、排涝、弘扬历史文化、改善生态环境等多种功能于一体的综合性生态治理工程。

新郑市黄水河郑韩湿地文化园综合治理工程位于中华路桥以南，裴大户寨溢流坝以北的黄水河河道区域内，河道沿河中心线全长 2560m，河道比降为 1/500。该项目总占地约为 53.9hm^2，其中水域面积约为 30.8hm^2，绿地面积约为 23.1hm^2。工程内容主要包括河道疏挖工程、边坡工程、湿地景观工程。

（2）设计理念　以湿地生态功能为核心，以改造、修复为手段，拓展现有湿地空间，发掘湿地体验、湿地观光等功能，融入区域特色文化，最终形成主题突出、功能完善、环境优美的城市景观空间。

1）开发模式：项目设计采用串珠式水系开发模式，形成多主题、多辐射、多空间的景观带。

2）季相景观：兼顾洪水期、常水期和枯水期的三大季相景观，随水位高低产生不同功能和景观变化的景观空间。

3）文化内涵：以水文化（水与人、水与城市、水与文化、水与自然的关系）、黄帝文化和郑韩文化为主体，结合其他文化元素，构成文化内涵框架，形成地方文化特色浓郁的现代化景观空间，景观设计中紧扣地方特色，融郑韩悠久的历史文脉于景观之中。

4）生物防护：减少人类活动对生物（尤其是动物）生存空间的干扰和影响，最大限度地保护生物生境。

（3）基本要求

1）体现自然河道的功能，紧扣河流自身的功能，突出湿地景观功能。

2）体现河湖的个性。避免千河一面、重复雷同的水系景观。

3）体现河道及景观的时间变化、季节变化、气象变化。

（4）设计方案　规划生态景观、生物防护两条廊道，左岸由上游至下游分别为溱水新滨、溪亭日暮、三岛聆鹤，右岸由上游至下游分别为云栖花影、泽兰洲岛、疏岛环径、藕香塘池、陌上烟柳 8 个景点。

2. 细部要素　以疏岛环径节点景观设计为例，见图 8-17 和图 8-18。

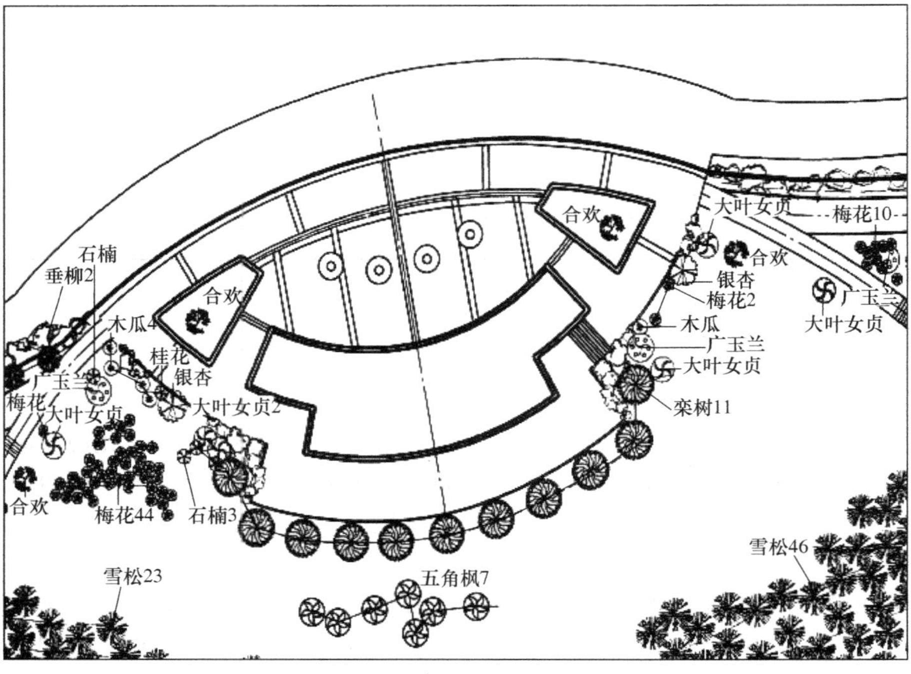

图 8-17　疏岛环径局部乔木种植设计平面图（《水土保持设计手册　生产建设项目卷》，2018）

图中数字表示株数

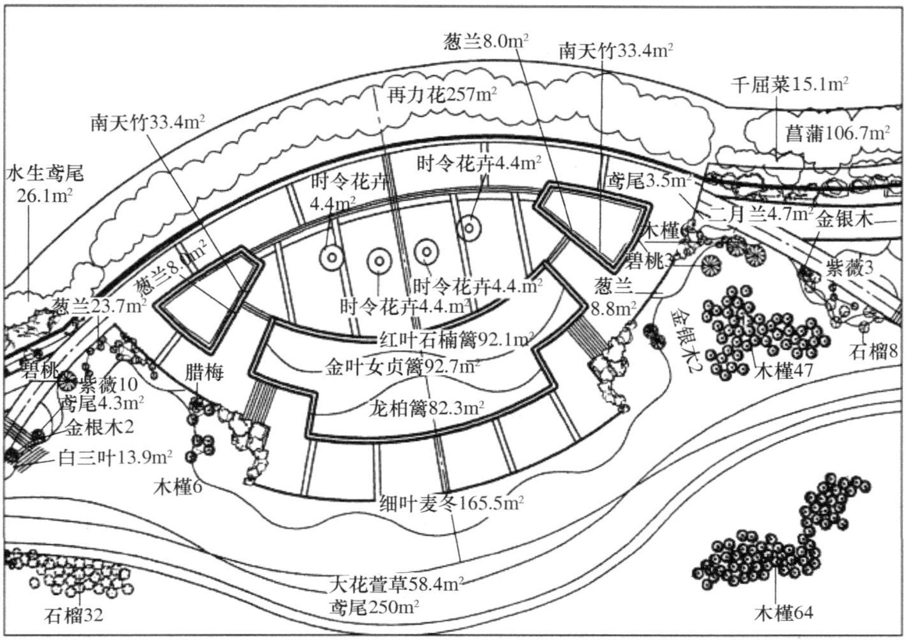

图 8-18 疏岛环径局部植物设计平面图（《水土保持设计手册 生产建设项目卷》，2018）
图中数字表示株数

本河段位于学院路至新密铁路桥段，是园区的主入口，其中广场面积约为 6200m^2，竖向高差约为 6m，绿地设计则结合原有地形因地制宜，将场地设计为三层台地形式。上层为入口广场及周边林地，高程为 106.00～108.00m，通过园路组织交通，集散人流，复合式栽植的植物群落，形成了良好的视觉背景；中层为疏林草地及坡面种植带，高程为 103.00～105.00m，中心位置通过红色景观框架与石质浮雕墙及台阶广场形成景观核心，周边大片的乔灌草花、藤本绿篱勾勒出色彩斑斓、层次丰富的种植效果，此处设置服务建筑一组，建筑面积约为 350m^2；下层设计 4 个水生植物种植池，面积约为 6000m^2，高程约为 102.00m，以生态净化、湿地体验、科普教学、生物防护为主题，景观效果着重表现自然野趣，形成生态湿地景观带组团。湿地景观工程主要包括集散广场、文化景墙雕塑柱、园路、亭廊、码头、汀步、栈桥、滨水游步道和水系周边的绿地植被。

思 考 题

1. 简述客土喷播和生态袋绿化护坡的特点及适用条件。
2. 试述矿区废弃地植被营建技术。

第九章　幼林的抚育管理

【内容提要】

抚育管理是培育水土保持林的主要工作之一。三分造林七分管，一日造林千日管，深刻地说明了幼林抚育管理的重要性。本章主要介绍幼林的检查、验收，林地土壤管理，林分管理。

抚育管理（tending and management）是人工林培育的一项重要技术环节，无论是在幼林的初期阶段还是成林阶段，抚育管理都直接关系着林分的生长，以及防护功能与效益的发挥。

第一节　幼林的检查、验收

由于森林生产周期长，林木生长的好坏和各项技术措施的效果往往需要数年或更长时间才能体现出来，因此，必须经常对林木进行调查、研究和总结，及时提出改进措施。

根据我国《造林技术规程》（GB/T 15576）规定，应设置专职或兼职的检查验收人员，负责在每一小班整地、种植、抚育、补植等各项作业结束时立即进行检查验收，核实作业面积，查清造林树种、株数、成活率和幼树生长状况，按小班填写验收卡片和造林登记簿。对不符合要求的要及时采取补救措施或返工。每年秋季，对当年造林成活率和幼苗生长情况，以及前几年造林存活和生长情况，要查清、登记，并进行总结上报。

一、施工作业检查

原则上在每项造林施工作业（如造林地清理、整地、苗木出圃、播种或植苗造林、幼林抚育和补植等）完成后，都要进行检查，其中关键的是整地及造林后的两次检查。检查要以调查设计、施工设计中的规定及其他技术规程（规范）要求为标准。

整地作业检查的主要内容是整地的规格和质量。在机械化全面整地时，主要检查翻后是否耙平耙细等。在局部整地，特别是山地带状或块状整地时，主要检查整地的长、宽、深的规格是否合乎设计要求，整地范围内土壤是否疏松，石块、树根是否拣尽，松土深度是否均匀一致等。

造林（播种或植苗）作业检查的主要内容是造林质量。在造林面积不大时，可采用逐块造林地实测检查的方法，在造林面积较大时，可采用抽样实测的调查方法，一般造林时可用地形图现场勾绘代替实测。抽查时要注意抽样的随机性，并保证抽样数量所提供的可靠性。造林质量检查应在作业完成后立即进行，主要检查播种或栽植的质量。在播种造林时，重点检查播种量、播种深度（覆土厚度）、播种位置及间距等是否符合要求，种子质量的好坏及发芽程度如何，播后覆盖情况及各项作业是否适时等。在植苗造林时则要重点检查苗木质量（规格及保护情况）好坏，栽植深度是否适宜，苗根是否舒展并踩实，栽植位置及株行距是否符合要求，栽植作业是否适时等。如果检查结果发现造林质量上存在重大问题，或造林密度与设计要求有较大出入，就要提出各种改进措施，甚至要求返工，要严把质量关。

二、幼林检查验收

新造幼林经过一个完整的生长季后，要对其进行成活率调查。造林成活率是反映造林作业质量和初步成效的重要指标之一，也是造林质量评价的重要内容。造林成活率是指以小班为单元，造林一年或一个生长季节后，造林地上成活苗木的穴数占作业设计的种植穴数的百分比。成活率调查必须遍及每一块造林地（小班），采用标准地或标准行的方法，随机或机械布点，抽查面积应不小于每个造林地块（小班）面积的 2%～5%（造林地 6.6hm^2 以下时为 5%，33hm^2 以上时为 2%）。植苗造林和播种造林，每个种植点（穴）只要有 1 株以上（含 1 株）的苗木成活，就可作为成活点（穴）计数。埋干造林若长达 1m 的间段内没有萌条，即算作 1 株死亡数。造林成活率要按各小班面积及成活率作加权平均。

经检查确定，造林成活率不足 40% 的小班，要从统计的新造幼林面积中注销，列入宜林地重新造林。成活率在 41%～84% 的小班，要求进行补植。补植应按原设计树种用大苗及时栽植，以免引起幼林的早期分化。在调查成活率时，还要对苗木死亡和种子不萌发的原因进行调查统计分析，是种苗质量不好，还是播种或栽植作业上存在问题，有没有病、虫、兽害的干扰，不利气象因素的影响有多大，有没有人为因素（放牧、践踏等）危害等。弄清这些问题，对于积累造林经验、改进今后工作，都将有很大好处。

一般幼林经过 3 年左右的抚育管理后，成活已经稳定。此时应再作调查，核实幼林保存面积及保存率，造林株数保存率是指造林小班达到成林年限后，保存的苗木株数与设计总株数的百分比；造林面积保存率是指成林面积或有效造林面积占初始造林总面积的百分比。根据调查结果评价新造幼林的生长状况，提出今后应进一步采用的抚育管理措施。

三、造林工程的竣工验收

造林工程的竣工验收标准：①工程项目按合同规定和规划设计要求全部施工完毕，达到国家规定的质量标准（平均株数保存率、面积保存率、林木生长指标、经济效益及生态效益的主要指标等）；②技术档案齐全，包括总体规划设计资料、作业设计资料、阶段检查验收资料，以及在此基础上建立的完整的造林技术档案等。除此以外，工程完成的期限也是验收时评价工程的重要因素。

在验收过程中，如发现有些方面尚存缺陷，需要采用重造、补植、林分改造等措施来补救，可视情况及形成的原因（施工技术、管理、不可预见的灾害等因素）而定，或按期验收并指出问题，限期更正；或不予验收，暂缓办理竣工手续。

第二节　林地土壤管理

土壤是林木生长发育的基质，是养分、水分供给的来源。土壤管理可以改善土壤的理化性质，提高土壤有机质含量，有利于林木生长。

一、松土除草与中耕

（一）松土除草

松土和除草是人工幼林抚育管理措施中的重要组成部分，它们常常是结合在一起进行的，但又是有区别的。在不同的情况下有不同的侧重面，某些时候即使林地无草（或很少）也要松土。

松土除草的目的是排除灌木、杂草等对水、肥、光、热的竞争，以及杂草根系对幼树根系生长的阻碍，保持土壤水分。

松土的作用在于疏松表土，切断土壤表层和底层的毛细管联系，以减少土壤水分蒸发，改善土壤的通透性，为吸收降水及土壤生物的活动创造良好的条件。同时，又可加速有机质的分解和转化，从而提高土壤的营养水平，有利于幼林的成活和生长。特别是在干旱地区或不具备灌溉条件的情况下，松土的蓄水保墒作用十分显著。在水分充足或过多的地区，松土的作用仅限于某一短期缺水情况下及改善土壤通气状况。过多的松土对幼林反而有害，因为土壤积水过多，将会导致土壤透气性减弱。

盐碱地对人工幼林成活生长的主要影响在于妨碍幼树的吸水和根部呼吸，以及返盐引起的毒害作用，因此，在盐碱地区可在造林后次年的春秋返盐季节进行松土，减少毛管水的上升，并把幼树周围的盐结皮打破，有条件时结合松土蓄积雨水和人工灌水压盐，效果更好。

根据树种的生物学特性、立地条件和杂草生长情况，松土除草应坚持“除早、除小、除了”的原则。有冻害的地区，以除草为主，可减少松土次数。松土除草应做到里浅外深，深度一般为 1cm，干旱地区应深一些，丘陵山区可结合抚育进行扩穴，增加营养面积。

人工幼林的松土除草自造林开始至幼林郁闭需要 3～7 年。每年松土除草的次数和进行的时间，要根据当地具体条件等综合考虑确定，生物和经济效果要兼顾，1～3 年为 2～3 次，4～5 年为 1～2 次。

松土除草季节应根据幼树生长规律、水分动态、杂草生长习性而定。一般在幼草刚开始生长、返浆前顶凌进行。松土除草的深度应根据树种和土壤条件而定，一般土壤深度以 5～20cm 为宜，以不伤害幼树根系，并为幼树生产创造良好条件为原则。掌握里浅外深；树小浅松，树大深松；砂土浅松，黏土深松；湿土浅松，干土深松等要点。

目前，我国松土除草一般靠手工操作，由于林地面积大，花费劳动多，因此其是一项艰巨的工作，要提倡化学除草。

林地化学除草是一项效益显著且成熟的除草新技术，化学除草具有人工或机械除草无可比拟的优越性。化学除草不仅除草及时、效果好、成本低、持效期长，还减轻了劳动强度、提高了工效；增加土壤肥力和土壤湿度，改变草种和草量，减少林木病虫害的寄生，降低幼林管护难度；促进林木丰产。因此，采取林地化学除草代替人工抚育就显得十分迫切。

同时，由于化学除草不用破土，避免了人工松土除草扩穴式抚育因破坏土壤结构而造成的水土流失和地力下降的后果。化学除草大多采用传导型的草甘膦类国家允许的低毒药剂，入土与铁、铝离子结合钝化，能被土壤微生物分解为二氧化碳、磷酸盐和水等天然物质，无残效，对环境比较安全。目前国内生产的扑灭津、扑草净、阿特拉津、西玛律等化学或生物除草剂，在幼林中消灭杂草的效果比较显著。因此除草剂的推广和使用也是值得重视和研究的课题。

（二）中耕

中耕即深翻耕。是指对人工林地进行翻垦的一种林地管理措施。随着林木的生长以及某些人为因素（林下放牧）的作用，林地表面逐渐板结，土壤紧实度明显增大。其结果造成土壤渗透力减弱，林地蓄水能力越来越低，林地生长衰退。通过中耕可以使林地土壤的上述功能明显提高，土壤通透性得到改善。中耕通过压青和对地表枯落物的翻垦埋压，可增加土壤有机质。中耕可以使林地浅层土壤温度升高，地温升高有利于土壤中有机质、各种微生物发生生物化学作用，增加土壤肥力，促进林木生长。

中耕可以使雨水及时入渗，减少地表径流，控制水土流失。试验表明，在2°～3°的坡耕地上深翻耕，使地表径流比对照区减少12.3%～25%，流失土壤比对照区减少5.35%～40.3%。由于深翻耕土壤在夏秋储蓄较多雨水，翌春仍保持土壤表层湿润，可有效地避免刮风引起的土壤流失。中耕多用于集约经营林（如经济林、速生用材林）的林地管理，以提高林分的经济收益。此外，由于翻垦地表可能造成水土流失的发生，因此多适用于地势较为平缓的立地，在比较陡峭的坡面一般较少利用。

中耕一般采用机械、人力、爆破等方法进行。深度一般为20～30cm。

二、林地养分调节

林地施肥是林地土壤养分管理的主要内容。无论是人工林还是天然林，都是一个开放系统，要维持这个系统从年轻到成熟阶段始终保持持续稳定的生长，就必须维持林地养分供应能力与这种持续稳定快速生长的需要处于相适应的阶段。一般情况下，土壤所能提供营养元素的能力是有限的，因而就出现了林木的养分胁迫，甚至由于严重的养分胁迫，树木陷入养分饥饿的状态。长时间的养分胁迫将导致林木生长出现明显的衰退。此外，养分匮缺导致林木个体间对养分的激烈竞争。对于人工林来说，竞争将可能导致林分整体生长的衰退。

消除养分供应矛盾的途径：①通过修枝、间伐等措施抑制林分的生产力，从而降低林分对养分的需求量；②通过对林地土壤中输入养分，以提高林地养分的供应能力，从而保持林分持续稳定地快速生长。林地施肥是向人工林人为输入能量（养分）以保持其正常生长的主要方式。人工林在生长发育过程需要吸收大量养分，而土壤养分不足会成为林木生长的限制性因子，这在贫瘠的沙地及粗骨土上表现得十分突出，不少地方出现的“小老树”问题，除干旱、土壤结构不良等原因外，土壤贫瘠也是主要的原因之一。

施肥是在林地里增施有机或无机肥料，以改善土壤养分，缩短林分郁闭成林年限，尽快发挥其防护效益，同时也促进了林木的结实。施肥是增加土壤养分和改良、培肥土壤的基本措施。

（一）林地施肥的理论基础

林地施肥是一项重要的营林措施，合理施肥的目的是保证在逐年提高木材产量的同时，不断提高土壤的肥力，达到用养结合，满足社会对林木物质产品的需求，并维护其良好的生态功能。养分供给是林木生长发育的物质基础，树体营养元素浓度与林木生长量、产量有密切的关系，它是林木施肥与营养诊断的理论基础。李比希的养分归还学说指出：要保持土壤肥沃，就必须把植物摄取的各种矿质养分以施肥的手段补充给土壤，以使土壤在物质循环中收支平衡。李比希提出了“最小养分律”，即决定作物产量的是土壤中相对含量最低的植物有效养分含量，因此，生产上要找出这个最小养分，协调各营养元素之间的比例关系，实行氮、磷、钾和微量元素肥料的配合施用，以发挥各养分之间的互相促进作用。

（二）肥料种类和施肥方式

不同种类的肥料对于林木生长都有明显的促进作用，施肥总量对产量的影响尤为明显。与施肥关系密切的因子有养分含量、溶解度、酸碱度、稳定性、在土壤中的移动性、肥效快慢、后效大小及有无副作用等，在施肥时应综合考虑。

有机肥料，养分全、肥效迟、后效长，有改土作用，多用作基肥。因其含有大量的有机质，改良土壤效果好，肥效可保持2～3年。有机肥施入黏土中可改良土壤的通气性；施入砂土中可增加土壤有机质，土壤中有机质的增加有利于土壤微生物的活动；有机肥分解过程中产生的有机酸能分解无机磷；有机肥分解过程中形成的腐殖质，既能吸收保存有效养分而免于淋失，又可形成团粒结构，改善土壤物理性质，加速迟效养分的有效化。因此，施用有机肥料是提高土壤供肥能力的基本措施。

无机肥料，养分浓度大、成分单一、肥效快而短，便于调节林木不同阶段的养分要求，多用作追肥。铵态氮肥，如碳铵化学性质不稳定、挥发性强，应特别强调深施盖土，减少养分损失。硝态氮肥在土壤中移动性大，施后不可大水漫灌，也不宜作基肥施用。而磷肥的移动性小，用作基肥时应注意施用深度，施在根系密集土层中。目前在肥料品种上多用化肥，为适应大面积的山地森林作业，已逐渐向缓效复合肥和高浓度肥发展。例如，日本的IBDU（异丁叉二脲）压缩块肥和粒肥，是一种尿素的缩合物，为缓效氮肥，有效期为3～5年。巴西在造林时施用磷矿粉作为基肥，造林后再施氮磷钾复合肥，取得了良好的效果。国内近年来研制的氮磷钾复合肥，有效期为1年。CO_2肥在20世纪70年代开始被使用，可以通过在土壤中增施有机肥，提高土壤腐殖质含量，改善土壤理化性质，促进根系的呼吸作用和微生物的分解，从而增加CO_2的释放量。现在多利用化学方法产生CO_2，常用方法有盐酸-石灰石法、硝酸-石灰石法、硫酸-碳铵法，其中硫酸-碳铵法取材容易，成本低，使用较广。

微生物肥料是含有大量活性微生物的一类生物性肥料。微生物肥本身并不含植物生长所需的营养元素，是以微生物生命活动来改善植物的营养条件，发挥土壤潜在的肥力，刺激植物生长，抵抗病菌的危害，从而提高植物生长量。微生物肥料按其作用机理可分为固氮菌、根瘤菌、磷化菌和钾细菌等各种细菌肥料和菌根真菌肥料。按微生物种类可分细菌肥料、真菌肥料、放线菌肥料、固氮蓝藻肥料等。此外，新兴的EM（effective microorganisms）菌肥是一种新型复合微生物制剂，是利用土壤中对林木有益的微生物，经过培养而制成的菌剂肥的总称。施用EM菌肥可以使贫瘠的土壤变得疏松、肥沃，并可提高肥料的利用率，近年来应用领域十分广阔。此外，微生物肥中的稀土元素可以促进林木光合作用和根系对矿质元素的吸收，还能促进树木开花结实，影响果实有机酸、脂肪、糖、维生素C等的含量，能够提高经济林的产量和品质，因而稀土元素也应用于林地施肥。

在干旱、半干旱地区，由于土壤较为干燥，施肥特别是施用无机肥应该慎重。在遇短期降水条件下，以叶面施肥效果较佳，因为土内施肥效果较慢，而短期降水形成的土壤湿润状态维持的时间较短，土内施肥易因土壤的迅速转干，难以为树木所吸收而积存于土壤或缓慢升华散失。此外，无论是哪类地区，如有条件做到施肥的少量多次，则可收到更好的效果。

林木施肥方法主要有基肥和追肥，追肥又分为撒施、条施、沟施、穴施、灌溉施肥和根外追肥等。目前国内在这方面的研究很少。在江西花岗岩发育黄红壤上进行的杉木幼林施肥结果表明，用磷肥作基肥一次性施入，肥效优于造林后 1 年一次性追肥或分次追肥的效果。对杉木中龄林以氮、磷、钾肥沟施效果好于撒施。杉木近熟林氮肥沟施好于撒施，磷、钾肥撒施好于沟施。撒施省时省工，可操作性强，可以在林分生长后期大面积推广。施肥时应将肥料施于树冠中外围下方的土壤中，有利于须根的吸收。

（三）施肥时间与施肥效应

1. *施肥时间*　施肥时间一般根据林木的生长节律确定，有效的施肥季节为林木生长旺盛期，即春季和初夏，此时施肥有利于根系吸收养分。一般情况下，在林分郁闭前进行施肥对林木生长的促进效果好于林分郁闭后施肥。而根据林木生长发育阶段性的施肥时期区分，施肥期可分为幼苗期施肥、幼林施肥、中龄林施肥和近熟林施肥等。林木在各生长发育阶段中，对养分的需求强度不尽相同。从植物营养的角度来看，在贫瘠立地上的林木生长发育的各个阶段，即整个轮伐期，都需要进行施肥，以最大限度地提高木材的单位面积产量。陈竣等认为在肥料的分配上应采取“少—多—适量”的模式，即幼林期以基肥为主少施，速生干材期多施，近熟期适量施肥。

2. *施肥效应及其影响因素*　施肥对提高林木生长量、促进幼林提前郁闭有明显效果。日本在幼林地施肥，加速了林木生长，并提前郁闭。瑞典在天然林采伐前 5～10 年对林地施肥，缩短了轮伐期。我国对马尾松林混施磷钾或磷氮肥，其胸径、树高和蓄积生长量分别提高了 2%、11% 和 21%。关于杉木幼林施肥，李贻铨等认为磷、钾肥能提高幼林生长。叶仲节的研究表明，施磷肥初期有效，幼林施氮肥无效，施钾肥还会出现负效应。林木施肥的意义在于发掘土地、气候、良种的生产潜力，维持土壤养分平衡，提高林地生产力。林木施肥效应与立地条件、气候条件、林分年龄及土壤水分条件等因素密切相关。

（1）立地条件　土壤的养分状况、土壤供肥性和土壤理化性质等直接影响肥料的合理施用。一般认为土壤有效氮＜50mg/kg、速效磷＜5mg/kg、速效钾＜66mg/kg 时，供给水平较低，施肥后增产效果明显，有效养分含量越高，施肥效果越差。此外，氮、磷、钾和微量元素应适量配合施用。土壤酸碱反应影响植物对养分的吸收。许多试验指出，在酸性反应土壤中，林木吸收的阴离子多于阳离子；在碱性反应土壤中，林木吸收的阳离子多于阴离子。土壤通气条件影响植物根系的呼吸作用而调控能量的供应，进而影响其对养分的吸收。增加土壤通气性，就是促进有氧呼吸，产生较多能量，有利于对水分、养分的吸收。黄红壤杉木幼林 5 年施肥的试验结果表明，磷肥在中下等立地有效，钾肥在中上等立地有效，氮肥不明显。合理施肥使杉木幼林胸径及树高增长 10%～15%，促进幼林提早郁闭。对 I-69 杨人工林的不同土壤条件下的连续 5 年施肥效果进行比较，长江中游平原肥沃的冲积性灰潮土，氮、磷、钾肥效均不明显；而黄淮平原贫瘠砂姜黑土缺磷少氮，有机质含量不高，连续施氮与有机质肥 5 年可增加材积 77%，钾肥效应不明显，磷肥无正效应。

（2）气候条件　气候条件会影响土壤养分状况的变化和作物吸收养分的能力，从而影响施肥效果。高温多雨的地区或季节，有机肥料分解快，可施半腐熟的有机肥料。化肥每次施用量不宜过大，施肥不宜过早，以免养分淋失。低温干旱的地区或季节，应施腐熟程度高的有机肥料和速效性的化肥，且宜早施。为提高林木的抗寒能力，使其安全越冬，宜增施磷、钾肥料。因此，在光照充足的年份和地区要适当多施一些肥料，以发挥更大的增产作用。

（3）林分年龄　林分年龄和径阶与肥效也有一定关系。对于同样的材积增长反应而言，越是临近伐期，其肥效价值越大。美国黄杉人工林施肥，直径 20cm 林木的收益与成本的比值为 1.03，而 51cm 林木的则为 3.30。我国不同林龄杉木林施肥效益也有明显差异，速生阶段的杉木中龄林，施氮肥和氮＋磷肥有效，可使 7 年生杉木林材积增加 8%～37%，收益与成本的比值为 6.40，而 16 年生杉木林施肥后相应值分别为 0.08%～0.16% 和 2.75。

（4）土壤水分条件　土壤水分条件是影响养分向林木根表流动的主要因子，其对养分（肥料）的吸收、淋溶和损失的作用非常明显。“以肥济水，水助肥威”形象地说明了二者的关系。阮建云利用盆栽试验研究了土壤水分和施肥对幼龄茶树生长的影响，在田间试验的 3 年中，1992 年和 1993 年夏季水分条件较为正常，施钾后夏茶增产率基本一致，分别为 115.3% 和 114.1%；而 1994 年严重干旱，降水量明显低于蒸发量，施钾后夏茶增产率显著提高，达到 129.8%，这表明在干旱胁迫下茶树需要更多的钾。一般来说，土壤供水条件在一定范围内，氮素的利用率与供水量成正比。渭北黄土高原的刺槐林施肥试验结果表明，干旱年份施氮肥后，其生长量可增加 10%～19.8%。近年来，一些林业工作者致力于研究土壤水分条件与施肥效率的平衡关系，发现水分含量超过一定限度后肥效反而下降，既造成浪费又达不到增产的目的。有人认为水分和施肥量之间存在一个合理的耦合区，在这个范围内，才能最大限度地发挥肥效和水效。中国科学院南京土壤研究所周凌云认为供水量在 180～360mm 时，氮肥的损失与施肥量成正比，施肥量与利用率成反比。适当的水势才是充分发挥氮肥效率的关键。

（四）林农间作

林农间作既能以短养长，又能促进林木迅速生长，在实施新一轮退耕还林时，鼓励退耕农户间种绿肥及其他矮秆作物，以充分利用地力，增加退耕农户收入。林农间作应以林为主，选择适宜的间作或套作品种，保证幼树有足够的地上地下营养空间和生长空间，做到以间促林。可先在贫瘠的无林地上栽植绿肥植物或对土壤有改良作用的树种，使土壤得到改良后再造林；也可在造林的同时种植绿肥，与造林树种混生或间作；在主要树种或喜光树种林冠下混植固氮植物或小乔木，以培肥地力。对三倍体毛白杨速生纸浆林进行紫苜蓿间作试验，结果显示，2～5 年生林分土壤有机质、全氮和碱解氮含量较对照分别提高 39%、44% 和 83%。

间作品种在生物学特性和生态学习性上与造林树种要存在互补关系，如果是深根性造林树种，要选择浅根性的间套作品种；土壤肥力差的造林地最好选择具有固氮作用的品种，或种植绿肥的同时定期埋青以增加土壤养分；间套作作物与造林树种没有共生病虫害，不存在病虫害的转主寄主关系。总之，间套种的目的是最大限度地利用造林地的地上地下空间和自然力，使单位面积获得最大的产出，收获更大的生态效益和最多的经济产品。在土壤管理和保护中，要注意不能造成新的水土流失，不能造成林地生产力衰退。

以林为主的方式，在造林后3～5年，通过间种农作物或牧草，以耕代抚，促进林木生长。林分郁闭后，停止间作。作物间作不影响林木正常生长。

实行林农间作，使土地不断熟化，以耕代抚，这是一种幼林抚育的有效措施，可充分利用光能和地力，有利于保持水土，防止杂草竞争，减少病虫害，既可增加农作物收入，又能促进林木生长。农作物收获时，把秸秆留于林地耕入土中，以增加林地有机肥料，提高土壤肥力。

（五）林内凋落物和抚育剩余物管理

林内的凋落物层是林木与土壤之间营养元素的交换媒介，是林木获取营养的重要源泉。林内凋落物对林木的作用有：凋落物分解后可增加土壤营养物质的含量；保持土壤水分，减少水土流失；使土壤疏松并呈团粒结构；缓和土壤温度的变化；在空旷处和疏林地防止杂草滋生；可以较好地提高土壤肥力，促进林木生长，维持森林生态系统平衡。林内的凋落物储存量随林分的不同而不同。针叶林的凋落物现存量普遍高于阔叶林，但是针叶林凋落物所含养分低于阔叶林内的凋落物。阔叶林内凋落物对改善土壤营养状况具有重要作用，应保护好林内的凋落物。在营林中，可以通过营造针阔混交林或林下发展灌木层来提高林内的凋落物，禁止焚烧或耙取林内凋落物。此外，如果凋落物分解较慢，可采取增加氮源（铵态氮、硝态氮），降低碳氮比，加速凋落物分解和释放养分。

抚育剩余物主要包括除草（灌）剩余物、间伐和修枝剩余物等，其中保留了相当的营养元素，也是林木获取营养的重要来源。对抚育剩余物进行合理管理可以有效保存林地养分，减少土壤水分散失和水土流失，抑制杂草生长，增加土壤微生物的数量和活性，改善林地土壤状况。但是，如果对抚育剩余物处理不当，如移出林地或火烧，则会造成林地土壤养分大量流失。目前对林木抚育剩余物较好的管理方式有平铺、垄状归堆、粉碎还林和就地腐熟还林等。

三、林地水分调节

林地水分调节是林分管理的一项重要技术措施，特别是在干旱、半干旱地区，林地水分管理是关系到林分稳定性的关键技术措施。

（一）林地水分特点

在干旱、半干旱地区，人工林地的水分长时期地持续亏缺已经成为一个比较普遍的问题，土壤干化对林分的影响最初表现为林分生长的衰退，严重时造成林分的衰败以致大面积死亡。近年来的大量研究表明，在干旱缺水地区，初植密度过大时，如果不能适当控制林分的生产力，或者是随着林分年龄的增长，林木个体对水分的消耗越来越大，此时若不适当调节林分密度，林分的过量蒸腾超过了林地的水分承载能力，长此以往便在地表2m以下形成一个难以为当年降水所补偿的干燥层。长时间、持续的土壤水分亏缺便是干旱、半干旱地区林分生长衰退的一个主要原因。

林分郁闭之后，林分对水分的需要量急剧增高，在干旱、半干旱地区，多数林分的水分消耗都超过了天然降水的补偿能力，造成林地土壤干化。林地土壤干化主要是由林分过度蒸腾引起的，所以，此时的林地水分管理措施主要是通过修枝和疏伐，减小林分的蒸腾耗水。从理论上讲，如果能较长时间地保持林分蒸腾耗水小于天然降水的补偿能力，则能从水分主导因子上为林分持续稳定生长提供保障。

没有做到适地适树固然是形成小老树林分的一个原因，但即使在适地适树的前提下，如果不能及时调节林分密度，控制林分生产力，同样可以形成小老树林分。而在前期生长迅速、后期生长逐渐减缓以至停滞的衰退林分中，密度过大可能是最常见、最主要的一个原因。

土壤的渗透性是森林植被多种有益的水文生态功能的基础，它可以通过渗透把降水转换为土壤水，从而减少坡面的产流产沙。土壤的渗透性主要取决于非毛管孔隙的质与量，它是土壤动态蓄水的有效空间。由于土壤入渗水量在降雨中占的比例最大，即使出现超渗产流，水分仍能通过土壤表层进入土壤，因此，准确地反映土壤的入渗性能，对分析产流、汇流以及土壤水分补给，具有重要意义。

土壤对降雨的入渗是水分通过大气-土壤界面进入土壤的过程，这个过程可以分为两个阶段，即初渗阶段和稳渗阶段。制约土壤入渗方式的因素较多，除土壤机械组成、团粒结构、土壤含水量等与土壤性质有关的因子外，森林植被以其特有的庞大根系对土壤入渗性能产生影响。土壤入渗性能主要取决于当量孔径超过 0.1mm 的非毛管孔隙，因为这种大孔隙中的水分可以在重力作用下排出，所以土壤结构，特别是大孔隙的数量对于土壤入渗性能的作用巨大。

林木根系在生长过程中，根系与土壤之间形成间隙，这种间隙随着根系的发展和增粗在土壤中逐步扩展。当根系死亡腐烂后，在土壤中留下粗大孔隙，其分布状况与树种根系特征有关。只要森林不被破坏，其透水作用可维持多年。

森林植被的枯枝落叶层分解后，将增加土壤有机质含量，并有利于土壤中的小动物生活。这些小动物在土壤中生活不仅可增加土壤粗大孔隙的数量，其分解后还可增加土壤腐殖质，促进土壤团聚体的形成，有利于土壤的透水性能和保水性能的提高。

此外，森林植被还可间接影响土壤入渗率的提高。主要表现在林冠和枯枝落叶层对降雨的截留，减少到达地面的降雨量，降低林内降雨强度，滞缓径流速度，阻延径流流动时间，从而有利于提高入渗率。

（二）灌溉

灌溉是通过人为地调节造林地的土壤水分状况，提高造林成活率和促进幼林生长的有效措施。但在多雨季节或湖区低洼地造林时，往往造成林地积水，必须采用高垄、高台等整地方法，并修好排水沟及时排除渍水，以增加土壤通气性，有利于林木生长。我国南方虽然降水量大，但分布不均，久旱无雨时，也应进行灌溉。灌水后应尽可能地进行松土，以减少土壤水分蒸发，提高灌水效益。不同的树木对水分的要求不同，树木在不同生长阶段对水分的要求也有差异。林木灌水量要根据立地环境条件以及树种、林龄、灌溉方法等因素决定。

1. *灌溉方法*　有漫灌、畦灌、沟灌、喷灌、滴灌等。

（1）漫灌　在田间不做任何沟埂，灌水时任其在地面漫流，借助重力浸润土壤，是一种比较粗放的灌水方法。漫灌工效高，但用水量大并要求土地平坦，否则容易引起冲刷和灌水量不均。因此，应限制采用漫灌方式进行灌溉。

（2）畦灌 在田间筑埂，将田块分割成许多狭长地块，水从输水沟或直接从毛渠放入畦中，畦中水流以薄层向前移动，边流边渗，润湿土层。此法应用方便，灌水均匀，节省用水，但投工较多。

（3）沟灌 沟灌是在林地内开挖灌水沟，灌溉水由输水沟或毛渠进入灌水沟后，在流动的过程中主要借助土壤毛管作用从沟底和沟壁向周围渗透而湿润土壤。沟灌是侧向浸润土壤，对土壤结构破坏小，表层土壤疏松不板结，水的利用率高。

（4）喷灌 喷灌是近年来发展的新型灌溉方式，优点较多，如雾点小、均匀，土表不易板结，节水和节约劳力。

喷灌的主要技术指标包括：①喷灌强度指单位时间内喷洒在单位面积上的水量（mm/min），或单位时间内喷洒在灌溉土地上的水深（cm/h）。喷灌时，为保护土壤结构不遭破坏，应不产生地表径流，故必须使喷洒到地表的水能及时渗入土壤中，即喷灌强度不应超过土壤的入渗速度，这是喷灌的重要技术要求。②水滴直径。喷出的水滴大小，以 mm 为单位。水滴太大，易破坏土壤结构；水滴太小，在空中损耗大，且易受风的影响。因此，必须根据树木种类、生长状况和土壤性质，通过调节工作压力，选择适宜的喷头类型，喷出适当的水滴，水滴直径一般以 1～3mm 为宜。③喷灌的均匀度指喷洒面积上水量分布的均匀程度，用均匀系数 K 表示。K 值越大，水量分布越均匀，K 的最大值为 1。喷灌均匀度与喷头结构、工作压力以及喷头排列形式、间距、转速、竖管倾斜度、地面坡度和风速等因素有关。

（5）滴灌 滴灌是使灌溉水缓缓滴出，浸润树木的根系土壤，能适应复杂地形，尤其适用于干旱缺水地区。滴灌是利用一套低压管道系统（通常使用塑料管）把水或溶于水中的化肥均匀而又缓慢地滴入树木根系分布范围内，使根系活动区的土壤经常保持适宜树木生长的水分状态的一种先进灌水技术。

滴灌的原理是在低压条件下，使小流量的水通过滴头中的窄狭孔道进行灌水。每个滴水孔就是一个点水源，这些点水源以 0.1～1.0m 的间距均匀分布于供水毛管上。每个点水源在土壤中形成一个近似圆盘形的湿润区，一根具有许多均匀分布点水源的毛管，形成连续的湿土区，供树木吸收所需水分。湿土区的范围和状态，取决于土壤性质、滴水间距、流量和滴水时间。

2. 灌水量 灌水量随树种、林龄、季节和土壤条件不同而异。

以滴灌为例，滴灌系统常用的计算公式如下。

1）滴灌定额：在缺乏滴灌试验资料的情况下，可根据当地灌水经验拟定设计合理的灌溉制度。滴灌的灌水定额用下式计算：

$$h\,(\mathrm{mm})=\frac{aHBP}{1000}$$

式中，h 为灌水量（mm）；a 为保证树木正常生长、灌水后允许消耗的水分占土壤有效持水量的比例（%），深根的树木为 30%～50%；H 为土壤计划湿润深度（m），落叶树种为 1.0～1.2m；B 为土壤有效持水量（%），不同质地土壤的 B 值有差异，黏壤土 B 值可采用 17.5%，B 值也可按照田间持水量的 60%～80% 估算；P 为土壤湿润比，指在土壤计划湿润层内，湿润土体与总土体的比值（%），在干旱地区 P 值应小于 33%，在湿润地区应小于 20%。土壤湿润比（P）也可按下式计算得出：

$$P(\%)=\frac{100nS_eW_w}{S_tS_r}$$

式中，n 为每株树下安装的滴头数；S_e 为滴头间距（m）；W_w 为湿润带宽度（m）；S_t 为株距（m）；S_r 为行距（m）。

2）灌水周期是指无雨条件下，两次灌水允许的最大间隔时间。灌水周期（T）可按下式计算：

$$T(\mathrm{d})=\frac{h_{滴}}{E}$$

式中，E 为树木需水旺盛期日平均耗水量（mm/d），$h_{滴}$为滴灌灌水量（mm）。

3）一次灌水延续时间 t（h）应以单株树木为计算单元，计算公式为

$$t(\mathrm{h})=\frac{h_{滴}S_rS_t}{nq_{滴}}$$

式中，$q_{滴}$为滴头流量（L/h），其余符号的概念同前。

4）灌溉面积：滴灌系统控制的灌溉面积，在水源有保证的条件下，取决于管道的输水能力。若水源流量不足时，滴灌面积（W）用下式计算：

$$W(\mathrm{hm}^2)=mFN$$

式中，m 为毛管系数；F 为一条毛管控制的灌溉面积（hm^2）；N 为轮灌区天数。

m 可用下式计算：

$$m=\frac{Q}{Q_{毛}}$$

式中，Q 为水源流量（L/h）；$Q_{毛}$为毛管流量（L/h）。毛管流量指毛管上的滴头个数与滴头流量的乘积。

滴灌系统的计算还有管道水力计算，其目的是，在保证滴水均匀的前提下，定出毛管长度、内径和干管支管的内径。要求同一条支管上第一条毛管首端滴头与最后一条毛管末端滴头的压力差不超过滴头工作压力的 20%。

滴灌的优点：①适应复杂地形，充分发挥了塘坝、蓄水池等水源工程的灌溉效益，扩大了灌溉面积；②节省水分、劳力和能源；③施工简单，成本低，收效快。缺点是灌水器容易堵塞，系统投资大。

第三节　林 分 管 理

林分管理是通过对林分或林木个体及其营养器官进行调节等措施，以改善其生活和生长条件。从而保证林分更好地生长，其主要内容有间苗和补植、平茬和除蘖、林木修枝、间伐等。

一、间苗和补植

采用播种造林及丛状植苗等方法造林时，每个栽植点或一个植生组中，由于个体多，随着幼苗的生长，营养面积和光照条件不足，因此引起幼树生长不良，必须进行间苗。间苗是一种去小留大、去弱留强的作业工序。间苗时应掌握“间弱留壮”“间密补稀”的原则，即拔出弱苗、病苗。播种造林，在苗木出土后一个生长季节或一年内进行间苗。第二次间苗称为定株（苗），即每穴选留一株干形端直、生长健壮的苗木，多余的植株除

去。间苗一般分两次进行，但在立地条件好、苗木生长快的情况下也可只间一次苗。间苗的时间，可根据造林地的立地条件、树种特性和苗木密度的不同具体确定。

补植补造是提高当年造林成活率及 3 年后保存率的有效途径和重要措施。重点对缺苗断带、死苗、出苗率低的地块，及时进行补植补栽，做到应补尽补。

人工造林地的补植补造主要适用于造林成活率在 85% 以下或幼树株数保存率在 80% 以下、人畜损坏或自然块状死亡的林分。根据林分内林隙的大小与分布特点，采用均匀补植或局部补植的方式，在林隙或死亡株间空穴进行人工植苗，按照原有树种与补植树种形成混交林进行树种选择，补植后形成不同树种镶嵌分布的混交群落。

补植可以在造林后每一年的苗木萌动前或秋季落叶后进行。补植时宜使用与造林树种相同的同龄大苗，或根据经营方向需要补植进耐阴树种或混交树种，与前期造林树种形成良好的共生互利关系。补植造林方法、技术要点，与新造林相同。

二、平茬和除蘖

平茬是指苗木（包括乔木与灌木）从根颈处截去上面的全部枝条，使其重新发出通直而粗壮的主干，经过平茬的苗木，不但通直，而且粗壮。根际处很少萌生根蘖苗与其争夺养分。由于生长旺盛，也少病虫危害，苗木优质化程度大大提高。对具有萌芽能力的树种，因干旱、冻害、机械损伤以及病虫兽危害造成生长不良的，可采用平茬措施复壮，如杨树、柳树、榆树、刺槐、泡桐、樟树、杜仲等。但对乔木树种来说，平茬不是必需的措施，只是在造林后，由于人畜的损害、风折、霜冻、病虫害等原因，造成幼林生长不良（如主干弯曲低矮、分杈多或生长衰弱）、失去培养前途时才采取的复壮措施。平茬时应紧贴地面，不留树桩，工具要锋利，切口要平滑。平茬后最好盖土，防止茬口冻伤及水分散失。平茬一般在冬季或早春进行。

平茬还可促进灌木丛生，使其更快地发挥护土遮阴作用。因此，在栽植后 2～3 年进行平茬可使幼林提前郁闭，防止杂草蔓延，既有利于保持水土，又可获得一定数量的编织条和薪材。混交林中有时为了调节种间关系，保护主要树种不受压抑，也可对相邻的伴生树种或灌木进行平茬。

资源 9-1

萌芽力强的树种及经过截干处理的苗木，在造林之后往往从基部或树干上萌发出大量枝条，分散树体养分，严重妨碍主干的生长，因此，对已萌出的枝条及时剪除以促进主干的生长，这种措施称为除蘖。此项工作一般在夏初时进行，只留一个生长健壮、通直圆满的主干，将其余的萌条去掉。去萌条时一般用修枝剪，大萌条还可利用砍刀或锯子。

三、林木修枝

在自然状况下，林木的下部枝条随着年龄的增长逐渐枯死脱落，这种现象称为自然整枝。人为地除去树冠下部的枯枝和部分活枝的抚育措施，称为林木修枝。林木修枝分为干修和绿修。干修是去掉枝干下部枯枝；绿修是去掉部分活枝。

1. 修枝的意义　修枝是幼林抚育成林、成才的重要措施之一，同时也是调节林木内部营养的重要手段。通过修枝可以促进主干生长，培育良好干形，减少节疤，提高干材质量，减少森林火灾和病虫害，有利于林下灌木和草本植物生长，增强水土保持林的防护效能。对母树林或经济林来说，可以促进开花结实，提高种子或果实的产量和质量，还能提供燃料、饲料和肥料，增加收益。

2. 修枝的目的　可以从经济和生物学（森林生态学）两方面来看。从经济方面来看，修枝的目的主要有：①形成圆满、通直的树干；②减少节疤，提高材质；③提高木材的强度（抗拉、抗弯曲、抗裂）；④提高晚材率。从生物学的角度来看，修枝的目的主要有：①调节林木的树冠量，即限制树冠的叶量；②通过调节林木的树冠量，达到对林分光照、水分及养分等生态因子的调节；③通过修枝可以控制年轮宽度。

从最终目的来说，修枝在于通过增加干材生长数量和质量来提高林分的经济价值。

3. 修枝抚育技术

（1）修枝林分和林木的选择　在有价值的和立地条件较好的林分中进行人工修枝，对干形不良的树木占多数的林分和立地条件差的林分，则暂不进行或不宜进行；修枝应主要在幼林和干材林中进行；对自然整枝不良的树种（如马尾松、云南松等）应进行修枝。

需要修枝的林木，应该是生长旺盛、树干和树冠没有缺陷、有培育希望的林木。这种选择部分林木整枝的方法，不仅可以节省人力、物力，还能使不整枝林木的枝条为整枝林木的树干创造庇荫条件，促进伤口愈合，同时还能抑制某些树干不定芽的萌发，减少某些薄皮树种的日灼害等。生产中往往将修枝与抚育采伐结合进行，作业效果会更好。

（2）修枝的开始年龄、间隔期和修枝强度　一般以林分充分郁闭、林冠下部出现枯枝时作为开始整枝年龄的标志。阔叶树一般在造林 2～3 年后，针叶树在造林 7～8 年后进行修枝，个别林地为防止牧畜啃食，修枝可晚些进行，但不能长期不修。

修枝间隔期是指两次修枝中间相隔的年限。大多数针叶树是在第一次修枝后又出现 1～2 轮死枝时进行第二次修枝。阔叶树早期修枝以控制侧枝来促进主干生长，间隔期宜短，一般是 2～3 年。

修枝强度一般以冠高比（树冠长度与树高的比例）或以整枝高度与树高之比表示。幼树一般保留树冠长度相当于树高的 2/3 或 1/2，切忌过度修枝，过度修枝易影响树木光合作用，抑制树高和胸径生长，使树木抗性减弱，易感染病虫害。只有合理的修枝才能改善林分透光通风条件，积蓄养分、水分，促进树木干材的生长。

（3）修枝季节　一般应在初冬（晚秋）和早春树木休眠期进行。此时树液停止流动或尚未流动，不影响树木生长，而且能减少木材变色现象。冬季林木养分大部分贮存在根部，修除一部分枝条对林木养分损失较小；晚秋修枝的切口因长期暴露于寒冷的条件下，切口附近的皮层和形成层容易受到损伤；即将进入生长季节的早春修枝，切口容易愈合，比晚秋修枝效果更好；休眠期修枝伤流轻，愈合快；夏季修枝伤流过多，且易感染病虫害，影响树势的正常生长。有些萌芽力很强的树种，如刺槐、杨树等宜在生长季节修枝。因为秋季修枝后，翌春易从切口附近发出大量萌条，影响干形。有些树种，如枫杨、核桃等阔叶树种，在冬季修枝伤流严重，而在生长季修枝伤流会很快停止。但生长季修枝不宜在干热期进行，因为此时伤口组织会很快干燥，影响愈合，并容易遭受病虫害的侵袭。

（4）修枝切口的愈合　干修切口的愈合过程与天然整枝相同，并且因干修去枯枝及时，可加快整枝速度，减少死节。绿修时，伤口周围露出的树干形成层和皮层的薄壁细胞分裂长出薄壁的愈伤组织，逐渐扩大，把整个切口封闭愈合。从伤口愈合方面来看，修枝留茬低的愈合较好，而留茬高的愈合较差，且易萌发不定芽而长出新枝。一般在修枝时贴近树干 2cm 左右是比较适宜的。

4. 修枝对林木生长及材质的影响　修枝对树木的生长及材质都有一定的影响。

（1）对林木生长的影响　在修枝初期对林木生长的影响表现为对树高、胸径生长的抑制作用，但从长远来看，则对林木的生长有明显的促进效果。10 年生日本柳杉林轻度（除叶率为 35%）、中度（除叶率为 64%）和重度（除叶率为 87%）三种强度的修枝试验结果表明，各修枝强度均对树木的高、径生长产生抑制作用，并且修枝强度越大，抑制作用越明显。其中除叶率在 51% 以下的修枝强度对树木生长的抑制作用较小，而除叶率达 87% 的重度修枝对树木生长的抑制作用较大，修枝后 3 年间树高生长量大约只相当于未修枝树木的 1/3，而轻度修枝的高生长与未修枝树木的高生长相当。修枝对直径生长的影响也表现出大体相同的规律。对 14 年生扁柏的修枝结果表明，除叶率为 7% 的轻度修枝的胸径生长量在修枝后的第二年就超过未修枝树木，树高生长则在修枝当年就大于对照。在修枝的翌年，中度修枝的生长量虽低于对照，但相差不大。

顶端优势很强的针叶树种的修枝应保持较小的强度。修枝对树木生长的抑制影响是由于修枝伤口阻碍了养分的输送，当营养物质在输送中遇到修枝伤口时必须绕过，因此大大降低了营养物质的输送速度。修枝强度越大，伤口就越多，对树木生长的抑制作用就越明显。对于针叶树种，除了极轻度修枝外，这种抑制作用到修枝后 3 年大都没有缓和并恢复到正常生长速度的迹象。这可能是由于针叶树体内含有抑制伤口愈合的化学物质，因此修枝对针叶树生长的抑制作用的时间较长。

资源 9-2

阔叶树则是另一种情况，阔叶树种一般生长较快，伤口愈合比较容易，因而修枝带来的抑制作用小，且持续时间短，树木很快恢复正常生长。由于修枝限制了侧枝的徒长，树木把养分更集中地用于主干的生长，因此，出材率会大大提高。由于节疤的减少，木材价格和物理强度也会明显提高。

（2）对材质的影响　修枝也会对木材的颜色产生局部的影响，但和死枝对木材造成的影响相比就小得多了。因此，从对材质的影响来看，当枝条还小的时候修去比长粗后修去会更好。由于修枝使树干的圆满度提高，树干节疤面积小，因此木材质量提高了。

日本学者对 35 年生扁柏修枝强度对树木年轮幅宽的影响的研究表明，当修枝强度为保留原树冠长度的 1/4 时，在修枝后 2 年对年轮生长幅度的影响最大，其中树干基部的年轮生长幅度接近于零，随树干高度增加，年轮生长幅度越大。当修枝强度为保留原树冠长度的 1/2 时，因修枝对年轮生长的抑制作用比保留原树冠长度 1/4 的小。当修枝强度较轻，即只修去 1/4 树冠长度，保留 3/4 树冠时，年轮生长幅度反而超过了修枝前的生长量。可见，如果旨在提高材质、材价而控制年轮宽度，修枝强度可以适当加大，而修枝的目的如果是加速树木生长，提高树干圆满度，修枝强度应较小。总之，针叶树在成林初期的树冠长度以保持在树干高度的 1/3～1/2 为宜，随着树高加大，林冠长度的比例还可适当缩小。树冠保留长度应比阔叶树稍大一些。

无论哪种修枝强度，都有一个共同的特点，即在树冠下部年轮生长受抑制较强，而在中上部受抑制较弱、年轮生长量较大，且都在保留树冠的基部靠上处出现年轮生长的最大值，这也是修枝提高树干形率、保持上下通直圆满的基本道理。

四、间伐

幼林间伐指从幼林郁闭开始不长一段时间内，为调节林分种间或种内矛盾，为目的树种创造适宜的营养环境而采取的抚育措施。

一般情况下，人工造林的初植密度都较大，这是为了在造林初期林分能提早郁闭，从而形成一个群体，增强对外界气候灾害等不良环境的抗御能力。此外，较大的密度可以促进幼树的高生长，形成通直圆满的树干，减少因密度过小、侧枝繁茂而造成干材节疤。除了要进行适时适当的修枝外，保持较大的林分密度是形成小节或无节材、提高出材率的重要途径。此外，对许多速生树种而言，由于密度小而生长速度过快，树木年轮过宽，形成的细胞组织过大、过粗，木材的各种物理强度都偏低，因此木材的质量会降低。在外界环境条件一致的前提下，树木年轮的宽度与林分密度呈负相关关系。密度大的林分因为个体占的营养空间较小，林木为了争夺光照便竞相向上层发展，导致营养多用于树高生长，而年轮幅宽的增长速度较慢。所以，密度较大的林分中，林木的年轮宽度一般要窄于较小密度中的林木，使材质有所提高。

然而，随着林木个体的生长，所需求的营养空间也相应增长。对林木个体来说，生存空间变得越来越狭窄，无论种间竞争还是种内竞争都趋向尖锐激烈。竞争的结果便出现林木分化，林木分化是自然淘汰在人工林中的表现。作为人工林，出现林木分化是一种经营粗放的表现。经营集约的人工林应在林木分化出现之前，通过采用间伐等措施加以干预和调节。林分分化的出现导致部分林木个体生长衰退、抗性减弱，病虫害随之发生。此外，密度过大，林木径高比例发展不协调，树干过于纤细、高大，根系发育受抑，因而抗风性减低，风倒、风折灾害较多。在一些多雪地区，由于高密度形成的纤弱树干，因积雪造成树干折断的事例也很多。

此外，林分密度过大，水分、养分不能满足林木生长的需要，特别是在缺水的干旱地区，林分密度过大，耗水过多，造成林地土壤干化，林木生长衰退。西方不少森林水文学者认为间伐和修枝是增加河川流量的一种途径，其依据就是大密度林分过度地耗散土壤水分，导致林分土壤水分失衡和干化。

从水土保持的角度来看，过密的林分由于林下光照过弱，林下植被受抑，地表多呈现裸露状态，由于地表裸露，表面侵蚀加剧。许多研究均已表明，高密度林分导致的地表侵蚀量远远高出草地和低密度林分。例如，萨尔瓦多的柚木林林冠过密，林下植被稀疏，导致了更为强烈的地表侵蚀。我国学者也发现黄土高原未进行修枝间伐的刺槐林，由于林内光照极差，林下几乎呈现完全裸露的状态，其林地坡面侵蚀比荒坡还要强烈得多，水土保持林分并不在于林冠郁闭度的大小，而在于具有林灌草的复层或多层结构，具有较好的林下植被，从这一点来看，对水土保持林应进行适时适当的间伐和修枝，是非常必要的。

在幼林时期，树木干径的高速生长期对于大多数树木来说尚未到来，林分的材积蓄积只是开始。因此，幼林的间伐一般不同于成林，特别是在生产中多采用比较简单的按株数百分比来确定间伐强度，而较少借助林分密度控制图来确定间伐强度。

间伐强度一般不宜过大，而轻度多次的间伐方式是比较稳妥的。间伐强度过小，起不到间伐的目的；间伐强度过大，林内光照变化剧烈，树木侧枝迅速生长，树干形数变低，林下杂草滋生，影响林木生长。轻度间伐一般不易引起林分发生大的变化，有利于保持林分的稳定。但是间伐强度过小，林分很容易再次郁闭，使林分很快又面临下次间伐，这对劳力不足的地区来说比较困难。

幼林的间伐问题一般在造林设计时就做了充分考虑，所以在生产中有些地区为了获得一些小径材，等林分生长达到要求时进行间代，以间伐材作为工具把柄、建房用椽等。这种间伐大多数是以株数比来确定间伐株数。强度大的为 1/2，即隔株（或隔行）间伐，强度小的为 1/3，即隔 2 株间伐。间伐时原则上是随机的，但在实际中，如果间伐株正好生长良好而相邻保留株为病株或生长不良时，也可留优伐劣。这样，虽然局部小地段疏密不太均匀，但从全林分来看，保留株仍是均匀分布的。第一次间伐后，随着林分营养空间的改善，生长会加速。对阔叶树来说，一般 3～5 年便会重新郁闭，于是可进行第二次间伐。水土保持林分一般能进行 2 或 3 次间伐，就可形成林分的最终密度。有时，并不进行随机的隔行或隔株间伐，而是根据林木个体的情况伐去生长低劣株，保留生长良好的植株，这种间伐的强度一般可掌握在伐去总株数的 20%～40%。由于这种间伐很难做到保留株均匀分布，因此确定间伐株时要慎重。无论采用哪种方式间伐，实施间伐时都应将病株或严重生长不良、无发展前途的植株伐去，如果林分内保留病株，在任何时候都将使林分内潜藏着隐患。

林分间伐的次数、强度要根据造林立地条件、树种、培育目的以及劳动力情况等具体确定。当然不能脱离造林现存密度，它是确定间伐的基础。应该说明的是，在造林设计时就应在掌握设计造林树种特性、预估其未来生长潜力的基础上，考虑到间伐的次数及强度等，虽然当初的预估和树木后来的生长可能会有一些偏差，但是在造林设计时就应对日后的间伐加以考虑。

思　考　题

1. 试述幼林抚育管理的意义。
2. 幼林的检查与验收的内容及具体要求有哪些？
3. 试述林地土壤管理的措施及技术要点。
4. 试述林木修枝的意义及主要技术要点。

第十章　水土保持林规划设计

【内容提要】

规划设计是造林工作的重要环节。只有通过合理的规划设计，才能真正做到适地适树，实现科学造林，提高造林成活率，保证造林质量，避免财力、物力和人力的浪费。本章主要介绍水土保持林规划设计的重要性，规划设计的任务和内容，规划设计的方法步骤。

第一节　规划设计的重要性

水土保持林的营造是一项系统工程，为了控制水土流失，恢复和重建山丘区森林植被，更好地发挥森林的水土保持功能，获得最大的生态经济效益，在造林前必须进行造林规划设计。

水土保持林规划设计（planning and design for soil and water conservation forest）是一项十分重要的工作，要搞好规划设计，首先要查清水土流失区的自然条件、社会经济状况，掌握水土流失的特点，在合理安排土地利用的基础上，对宜林荒山、荒地进行分析和评价，编制科学合理的水土保持林规划，设计先进实用的造林技术措施，为山丘区水土保持林体系建设提供科学的依据和技术支撑。

规划设计包括规划和设计两个内容，规划是反映长远设想和全局安排，是制定山丘区水土保持林业发展计划和决策的依据。设计是规划的深入和具体体现，是近期水土保持林建设的具体安排，是实施造林施工的依据。

水土保持林规划设计是山丘区水土保持林体系建设的前期基础工作，其重要性表现在以下几个方面。

1）通过规划可以对山丘区水土保持林体系建设进行全面考虑，提出长远规划安排。在地域上，合理进行土地利用规划，调整各业用地，确定林业用地及其数量。在时间上，根据经济条件和人们的需要，做出合理的进度安排。这种规划不仅为林业部门制定林业计划提供依据，还解决了农林牧用地之间的矛盾。

2）在水土保持林规划设计中，通过查清造林地的立地条件，了解和掌握树种的生物生态学特性，根据立地类型在不同小班安排适宜树种，真正做到适地适树。把水土保持整地工程技术和先进适用的造林技术安排到山头地块，实行科学造林，大大提高造林成活率和生产力，保证造林质量。

3）通过规划设计可以增强造林的科学性和技术性，克服盲目性，避免损失和浪费。例如，有些地区没有制定和落实合理的造林规划设计，育苗计划性差，致使造林所需苗木供不应求或不需要的苗木过剩，有什么苗就造什么林，违反了适地适树原则，导致造林失败。因此，只有通过造林规划设计，合理安排造林、育苗，筹措资金，调配劳力，才能避免浪费，提高造林工作成效。

第二节　规划设计的任务和内容

一、规划设计的原则

（一）因地制宜，因害设防

在不同水土流失区，流域的自然条件和水土流失特点各不相同。规划设计时，应根据各流域的实际情况，全面考虑坡沟川、上下游、左右岸，因地制宜，因害设防，合理设置水土保持林林种，就地拦蓄水土。

（二）适地适树

适地适树是造林工作的一项最基本的原则，它决定造林工作的成败。由于我国地域广阔，气候、地形和土壤复杂多样，树木种类繁多，树种的生物生态学特性各不相同，对外界环境条件的要求也有差异。规划设计时若不贯彻适地适树的原则，造林后就会出现栽不活、活得少、长不旺、成活不成林和成林不成材的现象。这样不但浪费人力和种苗，而且使造林地的生产潜力得不到充分发挥。因此，正确贯彻适地适树的原则，对于植被建设具有极为重要的意义。

（三）注重营造混交林

混交林在拦蓄径流、截留泥沙、根系固土、改良土壤和增加土壤渗透性方面优于纯林。为了有效防止水土流失，规划设计时，要以水土保持林为主体，并与其他林种相结合，注重乔灌草多层次混交，充分发挥混交林的水土保持功能。

（四）生态效益为主，兼顾经济效益

水土保持林体系建设是以控制水土流失为核心，首先要发挥森林的水土保持功能，获得最佳的生态效益。其次要尽可能地提高经济效益，因为经济效益的高低，影响当地农民的收入，直接关系到造林工作的质量和水平。因此，规划设计时，要以生态效益为主，又要兼顾经济效益，以确保造林工作的顺利开展。

二、规划设计的任务

造林规划设计的任务，一是制定造林规划方案，为制定林业发展计划和决策提供依据；二是提出造林设计方案，指导造林施工，加强造林科学性，保证造林质量，提高造林成效与水平。具体包括以下几个方面。

1）查清土地资源、森林资源、自然条件和社会经济状况。

2）综合分析规划设计区自然条件和社会经济条件，结合当地经济建设和社会需求，对林种配置、树种选择、造林技术、种苗培育、现有林经营与管理等提出规划设计方案，并对投资及效益进行估算。

3）根据实际需要，对有关附属项目进行规划设计，主要包括道路、通信、灌溉与排水工程等规划设计。

4）编制造林规划设计文件，包括绘制规划设计图和编写规划设计说明书。

三、规划与施工设计的内容

（一）规划设计的内容

水土保持林规划设计是在土地利用规划和水土保持规划的基础上，以小流域为单元，以小班为基本单位，对宜林荒山荒地进行规划设计，为编制造林计划、预算投资、进行造林提供依据。主要内容包括土地利用规划，立地条件类型划分，林种规划，树种规划，造林技术设计，种苗规划，现有林经营措施规划，自然恢复规划，造林进度规划，以及投资和效益估算。必要时，还要对道路、通信、灌水、排水等与造林有关的附属工程进行规划设计。

1. 土地利用规划　在植被建设中，正确处理农林牧各业的关系，制定出符合国家和当地社会、经济持续发展要求的土地利用规划，是造林规划设计工作的首要任务，关系到造林工作的成败。在调查土地利用现状的基础上，根据林业区划（规划）提出的农林牧用地比例，并结合当地实际情况制定合理的土地利用规划，确定林业用地面积和宜林地面积。

2. 立地条件类型划分　在造林规划设计中，选择造林树种是一项十分重要的内容。为了做到适地适树，通常要根据立地条件类型选择适生的造林树种。所以，立地条件类型划分的正确与否，直接关系到造林工作的成败。

在立地条件类型划分的基础上，编绘立地类型图，用图面形式直观地反映立地分类的成果，并将其作为造林规划设计的依据和专用图，是世界上林业发达国家的普遍做法。近年来，在我国的造林规划工作中，立地类型图也得到了广泛的应用。

3. 林种规划　林种规划要按照《中华人民共和国森林法》划分的防护林、用材林、经济林、薪炭林和特种用途林五大林种，根据规划地区的自然条件和社会经济条件，因地制宜地确定合适的林种，在立地调查和造林地调查的基础上具体落实林种布局。

4. 树种规划　主要是按照适地适树的原则，兼顾国家和群众的需要来选择树种。在地形、土壤比较复杂的地方，应根据海拔、地形部位、坡向、土壤种类和厚度、地下水位、盐渍化程度等影响造林的主要因子，选择适合生长的树种。规划设计必须坚持以当地优良乡土树种为主，乡土树种与引进外地良种相结合的原则，不断丰富造林树种。

在树种搭配上，尽量做到针阔叶树种相结合，常绿与落叶树种相结合，乔、灌、草相结合，为造林后形成良好的林分结构奠定基础。

5. 造林技术设计　是在造林立地调查及有关经验总结的基础上，根据林种规划和造林主要树种的选择，制定出一套完整的造林技术措施。它是造林施工和抚育管理的依据。

造林技术设计的主要内容包括造林类型、苗木规格、整地工程、造林密度、造林树种组成、造林季节、造林方法和幼林抚育管理等。

造林技术设计前，应全面分析研究本地或邻近地区不同树种人工造林的主要技术环节、技术指标和经验教训，以供造林技术设计参考。

6. 种苗规划　要保证造林规划设计的实现，必须有充足的种苗。要根据造林规划设计提出的树种和种苗规格要求制定种苗规划。要以在造林地区育苗为主，尽量减少苗木调运。但对外地优良品种应积极扩大繁殖。规划时要首先计算出每年各树种种苗需要量，然后提出用种和育苗计划，并落实种子生产及育苗基地等。

7. 现有林经营措施规划 在现有林地调查的基础上，分析经营管理存在的问题，划分林分经营类型，如幼林抚育型、间伐抚育型、林分改造型、封山育林型、采伐利用型等。针对不同经营类型进行经营措施规划设计，如幼林抚育和间伐抚育等的方法、强度、次数、间隔期等。

8. 自然恢复规划 自然恢复是按照自然生态规律，充分利用当地的光、热、水、土、生物等自然资源，依靠大自然的循环再生能力和生态系统的自我修复能力恢复植被。自然恢复符合生态演变的基本规律，是恢复林草植被、改善生态环境的根本途径。自然恢复需要气候温和、雨量充沛和适宜植被生长的环境，即具备植被自然生长的温度和湿度。自然恢复区必须采取措施限制人类活动，特别是严禁人类破坏地面植被。

9. 造林进度规划 规划造林进度的目的在于加强造林工作的计划性，避免盲目性，便于有计划地准备苗木、安排劳力。在安排造林进度时，既要考虑林业区划和规划提出的造林总任务，又要考虑规划地区造林的任务和种苗、劳力、经济条件，通过全面分析研究做出切合实际的安排。根据实践经验，进度规划的年限不宜过长，一般以3～5年为好，使规划设计落到实处。

10. 投资和效益估算 投资估算主要是计算造林所需要的人力、物力和资金，如种苗费、劳务费、运输费、灌溉、排水和道路建设费等。效益估算主要是计算造林完成后的森林覆盖率、立木蓄积、抚育间伐所生产的林产品和林副产品，以及多种经营的实际收益和生态效益等。

（二）施工设计的内容

造林施工设计是在造林规划设计方案的指导下，针对不同作业区，为确定下一年度的造林任务，按小班所进行的施工设计工作，其内容包括林种、树种、苗木规格、整地、造林方法、造林密度、抚育管理、施工顺序、造林时间、劳力安排等。施工设计主要是作为制定年度造林计划及指导造林施工的依据。

四、规划设计的工作程序

规划设计是造林的前期工作，按一般工程管理程序，它是一个重要环节，决定造林规模、完成年限和投资额度等。规划设计的工作程序如下所述。

1）应在当地林业区划和水土保持规划的基础上，提出水土保持造林项目。然后对造林区进行初步调查研究，提出可行性调查报告，以确定项目的可行性和必要性、造林规模、范围及有关要求。

2）当造林项目被纳入当地国民经济建设规划后，要对项目区进行全面的详细调查，提出造林规划设计方案，作为编制造林计划、组织造林施工和造林施工设计的依据。

3）每年在下达造林计划后和施工前，进行施工设计，按设计图表及要求进行造林。

4）每年完成造林任务后，要进行检查验收。按小班建立造林档案，开展幼林抚育管理。

第三节 规划设计的方法步骤

水土保持林规划设计的方法步骤一般包括准备工作、外业调查、资料的检查与整理、规划设计的步骤、造林规划设计文件的编制、规划设计成果的评审与审批程序。

一、准备工作

为了保证规划设计工作的顺利进行，在进行外业调查之前，应做好以下几项准备工作。

（一）成立规划设计小组

根据调查地区面积的大小、任务和目的要求，确定规划设计小组的组织规模。根据专业规划设计人员和基层技术人员的多少，实行分队编组、明确任务、分工负责，以保证规划设计工作的顺利完成。

（二）收集资料

1. 图面资料　　图面资料是造林规划设计的基础资料，应尽量搜集齐全。它主要包括地形图、卫星遥感相片、航空摄影相片、林业区划图、水土保持区划图和综合农业区划图等。其中最重要的是航空摄影相片和 1∶10 000 地形图。航空摄影相片是地面的缩影，能清楚地反映地面现实状况。利用航空摄影相片能很容易地勾绘出土地利用现状，了解有林地和宜林荒山荒坡的面积和分布情况，提高规划设计的精度和减少野外工作量。在没有航空摄影相片的情况下，可采用地形图进行现场勾绘，地形图应尽量采用国家最新出版的比例尺不小于 1∶50 000 的图面资料。用 1∶50 000 的地形图时，应将其放大到 1∶25 000 或 1∶10 000 后使用。应用地形图可进行立地调查和小班区划，又可作为规划设计图的底图。

2. 规划、区划资料　　主要包括土地利用规划、林业区划、农林牧业发展区划、水土保持区划和规划说明书及其成果、造林技术经验与存在问题等方面的资料。

3. 自然条件资料　　主要包括气象、地形地貌、地质、水文、土壤、植被、水土流失、土地荒漠化和盐渍化等方面的资料。

4. 社会经济资料　　主要包括人口、劳力和交通情况，农林牧业生产经营现状和生产条件，耕地和粮食产量情况，当地工农业产值和农民收入情况等。

（三）做好物资准备

为了保质保量按时完成外业调查任务，做好内业设计工作，必须做好各种调查设计用表，如立地类型调查表和汇总表、造林小班调查表、造林类型设计表、种苗用量表、投劳用工表、投资效益估算表等，此外，还要做好仪器用具、文具用品、生活用品及交通工具的准备工作。

（四）制定技术方案

制定技术方案的目的是统一技术标准，统一外业调查方法。包括划分地类、立地类型、林种、林龄组、海拔、地貌部位、坡向、坡度、坡位等方面的技术规定。

（五）搞好技术培训和试点工作

技术培训和试点是提高规划设计人员技术水平和规划设计质量的重要措施。因此外业调查前，应有组织、有计划、有步骤地搞好技术培训和试点工作。

二、外业调查

（一）立地因子调查

在大面积造林地区，不可能对每块造林地都进行立地因子调查。因此，在立地因子调查时，应考虑既不能使外业调查的工作量过大，又要使调查材料能较为全面地反映不同立地的特征。通常是在搜集与分析现有资料的基础上，采用线路调查和典型调查相结合的方法进行。

1. 线路调查　在规划设计区域内选择一些具有代表性的线路，沿线路划分出不同立地的线段，并逐步进行详细调查记载。

（1）选设调查线路　根据造林地分布情况和地形地势特点，考虑线路的水平分布（造林地区内分布均匀）和垂直分布（由山脚、沟底到山顶、沟坡），使调查线路尽可能多地通过各种不同自然条件的造林地。一般应先在地形图上预设，然后通过现地踏查确定所需选设的几条或多条调查线路，各条调查线路按顺序统一编号。

每条调查线路应保持一定的方向，并基本上按直线进行调查。各调查线路的长度一般应不小于500m或1000m，以保持一条调查线路上自然条件变化规律的延续性。调查线路的数量，应根据当地具体情况而定，以能反映立地条件的变化规律、说明立地类型的特征为原则。一般各条调查线路上同一立地类型重复出现的次数应不少于三次。

（2）划分调查段　在调查线路上进行调查时，应随时注意观察地形、土壤、植被等各方面的变化规律。当这些条件有明显变化，并且这些变化又足以引起造林树种或造林技术和经营措施等方面有所不同时，则应准确地划定变化界限，区分出不同立地条件的调查段，并按顺序进行编号。

调查段划分以后，可借助地形图和海拔仪估测调查段的水平距离和海拔。在调查段内选择有代表性的位置、充分反映本调查段立地条件特征的地段，进行详细调查记载。在本调查线路或其他调查线路上，如遇到同类型的地带，仍需划分调查段进行调查记载。同一类型调查段的调查资料，一般应不少于3个。

（3）绘制调查线路草图　在线路调查时，应对每条调查线路绘制线路调查草图。草图的内容主要包括线路长度、地形条件、调查段间距和海拔等。草图可用方格纸或普通纸按大致比例勾绘。

2. 典型调查　典型调查通常是在线路调查的基础上，进行一些必要的典型补充调查。或者当局部造林地面积较小，不便设置调查线路时，可直接在造林地选择典型地段进行调查。线路调查以后，如果发现调查资料不能包括本地区所有造林地的立地类型，或者调查资料不够典型，不能充分反映某立地类型特征，以及某些立地类型调查资料较少（1个立地类型尚不足3个调查段），汇总资料不够充分时，都应进行典型补充调查。典型调查，应根据所需补充调查的对象和数量，在该类型具有代表性的地段进行（应避免选在线路调查相重复的地点）。当某一类型需要补充两个以上调查资料时，不应在同一地段内重复选设调查点。典型调查的内容和方法与线路调查相同。典型调查应另行编号。

3. 立地因子调查记载方法

（1）编号　填写调查线路与调查段的编号。调查线路以规划设计区域为整体按一定的顺序编号。调查段则按每一条调查线路的顺序编号。为便于区别线号和段号，可在线路编号与调查段编号间加“-”，如第一条线路上的第七调查段编号为01-07。

（2）地点　为了准确查找调查段在图面和现地的具体位置，应注明该调查段所在的地点，如县、乡、村或小流域地名。已有林业调查区划的地区，则应注明林场、分场、作业区、林班（营林区）和小班。

（3）调查段周围情况　为了反映周围环境条件对调查段的影响，调查记载与本调查段相邻的地类、地形、植被情况，以及是否有道路、垦荒、放牧、割草、割灌、火烧等情况。

（4）地形地貌因子　包括地貌部位（塬、梁、峁、塬坡、梁坡或峁坡、沟坡、沟底）；海拔（低山为＜1000m；中山为 1000～2500m；高山为＞2500m）；坡向［阳坡（南坡）、半阳坡（西坡、西南坡、东南坡）、半阴坡（东坡、西北坡、东北坡）、阴坡（北坡）］；坡形（直、凸、凹）；坡位（上、中、下）；坡度（15° 以下为缓坡；16°～25° 为斜坡；26°～35° 为陡坡；36°～45° 为急坡；46° 以上为险坡）和小地形等。

（5）土壤因子　包括土壤种类、土层厚度、腐殖质层厚度、土壤质地和结构、石砾含量、土壤水分、pH、成土母质的种类及性质等。

（6）水文因子　地下水位及季节变化，有无季节性积水。

（7）生物因子　植物群落的种类、组成、盖度、年龄、分布及生长情况，特别是要注意优势种和指示性植物；森林植物的病虫害以及鼠、兔、兽、畜危害状况。

（8）人为活动情况　调查记载该地段内有无人为活动情况，频繁程度如何，如砍柴、割草、割条、放牧和火烧等。

（9）侵蚀状况　主要调查记载有无土壤侵蚀、风蚀或沙化的情况。在有土壤侵蚀的地区，应按侵蚀类型（片蚀、沟蚀、崩塌）、侵蚀程度（轻度、中度、强烈、剧烈）和侵蚀形成的原因进行调查记载。

（10）小气候特点　对于局部小气候条件，如风口、迎风面、干燥、阴湿、低温、积雪、冰雹、霜期等，与周围其他地段有明显差别的应进行调查记载。一般可采用访问调查的方法或根据地形条件加以判断。

（二）小班区划与勾绘

小班又称地块，是造林设计和施工的基本单位，利用航空摄影相片或地形图进行室内判读和野外勾绘，或直接用大比例尺地形图进行小班区划。

1. 小班区划的原则　小班区划既要反映自然条件的地域分异规律，又要便于识别和经营管理。小班界线最好能与地貌线和地物标志相一致，如山脊线、水系、地类界和道路等。一般情况下，可将土地利用类型、权属和立地条件基本一致的地块划分为一个小班。小班区划的原则如下所述。

1）在不同土地利用类型中，按农业用地、林业用地、牧业用地、特种用途地、暂不利用地划分。

2）在林业用地中，按有林地、疏林地和宜林地划分。其中有林地按林分起源（天然林、人工林）、乔木林地、灌木林地、林种、树种、林龄、郁闭度划分。

3）宜林地按立地条件类型划分。

2. 小班勾绘　根据上述原则，采用对坡勾绘的方法，在 1 : 10 000 的地形图上进行小班区划。对坡勾绘时，首先要站在能看清小班全貌的地方，在图上准确判定自己所处的位置，然后按照小班区划的原则，沿等高线勾绘小班界线。并对小班进行编号，一般按图面从上到下、从左至右依次用阿拉伯数字编号。

为了便于造林和经营，有林地和宜林地小班区划面积最大不超过 20hm^2，其他地类的小班最大面积一般不应限制。小班区划的最小面积应按所使用的图面材料比例尺的大小而定，以在规划设计图上能明显、准确地反映出小班为原则。在1∶10 000的地形图上，小班最小面积为0.5～$1hm^2$。在1∶25 000的地形图上，小班最小面积为$2hm^2$。在地形支离破碎的坡面，当每种类型都达不到规定的小班最小面积时，可划分复合小班，但须在调查表上注明各类型的面积及所占比例。

（三）林业用地小班调查

1. 宜林地小班调查　在宜林地小班内，选代表性地段进行调查，一般应调查记载地形、地势、土壤、植被、土地利用情况，确定适合的立地类型、造林类型及设计意见。

2. 林地小班调查　林地小班包括幼林、成林、疏林、灌木林、经济林等，应分别调查天然林和人工林的树种组成、林龄、平均高度、平均胸径、密度、郁闭度等，并确定适当的林分经营措施类型及设计。

三、资料的检查与整理

资料整理是内业设计前的一项重要工作。对外业的各种调查表格和图面资料应进行详细的检查和核对，若发现错误、疑问或漏填，应返回现场重新校核和填写。

（一）调查资料的检查与整理

1. 图面资料检查

1）地形图上地类、地形、地物界线是否衔接。

2）地形图上各种行政区划线、地类线、小班界线是否勾绘得完整无误、清晰、有无遗漏。图上符号是否符合要求。

3）小班编号有无重叠、遗漏现象。图上小班号应与调查卡片编号一致。

2. 资料检查

1）调查卡片上各调查因子是否按要求填写，调查项目有无遗漏。

2）立地条件类型是否合理。

3）初步规划意见是否切合实际。

在小班调查资料检查过程中，如发现问题，应及时组织人员到现场进行纠正。

3. 调查资料的整理　调查资料检查无误，以流域或乡、村为单位，按小班编号顺序装订成册。

（二）透绘外业调绘底图

图面资料检查无误，则按从上到下、从左到右的原则重新编小班号，小班外业调查时的编号也要相应地变动，使图面编号与调查卡片编号一致。然后以乡或小流域为单位进行透图。

（三）统计汇总

对调查资料整理后，用统计表进行汇总，统计表主要包括：①基本情况统计表；②土地利用情况统计表；③立地条件类型及面积统计表；④造林类型典型设计图表；⑤造林类型设计面积表；⑥设计实施进度表；⑦造林用工量及经费概算表；⑧种苗需要量及费用概算表；⑨小班设计一览表。各项统计表要按自下而上逐级统计，最后按小流域设计地区汇总。

四、规划设计的步骤

（一）小班面积的计算

根据外业小班区划调绘结果，用求积仪、小方格法、AutoCAD 或 GIS 软件测算小班面积及流域总面积。如果采用 AutoCAD 或 GIS 软件，小班面积可以自动求算。若用求积仪、小方格法测算，小班面积应达到一定的精度要求，小班面积之和与流域面积之间的差数应控制在规定的误差范围（0.5%）以内。否则，要重新测定和计算。当小班面积计算达到精度要求后，按下列方法进行平差改正：① ± 误差＝小班面积之和－总面积；②改正系数＝（± 误差）/ 小班面积之和；③改正值＝小班面积 × 改正系数；④改正后各小班面积＝各小班面积 ± 改正值。

通过小班面积的计算，可以得出农、林、牧等不同土地利用类型的面积及其所占比例，弄清林业用地中有林地、疏林地和宜林地的面积及其所占比例，为进一步规划设计提供依据。

（二）立地条件类型的划分

在立地因子调查的基础上，要全面分析各个因子对造林成活率和树木生长的影响，评价不同树种生长的适宜性。有林区用立地指数法，无林区用主导环境因子法划分立地条件类型。用主导环境因子法划分立地条件类型时，先将地貌部位、海拔、坡向、坡度、土壤种类等主导环境因子进行分级、组合成不同的立地条件类型，然后命名，如梁峁阳坡黄绵土等。

立地条件类型确定之后，编制立地条件类型特征表，其主要内容包括立地类型名称及代号、主导环境因子、宜林程度评价、适生树种及适宜造林类型（表 10-1）。

表 10-1　立地条件类型特征

立地类型名称	类型代号	地貌部位	海拔	坡向	坡度	土壤	植被	宜林程度评价	适生树种	适宜造林类型

（三）造林类型设计与树种规划

按照适地适树的原则，兼顾防护、水土保持作用和群众的需要来选择树种。选择树种时，必须坚持以当地优良乡土树种为主，乡土树种与引进外地良种相结合。在树种搭配上，尽量做到针阔结合、乔木和灌木相结合。根据宜林小班的立地条件类型和经营目的，设计相应的适生树种和造林技术措施。造林类型包括 ×× 纯林和 ×××× 混交林。造林技术包括整地方法与规格；苗木规格；株行距；造林方法（植苗、直播、扦插造林）与季节；造林密度；混交比例与方式（株间、行间、带状、块状等）；抚育方法、时间和次数等。并编制造林类型设计表（表 10-2）。

表 10-2　造林类型设计

造林类型	造林树种	立地类型号	小班号	造林面积	造林技术					
					整地方法与规格	苗木规格	株行距	混交比例与方式	造林方法与季节	抚育方法、次数、时间

在造林类型设计的基础上，对各小班的造林树种和面积进行统计，得出各造林树种规划面积，然后相加得出流域造林总面积。

（四）林种规划

在树种规划的基础上，根据各树种的生产和防护性能，计算用材林、防护林、薪炭林、经济林等林种的面积及其所占比例。水土保持林是防护林的一种，从广义上讲，在水土流失区，能够产生防护及水土保持作用的林木均可归入水土保持林体系的范畴。其主要包括分水岭防护林、坡面水土保持林、坡面水源涵养林、护坡薪炭林、护坡用材林、护坡经济林、坡面护牧林、梯田护埂林、沟头沟边防护林、沟底防冲林、水库防护林、护岸固滩林等。

（五）种苗规划

根据各树种的造林面积、单位面积的需苗量和需种量，统计造林所需要的种苗规格、苗木和种子数量。根据各造林树种的用苗量，进行苗圃规划。一般造林应以临时苗圃为主，其优点是可以就地育苗、就地造林，苗木适应性强，能提高造林成活率。苗圃规划的内容主要包括造林树种年育苗面积、苗圃地规划、产苗量和苗木质量标准、年造林和育苗需种量、种子来源和种子质量等。

（六）现有林经营措施规划

在有林地调查和资料整理的基础上，按需要采取的经营措施划分林分经营类型，分析经营管理存在的问题，根据不同类型林分特点和经营目的提出经营措施。

（1）幼林抚育型　　在幼林未郁闭前需要进行人工抚育，采取除草、松土、培土、施肥等措施，促进幼林正常生长。措施类型应按需要的抚育年限、次数，以及除草、松土、施肥的时间等不同要求和规格划分。

（2）间伐抚育型　　对于生长过密、林木分化严重、林冠下层大部分枯死的中、幼林分，应立即进行间伐。间伐抚育方案多为下层间伐，即砍除被压木、畸形木、病株以及少数霸王木等，以便使林分保持一定的合理株数，充分得到水分和养分，使林分生长旺盛。林分经营措施类型根据采取的间伐强度、次数和间隔期等编制。

（3）林分改造型　　对劣质林分和遭病虫危害或人为破坏的残次林实行部分砍除，进行林分改造，根据清除对象、方式、规格等划分林分经营措施类型，同时选定合理的改造技术措施。

（4）封山育林型　　对疏林地、采伐后造林不易成活的林分等，可以采取封山育林措施。此类林分的经营类型按所采取的封禁办法划分，如全封禁或季节性封禁，以及按部分割草、修枝等进行划分。

（5）采伐利用型　　现有成熟、过熟林应进行采伐利用，其经营措施类型根据所采取的采伐方式及更新造林技术措施类型进行划分。

（七）自然恢复规划

在种源丰富、立地条件好的高山、远山区，实行封山育林、育灌。在黄土高原较陡的坡面，侵蚀比较严重，造林不易成活，且施工不便，应封山育灌育草，依靠生态系统的自我繁殖和自我调节能力恢复林草植被。

（八）附属项目规划设计

根据实际需要，对造林有关的附属项目进行规划设计，包括道路、灌溉、排水等项目的规划设计。

（九）进度安排

在外业调查资料计算和内业设计的基础上，由下而上以村、乡、小流域为单位，按小班编号顺序统计造林任务、不同立地类型和每个造林类型的造林任务。并根据当地国民经济发展对水土保持林的要求，结合当地劳力、经费情况，安排完成规划设计的年限及各年度造林任务。

（十）投资与效益估算

根据种子费、苗木费、运输费和投劳费等估算投资费用，其中投劳费按整地、造林、抚育、补植、育苗等所用劳力计算。根据造林完成后的活立木蓄积量、林产品和林副产品，以及多种经营收入计算经济效益。并对生态效益和社会效益进行估算。

五、造林规划设计文件的编制

（一）绘制规划设计图

设计图是将规划设计的内容以图的形式来表示，它是规划设计的主要成果之一。根据国家林业局《造林作业设计规程》LY/T 1607—2003 的要求，应分别绘制调查地区的土地利用现状图和造林规划设计图。

1. 土地利用现状图的绘制　土地利用现状图主要反映造林地区的自然条件和土地利用状况，它的主要作用是确定造林规划设计的边界、范围和位置，是绘制造林规划设计图和量测面积的基础。一般以流域或县、乡为单位分幅成图。图的内容除必要的地理要素外，要有各种行政界、区划界、不同地类小班界、小班号及面积。绘制时按国家林业局颁发的《林业地图图式》（Cartographic Symbols for Forestry Maps，LY/T 1821—2009）的有关规定上图，不足部分自行设计，并在图例中表示出来（图 10-1）。土地利用现状图小班注记的方法和内容如下所述。

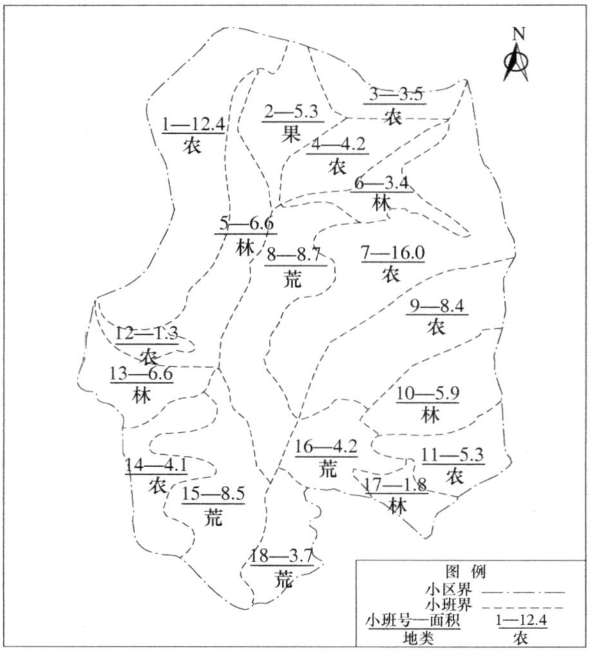

图 10-1　土地利用现状图

1）农地：$\frac{\text{小班号—面积}}{\text{农}}$。例如，$\frac{\text{3—3.6}}{\text{农}}$。

2）果园：$\frac{\text{小班号—面积}}{\text{果}}$。例如，$\frac{\text{6—25}}{\text{果}}$。

3）牧草地：$\frac{\text{小班号—面积}}{\text{草}}$。例如，$\frac{\text{9—2.9}}{\text{草}}$。

4）有林地：$\frac{\text{面积—郁闭度}}{\text{林种—树种—龄级}}$。例如，$\frac{\text{2.5—0.3}}{\text{林种—树种—V}}$。

5）荒坡地：$\frac{\text{小班号—面积}}{\text{荒}}$。例如，$\frac{\text{13—3.9}}{\text{荒}}$。

2. 造林规划设计图的绘制　以土地利用现状图为基础，在图面上用数字、符号或颜色反映造林规划设计的重点内容，从而形成造林规划设计图。规划设计图除表示一般地形、地物特征外，应着重显示造林规划设计的内容。规划设计图是编制造林施工设计、组织、指导施工及对规划设计进行中期评估检查验收的重要图件。

（1）主要内容　着重反映规划设计内容。主要内容除现状外，造林面积、造林年度、造林类型、造林树种以及封山育林面积等内容均应反映出来。

（2）规划设计图的小班注记　规划设计图按流域或县、乡绘制。绘制时以土地利用现状图为基础，在已绘有小班界线的平面图上，绘制水土保持林造林规划设计图（图 10-2）。在规划设计图上，标出各种行政界线和各级经营区划线，用不同的符号和颜色按小班标出现有的林分类型、草地、农田、宜林地及明显的地物等。其中，宜林地小班要标出小班号、立地类型、面积、林种、造林类型和造林年度。为了区别于现状图，

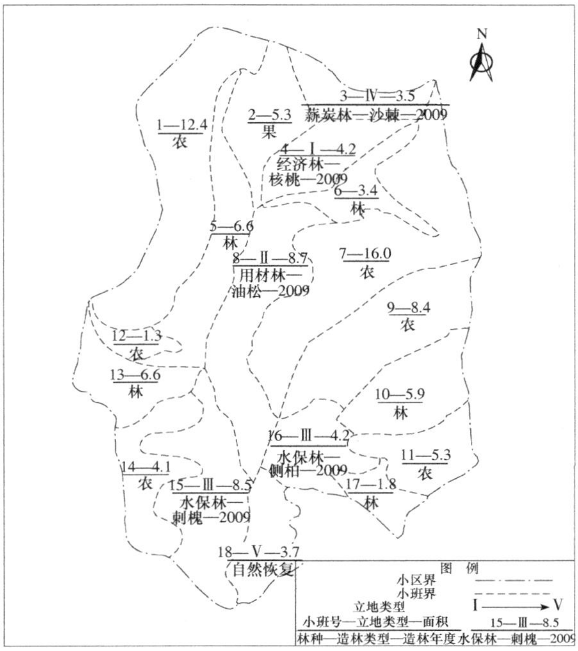

图 10-2　造林规划设计图

该图中规划的符号一般用虚线或用颜色线加以表示。在造林规划设计图中，原有农地、有林地、果园、牧草地标记方法与土地利用现状图相同，设计的造林小班注记的形式和内容与土地利用现状图有所不同，表示如下：

$$\frac{\text{小班号—立地类型—面积}}{\text{林种—造林类型—造林年度}}$$

3. ArcGIS 制图　ArcGIS 是一个典型的地理信息系统（GIS）软件，提供了用于地理数据的自动输入、处理、分析和显示的强大功能，现已成功应用到自然资源管理、区域规划、测绘、地质勘察等诸多领域。造林规划设计图所包含的信息量丰富，图面载负量大，既要反映地形、地貌等基础地理信息，又要反映土地利用和林业信息，因此，应用 GIS 软件绘制非常适合。

ArcGIS 是由美国 ESRI（Environmental Systems Research Institute）公司设计开发的地理信息系统软件平台，主要包括四个部分：桌面 GIS 软件 ArcGIS Desktop、服务器 GIS 软件 ArcGIS Server、网络 GIS 软件 ArcGIS Web 和移动 GIS 软件 ArcGIS Mobile。桌面 GIS 软件 ArcGIS Desktop 又分为 ArcView、ArcEditor 和 ArcInfo，它们的功能逐渐由弱到强、由简单到全面。作为构成上述三级桌面软件产品的共同应用环境之一，ArcMap 以地图为核心，用于编辑、显示、查询、分析地图数据的模块，它包含一套复杂的专业制图和编辑系统，可以完成包括对象编辑、数据表生成、空间分析、地图符号制作以及地图版面设计与输出在内的几乎所有设计制图工作，是目前国内外最常用于地图制图的桌面软件产品。

资源 10-1

使用 ArcMap 制作水土保持造林规划设计图的主要流程见图 10-3，主要分为四个阶段，即数据资料准备阶段、确定设计图的数学基础阶段、数据加工处理阶段、设计成图阶段。下面以 ArcMap（版本 10.6）为例对相关软件操作步骤进行简要说明。

（1）数据资料准备阶段　水土保持造林规划设计制图前，首先需要对收集到的数据资料进行分类整理，以便为后续工作提供必要的数据资料支撑。其中，所涉及的数据资料主要包括三类。

一是基础地理信息数据，包括行政界（如乡镇界线、村界线、权属界线）、铁路、各级公路、水系、等高线、居民地、注记（村、镇、林场名、水系名、道路名、地名等）。此类数据一般通过国家自然资源部测绘地理信息成果获得，数据形式主要为矢量地图数据格式（如 *.shp、*.dwg 等）。

二是卫星遥感影像数据、纸质地图经扫描后生成的图像数据及其他各类栅格形式的数据资料（如数字高程模型 DEM 数据、数字正射影像 DOM 数据、数字栅格地图 DRG 数据等）。数据形式主要为栅格地图数据格式（如 *.tiff、*.jpg、*.jpeg、*.png）。其中，卫星遥感影像数据一般通过国内外卫星遥感共享平台（中低分辨率数据，如 Landsat、MODIS 影像）或数据生产商订购（高分辨率数据，如 WorldView、QuickBird 等）获得；而 DEM、DOM、DRG 等数据则通过国家自然资源部测绘地理信息成果获得；纸质地图经扫描后生成的图像数据可以在 ArcMap 中经过图像配准后扫描矢量化（半）自动获得。

三是专题属性数据，如气象、土壤、植被、小班界线（小班面）、土地利用类型、立地条件类型、造林类型等专项调查数据资料以及外业调查结果。此类数据主要通过各级各类资源调查成果获得（如全国性国土调查、森林资源二类调查、立地因子调查、小班区划等），数据形式主要为记录文档、统计文档、外业调查表格等。这些属性数据在

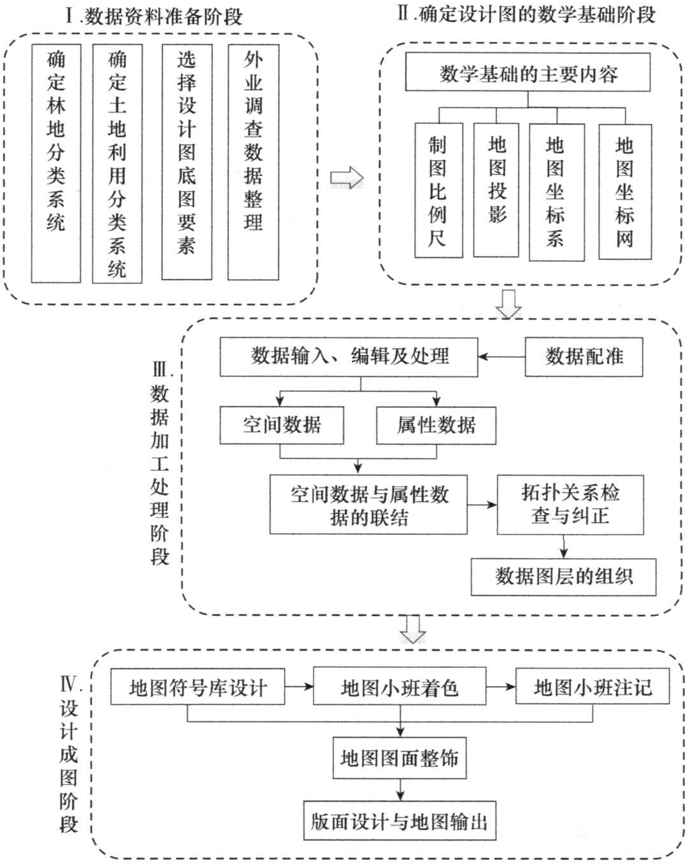

图 10-3 使用 ArcMap 制作水土保持造林规划设计图的主要流程

ArcMap 中最简单直接的输入方法是用鼠标点击空间要素，并将其属性录入属性编辑框中；如果已有空间要素属性的外部数据库文件，则可通过属性挂接（join）的方法将其连接到对应的空间数据属性表中。

（2）确定设计图的数学基础阶段　　水土保持造林规划设计制图使用的所有空间数据都来自地球表面。由于地球表面是一个高低不平、极其复杂的自然表面，尽管可以使用一个同大地体相近的、可以用数学方法表达的旋转椭球来近似表示，但该地球椭球面是一个不可展的曲面。若要将地球椭球面上的三维空间信息（经度、纬度、高程）准确绘制在二维平面直角坐标系（如地图平面 x、y）上，则必须依靠特定的数学法才能完成，这些数学法则构成了设计制图的数学基础。主要包括制图比例尺、地图投影、地图坐标系以及地图坐标网等要素。

1）制图比例尺（$\frac{1}{M}$）是地图上主要的数学基础要素之一，它决定着实地的轮廓转变为制图表象的缩小程度，即地图上某线段的长度 l 与实地相应线段 L 的水平长度之比，$\frac{1}{M}=\frac{l}{L}$。例如，图上长度 l=1cm，实地长度 L=1km，则地图比例尺为 $\frac{1\text{cm}}{1\text{km}}=\frac{1}{100\ 000}$

ArcMap 中自带了比例尺定义工具，可以根据需要选择比例尺大小，通过［View］（视图）、［Data Frame Properties］（数据框架属性）、［Data Frame］（数据框架）、［Extent］

（范围）、[Fixed Scale]（固定地图比例尺）、[Scale]（比例尺）、[Customize This List]（用户自定义比例尺列表）的步骤完成。

2）地图坐标系与地图投影。ArcMap 中预定义了两套坐标系统，地理坐标系（geographic coordinate system，GCS）和投影坐标系（projected coordinate system，PCS）。地理坐标系使用三维球面来定义地球上的位置并常用经纬度值表示。经度和纬度值以十进制为单位或以度、分和秒（D、M、S）为单位进行测量。纬度值相对于赤道进行测量，其范围是 −90°（南极点）～90°（北极点）。经度值相对于本初子午线进行测量，其范围是 −180°（向西行进时）～180°（向东行进时）。

将地理坐标系转化为投影坐标系的过程称为地图投影（图 10-4）。投影坐标系的实质是平面坐标系统，地图单位通常为“米”。投影坐标系在二维平面中进行定义。与地理坐标系不同，在二维空间范围内，投影坐标系的长度、角度和面积恒定。投影坐标系始终基于地理坐标系，即“投影坐标系＝地理坐标系＋投影算法函数”。我国的投影坐标系主要采用高斯-克吕格投影，分为 6 度和 3 度分带投影，1∶25 000～1∶500 000 比例尺地形图采用经差 6 度分带，1∶10 000 比例尺的地形图采用经差 3 度分带。具体分带法是 6 度分带从本初子午线开始，按经差 6 度为一个投影带自西向东划分，全球共分 60 个投影带，中国跨 13～23 带；3 度投影带是从东经 1 度 30 分经线（1.5°）开始，按经差 3 度为一个投影带自西向东划分，全球共分 120 个投影带，中国跨 25～45 带。

资源 10-2

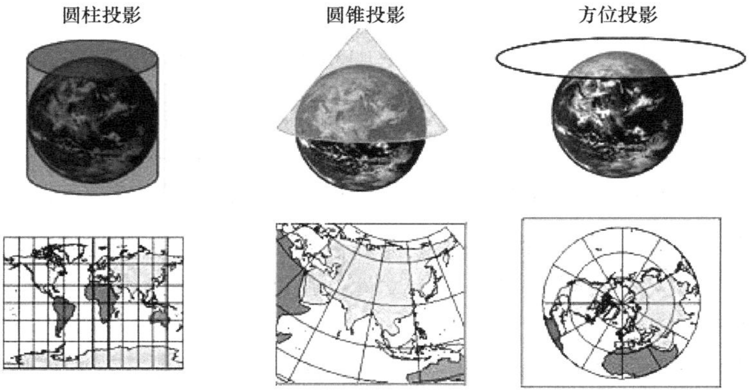

图 10-4　地图坐标系与地图投影

在 ArcMap 中，地图坐标系与地图投影的设置可以通过 [ArcToolbox]（工具箱）、[Data Management Tools]（数据管理工具）、[Projections and Transformations]（地图投影和变换）、[Define Projections]（投影定义）等步骤完成。

3）地图坐标网。通常，为了制图和使用地图方便，地图上都绘有一种或两种坐标网，即经纬线网和方里网。其中，经纬线网是由经线和纬线构成的坐标网；方里网则是由平行于投影坐标轴的两组平行线构成，一般出现在大比例尺地图上。

ArcMap 提供空间数据地图坐标网的自动绘制功能，可以通过 [View]（视图）、[Data Frame Properties]（数据框架属性）、[Grids]（格网）、[New Grid]（新建格网）、[Grids and Graticules Wizard]（格网和方格网绘制向导）的步骤完成。

（3）数据加工处理阶段　基于一整套统一定义的制图数学基础，水土保持造林规划设计图绘制所需的所有空间数据资料便可以进行数字化加工处理。数据加工处理主要包括无空间坐标系制图数据的数据配准、空间数据与属性数据的编辑、空间数据与属性数据的联结、拓扑关系检查与纠正、数据图层的组织等内容。

1）数据配准是将两个坐标系（如无地理空间坐标系扫描地图与特定地理空间坐标系地图）中的大容量空间数据点集转换到统一坐标系中的数学计算过程，实际上就是要找出两个坐标系之间的变换关系。

2）数据编辑与处理主要用来对输入的空间数据和属性数据进行检查、改错、更新及加工，它是一个交互式的处理过程。

通常属性数据的编辑同数据库管理结合在一起，典型的功能包括删除数据、插入数据、添加数据、修改数据、移动数据、合并分割数据及复制数据等。

空间数据的编辑分为图形参数编辑及图形几何数据编辑，通常用可视化编辑修正。图形参数主要包括线型、线宽、线色、符号尺寸、符号颜色、面域图案及颜色等；图形几何数据的编辑内容较多，其中包括点的编辑、线的编辑、面的编辑甚至目标的编辑。点的编辑包括点的删除、点的移动、点的追加、点的拷贝等。线的编辑包括线的删除、线的移动、线的拷贝、线的追加、线的剪断、线的光滑及求平行线等。面的编辑包括面的删除、面形状变化、面的插入等。由于空间数据的编辑包含着图形数据的编辑和属性数据的编辑，因此，编辑中还需要注意编辑后两者之间的正确配合。

资源 10-3

此外，在 ArcMap 中，为了真实地反映地理实体（如小班、土地利用类型等），不仅要包括各实体的位置、形状、大小和属性，还必须反映实体之间的相互关系。这些关系一般涉及它们之间的邻接关系、关联关系和包含关系，统称为空间数据的拓扑关系。由于拓扑关系能清楚地反映实体之间的逻辑结构关系，因此，它比几何数据有更大的稳定性，不随地图投影而变化。同时，利用拓扑关系不仅有利于空间要素的查询，还可以根据拓扑关系重建地理实体。空间数据拓扑关系检查与纠正是造林规划设计制图数据编辑处理过程中的一项重要工作。

ArcMap 支持对空间数据空间关系的拓扑检查与纠正操作，主要针对空间数据的空间关系，如相邻的面状行政区不能重叠、不能有空洞、等高线不能相交等。拓扑在要素之间建立了空间关系模型，利用拓扑可以保证空间数据的完整性、校验要素的有效性、定位拓扑错误和保证数据质量。

资源 10-4

3）数据图层的组织是指按照一定方式和规则对制图数据进行归并、存储、处理的过程，它基于人们认知现实世界的基本理论之一——分层分类理论。ArcMap 中的图层由若干个空间数据及其相关属性数据组织而成，一个空间数据框又是以若干个图层形式存储的，这一逻辑组织模型一般概括为“数据—图层—数据框—地图”图层组织形式（图 10-5），空间数据及其属性数据在这一模式中属于最基础层次，而地图则是这个模型的最高层次。

（4）设计成图阶段　造林规划设计制图是一种为达到一定目的而进行的视觉设计工作，其目标是增强制图结果和效果，使其更易于人们理解和传递制图信息（如造林规划布局、小班分布、土地利用状况等）。设计良好的规划图应该是平衡的、协调的、有序的和悦目的。因此，设计成图既是科学也是艺术。本阶段一般包括地图符号库设计（点、线、面状符号）、地图小班着色、地图小班注记、地图图面整饰和版面设计与地图输出 5 个基本步骤。

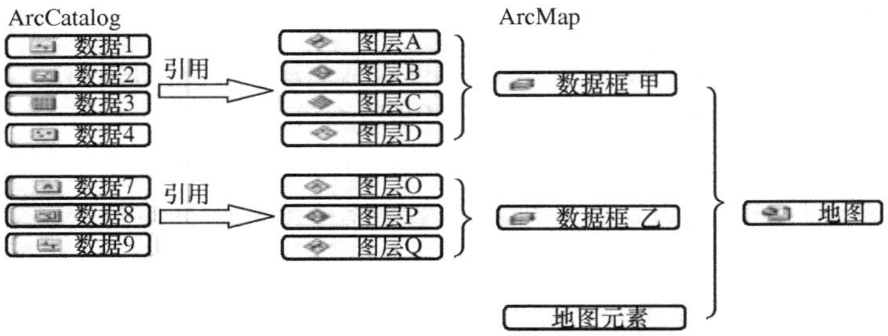

图 10-5　ArcMap 图层组织形式

1）地图符号库设计。虽然 ArcMap 自带了大量的符号库，但在造林规划设计图的实际应用中，有时不能满足所有需求，需要根据实际需求制作符号库。依靠 ArcMap 提供的交互式符号设计系统，能方便实现所需符号的制作，建立所需符号。符号制作完成后要进行保存。根据制作方法的不同，存储方式也各有不同，但均要遵循符号库文件设计的统一编码。

a. 点状符号设计。在 ArcMap 的 Style Manager（样式管理编辑器）中，点状符号可以通过简单点方式实现，但是对于复杂的点状符号则采用图片或调用字体符号的方式实现（图 10-6）。

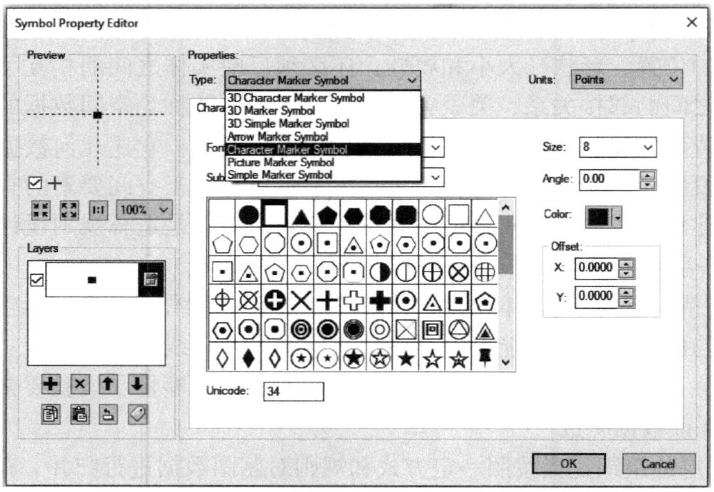

图 10-6　ArcMap 点状地图符号样式管理编辑器设计界面

b. 线状符号设计。ArcMap 的 Style Manager（样式管理编辑器）中对不同的线型提供了 5 种实现方式，包括简单线、细切线、制图线、点状符号或图片构成的线。对不同类型的线型，可以根据这 5 种方式分别或组合制作。对于不同粗细长短的线状符号，可以选择由制图线来完成，只要经过长短粗细和偏移的调整便可实现。而对于复杂的线状符号，需经过两个步骤，先把复杂的部分做成点状符号，然后再由点状符号直接组成线状符号或与其他线状符号叠加而成，如制作国界、国有林等界线都需要通过叠加、嵌套才能完成（图 10-7）。

c. 面状符号设计。ArcMap 的 Style Manager（样式管理编辑器）中对不同的面符号提

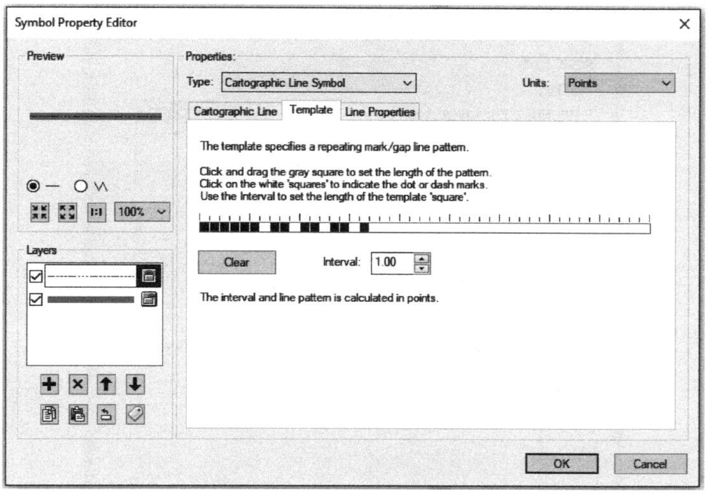

图 10-7　ArcMap 线状地图符号样式管理编辑器设计界面

供了 5 种实现方式，包括单色填充、渐变色填充、制图线填充、点状符号填充和图片填充。造林规划设计图上通常采用两种方法填充：由简单线或其他斜线符号来填充，也可以用点状符号来填充。如果点状填充符号的属性编辑对话框没有对符号的填充提供旋转和行间错位偏移，则可以采用多层填充符号的叠加方式完成（图 10-8）。

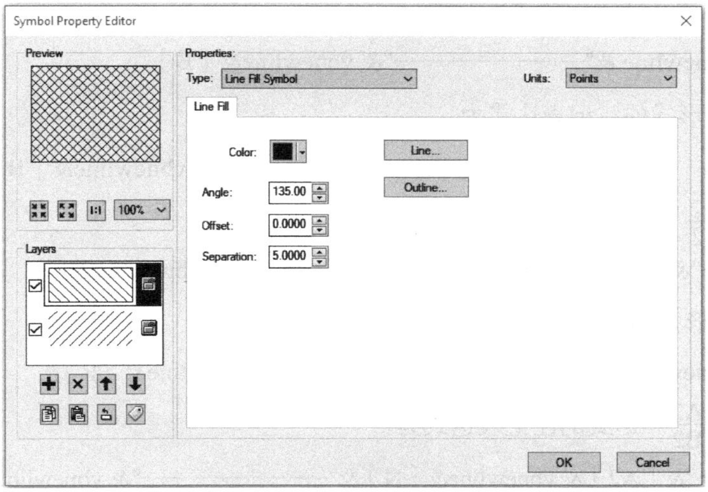

图 10-8　ArcMap 面状地图符号样式管理编辑器设计界面

2）地图小班着色。色标应根据《林业地图图式》（Cartographic Symbols for Forestry Maps，LY/T 1821—2009）的有关规定要求进行。在 ArcMap 中选择“颜色编辑器”对 RGB 或 CMYK 分别赋值，得到所需色标。

资源 10-5

3）地图小班注记。ArcMap 中进行地图小班注记可以通过设置图层属性、勾选标注中左上角的对勾、点击表达式、输入地图小班注记表达式的步骤完成（图 10-9）。常用的地图小班注记格式表达式如下。

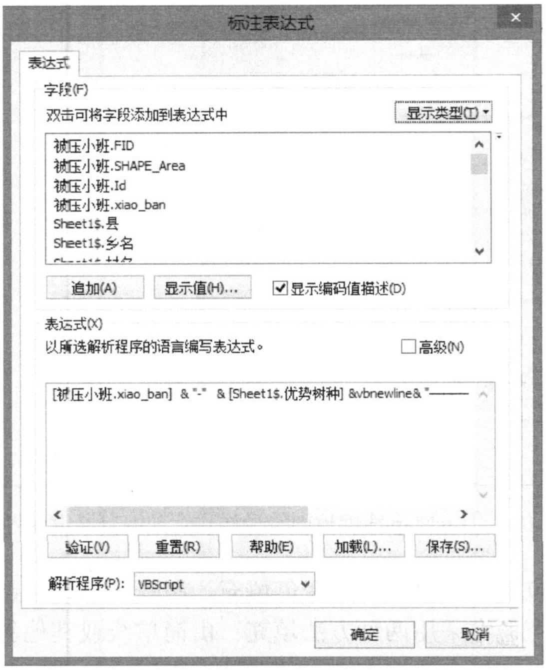

图 10-9　ArcMap 地图小班注记表达式设置界面

a. “$\frac{A}{B}$” 形式的注记表达式为

[A] & vbnewline &"——————————"& vbnewline& [B]。

b. “$\frac{(A)}{B}$” 形式的注记表达式为

" (" & [A] &") " & vbnewline &"——————————"& vbnewline& [B]。

c. “$\frac{A1-A2}{B1-B2}$” 形式的注记表达式为

[A1]&"—"&[A2]& vbnewline&"——————————"& vbnewline&[B1]& "—" &[B2]。

d. " N$\frac{A}{B}$ " 形式的注记表达式为

[A] & vbnewline & [N] &"——————————"& vbnewline& [B]。

e. “N$\frac{A1-A2}{B1-B2}$” 形式的注记表达式为

[A1] &"—"& [A2] & vbnewline& [N] &"——————————"& vbnewline& [B1] & "—" & [B2]。

4）地图图面整饰。根据制图需要，可以添加各种制图要素以丰富地图，如图名、比例尺、图例等。其中，图名、图例、比例尺、指北针、图框是常用的必不可少的地图图面整饰要素，缺少这些要素，整张地图无法理解。因此，在地图输出之前必须认真添加这些地图图面整饰要素。ArcMap 中一般通过执行菜单命令［Insert］（插入）完成上述地图图面整饰要素的添加。

资源 10-6

5）版面设计与地图输出。ArcMap 目前提供两种类型的操作界面：地理数据视图（Data View）和地图版面视图（Layout View）。在地理数据视图中，可以对地理图层进行符号化显示、分析和编辑 GIS 数据集，而在地图版面视图中，可以设计地图的版面，输出地图。

资源 10-7

ArcMap 中常用的地图输出方式有文件输出、打印输出两种方式。制作好的地图可以导出为多种文件格式，如 JPG，PDF 等，为其他图像软件提供通用的共享格式，或者直接打印输出。

（二）编写规划设计说明书

规划设计说明书是规划设计的主要成果之一，也是进行造林施工的主要依据。其内容的详简程度可根据规划设计的目的要求及范围大小而定，要求论据充分、文字精练、通俗易懂。根据各地经验，规划设计说明书一般包括以下内容。

1）前言。简述造林项目的由来及其任务，规划设计的目的意义、产生的背景、完成的经过，设计工作所依据的规程、标准、文件和要求等，以及其他有关说明的问题。

2）基本情况。说明规划设计区的地理位置与面积，自然地理条件与水土流失特点，社会经济状况，土地利用现状，林业生产情况，造林经验与存在的问题等。

3）规划设计的原则、依据及方法。

4）造林技术设计。主要包括立地条件类型的划分、造林类型设计、树种规划、林种规划、现有林经营规划和自然恢复规划。

5）种苗需要量及年度育苗量。

6）造林总进度及年度施工任务安排。

7）按造林环节说明用工量和总用工量。

8）投资估算。

9）预期效益分析。

10）实施规划的主要措施。

另外，还要根据规划设计内容，附土地利用现状图、立地类型图和造林规划设计图，以及立地条件类型表、造林类型表、树种规划表、林种规划表、种苗规划表、进度安排表、投资估算表等。

六、规划设计成果的评审与审批程序

规划设计完成后，应由上级业务主管部门召集设计单位、施工单位及邀请有关专家开会，共同研究分析规划设计的质量，然后做出评价，规划设计经审议后，应将修改定稿的规划设计说明书、图及表报送上级业务主管部门审批，审批后由生产单位实施。

思　考　题

1. 简述水土保持造林规划设计的重要性。
2. 水土保持造林规划设计的任务是什么？
3. 试述造林规划设计的方法步骤。
4. 如何用 GIS 绘制水土保持造林规划设计图？
5. 怎样编写水土保持造林规划设计说明书？

第十一章　水土保持林体系及林种配置

【内容提要】

我国山地丘陵区水土流失严重，根据自然条件、土地利用状况和水土流失特点，进行水土保持林体系的合理配置，充分发挥其改善生态环境和水土保持的功能，达到控制水土流失的目的。本章对水土保持林体系及其配置进行介绍，重点阐述了坡面水土保持林体系配置，水文网与侵蚀沟水土保持林体系配置，水库河川防护林体系配置，我国主要水土流失类型区水土保持林体系配置。

第一节　水土保持林体系及其配置概述

水土保持林体系（soil and water conservation forest system）是指在一个区域或流域范围内，根据自然条件、土地利用状况和水土流失特点，规划和营造的以水土保持林为主体，与其他林种相结合所形成的多林种、多树种、多层次的人工复合生态系统。在这一体系中，各林种合理配置，充分发挥防护功能与效益，达到控制水土流失和改善生态环境的目的。

一、水土保持林种类

水土保持林种类的划分与地貌密切相关，同时也受灾害性质及社会经济需求的影响。水土流失区造林的主要作用是控制水土流失，但在不同的地貌条件下，造林的目的有所区别，如在山地丘陵区的陡坡以防止土壤侵蚀为主；在一些海拔较高的山地，又以涵养水源为主；在水库、河川地区，以护库、护岸、固滩为主；在饲草能源缺乏的地方，还要充分考虑改善群众生活、提高经济水平、解决农村能源和饲草等问题。因此，水土保持林除保持水土外，还具有多种功能。

水土保持林种类的划分要具有科学性、实践性和系统性。所谓科学性就是要符合林学、生态学、地貌学、土壤侵蚀学及经济学的基本原理，所划分的种类概念清晰，相互之间具有明显的界限。实践性就是要符合生产实际，便于操作，每一个类型和种类在造林实践中都能充分体现。系统性是指所划分的类型和种类之间的隶属关系明确，在宏观上和微观上都可形成完整的体系。

在生产实践中，水土保持林的种类大多用“地形（或小地貌）＋防护性能＋生产性能”或“地形（或小地貌）＋防护性能（或生产性能）”进行命名，如护坡薪炭林、护坡经济林、梁峁顶防护林、坡面水土保持林、坡面水源涵养林等。现将不同水土保持林体系组成的种类进行归纳和总结，见表 11-1。

在水土保持林林种及其形成的体系中，实际上还包括流域内天然林在内的所有的木本植物群体。因此，在流域范围内的水土保持林体系应由以木本植物为主的植物群体组成。

表 11-1　水土保持林的种类

类型	种类	地形（或小地貌）及土地利用类型	防护与生产性能
分水岭防护林	山顶防护林	石质和土石山脉顶部的荒草地、耕地	保持水土，涵养水源，保护农田，获取大径材
	梁峁顶防护林	黄土梁峁顶部的荒草地、耕地	防止水蚀和风蚀，保护农田，获取小径材或灌木饲草
坡面防护林	坡面水土保持林	较陡的山坡、峁坡、沟坡，矿区开发的裸露坡面	防止各类坡面侵蚀，一般禁止生产活动
	护坡薪炭林	较缓的山坡、梁峁坡、沟坡，且靠近村庄和农户	防止各类坡面侵蚀，刈割取柴
	坡面护牧林	较缓的山坡、峁坡和沟坡草地	防止侵蚀，刈割牧草或放牧
	护坡用材林	缓坡、坡麓、塌地	防止侵蚀，获取木材
	护坡经济林	平缓的向阳坡面	防止侵蚀，获取经济林果
	坡面农林复合经营	较缓的山坡、梁坡和塬坡耕地	防止坡耕地侵蚀，获取木材或取条
	梯田地埂林	梯田地埂或坎坡	防止埂（坎）侵蚀，取材、取条或获取其他林副产品
侵蚀沟道和山地沟道防护林	沟头防护林	沟头荒地或耕地	防止水蚀与重力侵蚀，一般禁止生产活动
	沟边防护林	沟边荒地或耕地	防止水蚀与重力侵蚀，一般禁止生产活动
	沟坡防护林	沟坡荒草地	防止水蚀与重力侵蚀，一般禁止生产活动
	沟底防冲林	沟底荒草地或滩地	防止水流冲刷，一般禁止生产活动
	坝坡防护林	拦泥坝和淤地坝坡	防止水蚀，一般禁止生产活动
水库、河川防护林	水库防护林	水库坝坡、库岸及周边	防止水流冲刷、库岸坍塌，过滤挂淤，一般禁止生产活动
	护岸护滩林	河岸、河滩	防止水流冲淘、河岸坍塌，固岸，挂淤护滩，一般禁止生产活动

二、水土保持林体系的空间配置

水土保持林体系配置是指在不同地形地貌部位，根据水土流失形式、强度与生产方式，在适地适树基础上安排不同结构的林分，使其在流域空间内形成合理的布局，达到水土保持与经济目的。

在小流域范围内，水土保持林体系的合理配置，要体现各个林种具有的生物学稳定性，显示其最佳的生态经济效益，从而达到流域治理持续、稳定、高效、和谐的人工生态系统建设目标。水土保持林体系配置的组成与内涵，主要是做好各个林种在流域内的水平配置和立体配置。

水平配置是指水土保持林体系内各个林种在流域范围内的平面布局和合理规划。水土保持林体系的水平配置首先要解决林种组成及其占地比例和配置部位问题，这是能否形成合理水平结构的关键。水平配置要根据当地自然条件、地形特征和水土流失特点，以土地合理利用为基础，坚持“因地制宜，因害设防”的原则，处理好上、中、下游，坡、沟、川和左、右岸之间的关系。在林种组成上要突出水土保持林和水源涵养林的核心地位，把控制水土流失和改善山区生态环境放在首位，兼顾经济效益，充分体现水土保持林体系水平结构的合理布局与配置。

立体配置是指合理搭配的乔灌草种在林分内分层配置，形成多层次的立体结构。水土保持林林种在体系中都有特定的经营目的和配置部位，具有不同的功能和立体结构。从森林水源涵养、保持水土的机理而言，以木本植物为主体的生物群体及其环境综合体涵养水源作用最大。因此，要想充分发挥防护林涵养水源、保持水土的效应，必须营造乔、灌、草相结合的多树种、多层次的异龄混交林结构。在人为活动频繁、水土流失严重的山区，要实行封山育林、育灌、育草，以改善林分使其形成多层次结构，从而提高蓄水保土功能。坡面防蚀林（水流调节林）的最佳结构应是乔、灌、草、地被物组成的多层次立体结构。在相同土壤、地形、气候条件下，森林防护机能的大小是由林分结构特征决定的。树种组成、林分密度和层次是水土保持林林分结构中起主导作用的因素。但在任何结构的林分中，地被物和枯枝落叶层是林分发挥水文效应和防止土壤侵蚀效应的核心作用层，在机理上有其他任何结构要素不可取代的多种功能。所以，在水土保持林、水源涵养林的经营活动中，林下要形成丰富的地被物和枯枝落叶层，否则，将是水土保持造林和营林的最大失败。

资源 11-1

第二节　坡面水土保持林体系配置

坡面水土保持林的营造，根据不同立地条件，选择合适的树种，应沿等高线布设，以减轻或防止水土流失，改善生态环境。

一、坡面形状

由于坡面地形复杂，因此在实际布设时，一般根据坡面的断面形状来决定。虽然坡面小、地形变化多样，但是基本上由直线形、凹形、凸形和阶梯形四种形式组成（图 11-1）。

（1）直线形斜坡　从分水线到斜坡底部坡度基本一致，越往下径流汇合越集中，径流量增加，流速增大，水土流失越严重。侵蚀形式由面蚀到沟蚀（图 11-1A）。由于侵蚀较轻，且分布比较均匀，应营造以乔木为主的乔灌混交林。

（2）凹形斜坡　这类斜坡的上半部临近分水线，坡度较陡，水土流失较为严重，坡的中下部，流量集中，但由于坡度的减小，径流流速减小，土壤侵蚀现象也随之减轻，常出现泥沙淤积（图 11-1B）。由于上部较陡，土壤比较干旱，下部凹陷，水分条件较好，因此，上部营造以灌木为主的护坡林，下部凹地可营造以乔木为主的混交林或果灌为主的混交林。

（3）凸形斜坡　这类斜坡在临近分水线附近的地面坡度平缓，随着坡长的增加，坡度也相应增大，径流量也迅速增加，土壤侵蚀严重。当坡面径流汇集到斜坡的中下部时，由于坡度更陡，径流流速更大，土壤侵蚀现象更严重，最终导致严重的水土流失（图 11-1C）。因此，在凸形坡中上部应营造乔灌混交林，灌木比重占 60% 以上。

（4）阶梯形斜坡　这种斜坡是一种复合型斜坡，兼有上述三种斜坡的特点，这类

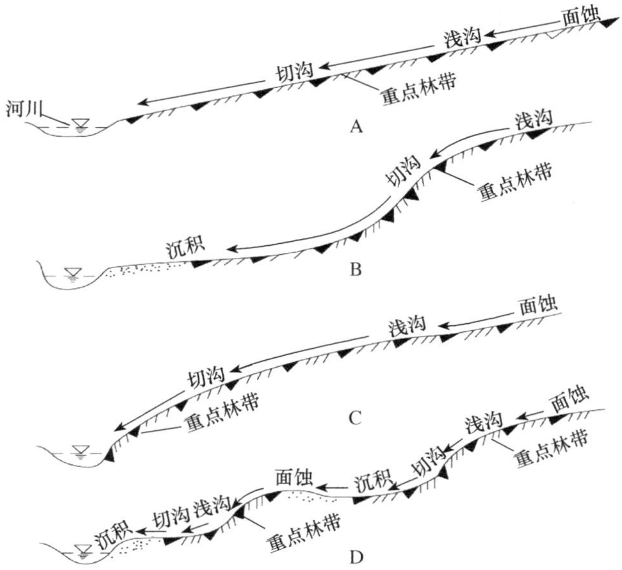

图 11-1　不同形式坡面上护坡林位置示意图

斜坡随着坡长的增加和坡度的转折，水土流失也有变化。在坡面长、坡度陡的地段，水土流失较为严重，在凸形斜坡转变为凹形斜坡的转折处，水土流失最为严重（图 11-1D）。因此，应在凸形斜坡与凹形斜坡的转折处配置灌木混交林。

综上所述，坡面小地形的复杂性，决定了坡面水土保持林的多样性和复杂性，归纳起来大致有以下 6 种：坡面水土保持林、坡面水源涵养林、护坡薪炭林、坡面护牧林、护坡经济林、坡面农林复合经营（坡面农防林）。

二、坡面水土保持林

（一）配置的目的

1）过度放牧、樵采等引起严重水土流失的山地坡面，大多土层浅薄，土壤干旱瘠薄，立地条件差，重点是营造水土保持林防止坡面进一步侵蚀。

2）由于山地道路、水利工程或山区矿山开发而出现的大面积坡面裸露的地方。这类坡面水土流失严重，容易引发山体滑坡、泥石流等灾害，配合必要的工程防护措施营造水土保持护坡林，可以收到良好的护坡效益。

（二）配置

坡面水土保持林的营造应以混交林为主，一方面要通过细致的整地集水保水工程，形成有利于幼树成活和生长的生境条件；另一方面要选择合适的树种，进行合理的配置，通过良好的管理措施，为目的树种的生长及其稳定创造良好的条件，发挥控制侵蚀的作用。

1. 乔、灌木带状混交　沿坡面等高线，结合水土保持整地措施，先营造灌木带（沙棘、灌木柳、紫穗槐或马桑等），每带由 2 或 3 行灌木组成，带内行距为 1m，株距为 0.5m，带间距为 4～6m，灌木成活后，经第一次平茬，再在带间栽植乔木树种 2 或 3 行，株距为 2～3m。

2. 乔、灌木行间混交　乔、灌木同时栽植造林，采用乔、灌木行间混交。常见的有刺槐与紫穗槐混交、油松与沙棘混交。不同气候带主要坡面水土保持用材林树种见表 11-2。

表 11-2 不同气候带主要坡面水土保持用材林树种

气候带	主要水土保持用材林树种
南亚热带	马尾松、海南五针松、华南五针松、火炬松、思茅松、木麻黄、台湾杉、杉木、水杉、巨尾桉、柠檬桉、窿缘桉、大叶桉、大叶相思、金毛相思、肯氏相思、绢毛相思、苦楝
中亚热带	马尾松、杉木、柏木、水杉、柳杉、秃杉、湿地松、火炬松、云南松、华南五针松、黄山松、麻栎、栓皮栎、青冈栎、大叶桉、檫树、樟、川楝、苦楝、枫杨、桤木、木荷、刺槐、楸树、紫楠、泡桐
北亚热带	马尾松、杉木、油松、火炬松、湿地松、秃杉、华山松、柏木、水杉、柳杉、池杉、麻栎、栓皮栎、青冈栎、椴树、木荷、枫杨、刺槐、檫树、樟、紫花泡桐、枫杨、桤木、皂荚、檀木、柳、榆
南温带	油松、樟子松、红松、黑松、华北落叶松、日本落叶松、水杉、中山杉、华山松、侧柏、柏木、刺槐、泡桐、麻栎、栓皮栎、臭椿、白蜡树、复叶槭、黄连木、紫椴、楸树、皂荚、桑、白榆、日本桤木、枫杨、旱柳、杨类
中温带（一）东北半湿润区	樟子松、长白落叶松、兴安落叶松、红松、白榆、椴树、水曲柳、黄菠萝、槭类、蒙古栎、胡桃、楸树、旱柳、杨树、白桦
中温带（二）西北、华北半干旱区	油松、华北落叶松、樟子松、侧柏、白皮松、槭类、椴树、白桦、白榆、栓皮栎、辽东栎、核桃、楸树、杨树、臭椿
中温带（三）西北干旱地区	风沙区：樟子松、油松、旱柳、白榆、小叶杨、小青杨、河北杨 荒漠、半荒漠区：胡杨 绿洲、灌溉区：新疆杨、银白杨、箭杆杨、旱柳、白榆

三、坡面水源涵养林

一般在降雨强度超过土壤渗透速度时，即使土壤未达到饱和状态，也会因降雨来不及渗透而产生超渗径流，而当土壤达到饱和状态后，其渗透速度降低，即使降雨强度不大，也会形成坡面径流，称为过饱和径流。森林土壤具有良好的结构和植物腐根形成的孔洞，渗透快、蓄水量大，一般不会产生上述两种径流。即使在特大暴雨情况下形成坡面径流，其流速也比无林地大大降低。

（一）配置的目的

合理配置的坡面水源涵养林可以调节坡面径流和地下径流，消减河川汛期洪峰流量，增加枯水期径流量，从而减轻或防止洪水灾害。我国受亚洲太平洋季风影响，雨季和旱季降水量悬殊，因而河川径流有明显的丰水期和枯水期。但在森林覆盖率较高的流域，丰水期径流量占 30%～50%，枯水期径流量也可占到 20% 左右。森林增加河川枯水期径流量的主要原因是把大量降水渗透到土壤层或岩层中并形成地下径流。在一般情况下，坡面径流只要几十分钟至几小时即可进入河川，而地下径流则需要几天至几十天，甚至在更长的时间内缓缓进入河川，因此可使河川径流量在年内分配比较均匀，提高了水资源利用系数。

合理配置的坡面水源涵养林可以减少径流泥沙含量，防止水库和湖泊淤积，河川径流中泥沙含量的多少与水土流失密切相关，水源涵养林一方面对坡面径流具有分散、阻滞和过滤等作用；另一方面其庞大的根系层对土壤有网结、固持作用。在合理布局的情况下，还能吸收由林外进入林内的坡面径流，并把泥沙沉积在林区。

（二）配置

1）水源涵养林要因时、因地、因害设置。在因融雪造成洪水灾害的水源地区，水源涵养林只宜在分水岭和山坡上部配置，使山坡下半部处于裸露状态，这样在春天，山坡下半部的雪先融化流走，上半部林内积雪再融化就不至于造成洪灾。为了增加整个流域的水资源总量，一般在干旱、半干旱地区的坡脚和沟谷中布设水源涵养林，因为这些部位的森林能把汇集到沟谷中的水分重新蒸腾到大气中去，减少径流量。

2）水源涵养区的山地，虽然水土流失严重，但是保留着质量较好的立地和乔灌草植物，多采用封山育林措施，再加上人为合理的干预，可较快地达到恢复森林的效果。封山育林基本上是模仿自然群落形成和发展的过程。恢复和培育森林的目标可遵循生态学原理，形成多树种、多层次、异龄化的林分结构，可采用乔灌草、针阔叶、深根和浅根树种、耐阴和喜光树种、速生和慢生树种、改良土壤作用不等的树种以及经济价值高低不同的树种等，组合成不同的林分结构（表 11-3）。这样以木本植物为主的自然生态群落具有很强的稳定性和内部自我调节能力，并表现出较强的涵养水源的生态功能。

资源 11-2

表 11-3　造林树种配置表

主要树种	搭配树种
油松	栓皮栎、槲树、辽东栎、侧柏、落叶松、元宝枫、白蜡树、椴树、桦树、色木槭、刺槐、山杏、紫穗槐、黄栌、胡枝子、沙棘等
侧柏	栓皮栎、辽东栎、白皮松、油松、刺槐、元宝枫、黄连木、山皂荚、紫穗槐、火炬树等
华北落叶松	白扦、油松、樟子松、辽东栎、桦树、山杨、水曲柳、椴树、春榆、白蜡树等
栓皮栎	油松、侧柏、元宝枫、紫穗槐、黄栌等
刺槐	侧柏、油松、杨树、栓皮栎、白榆、臭椿、紫穗槐、黄栌等
杨树	刺槐、侧柏、沙棘、紫穗槐等

资料来源：《水源涵养林工程设计规范》（GB/T 50885—2013）附录 B

（三）树种选择

坡面水源涵养林的造林树种应选择根量多、林冠层郁闭度高、林内枯枝落叶丰富、抗逆性强、低耗水、保水保土能力强、具有一定的观赏价值的乔灌木树种，应重视乡土树种的优选和开发，参见表 3-10。

（四）幼林管理

水源涵养林在幼林阶段要特别注意封禁，保护好林内地被物层，以促进养分循环和改善表层土壤结构，利于微生物的繁殖，尽快发挥森林的水源涵养作用。当水源涵养林达到成熟年龄后，要严禁大面积砍伐，一般应进行弱度间伐或采取择伐的方式。重要水源涵养林区要禁止任何方式的采伐。

四、护坡薪炭林

（一）目的和特点

1. 目的　　发展护坡薪炭林的目的主要在于解决农村生活用能源，控制坡面的水土流失，减轻或防止对森林植被的破坏，达到以林保林的目的。

2. 特点　薪炭林营造投资少、见效快、生产周期短；薪炭林作为燃料，对环境的污染较小；使用方便、低价安全、热值高。

（二）适宜造林地与树种选择

薪炭林造林地的选择应距村庄较近，交通方便，经济利用价值不高。或选择水土流失比较严重的荒坡地。

薪炭林一般选择耐干旱瘠薄、萌蘖能力强、耐平茬、生物产量高、易燃烧和热值高的乔灌木树种。

热值是评价薪炭林树种能源价值高低的重要指标，不同树种木质材料的热值不同（燃烧值），同一树种木质材料又因产地和木质水分含量不同而影响其热值的高低。热值的定义是指薪炭林树种所贮存的大量化学能，在供氧充足的条件下，其木质完全燃烧时所释放的热量（kJ/g）。

对不同的薪材树种，多在风干状态时，以热值的大小进行比较评价。例如，蒙古栎热值为4530kcal/kg，针叶树4800kcal/kg，阔叶树4600kcal/kg，刺槐4603kcal/kg，旱柳4608kcal/kg，小叶杨4500kcal/kg，紫穗槐4660kcal/kg。

我国南方适宜的薪炭林树种主要有各种栎类、桉类、马尾松、大叶相思、银桦和铁力木等，其生物产量在15 000～25 500kg/（hm^2·年）。北方适宜的薪材树种主要有刺槐、火炬树、旱柳、柠条、沙棘和杭子梢等，山丘区产量一般在6000～7500kg/（hm^2·年），平原区产量一般在6750～12 000kg/（hm^2·年）。内蒙古东北地区多用蒙古栎和辽东栎。沙漠地区多以沙拐枣、沙棘、柽柳、梭梭等树种作为薪炭林。

（三）配置与经营

1. 薪炭林造林密度　营造薪炭林一般要求密度较高。一是为了提高干枝的生物产量，二是薪炭林生长周期短，个体所需营养空间相对较小，只有密植才能充分利用空间。一般造林密度应在400～667株/亩，最大为1000株/亩（如灌木）。密度的确定要根据树种和立地条件的不同，因树、因地制宜地确定。

2. 薪炭林的林分组成与配置技术

（1）纯林　纯林是由一种树种组成的林分。例如，马尾松林和辽东栎林等。

（2）混交林　能够充分利用营养空间，增强生物群体的抗性，能提高单位面积上的生物产量；能改善和改良土壤，保持水土能力强，能抑制病虫害的蔓延。混交树种搭配包括速生与慢生树种、深根与浅根树种、喜光与耐阴树种、固氮与非固氮树种，如杨树与沙棘混交林、松栎混交林等。混交类型包括乔木混交型和乔灌混交型。

3. 造林技术

（1）整地　鱼鳞坑、反坡梯田和水平沟等。整地季节，提前半年，最好在雨季以前进行整地。

（2）造林方法　植苗造林和播种造林。

4. 薪炭林作业技术　根据薪炭林的经营目的和树种特性确定薪炭林的作业方式。以培育薪炭林兼水土保持的林分可实行矮林作业，以培育薪炭林及农用小径材为主的林分可采用中林作业。

（1）矮林作业　适合于萌芽更新能力强的树种，特别是一些灌木薪材树种。造林后，林木生长 2～4 年时进行平茬取柴，并加强管理，促进其更新，要及时除萌，除去弱小萌条，选留壮条形成第二代林分，几年后进行第二次平茬利用，如此往复，可达几十年之久，直至伐根失去萌芽能力，再更换树种重新造林。

平茬季节多在冬季，此时林木处于休眠状态，且根部储存的营养物质多，萌芽能力强，翌年早春能较快生出新条，延长了生长期，使枝条充分木质化，提高了薪炭材的质量。

平茬时，茬口要低且平滑，在干旱多风地区，伐后要覆土保护伐根，以防风干影响萌芽。

（2）头木作业　是矮林作业的一种特殊方式，根据一些树种（柳树、刺槐等）萌芽能力强的特点，截去上部树干，促使萌发侧枝，培育薪炭材和小径木材。一般在造林后 3～4 年，主侧枝分明时，在树高 2～3m 处截去主枝定干，发枝后，在萌条中均匀选留 5～10 个健壮枝进行培育，经过 2～3 年，从侧枝基部 20cm 处截枝取薪炭材，保留茬桩供再次萌条，这样往复砍伐利用，茬头形成头状，故称为头木作业。

（3）中林作业　适合于乔灌混交林或异龄林。乔木居上层，以培育用材为主，通过择伐获取一定量的薪炭材。例如，松栎混交林中林作业，松树实行乔林作业，培育取材，轮伐期为 25～30 年；栎类实行矮林作业，获得薪材，轮伐期为 2～3 年。

（4）乔林作业　适用于以用材为主兼顾薪炭材的林分。当林分达到工艺要求或达到成熟更新年龄时，进行间伐从中获取薪材。

五、坡面护牧林

（一）目的

为牧草生长创造良好的条件，减轻草场的水土流失和风寒之害，并且林木可为牲畜提供饲料（草）。

（二）配置

1. 树种选择　选择原则如下：①适应性强，耐干旱瘠薄；②适口性好，如杨树、刺槐、沙棘、白榆、柠条均有较好的适口性；③营养价值高，含有较高的蛋白质和其他营养元素；④生长迅速，幼林时可大量提供饲草；⑤萌蘖力强，平茬或放牧后能迅速恢复；⑥应具有其他经济效益（薪炭材、蜜源等）。

2. 配置

（1）山地放牧林的配置　配置山地放牧林（或刈割饲料林）时，可根据地形条件采用短带状沿等高线布设，由 2 或 3 行灌木组成，长 10～20m，带间距为 4～6m，水平相邻带与带间留出缺口，以便牲畜通过，也可采用灌木丛均匀配置，每丛灌木占 5m^2 左右，牲畜可自由穿入灌丛间。在灌木丛间的空地上，截留雪较多，增加了土壤水分，改善了立地条件，使天然牧草生长处于良好的气候条件之中。因此，单位面积上的生物产量比单纯灌木饲料林或单纯放牧地要高。

（2）天然草场或人工割草场护牧林的配置　主要目的在于改善草场局部小气候及水土条件，以促进草场产量提高，同时护坡林木的嫩枝也可作为饲料。

草场护牧林以带状或短带状沿等高线配置，留出缺口，每带植树 2 或 3 行，宽度为 5～6m，防护林带间距为带宽的 8～10 倍。另外，也可群状分散配置乔木，以便牲畜乘凉避暑。

（3）造林与经营技术　灌木放牧林多采用直播造林，3 年后进行平茬，促进地上部分生长。乔木树种造林后，若按灌木状经营，第 2 年即可平茬，使地上部分形成灌木丛。放牧林地造林后 2～3 年要严加封禁，禁牧目的是促进灌丛的生长。放牧林要轮牧，有利于树木和草本植物生长，又能保持有丰富的采食饲草。散生团状的乔木要植苗造林，并加强抚育管理。

六、护坡经济林

（一）目的

发展护坡经济林不仅可以获得林果产品和取得一定的经济收益，为农村经济发展增添活力，带动农村经济发展，还可以控制坡面的水土流失。

（二）配置与营造技术

在山地坡面得到治理的条件下，一些退耕地、弃耕地，以及水肥条件较好的背风向阳缓坡地，可以发展经济林，坡度应低于 25°。

1. 树种（品种）选择　根据适地适树、优质丰产高效的原则，按经营方向和市场需求，选择当地生产潜力大、市场前景好的优良树种（品种）；引进外来树种（品种），要通过试种、示范，成功后方可大面积推广和发展；基地建设的优良品种率应达到 100%。果品类基地建设应合理配置早、中、晚熟和鲜食、加工品种。

树种选择要充分考虑当地的自然条件和适宜性。例如，在黄土高原地区，由于土壤比较瘠薄，水分条件较差，护坡经济林应选择耐旱、耐瘠薄的树种，如杏、柿、核桃、枣、文冠果等。

2. 营造技术

（1）整地　根据不同山地类型，因地制宜，采取水平梯田、撩壕、大水平阶和大鱼鳞坑整地方式。整地的长度、宽度和深度，根据立地类型和不同经济林树种苗木的栽植要求确定。

（2）确定栽植密度　由于品种、立地条件、栽培技术水平的不同，经济林生长发育有明显的差异，这直接关系到栽植密度的大小。合理的栽植密度应该是处于盛果期时，林分内的空间完全被树冠所覆盖而且通风透光良好，树冠内和树冠下层的枝条也能保持良好的结实能力。因此，确定合理的栽植密度，必须考虑近期和长期的生产目标，以期获得最佳而均衡的经济效益。主要经济林树种造林密度见表 11-4。

（3）挖坑栽植　在已修好的水平梯田、平台地、平地、已整平的沟谷地上，按事先设计的株行距，挖成适合经济林生长的圆形（或方形）坑，如核桃需要挖深 1.2m、直径为 1m 的坑，填土时可在底部施入足量的有机肥。栽后要及时灌足水。在水平梯田埂坎、水平阶和鱼鳞坑间的坡面要种草、植灌护坡，防止土壤冲刷。

表 11-4　主要经济林树种造林密度表

树种	造林密度 /（株 /hm^2）		树种	造林密度 /（株 /hm^2）	
	建园	间作		建园	间作
板栗	450～840	225～330	葡萄	900～3330	
核桃	450～840	225～330	李	495～1245	

续表

树种	造林密度 /（株 /hm^2）		树种	造林密度 /（株 /hm^2）	
	建园	间作		建园	间作
枣	450～840	225～330	杏	420～825	
仁用杏	495～1245		梅	600～900	
银杏	450～1200（果）	165～330	杨梅	500～630	
	2700～8000（叶）		樱桃	495～840	
柿	450～840	225～330	石榴	495～900	
苹果	450～1240		枇杷	900～1200	
梨	495～840		油茶	1200～1860	
桃	495～990		油桐	600～900	
柑橘	525～1245		花椒	420～1110	
柚	450～750		八角	600～750	
荔枝	495～615		肉桂	750～9000	
龙眼	495～615		杜仲	1665～3000	
杧果	600～825		枸杞	900～1500	
猕猴桃	660～1500				

（4）授粉品种的配置　　经济林在营建时，还必须考虑授粉品种的配置，有些经济树种为雌雄异株，有些虽然是雌雄同株，但由于是单性花，雌雄花不同时成熟，也属于异花授粉植物，如核桃品种化栽培以后，嫁接繁殖的品种都是单一的雄花型或雌花型。因此，在营建时必须配置与其相匹配的互相授粉的品种。对核桃而言，目前国际上提倡核桃育种要培育“授粉品种”，即雌雄花期相匹配的两个品种，凡是主栽品种均应配置授粉品种。

（5）栽后管理　　经济林营建后要加强看护，中耕除草，防止人畜等危害。也要防治虫害，新栽的幼树特别要防止害虫危害新发的嫩芽。冬季到来的时候要进行防寒保护，由于当年新栽幼树枝条幼嫩、茎中空、髓心大、含水量高，易因受冻及寒风而抽条，因此，在北方各地对经济林的树种都要进行防寒工作，防寒方法主要是将苗轻轻弯倒，用土埋好，埋土厚度为 30～40cm 即可。如果幼树不高，也可全部用土将树埋好。也可用编织袋等，套上幼树，填土埋好。

另外，在规划经济林时，还应考虑水源和交通条件，如果取水困难，可修建旱井、水窖、水塘等集雨设施。

七、坡面农林复合经营

（一）目的

坡面农林复合经营的目的就是在稳定基本农田、培肥地力、加固梯田地埂的同时，通过农作物、经济作物、果树等的合理配置，充分利用单位面积农田上的光、热、水、肥等条件，大幅度地提高土地生产力和总体经济效益；坡耕地上实行农林间作，可以横坡拦截和调节地表径流，控制水土流失，同时可增加农作物的产量。

资源 11-3

（二）配置特点

1. 坡耕地上的农林间作　坡耕地是水土流失的主要来源地，越贫困的地方，一般坡耕地占的比例越大，水土流失越严重。因此在流域治理中，在确保基本农田的基础上，对坡度较大的坡耕地逐步退耕还林。采用坡耕地农林间作的形式是一项行之有效的过渡办法。

在我国东北和黄土高原地区，沿等高线修一条宽2～2.5m的反坡梯田带，带与带之间的距离根据坡度确定，带间距为20～40m。条带中栽植2或3行紫穗槐、柠条、沙柳、黄柳等灌木，形成等高灌木带。一些地方还栽植苜蓿、黄花菜等草带。

在南方多栽植剑麻、火棘、马桑、桑树、山茶树等。这种方法不仅可减轻土壤侵蚀，改良土壤，还有较高的经济价值。一些地区在坡耕地上也栽植乔木树种和价值较高的经济林木，如松、杉、杜仲和苹果、梨、杏、枣、柿、花椒、茶实行短期林粮间作，在林分郁闭以前，种植谷物和豆类、洋芋、花生等。林分郁闭以后，完成退耕还林。

资源 11-4

2. 坡耕地上的农田防护林　坡耕地上的农田防护林布设的位置，要根据不同的地形来决定，凸形斜坡，防护林带应布设在中下部；凹形斜坡，应在坡的中上部布设一条林带；直线形斜坡，防护林带应布设在中部。

防护林带的配置如下。

（1）纯灌木类型　适用于干旱地区或半干旱地区的山坡地上，营造纯灌木林的林带宽度一般为20～30m，株行距为0.5m×1.0m。

（2）乔灌混交类型　适用于半干旱地区的山坡坡面，若坡面立地条件较差，先以灌木为先锋树种，待土壤改良后，再配置成乔灌混交类型。乔灌混交类型的林带宽度一般为20～30m，行间或带状混交，乔木株行距为1.0m×1.5m，灌木为0.5m×1.0m。乔灌木混交林带较好的有油松与胡枝子、刺槐与柠条或白榆、油松与紫穗槐、樟子松与沙棘混交林等。

（3）乔木与乔木混交类型　适用于立地条件较好、坡面较长、土层较厚的山坡坡面，可以获得一定的小径级木材。一般林带宽度为10～20m，采用行间混交或者株间混交。比较好的混交类型有油松与刺槐或侧柏、落叶松与白桦、刺槐与白榆混交林等。

（4）果树灌木混交类型　适用于立地条件较好、土层厚、避风向阳、光照充足的阳坡或半阳坡坡面，可以配置果树灌木混交林带，不仅具有良好的防护作用，还能获得显著的经济效益。带宽一般为10～20m，带状混交，果树的株行距为（3～4）m×（4～5）m，灌木株行距为1.0m×1.0m。

3. 基本农田上的农林间作

1）梯田地埂上栽植灌木，如杞柳、紫穗槐、柽柳等。可收获灌木编织条材，其嫩枝、叶可就地压制绿肥。栽植或扦插灌木苗子时，可在地埂高度的1/2或1/3处（距梯田田面高度约50cm的位置），不会产生串根胁地问题。在灌木丛形成后，依靠其浓密的树冠和盘结交错的根系，减轻暴雨对地埂的直接冲击和径流对地埂的冲刷。灌木丛形成后，地上部分的高度一般在1～1.5m，梯田田面范围内可形成良好的小气候条件，对梯田作物的遮阴也非常微弱。

2）梯田地埂上栽植乔木或经济树种，如泡桐、臭椿、楸树、杜仲、核桃、板栗、枣、柿、山楂、花椒等。乔木树种株距为3～6m，在树冠形成过程中，应注意适当修枝。

经济树种株距为 5～8m，在地埂上栽植一行，基本上不影响梯田田面上农作物对光照的要求。避免栽植根蘖性强的树种或串根树种，如刺槐、沙棘等。

第三节　水文网与侵蚀沟水土保持林体系配置

一、土质沟道水土保持林

（一）目的

侵蚀沟是水力侵蚀、重力侵蚀等综合作用的部位，是洪水、泥沙集中的通道，沟底下切、侧蚀、崩塌、滑塌都很严重。因此，土质侵蚀沟的水土保持林，主要是通过控制沟头、减缓沟底纵坡、抬高侵蚀基点、稳定沟坡，达到控制沟头前进、沟底下切和沟岸扩张的目的，从而为沟道合理利用、提高土地生产力创造条件。

（二）配置特点

侵蚀沟水土保持林的配置，要从上游到下游，从沟头到沟口，从支沟到主沟，从沟岸到沟底，与工程措施相结，层层设防，分类施治。根据立地条件，按照乔灌草结合、水生和旱生植物结合、长远利益和近期利益相结合、提高土地利用率的原则，选择适生的树草种，营造沟边、沟头防护林，沟坡水土保持林，沟底防冲林，扩大防冲草地，建立综合防治体系，发挥群体优势，控制水土流失。

1. 沟边防护林配置

（1）侵蚀特点　沟边地带是坡度发生急剧转折的地段，水力侵蚀和重力侵蚀活跃，坡面径流由此下泻入沟，常常造成陷穴和裂缝，并进一步引起滑塌，形成侵蚀凹地和栅状沟。沟边防护林可防止径流冲刷造成崩岸，以达到稳定沟岸的目的。

（2）配置　沟边防护林的配置应根据集水面积的大小、沟坡岸的稳定程度及土地利用状况来确定，一般在沟边线以上 2m 处，修宽 0.5m、顶宽 0.3、高 0.5m 的沟边埂，并在内侧每隔 15m 左右修一横挡，以防水流集中冲毁土埂。土埂修好后，可在埂外侧栽植 1 或 2 行深根性乔木，内侧栽植 2～4 行灌木，或在埂内外侧全部栽植灌木。

资源 11-5

如果集水面积小，沟坡较缓，已形成自然安息角，沟岸比较稳定，可在沟边线以上 1～1.5m 处配置沟边埂和林带，林带宽度一般为 3m。如果集水面积大，且沟坡陡峭，沟岸不稳定，则沿沟坡稳定线以上 1.5～2m 处配置沟边埂和林带，林带宽度可加大到 5m 以上。当沟边地带为农田，并且沟岸稳定时，为少占耕地，沟边埂和林带的位置应靠近沟，一般沿沟边线以上 0.5～1m 处配置，林带宽度减小到 1～1.5m。

营造沟边埂林带，应选择抗蚀性强、固土作用大的深根性乔灌树种，条件好的地方可选择一些经济树种，如桑、山楂、枣、文冠果、枸杞等。

2. 沟头防护林配置

（1）侵蚀特点　沟头是径流汇集入沟最为集中的地段，其上方多为进水浅凹地。强烈的水力侵蚀和崩塌陷穴，导致沟头不断前进，沟底不断下切，为了控制溯源侵蚀，应结合沟头防护工程营造沟头防护林带。进水凹地是沟头侵蚀最活跃的地方，沟头防护林应在凹地垂直流水线和在两侧的坡沿等高线布设。

（2）配置　沟头防护林必须把生物措施和工程措施结合起来，形成连环锁，方能锁住沟头。沟头防护工程一般多采用封沟埂、围堰（埝）等。围堰为连续式和断续式。一般高 0.5～1m，顶宽 50cm。围堰距沟边距离为沟深的 1 倍左右，封沟埂应设在沟边 1～2m 处。

营造沟头水土保持林时应选择根蘖性强、固土抗冲的树种，在黄土高原地区主要乔木树种有小叶杨、河北杨、刺槐、旱柳、白榆、臭椿、山杏、油松等。灌木树种可选用沙棘、柽柳、杞柳、紫穗槐、柠条等。

沟头水土保持林带的宽度应根据凹地面积大小、径流量和侵蚀程度确定。当凹地面积小、坡度陡、径流量大、侵蚀十分严重、沟头前进很快时，可全面造林。当凹地面积大、坡度缓、侵蚀不十分严重，但沟头仍不稳定时，林带宽度可按沟深的 1/3～1/2 设置。

3. 沟坡防护林配置

（1）侵蚀特点　沟坡在侵蚀面积中占有很大的比例（70%～80%），是土壤侵蚀的主要部位，由于坡度陡，崩塌、滑坡和陷穴时常发生，面蚀强烈，沟蚀以切沟和冲沟侵蚀为主，冲沟沟壑有悬沟侵蚀。沟坡水土保持林配置的作用主要是缓流固坡，防止沟岸扩张，控制滑坡、崩塌。

（2）配置　沟坡防护林的配置，首先要考虑坡度，在 30° 以下的坡面可栽植乔木，在 30°～45° 的陡地，全部栽植灌木。45° 以上的陡坡，侵蚀十分严重，造林不易成活，且施工不便，应封山育灌育草。其次要考虑地形部位，一般沟坡上部多不稳定，崩塌严重，干旱瘠薄，造林条件差，以栽植灌木为主。沟坡下部坡度较缓，土壤湿润，立地条件好，可以栽植乔木。

资源 11-6

沟坡防护林的营造，应选择抗性强、根系发达、萌蘖性强、枝叶茂密、固土作用大的树种，如黄土区的造林树种有刺槐、旱柳、臭椿、青杨、河北杨、小叶杨、榆、侧柏、油松、杜梨等乔木树种，以及沙棘、柠条、柽柳、紫穗槐、狼牙刺等灌木树种。为了控制侵蚀，应尽量营造针阔混交林和乔灌混交林。条件好的地方，可考虑种植经济树种，如桑、枣、梨、杏、文冠果等。

4. 沟底防冲林配置　沟底营造防冲林是为了拦蓄沟底径流，防止沟道下切、沟岸扩张，拦淤泥沙。当沟底冲刷较强烈时，应结合工程措施全面造林；当沟底冲刷较轻时，可垂直于水流方向营造间隔林带。营造沟底防冲林，应根据沟底侵蚀发育程度采用不同措施。沟底防冲林应选择耐湿、抗冲、根蘖性强的速生树种，以旱柳为常见，还可选择青杨、加杨、小叶杨、钻天杨、箭杆杨、杞柳、乌柳、柽柳及草本香蒲、芭茅、芦苇等，在不太湿的地区也可栽植刺槐。

1）无常年流水、沟底比较小、下切严重的支毛沟，要全面造林。一般以杨柳插条造林为主，插条长度为 50～80cm，粗度为 2～3cm，深埋于土中，上部露出地面 3～5cm，封严踏实，以提高成活率。造林时注意留出水路。株行距一般为 1m×1m。

2）土壤条件较好的沟底开阔滩地，可集中营造片林，生产木材或经济产品。

3）水流较缓，汇水面积不大的沟底地段，可营造块状或栅状林。块状造林是每隔 30～50m，营造 20～30m 宽的乔灌混交林或灌木林。灌木应配置在迎水的一面，一般 5～10 行，乔木在灌木两侧栽植。栅状造林是在沟底每隔 10～20m，栽植 3～10 行树木为一栅，株行距为 1m×1m。

资源 11-7

4）水流湍急度比较大、下切侵蚀严重的沟底地段，必须实行生物措施和工程措施相结合，在沟底设置柳谷坊群，可以起到缓流挂淤、固定沟床和防止沟底下切的作用。沟底柳谷坊要按照顶底相照的原则进行设置。具体方法是在修建谷坊的沟底打 2 或 3 排柳桩，桩长 1.5～2.0m，打入地中 0.5～1.0m，排距为 2.0m，桩距为 0.5m。用柳梢将柳桩编织成篱（图 11-2）。

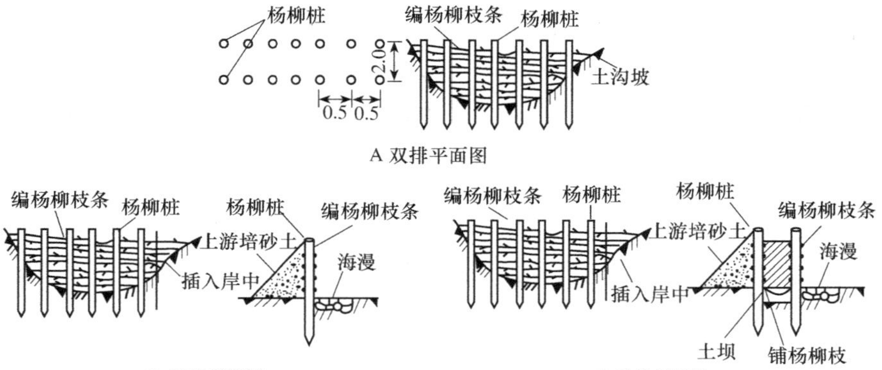

图 11-2　杨柳谷坊示意图
单位：m

在每两排篱中填入卵石（或块石），再用捆扎柳梢盖顶。用铁丝将前后 2 或 3 排柳桩联系绑牢，使之成为整体，加强抗冲能力。

二、石质沟道水土保持林

（一）目的

土石山区和石质山地，土层浅薄、坡陡峭、石砾含量高。一般山坡的土层厚度仅为 30～50cm，局部地区可达 80～100cm，且表层土壤土质疏松，黏粒含量低，一旦遇到降雨，极易流失。因此，在石质山地和土石山地营造水土保持林，通过增加山区的森林覆盖率，可以分散调节地表径流，固持土壤，保持稳定的治沟工程和防护沟道土地的持续利用，涵养水源，防止滑坡和泥石流等灾害性水土流失，保护坡脚、沟道与河流两岸的基本农田安全，在发挥其防护作用的基础上获得一定的经济收益。

（二）石质山地特点

沟道的底部为基岩，制约了纵向侵蚀的继续发展，因而形成了宽而浅的、石砾含量较高的荒沟；整个石质山区的荒沟多为漏斗形集水区，可以明显地划分为集水区、流过区和沉积区三个区域（图 11-3）；基岩呈风化状态、沟道有疏松堆积物时，易爆发泥石流；石质山区土层薄，水土流失的潜在危害性大；灾害性水土流失是洪水、泥石流。

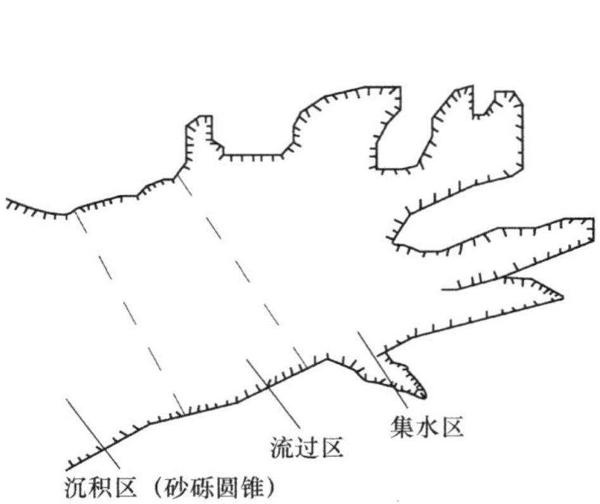

图 11-3　石质山区沟道分区图

（三）配置

1. 集水区水土保持林的配置　为防止土

石山地和石质山地水土流失的继续发展，特别是泥石流的发生，必须在整个集水区宜林的坡面上，营造乔灌混交复层异龄林，使成林的郁闭度达到 0.6 以上，并且使深根性树种和浅根性树种相互搭配，利用林木根系强大的固持网络的作用，将土壤、母质、基岩凝聚成一个整体，削弱和防止鳞片状的面蚀、山剥皮侵蚀以及石洪、泥石流等固体物质的来源量。

如果在侵蚀极为严重的地段，坡度大于 50°，不宜人工造林，应对这些荒坡、荒山采取封山封坡育林措施，就地利用林草资源，逐步地增加植被覆盖率。

在集水区的沟道洪水流量大，沟底又多为较大的石砾和块石。陡坡沟道受洪水冲淘强烈，侵蚀严重，此时应在与流水线方向垂直处用石头垒起护岸堤坎，增强对洪水的顶冲缓流作用。在沟道中间应修筑干砌石谷坊，尤其在各支沟与干沟的转折处，注意设置密集的谷坊群，以增强对石洪的抵抗力，抬高侵蚀基准面，使沟道淤积的细沙形成川台，然后在川台上栽植一些耐水湿的树种，以缓流挂淤。若沟道两侧的坡积、塌积区坡度较小，土层深厚，可以营造一些深根性树种（如油松、核桃楸），株行距为 1.0m×1.5m，以固持坡面，稳定沟道。

2. 流过区（中游地段）水土保持林的配置　流过区沟道狭窄，流量大，流速湍急。若流量过大，谷坡过陡，流速过急，应在沟道中间留出一定宽度的水路，再在其两侧营造根系发达、耐水湿的树种构成沟底防冲林，发挥缓洪挂淤的作用。一般的沟道宜修建坚固的干砌石谷坊，并按照顶底相照的原则形成谷坊群，待泥沙淤积后再营造沟底防冲林。

3. 沉积区水土保持林的配置　在沟道下游或接近沟道出口处，在沟道水路两侧多修筑成石坎梯田或坝地，并在坎边适当稀植一些经济树种和用材树种，如在北方地区，稀植核桃、山楂、花椒等经济树种和臭椿等用材树种。

第四节　水库河川防护林体系配置

一、水库防护林

（一）目的

在水库周围及上游沟道采取水土保持综合治理措施，是控制和减少水库泥沙淤积的一项重要内容。其中，因害设防地配置水库防护林，形成由坡面到沟道，由沟系到库区的防护林体系，对减少水库泥沙的淤积，效果极为显著。

水库防护林可以固定库岸，拦截并减少入库泥沙，延长水库的使用寿命；有效地削弱波涛的冲击力量，控制浪蚀；减低风速，改变气流的结构和方向，减少水库水面蒸发；提高塘库的景观价值和美学吸引力，给人们带来美学享受，陶冶人们的情操。

（二）配置

水库防护林的配置包括三大部分：进水道过滤挂淤林、水库沿岸防护林和坝体前方低湿地防护林。

1. 进水道过滤挂淤林配置　水库上游常常有许多沟道，每条沟道都包含了一定的集水面积。当降雨产生坡面径流时，坡面上的部分土壤颗粒便随之移动，伴随着坡面径流的不断汇集，泥沙量不断增加，最后径流全部汇集于沟道形成集中股流，随着股流冲刷量的增加，沟道内的泥沙碎屑物移向下游，随水流一起进入水库。因此，上游及其库区沟道一方面是水库水量的主要来源，另一方面又是库区泥沙来源的主要通道。为了控制上游集水区的泥沙，同时起到固定沟床、防止冲刷、减少水库淤积的作用，首先应在这些沟道集水区的坡面上配置水土保持林，当坡面为耕地，不能全面造林时，应在径流和泥沙的主要汇集凹地处营造乔灌混交林带或灌木林带，带宽 30m，带间距为 6m，乔木株行距为 1.0m×1.0m，灌木株行距为 0.5m×0.5m（图 11-4）。

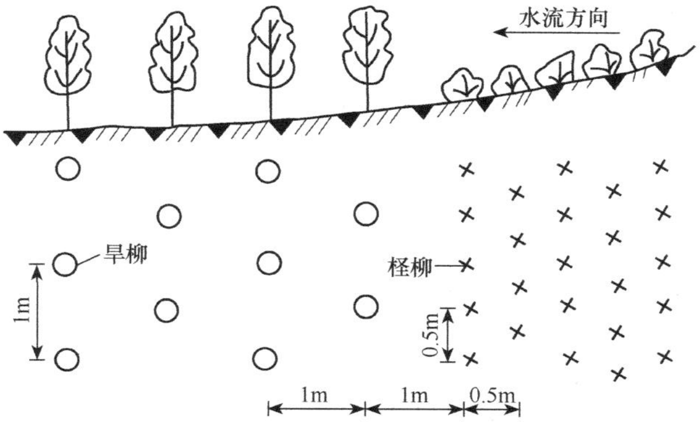

图 11-4　乔灌带状混交林

在下游栅状造林进行挂淤，当集水区面积较小，上游来水量不大时，可营造数条宽 5～10m、带间距为 2～5m 的灌木带。当沟道很长时，可以分段造林，由 3～5 个灌木带组成一段。当集水区面积很大，沟道宽阔，流量较大时，可营造乔灌混交林带进行挂淤，一般乔木带宽 10～15m，灌木带宽 15～20m，乔灌带相间配置组成一段，灌木林配置在上游段，乔木林配置在下游段，每段由 2 或 3 个乔木带和 2 或 3 个灌木带组成，长 50～70m，每隔 100m 配置一段。

2. *水库沿岸防护林配置*　　在设计水库沿岸防护林时，应具体分析研究水库各个地段的库岸类型、土壤母质性质，与水库有关的气象水文资料，如高水位、常水位、低水位等持续的时间和出现的频率，主风方向、风速大小、泥沙淤积等特点，然后根据水库周边的实际情况进行分地段设计。水库沿岸防护林由靠近水面的防浪林和其上坡的防蚀林组成。如果库岸为陡峭类型，基部为基岩母质，则无须设置防浪林，根据具体条件可在距离低水位线一定距离处配置以防风和防蚀为主的防护林带。因此，水库沿岸防护林带的重点主要是针对由疏松母质组成、具有一定坡度（30° 以下）的库岸类型，包括靠近水位的防浪林、防风林和防蚀林。在这种情况下，应首先确定水库沿岸防护林带的营造起点。水库沿岸防护林带的营造起点一般为正常水位线或略低于此线的位置。

（1）防浪林的配置　　沿防浪林带的营造起点位置配置 5～20 行耐水湿的灌木林带，林带的株行距为（0.3～0.6）m×（0.5～1.0）m（图 11-5）。如果库岸为疏松的砂质黄土，岸坡陡峭，常因风浪冲淘坍塌严重，必须结合工程措施（如修筑水平阶、窄条梯田等）营造灌木林带，或者在库岸坍塌堆积较为稳定后，再进行造林。在高水位以上，立地条件变得干燥，应采用较耐干旱的树种，特别是为了防止库岸周围泥沙直接入库，可在林缘配置若干行灌木，形成紧密结构。

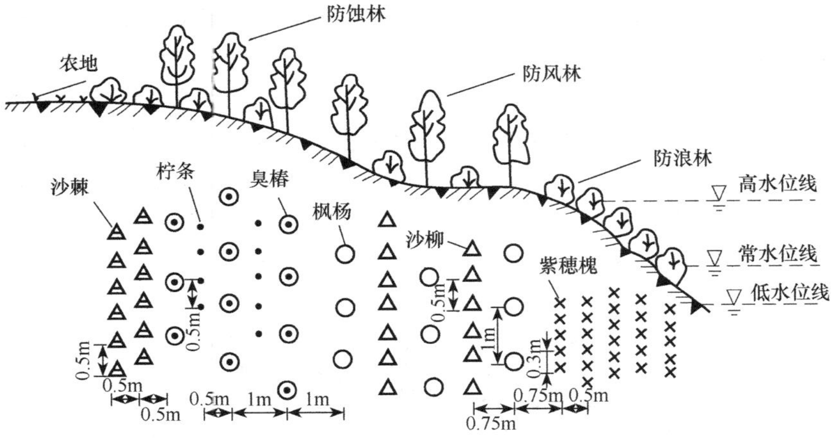

图 11-5　库岸防护林

（2）防风林的配置　　防风林主要起减小风速、降低水面蒸发和拦截固体物质及径流的作用。防风林设置在防浪林的上方，一般栽植耐水湿的乔木树种（如青杨、欧美杨、枫杨、垂柳等）和灌木，形成疏透型结构的乔灌混交林带，林带宽度依水库面积大小、风速大小及风向、坡度的情况等因素确定，多采用 10～20m。若坡较陡峭，水土流失严重，林带应加宽到 30m 以上，林带采用密植造林，乔木的株行距为（0.7～1.0）m×（1.5～2.0）m，灌木株行距为（0.3～0.5）m×0.5m。

（3）防蚀林的配置　　防蚀林是为了防止岸边土壤侵蚀以及其地表径流挟带的大量泥沙进入水库，发挥拦泥挂淤的作用，防蚀林位于水库最高水位线以上，该地土壤比较干燥，因此应栽植耐干旱、速生、生物产量高的乔木树种（如榆树、臭椿、油松等），以及紫穗槐、沙棘、柠条等灌木树种，组成乔灌混交林，使其地表形成较为深厚的枯枝落叶层，最大限度地减少泥沙入库量。林带的宽度大于 20m，乔木的株行距为（1.0～1.2）m×（1.0～1.5）m，灌木株行距为（0.4～0.5）m×1.0m。

3. 坝体前方低湿地防护林配置　　对于坝体前方低湿地，土壤大多比较肥沃，水分条件好，宜培育速生丰产林，选择一些耐水湿和耐盐渍化土壤的造林树种，如旱柳、垂柳、杨树类、丝棉木、三角枫、桑树、乌桕、池杉、枫杨等，林分结构主要取决于生产目的和立地条件。造林时需要注意应离开坡脚 8～10m，以避免树木根系横穿坝基造成隐患。

二、河川护岸护滩林

（一）目的

营造河川防护林不但可以减缓河川水流速度，而且还可以减少水流挟带泥沙的能力，保护河岸地表免遭水流的侵蚀，起到护岸固滩的作用。

（二）河川护岸林的配置

河川汇集了整个流域的径流和泥沙，而且在其流经过程中对河岸及河床造成侵蚀及淤积，由于河岸地质构造不同，基岩性质各异以及流水的性质不同，河流形成了弯曲的河床，平缓河岸和陡峭河岸交错存在，因此，护岸林可分为平缓河岸防护林和陡峭河岸防护林两种类型进行配置。

1\. 平缓河岸防护林的配置　　平缓河岸立地条件较好，护岸林的设置应依据河川的侵蚀程度、洪水期河水上涨到岸边幅度的大小、河流的流量以及周围的土地利用情况来确定。当岸坡侵蚀和崩塌不严重、岸坡较缓、洪水期河水上涨到岸边的幅度不大时，可在岸坡临水一侧栽植 3～5 行耐水湿的灌木林，紧靠灌木林，再栽植 20～30m 宽耐水湿的杨柳类树种，形成护岸林带（图 11-6）。如果河流洪水蔓延范围很大，护岸林带的宽度应加大到 50～200m，如宁夏回族自治区的吴忠市地段的黄河护岸林宽度就达到 500m。

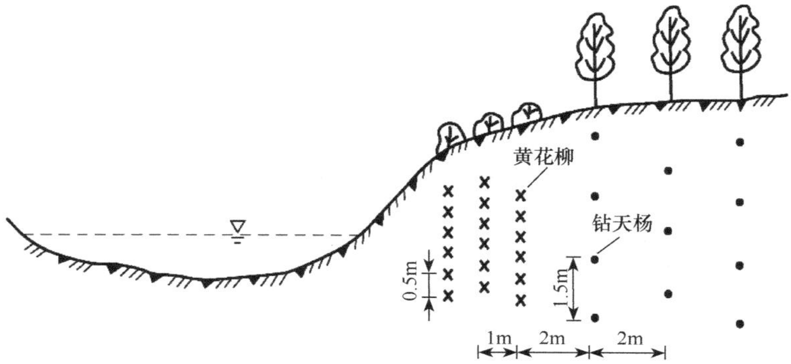

图 11-6　侵蚀不太严重的平缓河岸防护林

在崩塌严重的河岸地段，上部比较平坦，岸边应采用速生的深根性树种（如刺槐、柳树、毛白杨等）营造宽 20～30m 的林带，林带边缘距河岸边应留出 3～5m 的空地，紧接着栽植 3～5 行耐水湿的灌木（图 11-7）。

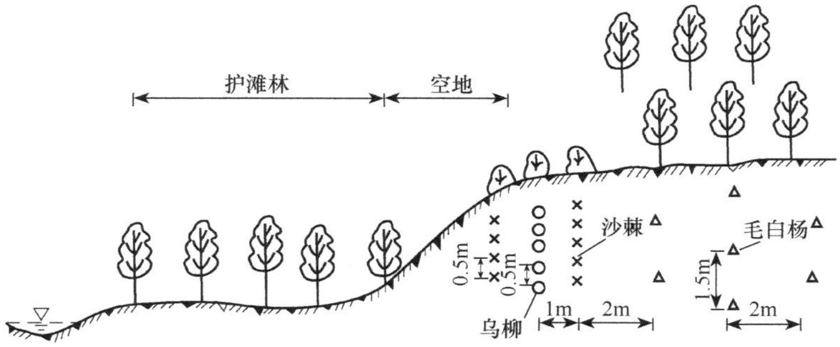

图 11-7　侵蚀严重的平缓河岸防护林

2\. 陡峭河岸防护林配置　　河流陡岸多为流水顶冲地段，冲淘剧烈，容易坍塌。因此，陡峭河岸应配置以护岸防冲为主的防护林。陡岸造林应考虑两方面：一是河水冲淘，二是重力崩塌侵蚀河岸。若河岸高差小于 4m，可以直接从岸边开始造林；若河岸高差大于 4m，应在岸坡留出自然倾斜坡的平距，先在坡上的自然倾斜角内营造 2 或 3 行根系发达的灌木纯林或混交林，然后根据河岸侵蚀和土地利用情况等，营造乔灌行间或株间混交林带，如刺槐与紫穗槐混交、旱柳与紫穗槐混交等（图 11-8）。当河岸较宽，面积较大时，尽可能与河岸间的空地相结合，林带宽度可加宽到 40m，乔木株行距为（1.0～1.5）m×（1.5～2.0）m，灌木的株行距为 0.5m×1.0m。如果河流的冲淘力量随流域面积的增大而加强，则流量越大河流的冲淘作用越猛烈。此时，必须在河岸修筑永久性的水利工程，如在堤防、丁字坝及砌石护岸等工程措施的基础上营造护岸林。堤防建成后，还应植树护堤，保证堤防的安全。

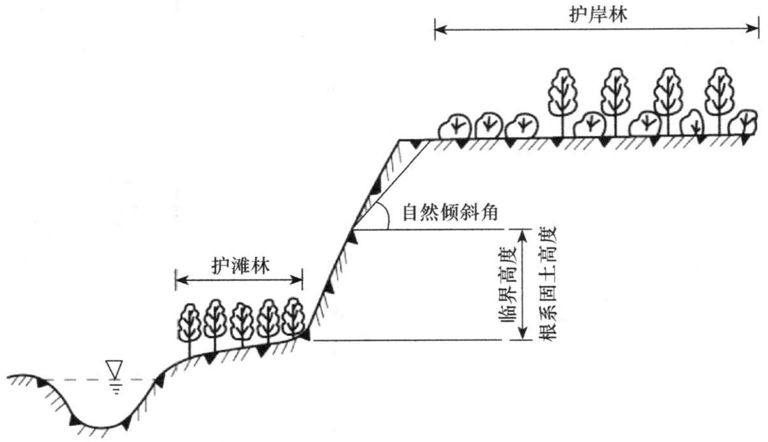

图 11-8　陡峭河岸防护林

（三）河川护滩林的配置

河川地除常流水河床外，在河道的一侧或两侧往往形成由流水泥沙沉积形成的平坦滩地，这些滩地，枯水时期一般不浸水，在洪水期有时浸水。护滩林的主要作用就在于，通过在洪水时期短期浸水的河滩或河滩外缘营造乔灌木树种，达到缓流挂淤、抬高滩地、保护河滩的目的，为直接在河滩地上进行农业生产或营造大面积的速生丰产林创造条件。

在河床两岸或一岸，当顺水流方向的河滩地很长时，可营造雁翅式防护林。在河床两侧或一侧营造柳树雁翅形丛状林带。多采用插条造林的方法，丛状栽植，林带的方向主要依据流量大小、流速快慢而确定。一般林带与水流方向呈 30°～45° 的夹角，排成如同大雁翅膀的形状，因此又称为雁翅式造林（图 11-9），行距为 2m，丛距为 1m，每丛插条为 3 根，一般多采用 1～2 年生枝条，枝条长 30～40cm，直径为 1.5～2.0cm。为了预防水冲、水淹、沙压和提高造林成活率，可采取深栽高杆杨、柳树。栽植深度：林缘、浅水区为 80cm，林内为 60cm，滩地为 50cm。地面保留主干高度一般为 50～150cm。插条多采用 1～2 年生、长 1～2m 的嫩枝。

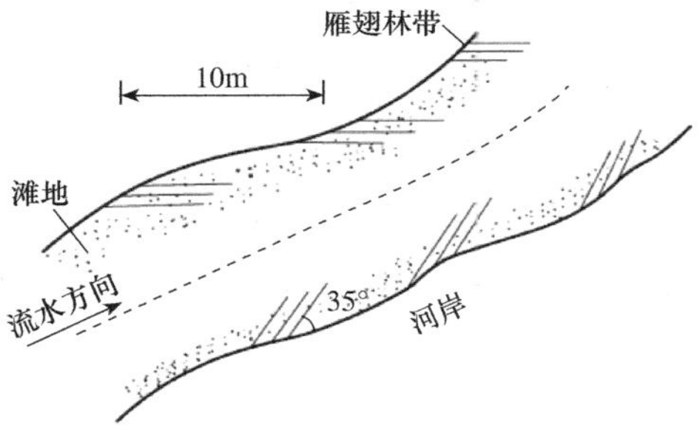

图 11-9　雁翅形护滩林

我国北方一些季节性洪水泛滥的河流，多具有冲积性很强的多沙河滩，河滩宽阔，河床平浅，河道流路摇摆不定，河岸崩塌严重，从而造成洪水危害，威胁河流两岸川地和居民区的安全。对这类河滩地，按治河规划，在规整流路所要求的导线外侧，选择适应当地河滩立地，生长旺盛、根系萌蘖能力很强的灌木，营造以沙棘为主的护滩林。沙棘护滩林一方面可以抬升和形成稳定的滩地，另一方面在此基础上可保障河川陡岸的基部免于洪水冲淘，有利于河岸稳定，逐步转变成平缓式河岸。

第五节　我国主要水土流失类型区水土保持林体系配置

一、黄土丘陵区水土保持林体系配置

（一）梁峁顶防护林

“梁”和“峁”是黄土丘陵沟壑区的主要地貌类型，梁峁顶水蚀比较轻微，但因气温变化剧烈，风蚀严重，土壤干旱瘠薄，除部分宽缓的梁峁顶部可作为农田外，一般均应配置防护林。在梁峁顶部配置防护林草可消减风害、减轻或防止水蚀和风蚀，并能起到改善农业生产条件的作用。

梁峁顶防护林的布设，应根据梁峁顶形状、宽窄和土地利用情况而定。顶部平缓、宽 10～30m、土壤侵蚀轻微的梁峁顶部多为农田，沿农田边缘营造防护林来防止风害、保护农田。防护林多配置在农田边缘四周凸形斜坡开始变陡的地方。顶部尖削、面积狭小、宽度在 10m 以下、风蚀强烈、水蚀也比较严重的梁峁，其顶部通常作为长期草地。梁峁顶部风力大、干旱缺水，在树种选择上应注意选择抗风、耐干旱瘠薄的深根性乔灌树种，同时注意风口位置及迎、背风坡向的差异。防护林可采用疏透结构，乔灌行间混交，沿等高线布设；或全部列为封育草场或人工刈草地等。适于梁峁顶部的树草种主要有山杏、白榆、小叶杨、刺槐、柠条、紫穗槐、沙打旺等。

（二）梁峁坡水土保持林

梁峁坡面一般坡度较大（15°～35°），侵蚀强烈，但土层深厚，多被开垦为农田，是退耕还林还草的主要对象。梁峁坡营造水土保持林应以带状或块状形式配置，应沿等高线布设，以乔灌混交型为最佳。大于 25° 陡坡可以草、灌为主。

（三）梯田埂坎防护林

营造梯田埂坎林，可结合培筑地坎，采用插条、压条等方法，也可采用植苗或直播造林。树种选择应以遮阴小、串根少、林冠一般不高出田面 2m 的直根系灌木或小乔木为主，并采用矮林经营方式，以减少对作物的胁地。适于埂坎的树草种有柽柳、紫穗槐、胡枝子、柠条、文冠果、枣、柿、桑、花椒、黄花菜、金银花等。

（四）沟边防护林

沟边防护林的位置和宽度，应根据集水面积大小、侵蚀沟沟坡陡缓、沟岸稳定程度以及土地利用情况来确定。集水面积小、沟坡不太陡、沟岸比较稳定的，沿沟边线配置的林带宽度一般为 3～5m；集水面积大、沟坡陡峭、沟岸不稳定的，则林带宽度加大至 5～10m。

营造沟边防护林带，应选择抗冲性强、固土作用大的深根性速生树种，如柠条、沙棘、紫穗槐等；条件好的地方可选用桑、山楂、枣、梨、杏、文冠果、枸杞等。

（五）沟头防护林

沟头防护林的配置应与沟掌底流水线垂直，并沿沟掌坡等高线进行。沟头防护林带的宽度，主要根据沟掌底面积、径流量和侵蚀程度等确定。

营造沟头防护林，应注意选择根蘖性强的固土抗冲速生树种，其中乔木主要有青杨、河北杨、旱柳、刺槐、白榆等，灌木主要有柽柳、沙棘、杞柳、紫穗槐、柠条等，经济树种有梨、苹果、枣、桑等。

（六）沟坡防护林

一般来说，黄土区沟坡陡峻，多在30°以上。崩塌和滑坡严重且形成切沟和冲沟侵蚀。应结合水平沟、水平阶或竹节水平阶等整地工程，可全面或带状造林。坡度在46°以上可先行封育，待恢复天然草灌后，再行造林。

营造沟坡防护林，应注意坡向，选择根系发达、萌蘖力强、枝叶茂密、固土作用强的速生树种。阳坡可种植喜光、耐干旱瘠薄的刺槐、臭椿、白榆、柠条、紫穗槐等，阴坡可栽植青杨、河北杨、小叶杨、胡枝子、沙棘、榛子等。此外，也可以选择一些针叶树种，如阳坡、半阳坡栽植侧柏，阴坡、半阴坡栽植油松。还可种植草木犀、芨芨草等保土草本植物。目前沟坡种植最多的树种是柠条和沙棘。

（七）沟底防冲林

布设沟底防冲林应根据沟谷类型、地形部位和侵蚀程度，在比降小、水流缓或无常流水、冲刷下切不太严重的支毛沟沟底，可进行栅状造林、块状造林或全面造林。在比降大、水流急、冲刷下切严重的沟底，必须结合工程措施（谷坊）造林。常见的谷坊种类有土谷坊、石谷坊、生物谷坊等。

由于沟底地势低洼、径流集中、洪水流量大，营造沟底防冲林应注意选择耐积水、抗冲、根蘖性强的速生树种，如旱柳、青杨、小叶杨、钻天杨、箭杆杨、杞柳、沙棘、乌柳、柽柳以及草本香蒲、芭茅、芦苇等，不积水地方可栽植刺槐。

（八）水库防护林

库岸林配置在库岸下部易遭冲蚀破坏的地带，从常水位开始向上布设。林带宽度依库岸部位、浸水深度、冲刷程度和水库上游情况而定，一般为10～20m。在坡度缓、浸水浅、冲蚀不严重的库岸地带，可采用乔灌草结合的紧密型林带，这种林带由乔灌带和草灌带上、下两部分组成，多沿岸边呈连续或不连续带状分布。营造草灌带应注意选择抗冲、耐水浸的灌木和草本植物，如芦苇、芭茅、杞柳、乌柳、黄花柳等。在草灌带以上配置乔灌带，主要树种有旱柳、垂柳、青杨、小叶杨、箭杆杨、河北杨、柽柳、刺槐、沙柳等，实行带状混交。

在岸坡陡、浸水深、冲刷严重的地带，可结合工程措施，全部栽植灌木，或待水库建成3～4年，已形成稳定的岸滩后造林。

挂淤林配置在常水水道两侧缓坡滩地，目的是截留来自河沟集水区的径流泥沙，固定沟床，防止冲刷。挂淤林一般采用紧密结构，带宽和长度视集水区和滩地面积及来水量而定。

在集水区面积小、滩地狭窄、来水量不大的河沟里，可营造数条灌木带，带宽5～10m，带间可布设2～5m宽的草带；在集水区面积大、滩地宽阔、来水量大的河沟里，可营造乔灌带状混交林，带宽10～15m。在冲刷下切严重的进水沟道里，可先修谷坊工程，并于谷坊间营造挂淤林。

二、南方山地丘陵区水土保持林体系配置

（一）山脊分水岭防护林

山脊分水岭一般比较高寒、风大、土壤瘠薄。在较大河流一、二级支流源头和两岸

山地应布设水源涵养林，以涵蓄降水，在起点控制径流产生，削弱风、寒等不良气候因子的影响。在主要山脊分水岭两侧及险坡配置水土保持林，以减缓地表径流，控制水土流失。营造山脊分水岭防护林实行乔、灌、草结合，选择耐旱、抗风、根系发达、保土能力强的深根性树种，如马尾松、湿地松、巴山松、栎类、刺槐、合欢、木荷、山毛豆、胡枝子、芒萁等，林带宽度可依山脊分水岭宽度、风害和侵蚀程度而定。

（二）坡地水土保持林

营造坡地水土保持林，一般均辅以相应的工程措施。对 25° 以上的陡坡，可采用环山沟和竹节水平阶整地，或者开挖深营养穴，修建鱼鳞坑等。沟内栽种阔叶树，沟埂外坡种植针叶乔木和灌木。对 15°～25° 的斜坡，可采用水平梯田、反坡梯田整地，沿等高线布设林带，其面积占集水区耕地面积的 10%～20%。林带实行乔、灌、草混交和针阔混交。

坡度在 15° 以下时，可挖种植壕，发展经济林和果、茶，并套种绿肥。在石质山地或土层浅薄的坡面，可围筑鱼鳞坑或坑穴，营造灌木林，或与草带交替配置。有岩石裸露的地方可选用葛藤等藤本植物覆盖地面。适于坡地栽植的乔木树种有巴山松、湿地松、日本落叶松、柏树、刺槐、杉木、窿缘桉、台湾相思、大叶相思等；灌木树种有山毛豆、胡枝子、多花木兰、黄枝子、黄荆、新银合欢等；果树有桃、李、枇杷、板栗、杨梅、柑橘、枣等；经济林木有油茶、油桐、茶、山苍子等；草类有马唐、糠稷、雀稗、狗尾草、草木犀、龙须草、百喜草、芒萁、田菁等。

（三）梯田地坎林

梯田地坎一般占山地农田面积的 15%～20%，造林既可保护地坎侧坡不受崩塌，又能增加群众收益。宜栽植冠幅窄的深根性树种，如桑、枣、茶、紫穗槐、胡枝子等。

（四）侵蚀沟防护林

侵蚀沟的林草配置，主要包含沟岸防护林、沟坡水土保持林及沟底防冲林。

（1）沟岸防护林　　通常布设在沟缘 2～3m 处，以及与沟缘相连接的进水洼地和沟头，目的在于固定沟岸，滞缓地表径流，防止溯源侵蚀。营造沟岸防护林可采用乔灌混交，宜选择萌蘖性较强的树种，如杨、柳、紫穗槐、白蜡树、胡枝子等。

（2）沟坡水土保持林　　沟坡在侵蚀沟面积中占 70%～80%，营造沟坡水土保持林是为了阻止沟岸扩张。沟坡造林要根据坡度和地形部位综合考虑，坡度在 30° 以下时以封育为主，结合营造带状林；40° 以上的陡坡，可先行封坡育灌育草，而后进行工程整地造林。造林树种应选择根蘖性强、易于串根蔓延的树种或藤本植物，如栎类、枫香、杨、柳、夹竹桃、金合欢、龙须草、芒萁、葛藤等，也可选择松、柏、杉等针叶树种和竹类等。若沟坡仍然崩塌，则造林应结合固坡工程进行。

（3）沟底防冲林　　结合固沟、拦沙工程，如修建谷坊（柳谷坊、柳土谷坊）和拦沙坝，配套营造沟底（包括沟口）防冲林。适于沟内种植的树草种有黄檀、台湾相思、苦楝、新银合欢、胡枝子、夹竹桃、木豆、黄荆、草木犀、猪屎豆、田菁、芒萁等。谷坊外坡宜用带状灌、草混交，内坡可用草、灌、乔混交，坝顶宜种草。谷坊淤地和沟口拦沙坝淤地可种植竹子、苦楝等经济植物。

（五）水库防护林

（1）库岸林　　一般设在常水位以上，采用抗冲和耐积水的柳、芦苇、霸王草等。

在高水位以上可营造乔灌混交林，以巩固库岸。在岸坡下部和河流出口滩地宜选用杨、柳、水杉、池杉、枫杨、白蜡树、紫穗槐等耐积水树种。水库边岸上，立地条件较好，可营造速生优质的杉木、马尾松、刺槐、杨等。岸边周围，地形平缓，可因地制宜发展经济林，如油茶、油桐等。

（2）挂淤林　设置在入库径流和泥沙的主要沟道内。在沟道中结合修筑谷坊，营造挂淤林。沟道上部集水区应划为保护区，实行封山育林。防冲挂淤林以柳树为主，密植成片，并与水流方向垂直。从水库的回水线开始，在进水沟内种植芦苇。芦苇的根茎有从低处向高地萌蘖扩展的特性，能适应沟床的淤积变化，是沟道挂淤过滤的良好植物。

（六）崩岗防护林

崩岗是岩体或土体在重力和水力作用下，向临空面突然崩落的一种特殊侵蚀沟，主要发生在深厚的花岗岩风化物，是红壤丘陵地区水土流失最严重的一种侵蚀类型。其发展速度快、产沙量大、危害程度严重、治理难度大。整治崩岗可采取“上拦、下堵、中间削坡绿化”工程措施与林草措施相结合的办法，即在离崩口上缘 3～4m 处开挖排水天沟，引走坡面径流，停止崩口发展；崩谷内修建谷坊或拦沙坝，蓄水拦沙，防止沟道下切扩张；崩壁削坡修成台阶，并随工程修建及时在崩岗内外实行全面绿化。整治崩岗最有效的造林方法是采用容器苗造林，挖穴栽植，如有条件可进行施肥。根据崩岗的特殊地形，也可以将肥土调成浆，混合树草种子，制成泥丸，开穴直播。芒萁对自然稳定崩岗的作用很大，可通过移植草皮使其蔓延生长，逐步使崩岗固定下来。适于崩岗边缘和崩壁台阶造林的主要树草种有马尾松、湿地松、窿缘桉、台湾相思、绢毛相思、杉木、木荷、竹、紫陵、麻栎、山毛豆、山苍子、芒萁、象草、黑沙草、糖蜜草、粽叶芦、葛藤等。

三、石质和土石山区水土保持林体系配置

该区特点是山高坡陡，土层瘠薄，一些地区岩石裸露，土壤涵蓄水分能力低下，每逢暴雨，常引发山洪、泥石流，对山下平原造成很大危害。这里以秦岭防护林体系为例。

秦岭是长江和黄河两大水系的分水岭，地处汉江水系、嘉陵江水系和南洛河水系的上游源头。秦岭山区山大沟深，由于植被遭到破坏，基岩风化强烈，水土流失严重，加之河流比降大，水流湍急，每逢山洪爆发，便冲毁良田，淤塞河道。主要应加强天然林的封育保护，结合飞播和人工栽植修复植被。

（一）高山水源涵养林

海拔 1800m 以上至主脊线为秦岭高山区，约占总面积的 20%。区内山势陡峻，谷峰相间，流水切割强烈，气候冷凉湿润，人口稀少，森林覆盖率在 80% 以上，但由于不合理采伐，留下许多高山草灌，很难恢复原有植被。

该区属河流源头，应配置水源涵养林。营造水源涵养林可采取封山育林和飞播造林的办法，主要飞播树种有华山松和漆树。对现有森林应加强管护，实行合理间伐，发展中药材；加强自然保护区建设，保护珍贵的野生动植物资源。适于高山区生长的主要树种有桦树、冷杉、云杉、华山松、落叶松和漆树等。

（二）中山防护林

海拔 800～1800m 为秦岭中山区，占总面积的 70% 以上。区内气候温和湿润，坡较平

缓，土壤熟化程度较好，肥力较高，人口也相对集中，因此植被破坏较严重。由于其面积广大、地形多样，水土保持林可分为沟头和梁顶水源涵养林及坡地水土保持林两类。

中山区的沟头和梁顶也是河流（包括众多支流）及集水区的源头所在，但由于中山区人口密度较大，森林破坏严重，涵养水源和调节径流作用严重受损。因此，在沟头上游和山梁顶部应重点配置水源涵养林，主要通过封山育林和飞播造林，建设以栎类、油松为主的针阔混交林，以发挥蓄水理水功能。

中山区山坡地带是林场集中分布区，立地条件较好，阴坡和半阴坡可发展水保用材林，阳坡和半阳坡主要发展水土保持林，居民点附近以薪炭林和经济林为主。适于该地区营造水保、用材林的主要树种为油松和栎类（锐齿槲栎、槲栎、栓皮栎），薪炭林以刺槐为主，灌木以乌桑树为主，经济林以柿、核桃、板栗、油桐等为主。

（三）低山水保用材林

海拔 800m 以下为秦岭低山区，也是它的山麓地带。这里地势相对平缓，立地条件较好，人口较集中。北坡原为侧柏分布带，由于长期不合理采樵，林相残败，生长不良，低矮多枝，呈块状分布，水土流失严重；南坡主要生长麻栎、马尾松，并散生青冈栎、杉、油桐等，多呈片状分布，农田、荒山交互其中。为调节径流、保护坡面、恢复地力，并提供部分经济用材，对低山区应采用人工造林，配置水保用材林，同时在退耕地和“四旁”空隙地积极营造经济林和速生用材林，居民点附近发展薪炭林。适于该地区造林的主要树种有油松、马尾松、侧柏、杉、栎、杨、刺槐、油桐、核桃、板栗、柿、桑、茶、柑橘等。

四、云贵高原水土保持林体系配置

云贵高原海拔 1000～2000m，受金沙江等多条河流切割，地形较破碎。石灰岩地形广泛分布，东部贵州高原地形崎岖，多山地峡谷，这里以其有代表性的南北盘江流域为例。

（一）山脊、源头水源涵养林

当地由于植被减少，水源得不到涵养，流域内大部分地区冬春干旱严重，许多地方泉、井干涸，仅黔西南就有 50 万人饮水困难，严重影响人们的生活和生产。在江河分水岭具有明显走向的大山脊和在南北盘江干支流源头集水区，分别划出 150～200m 和 500m（干流）～300m（支流）范围布设水源涵养林，以涵蓄水源和防止溯源侵蚀。

（二）坡面水土保持林

在山脊分水岭及其两侧坡面 100～200m 处，为减缓地表径流，防止水土流失，应布设以水土保持为主的多种防护林。在分水岭两边各 20～50m 处，配置防风固土林，以减缓风速。在陡坡配置水土保持林，缓坡布设水保改土林，防止土壤侵蚀。山麓和坡脚由于土壤水肥条件较好，可选择优良速生树种和经济林木，营造带状拦沙护坡林。在丘陵台地建造防风林，用以保持土壤，减缓风速，保护其下部农田和旱地。旱地的田边、梯田的地埂、地坎面积可占旱地总面积的 30%，布设地埂、地坎经济林，既是护埂防冲措施，又是发展地埂（坎）经济、增加收入的来源。

（三）侵蚀沟防护林

在沟头边沿上方 20～50m 处，常与拦山沟工程措施配套，布设沟头涵水固土林，以控制沟头前进，并有涵蓄水源的功效。在沟底与谷坊工程配合，设置条带状“生物篱”

防冲林，以缓冲流水下切的侵蚀力，并拦截泥沙。

（四）水库防护林

在湖泊和水库最高水位线上，以环库临水坡面的水脊为界，以及大型水库沿岸，布设水源涵养林，以改善水文状况，拦截泥沙。在入库河道漫滩上配置护滩固沙林，以清淤控滩，延长水库寿命。

（五）岩溶山地防蚀林

在喀斯特山区的岩溶丘陵地区，防止“石漠化”是我国生态建设中的一个重大问题。通过封山育林或人工造林，布设岩溶山地防蚀林至关重要。在半石山山地，尤以北盘江的花江大峡谷为典型，在岩石缝中石旮旯农地上，营造如银杏、杜仲、刺槐等生态经济型水土保持林，使石山的植被建设与开发相结合，达到保持水土、控制“石漠化”、增加农民收入的多重效果。在岩溶洼地、消水洞周围，选择灌木或耐淹乔木，配置拦洪滤沙林，以防洼地被水冲沙壅、消水洞水流不畅而形成涝灾。

思　考　题

1．简述水土保持林体系的概念。
2．简述水土保持林体系配置的内涵。
3．坡面水土保持林和薪炭林如何配置？
4．试述土质沟道水土保持林的配置。
5．水库防护林配置的主要内容有哪些？
6．水库沿岸防护林如何配置？
7．河川护滩林中，什么是雁翅林？作用是什么？

第十二章　水土保持林的作用与功能

【内容提要】

森林是全球生态系统的主体，森林在保持水土、涵养水源和改良土壤等方面的作用与功能体现了水土保持林的作用与功能。本章主要介绍森林对降雨的再分配作用，森林对土壤水文性质的改良作用，森林涵养水源作用及其对水质的影响，森林对水蚀的控制作用，林木根系固持土体的作用和森林改良土壤的作用。

目前，地球上约有40亿hm^2的森林正在保护着主要江河的安全。森林对水资源的调节作用就是“涵养水源”的作用。随着人们对森林采伐与更新、干旱地造林、水资源（如水量、水质）等环境问题的日益关心，科学家正在深入研究森林与水的关系。森林与水的关系实质上是森林的水量平衡，即森林对各水量平衡要素的影响。森林的水量平衡系统是极为复杂的，不同林分对各种平衡要素的影响是随时空而变化的，同时这种影响也受到气候、地形、土壤、地质等多方面的影响。因此，综合评价森林的作用是极为重要的。总的来说，森林在涵养水源、保持水土、调节径流、消减洪峰、改善局部地区水文循环等方面，都具有重要的作用。

水土保持林作为森林的二级林种，在山丘区林业建设中也发挥着重要的作用。水土保持林与水的关系就是水土保持林的水文效应，所谓水土保持林的水文效应，就是指水土保持林对一个流域或区域的水文要素的影响。其实质是对森林水量平衡的影响，即水土保持林对降雨、下渗、径流、蒸发散等水分循环要素产生的影响。它对这些要素进行改变、调控，最终改变地下水与地表水的分配比例，从而改变水文过程，调节地表径流，保持水土。

第一节　森林对降雨的再分配作用

森林的林冠层是林木与其生存环境进行能量与物质交换的第一作用层。当降雨到达林冠层上时，从林冠层向下运动的过程中就被重新分配，总的趋势是到达林地土壤表面的降雨有所减少。因为降雨被植物冠层（乔木、下木、灌木、活地被物）和枯枝落叶层（死地被物）截留，通过蒸发又可以增加大气湿度，从而抑制林木的蒸腾和地表土壤水分的蒸发，然后进入土壤的降雨有充足的时间在土内重新再分配，从而更有效地供给林木及其他植物的蒸腾需要。同时这种从林冠到地面对降雨的再分配作用，对降雨的雨滴动能可以起到一定的消能作用，即减小或削弱雨滴对土壤的分散力，防止地表土壤被侵蚀。这种截留作用的直接结果则是地面净雨量减小，即在降雨量和降雨强度比较大时，可以起到减缓洪水的作用。

森林对降雨的再分配从空间上讲主要有三个层次：林冠层（含林下灌草层）、枯枝落叶层和林下土壤层。

一、林冠层对降雨的截留作用

（一）基本概念

当降雨到达林冠层时，有一部分被林冠层枝叶、树干临时容纳，而后又蒸发返回大气中去的作用，称为林冠截留作用。在降雨过程中的某一时段内，从林冠表面通过蒸发返回大气中的降雨量和降雨终止时林冠层还保留的降雨量，称为该时段内的林冠截留量。在该时段内林冠截留量与林外降雨量之比，称为林冠截留率。一部分降雨顺着枝条、树干流到地面，称为干流量或茎流量。

林外降雨量与林冠截留量和干流量的差就形成了林内降雨量。林内降雨量由从林冠间隙直接降落到地面的林冠透过雨和从林冠枝叶体表面降落到地面的林冠滴下雨两部分雨量组成，其中前者的雨滴动能不受林冠截留作用的影响，而后者则要受林冠截留作用的影响。落到林冠的降雨即林外降雨量（P），再分配为林冠截留量（I）、林内降雨量（P_i）、树干茎流量（P_s）三部分。则林冠截留量用下式计算：

资源 12-1

$$I=P-P_i-P_s$$

（二）林冠截留的影响因子

影响林冠截留降水的因子很多，大体上可分为外因和内因两类：外因有风速与风向、降水特性、空气湿度等气象因素；内因有林冠特征（冠幅、冠高、枝叶数、叶比表面积、枝条着生角度、林冠湿润程度等）和林分特征（树种、郁闭度、林龄等）等林分因素。

1. 气象因素　森林的截留以降水为前提，降雨量、降雨强度、降雨的时空分布极大地影响森林的截留功能。

（1）降雨量的影响　一般来说，随着降雨量的增大，林冠截留量也相应增加，当降雨量达到某一数值之后，即使降雨量增加，林冠截留量也不再增加，达到了它的极限值，即林冠饱和截留量，又叫林冠贮水容量，表征了林冠截留能力的大小，一般用 C 表示，可以由林冠截留量的定义推导而来：

$$C=I-\alpha P=P-P_i-P_s-\alpha P=(1-\alpha)P-P_i-P_s$$

$$C=(1-\alpha)P-P_i-P_s$$

式中，α 为降雨期间的蒸发强度，其他符号含义同前。

（2）降雨性质的影响　林冠截留率（截留量占降雨量的百分率）不是一个常数，而是随着降水量的增加而减少。雨强越大，降雨越集中，不利于森林截留功能的发挥，截留量越小。反之，雨强越小，历时越长，越有利于林冠充分吸水和吸水后蒸发，截留量越大。降雨的间隔期越长，植物表面、枯枝落叶和土壤湿润度越低，森林截留降雨的能力越强。

（3）其他气象因素的影响　风能吹走枝叶表面截留的降水，又能促使截留降水蒸发到大气中进行连续性降水，能增大截留量，即增加附加截留量。此外，温度、光照等通过影响植物和土壤的蒸发失水来影响林冠截留。

2. 林分因素　林冠截留量的大小取决于森林植被的类型、结构、林龄、郁闭度以及降雨特征。林分组成和结构对降雨影响很大。

（1）树种的影响　树种不同，其枝叶密度及吸水能力、树冠大小和形状不同，截留率也有差异。一般来说，针叶树枝叶密集，层次多，呈水平轮状重叠分布，枝叶面积大，故截留率大，为 25%～45%；阔叶树较针叶树枝叶稀疏，层次少，枝叶总面积小，故截留率较小，为 20%～25%。硬阔叶树比软阔叶树枝叶少，且表面光滑，吸着水的能力差，因此，截留率较软阔叶树小。灌木截留率往往居于针阔叶树种之间。黄土高原的林冠截留率为 15%～35%，其中针叶树为 5.6%～38.6%，阔叶树为 15.0%～30.0%，灌木为 15%～25%。由表 12-1 也可以看到相似的结论。

表 12-1　不同树种的截留率

项目	针叶树种	软阔树种	硬阔树种	灌木树种
树冠投影面积 /m^2	19.5	21.2	18.3	7.6
郁闭度	0.9	0.8	0.7	0.8
树冠厚 /m	9.2	9.3	7.7	1.7
截留率 /%	26.6	15.2	8.2	19.5

资料来源：中国科学院地理科学与资源研究所水文研究室，陕西省黄龙林区仙姑河上游寺沟流域单丛观测结果

（2）郁闭度的影响　林冠郁闭度大，冠层深厚，枝叶表面积大，因而附着于叶表面的截留降雨量也多，郁闭度小而枝叶稀疏的林冠，截留降雨量就少。据观测，郁闭度为 0.3 的云杉林分，林冠截留率为 14.7%～24.7%；而郁闭度为 0.6 的林分，林冠截留率为 22.9%～31.2%。

（3）林龄的影响　同一树种因林龄不同，枝叶茂密程度不同，截留率也不相同。幼龄树枝叶稀、层次少、树冠小，故截留率也小。随着林龄的增长，枝叶扩展，郁闭度增大，森林对降雨的截留能力增加。当林分接近成熟时，生长衰弱，枝叶量逐渐减少，森林的截留能力减弱。据观测，65 年生油松的平均截留率为 37.6%，而 20 年生油松的仅为 12.7%。

（4）林分密度的影响　林冠截留量受枝叶数量影响，所以林冠截留量的大小也将随林分的密度而变化。据吴钦孝于 1992 年对 3 个不同密度的油松同龄林分的测定，其林冠截留量与林分密度呈正相关，即林分密度愈大，截留量愈多，截留率愈高，反之亦然，但它们之间并不成比例。当郁闭度为 0.46～0.75 时，截留量和截留率之间差异较小，而当郁闭度由 0.75 上升到 0.90 时，截留量增加 43.7mm，截留率增加 9.9%，差异明显扩大。可见，在林龄和立地一致的条件下，林内降雨量的大小与林分密度之间关系密切。所以调整林分密度，增加林内的水分输入，减少林木蒸发消耗，是缓解干旱对林木生长影响的有效措施。

（三）树干茎流

在大气降雨过程中，有一部分雨量从林冠枝叶体转到树干流入地表形成树干茎流。树干茎流沿树干流到地面，免除了雨滴的击溅侵蚀，有利于保护土壤。在一般情况下，茎流在树干附近渗入土壤，有利于树木根系吸收水分。

国内外的研究表明，树干茎流量一般占大气降水量的 3%～5%。吴钦孝对油松林树干茎流量的测定结果表明，在大气年均降水量为 395.6mm 时，树干茎流量为 13.1mm，平均茎流率为 3.3%。油松林内树干茎流量与大气降水量之间呈直线关系，树干茎流量与次降水量的关系为随大气降水量的增加而增大。其关系式为

$$P_s = -0.1579 + 0.0473P \qquad n=25 \quad r=0.928$$

式中，P_s 为树干茎流量（mm）；P 为大气降水量（mm）；n 为样本数；r 为相关系数。

由上式可见，当 $P_s=0$ 时，$P=3.34$mm，即 $P>3.34$mm 时树干产生茎流。在实际测定中，这一数值的实测值为 3.2mm，与理论值接近。

树干茎流量的大小，与林冠郁闭度、枝条着生角度、树皮粗糙度和湿润程度有关。油松枝轮生，在林内分枝角度很小，有利于树枝上的积水向树干集中，但树皮粗糙，吸水性能较强，使茎流减少。树皮湿润使产生树干茎流所需的降水量减少，反之则增加，如在干旱的 4～5 月，油松产生树干茎流所需的最小降雨量为 5.0mm，而雨季时则为 3.2mm。

（四）林冠截留的水文效应

1. *降雨滞后效应*　由于林冠对降雨的截留作用，林内降雨的开始时间与林外降雨的开始时间并不同步，一般会出现滞后效应。据张增哲等观测，降雨量小于 1.5mm 时，林下几乎不产生降雨，降雨量超过 1.5mm 以后，才会出现林下降雨。

滞后时间与降雨强度有关。在降雨量相同或相似的情况下，连续降雨的平均强度如果达到或超过 0.10mm/min，林内林外降雨开始的时间非常接近，一般滞后时间不超过 10min；但当连续降雨的强度小于 0.10mm/min 时，林下降雨开始的时间大为推迟，一般可达 10～30min。

2. *降雨历时延长和增湿效应*　由于降雨的不断补给，截留在林冠上的雨水会滴落到林下，这种作用在降雨停止后一段时间，林冠上超饱和雨水还会滴落下来，因此，林下降雨的总历时比林外降雨要长，根据张增哲等的观测统计，杉木林下降雨的持续时间比林外降雨一般要长 20～30min。降雨历时延长也起到了明显的增湿效应。

3. *直接消减地表径流量、改变林下降雨雨滴动能、减弱降雨强度*　由于截留在树冠上的降雨最终蒸发回到大气中，因此直接消减了到达地表的径流量，使林地降雨总量减少。由于林冠截留，林下降雨雨滴直径改变，雨滴动能改变；林下降雨强度因林冠截留而显著低于林外，其减弱林下降雨强度的作用与降雨本身特性有很大的关系，一般减弱程度随着降雨强度的增加而减弱，林下降雨强度通常比林外降雨强度小 10%～30%。

二、林下灌草层对降雨的截留作用

穿过林冠的雨水与林下灌木和草本植物接触后，一部分被截留。林下灌木草本层截留量的大小，取决于自身生长状况和枝叶量的大小，因此，它对降雨截留的变化幅度也很大。灌木草本层的生长发育状况又受到上层林冠的影响，上层林冠郁闭度大，下层灌草层稀少，盖度低，对降雨的截留量小，如华北落叶松、油松、华山松等；上层林冠郁闭度低，下层灌草生长茂密，盖度高，对降雨的截留量大。

刘向东等在六盘山区对山杨林、白桦林、辽东栎林下灌木草本层的测定表明，其截留率分别为 2.3%～12.6%，1.8%～12.6%，4.5%～16.0%。子午岭天然林内乔木层的林冠截留量可占总截留量的 50%～60%，灌木层占 20%～25%，草本植物层占 10%～15%。在黄土丘陵区对沙打旺草地截留作用的观测表明，截留率受植物盖度、降雨强度和降雨历时的影响，当草地全覆盖时，沙打旺草地的最大截留率为 29.7%。综上所述，就截留降雨而言，林分中灌木草本层的截留量主要受乔木层郁闭度的影响，其变化幅度很大。它可以减少部分穿透降雨，直接消减地表径流量，且由于其高度较低，能明显降低林下降雨雨滴动能、减弱降雨强度，是森林保持水土的重要补充层次，在林种配置中作为垂直配置应充分予以考虑。

三、枯枝落叶层对降雨的截留作用

（一）基本概念

1. 枯枝落叶层　林地的枯枝落叶层，也叫枯落物层，是由林木及林下植被凋落下来的茎、叶、枝条、花、果实、树皮和枯死的植物残体所形成的一层地面覆盖层。它是林地地表所特有的一个层次，一般落叶占 90% 左右。

根据分解程度，枯枝落叶层可分为上、中、下三层，上层为枯落物未分解层，中层为半分解层，下层为完全分解层或腐殖质化层。有些文献则分为两层，有机残体的组织结构仍可用肉眼辨认的上部层次叫作 A_{00} 层，已不能辨认其原有组织结构、大部分以无定形腐殖质态存在的下部层次叫作 A_0 层。

根据枯落物层的存在状态，一般把林地分为两大类型：以 A_{00} 层为主的类型和以 A_0 层为主的类型。林地枯枝落叶层的结构及其位置决定了其在水土保持林经营管理中特别重要的意义，其中以 A_0 层为主的类型在水文及防止土壤侵蚀中的意义更为突出。因此，是否具有良好的枯枝落叶层成为评价水土保持林效益的一项重要指标，保护好林地枯枝落叶层，也成为水土保持林经营管理的重要指标。

2. 枯落物持水量　经过林冠和下层灌草层截留后降落到地表的雨水，一部分被枯落物截留吸收，随即蒸发到大气中去，这部分水量称为枯落物层截留量。枯落物截留降雨量的多少，可根据林地枯落物的数量和持水量进行估算。枯落物的持水量是指在自然条件下，单位干重的枯落物所能吸收的水量，也称水容量，用 L_C 表示，用浸水法测定。一般以枯枝落叶干重吸水的百分数或相当的降雨毫米数表示：

资源 12-2

$$L_C\,(\%)=\frac{S_L}{W_L}$$

或

$$L_C\,(\text{mm})=\frac{S_L}{\rho A_L}\times 10$$

式中，L_C 为枯落物持水量（mm）或枯落物持水率（%）；S_L 为枯落物截留的降雨量（g）；W_L 为枯落物干重（g）；ρ 为水的密度（g/cm^3）；A_L 为采集枯落物的面积（cm^2）。

枯落物最大持水量是指枯枝落叶吸水达到饱和时的重量与干重之差。最大持水率是枯枝落叶吸水饱和时的重量与干重的百分比。即

$$W=W_m-W_d$$

$$L\,(\%)=\frac{W_m}{W_d}\times 100$$

式中，W 为枯落物最大持水量（g）；L 为枯落物最大持水率（%）；W_m 为枯落物吸水饱和时的重量（g）；W_d 为枯落物干重（g）。

自然状态下，枯落物一般很难达到干重状态，其持水量，即枯落物截留量是指枯落物最大持水量与自然状态下的湿重之差。其持水率是最大持水率 L_C 与自然状态下的自然含水率之差。最大持水量往往从理论上用于评价枯落物的最大截留能力，枯落物截留量

往往用于评估自然状态下枯落物实际拦截降雨的效益。

（二）枯枝落叶层的作用

水土保持林的多种水土保持效益，包括水文效益的产生都是依赖于枯枝落叶层的存在。降雨是形成地表水，变成地表径流流走，还是转化成土壤水贮存在土壤内或变成土内径流，枯枝落叶层是影响这种变化的主要层次。它是参与水土保持林整个水文过程的一个极为积极而重要的因素。因此，是否具有良好的枯枝落叶层是评价森林水文效益的一项重要指标，保护好林地枯枝落叶层，也成为森林经营管理的一项重要内容。

降雨被林冠层进行分配之后到达林地枯枝落叶层，被枯枝落叶吸收、分散、消能之后再到达土壤层进行第三次分配。林地枯枝落叶层在水土保持中的作用表现为：①彻底消灭降雨动能，防止土壤溅蚀；②截留、吸收部分降雨；③增加地表糙度，分散、滞缓、过滤地表径流，沉积砂粒；④形成地表保护层，维持土壤结构的稳定；⑤增加土壤有机质，改良土壤结构，提高土壤肥力；⑥抑制土壤水分蒸发，稳定土壤湿度和温度，利于树木生长；⑦提高土壤入渗能力，增加土壤入渗量，减少地表径流；⑧提高土壤的抗冲抗蚀能力。

（三）影响枯枝落叶层持水量的因素

1. 内部因素　枯枝落叶层持水量与树种和林分特征及枯枝落叶层的特性有关。不同林分枯枝落叶层的厚度一般为数厘米至十几厘米，重量为每公顷数吨至数十吨，枯枝落叶层的持水量也不同。根据吴钦孝对黄土高原的调查，其主要森林类型的枯枝落叶层的厚度为0.5～5cm，蓄积量为3.18～45.71t/hm^2，各类型间差异较大，这主要与枯落物种类、分解特性、林分年龄、郁闭度以及气候条件、人为活动等因素有关。在枯落物的组成中，叶的比例最大，占70%～90%；枝条占2%～20%；花、果受年龄和结实周期影响，差别很大，占0.1%～22.2%；树皮数量最少，一般不足1%。枯枝落叶层中的叶还可以区分为未分解叶和半分解叶两部分，它们的持水量不同导致其在保持水土中的作用大小不同。油松林枯枝落叶层中的未分解叶占总叶量的32.2%，半分解叶占67.8%；山杨林的未分解叶占11.9%，半分解叶占88.1%。黄土高原主要森林类型枯落物的最大持水率为224.2%～361.0%，最大持水量为0.9～152.9t/hm^2，相当于0.1～15.3mm当量水深。其中针叶林因枯枝落叶层分解慢，蓄积量大，最大持水量比阔叶林多，乔木林因枝叶数量大，最大持水量比灌木林多。观测结果还表明，枯枝落叶层各组成成分的最大持水率不同。以油松为例，其树皮和半分解叶的最大持水率最高，分别达到303.3%和253.5%；未分解叶和球果的最大持水率低，分别为196.4%和218.4%。枯落物中仅叶即可吸收水量38.6t/hm^2，相当于总量的92.0%。

森林类型不同，枯枝落叶层的持水量也有一定的差别。据测定，原始林的枯落物持水量大于天然次生林，阔叶林大于针叶林，乔木林大于灌木林，林分密度大的持水量大，枯落物分解速度快的持水量大。随着林龄的增加，枯枝落叶量逐渐增多，持水量相应增加。例如，美国的辐射松林枯枝落叶层的最大持水量：5～10年生的为0.5mm；10～15年生的为1.0mm；15～20年生的为1.8mm；25～30年生的为3.6mm。枯枝落叶层持水量与其干燥度有关，比较干燥的枯落物持水量大，反之则小。干燥度受气象条件的影响，主要取决于大气蒸发强度的大小。

2. 外部因素　影响枯枝落叶层持水量的外部因子有很多，主要包括坡度、温度、降雨特性等。

坡度与枯枝落叶层的持水量有关。根据原西北林学院的测定，在 10° 坡面上，枯枝落叶层持水量为 1.6～2.7kg/m^2；在 20° 的坡面上下降为 1.0～2.7kg/m^2；在 23° 坡面上，其持水量为 10° 坡面上的 2/3 左右。坡度愈大，林地枯枝落叶层持水量愈小。

温度与湿度影响枯落物的分解速度，从而影响枯枝落叶层持水量。一般来说，夏季枯落物分解速度快，冬季分解速度慢，湿度大分解速度快，湿度小分解速度慢。分解速度快加大枯落物量，尤其是 A_0 层的量，从而增加枯枝落叶层持水量。

枯枝落叶层截留降雨量与降雨特性有关，随着降雨量的增加，枯枝落叶层截留量的百分比相应减小，但以小雨或小阵雨时较为显著；随着雨量的增加，特别是连续性大暴雨或特大暴雨时，这种截留作用逐渐减弱。枯枝落叶层的最大持水量只有在长时间的降水过程中才能实现。在一般情况下，其持水量受季节影响处于不断的变化之中。其变化规律是：冬季因蒸发量小，又有积雪覆盖，枯枝落叶层的持水量保持在一定水平，变化幅度小；3 月融雪开始，水分得到补给，持水量迅速增加；随着春季的到来，降水偏少，持水量显著下降；进入雨季，持水量又逐步回升，但受降雨影响，变化幅度很大，到秋季末，枯枝落叶层的持水量达到最大值；以后降雨逐渐减少，持水量随之下降，并在进入冬季后保持相对稳定。

四、林分截留量和地面净雨量的计算

（一）林分截留量

林分截留量可用下式表示：

$$I=I_c+I_u+I_f$$

式中，I 为林分截留量（mm）；I_c 为林冠截留量（mm）；I_u 为林下灌木草本植物层截留量（mm）；I_f 为枯落物层截留量（mm），可用枯落物持水量估算。

林分截留量最终蒸发到大气中，对于地面受雨量来说，是一种损失，因此，林分截留量也称为截留损失量。不同类型的森林，截留损失量不同，截留损失量在蒸散损失量中所占比例也不同，这将影响流域的水量平衡。一个流域的森林截留损失量是流域内所有类型的森林截留损失量之和。

（二）地面净雨量

大气降雨在经过林冠层、林下植被和枯枝落叶层的截留之后，到达林地地面的实际有效降雨量，在水土保持及水文学中有极其重要的意义。

地面净雨量（P_e）可表示为

$$P_e=P_i+P_s-I_u-I_f$$

或

$$P_e=P-I_c-I_u-I_f$$

式中，P_e 为林地地面净雨量（mm）；P 为大气降雨量（mm）；P_i 为林内降雨量（mm）；P_s 为树干茎流量（mm）；I_c 为林冠截留量（mm）；I_u 为林下灌木草本植物层截留量（mm）；I_f 为枯枝落叶层截留量（mm）。

第二节　森林对土壤水文性质的改良作用

降水通过林冠层和枯枝落叶层的再分配之后，到达土壤层进行第三次分配，先后产生入渗、填洼、贮存、径流以及蒸发、蒸腾等水文过程。这些过程在流域的水文循环中对贮存量和输出量都有非常显著的影响。土壤层对降雨再分配的效果不仅是影响坡面径流和流域出口流量的重要因素，还是影响水蚀强度的重要因素。

森林土壤由于林分的存在，其土壤水文性质与无林时相比，水分的输出和在土壤中贮存的过程及数量发生明显的变化。同时，土壤中的水分又对林分生存、生长发育产生重要影响，其形态、含量以及动态变化规律又影响着森林的表现形式。土壤拦蓄降雨的能力很强，在森林的拦洪效益中起决定性的作用。不同的森林，由于土壤的入渗能力和贮水容量差异很大，其土壤拦蓄降雨的效果差异也很大，因此，要理解森林的水文效应，必须掌握森林对土壤水文性质的改良作用。

一、土壤水分入渗

土壤的渗透性是森林土壤水文生态功能的基础，它可以通过入渗把降水转为土壤水，从而减少坡面的产流产沙。土壤的渗透性主要取决于非毛管孔隙的量与质，它是土壤动态蓄水的有效空间。由于土壤入渗水量在次降水中占的比例最大，即使出现超渗产流，水分仍能通过土壤表层进入土壤。因此，准确地反映土壤的入渗性能，对分析产流、汇流以及土壤水分补给具有重要的意义，是评价林地水分调节的重要指标之一。

（一）土壤入渗的概念

1. 入渗　入渗（infiltration）是指水分（降水和灌溉水）进入土壤形成土壤水的过程，它是降水、地面水、土壤水和地下水相互转化的一个重要环节。入渗按其水分运动的维数可分为一维入渗和多维入渗，一维入渗又有无重力作用的水平入渗和有重力作用的垂直入渗。按入渗界面的供水方式又可分为充分供水入渗和非充分供水入渗，或者有压入渗（积水入渗）和无压入渗（无积水入渗）。简单来说，入渗包括垂直入渗和侧向入渗两方面，在野外一般均指垂直入渗。

资源 12-3

入渗是水文循环中的要素之一，受土壤特征和供水过程的影响。土壤水分入渗是一个极为复杂的过程，水分进入土壤后，以饱和流和不饱和流的形式运动，历经再分布和内排水过程。在入渗—再分布—内排水这一紧密相关的过程中，如果不断得到下渗水的补充，入渗水分可以下移直至地下水面，反之，在蒸散力的作用下，入渗水分可以上移进入大气或被植物吸收利用。在土体内部各方向，由于各点势能的差别，也时刻存在着水分的再分布过程。它不仅直接决定地面径流量的大小，同时也影响土壤水分及地下水（潜水）的增长，以及土壤中流的产生和地下径流的形成。

Coleman 和 Bodman 对土壤表面保持一定水深（5mm）时，入渗水流在均质土壤中按重力线的运动规律及含水率的分布进行试验研究，发现土壤初始含水率 θ_i 较低时，入渗一定时间后，土壤剖面中含水率的分布可分为 4 个区，即饱和区、含水率有明显降落的过渡区、含水率变化不大的传导区和含水率迅速减少至初始值的湿润区。湿润区的前缘称为湿润锋，湿润锋的不断前移过程就是水分入渗的过程（图 12-1）。

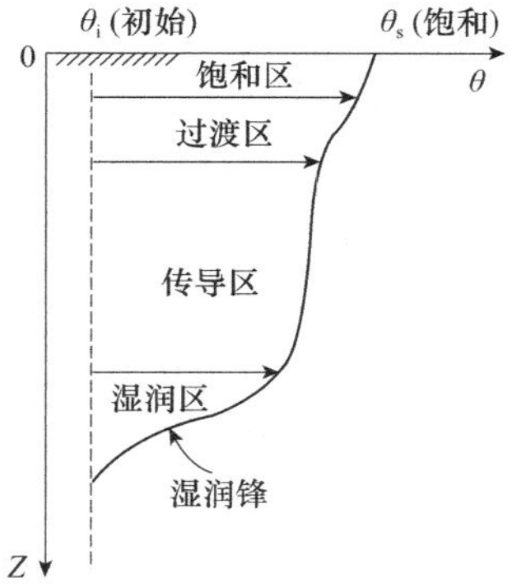

图 12-1　入渗（积水）时含水率的分布和分区（王治国等，2000）

2. 入渗率和入渗量　入渗率（infiltration rate）是指单位时间内入渗到地表单位面积土壤中的水量，一般用 f 表示，单位是 mm/min 或 cm/d 等。在充分供水条件下的入渗率又称为入渗能力，也叫入渗容量。

任一时刻 t 的入渗率 $f(t)$ 和此时地表处的土壤水分运动通量 $q(0, t)$ 相等，即

$$f(t)=q(0, t)$$

应注意图 12-1 中 Z 坐标是取向下为正的。

累积入渗量是指入渗开始后一定时间内，入渗到地表单位面积土壤中的总水量，通常用水深（cm 或 mm）表示，显然，

$$F(t)=\int_0^t[\theta(Z, t)-\theta(Z, 0)]\mathrm{d}Z$$

式中，$F(t)$ 为 t 时间内的累积入渗量；Z 为土层厚度（比湿润锋所湿润的范围大）；$\theta(Z, 0)$ 为初始含水率分布；对于干土入渗情况，$\theta(Z, 0)=\theta_i$。

通过室内和野外试验，可以直接测得累积入渗量 $F(t)$ 或入渗率 $f(t)$。两者间互换关系为

$$F(t)=\int_0^t f(t)\,\mathrm{d}t \text{ 和 } f(t)=\frac{\mathrm{d}F(t)}{\mathrm{d}t}$$

土壤在充分供水条件下的入渗，可由上式分析入渗率 f 随时间 t 的变化规律。入渗开始时，由于地表处的含水率梯度 $\frac{\partial\theta}{\partial Z}$ 的绝对值很大，入渗率 f 也很高，理论上，当 $t\to 0$ 时，$\frac{\partial\theta}{\partial Z}\to\infty$ 则 $F(t)\to\infty$，随着入渗的进行，$\frac{\partial\theta}{\partial Z}$ 的绝对值减少，入渗率 $F(t)$ 随之逐渐降低。当 t 足够大时，$\frac{\partial\theta}{\partial Z}\to 0$，此时 $F(t)\to K(\theta_o)$。也就是说，当入渗进行到一定时间后，入渗率趋于一个稳定值 f_c，该值相当于地表含水率 θ_o 的导水率 $K(\theta_o)$ 或 K_o，显然，$K_o<K_s$，（K_s 为饱和导水率）。上述整个过程可用入渗率曲线和累积入渗曲线表示（图 12-2 和图 12-3）。

累积入渗曲线上任一点的斜率，表示该时刻的入渗率。入渗率曲线 $f(t)$ 反映了土壤的入渗能力，它受土壤质地及其他有关因素的影响，有着重要的应用价值。

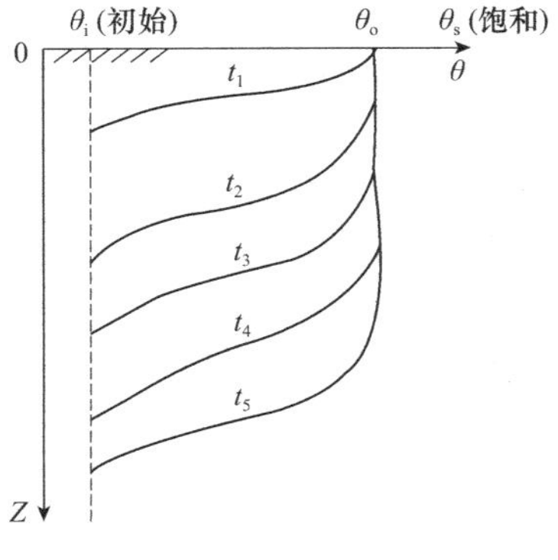

图 12-2　积水后土壤含水率随时间的变化（王治国等，2000）

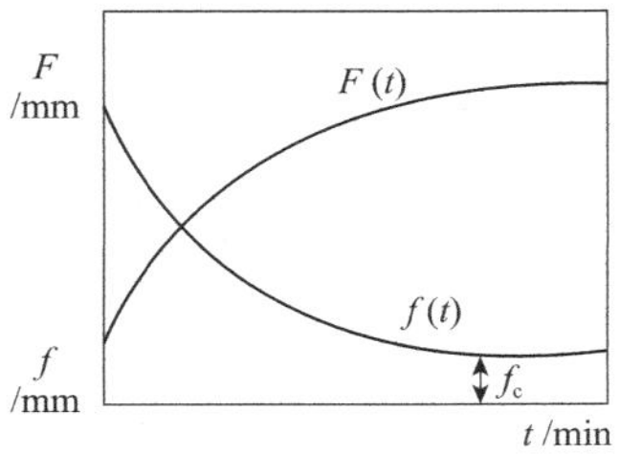

图 12-3　入渗率曲线和累积入渗曲线（王治国等，2000）

3. 稳渗速率和饱和导水率　　入渗率随时间而减小，开始时入渗速度较快，之后，随着时间的推移而逐渐变慢，最后趋于一个较稳定的数值，此时入渗率即为稳渗速率，用 f_c 表示。通过入渗过程的观察（图 12-2），在水施加于土壤表面后很短的时间内，表土的含水率 θ（0，t）将很快地由初值 θ_i 增大至某一最大值 θ_o（即 f_c），由于在自然条件下，一般很难达到饱和，故 θ_o 值较饱和导水率 θ_s 小。因此，饱和导水率 θ_s 是指土壤水分饱和时，单位水势梯度下、单位时间内通过单位面积的水量，它是土壤质地、容重、孔隙分布特征的函数。对一种土壤而言，θ_s 是常数。有文献也常用 K_s 表示。

（二）土壤入渗过程及其数学模型

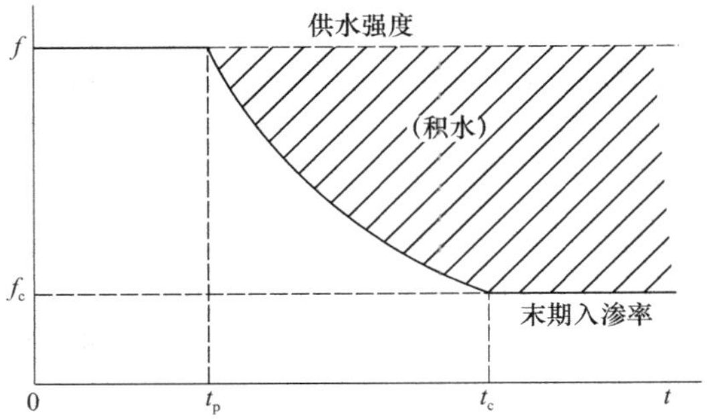

图 12-4　非饱和土壤的入渗过程示意图（高志义，1996）

1. 入渗过程　　入渗过程是指水分进入土壤的过程，是非饱和土壤水分的运动过程。野外入渗测定一般是指水分从土壤表面垂直向下进入土壤的过程。

土壤入渗过程一般可分为三个阶段。在稳定供水的条件下，非饱和土壤的入渗过程如图 12-4 所示。

（1）渗吸阶段　　当供水开始时至积水前时间 t_p 止。土壤有一个来多少水就吸收多少水的阶段，称为土壤的渗吸阶段。在这一阶段，有多少水，土壤就吸收多少水，供水强度小于土壤入渗能力，地表无积水存在。此时入渗率为 f。

当继续供水到时刻 t_p，供水强度大于土壤的吸收能力时，地表开始积水，这个时刻 t_p 称为积水前时间。在这一阶段，水分的入渗主要是在土壤吸力的作用下进行的，重力的影响可以忽略不计。在这一阶段末期，表层极薄的一层土壤已饱和或近于饱和，导水率 $K(\theta)$ 趋向饱和导水率 K_s。因为在这一阶段供水强度是决定入渗的主要因素，所以一般也称为“受通量控制阶段”。

（2）渗漏阶段　　从积水前时间 t_p 至稳渗时间 t_c 止。当供水继续进行到时刻 t_p，供水强度会超过土壤的入渗能力，地表开始产生积水，这时即转变成为积水条件下的入渗。这时土壤的入渗能力就成为决定土壤入渗率的主要因素，入渗过程是在吸力梯度和重力梯度的综合作用下进行的，并且重力势梯度逐渐占优势。因为入渗过程主要受土壤剖面性状制约，所以也称为“剖面控制阶段”。

（3）稳渗阶段　　入渗过程继续进行，湿土层不断加厚，土壤吸力的作用逐渐消失，仅重力势在起作用。此时，入渗率趋向于恒定值，与土壤饱和导水率在数值上相等，称为土壤稳渗速率 f_c，到达稳渗时间用 t_c 表示，t_c 后的这一阶段也称为“稳渗阶段”。土壤的稳渗速率主要取决于土壤的质地、结构和密实程度等因素，是土壤特征指标之一，是评价土壤质量的一个重要指标。

2. 入渗模型　　由于土壤入渗一般属于非饱和水分运动，因此对于土壤水分运动的基本过程，即使是最简单的边界条件，严格意义上解析也十分困难。国外对水分入渗的研究，多偏重于机理方面。土壤入渗过程的数学模型可分为两大类：一类是达西定律，它以土壤运动水分连续方程为基础，在确定的边界条件下进行推导得出数理模型；另一类是在野外试验研究的基础上，推导出的经验公式，这种经验公式目前有很多。但由于自然界土壤的复杂性，每种模型都只能反映某一特定条件或某一区域的情况，很难普遍适应，常见的经验、半经验方程主要有考斯加柯夫方程、霍顿方程、格林-阿姆普特方程、菲利普方程、史密斯方程等。

（1）菲利普（Philip）公式

$$F(t)=St^{\frac{1}{2}}+At$$
$$f(t)=St^{-\frac{1}{2}}+A$$

式中，F 为累积入渗量；f 为入渗率；t 为入渗时间；S 为土壤吸水率（相当于水平渗吸率）；A 为土壤参数（相当于稳渗率，但并不相等）。

菲利普公式适用于表土积水条件下均质土壤的入渗。菲利普公式是在水分运动基本方程式的基础上，经过简化推导出来的，因此它有一定的物理基础，适合于短历时的入渗情况。该公式只适用于均质土壤一维垂直入渗的情况，若将其应用于非均质土壤，还需进一步研究和完善。

（2）考斯加柯夫（Kostiakov）经验公式

$$f(t)=at^{-n}$$

式中，f 为入渗率；t 为入渗时间；a 为入渗系数；n 为拟合参数。

在实际情况下，只要能确定出 t 值，该公式还是比较简便且较为准确的。

（3）霍顿（Horton）经验公式

$$f(t)=f_c+(f_0-f_c)e^{-kt}$$

式中，f 为 t 时刻的入渗率；t 为入渗时间；f_0 为初渗率；f_c 为稳渗速率；k 为参数。

霍顿公式虽然属于纯经验模型，缺乏一定的物理依据，在描述流域入渗规律时有一定的局限性，但作为对单点降雨入渗的模型，在实际应用中是很有效的。

国内许多学者也对土壤入渗模型进行了深入的研究与应用。陈丽华等运用 Kostiakov 入渗模型分析了晋西黄土区不同土地利用类型和不同地貌的土壤入渗经验方程；康绍忠等用 Kostiakov 和 Horton 等入渗公式分析了内蒙古敖包小流域土壤水的入渗性能；吴长文等通过研究林地土壤的入渗曲线，发现 Horton 公式比 Philip 公式拟合效果更好；蒋定生等在黄土高原进行了土壤入渗试验，结合大量野外实测资料，提出了积水条件的入渗公式；王玉杰等对三峡库区重庆缙云山典型林分土壤的入渗特性研究发现，Philip 入渗公式比 Horton 公式拟合效果更好。

（三）影响土壤入渗的自然因素

1. 土壤初始（前期）含水量　　影响土壤水分的入渗过程，特别是土壤的初始入渗率和土壤达到稳渗所需的时间。初始含水量小，土壤干燥，吸水能力强，初始入渗率大；初始含水量大，土壤湿润，初始入渗率小。土壤初始含水量大，达到稳渗的时间短，但稳渗速率与初始含水量无关。

2. 土壤理化性质　　土壤物理性质，包括土壤的颗粒组成、土壤结构、土壤孔隙、土壤团粒结构和水稳性团粒结构、表面结皮及土内是否有饱和气体、垂直裂隙等。土壤机械组成又称土壤质地，反映了土壤中颗粒大小的变动范围。土壤入渗与土壤质地相关性较好，并且质地越粗的土壤，透水性能越强，黏土则相反。土壤容重反映了土壤坚实度和孔隙度的大小，对土壤的透气性、渗透性、持水能力以及土壤的抗侵蚀能力都有非常大的影响。土壤容重与土壤入渗率呈负相关关系，即土壤容重愈大，入渗速率愈小；土壤容重愈小，入渗率愈大，产流历时愈晚。土壤孔隙度，特别是非毛管孔隙度与容重关系极为密切。土壤非毛管孔隙是土壤动态蓄水的有效空间，因为这种大孔隙中的水分可以在重力的作用下排出，所以土壤结构，特别是大孔隙的数量，对土壤入渗性能的作用巨大。就林地土壤而言，其土壤入渗率主要取决于非毛管孔隙度。一般土壤的颗粒组成也是影响其入渗率的重要因素，土壤粒径愈大，孔隙愈大，土壤中大于 0.05mm 的砂粒愈多，孔隙就愈大，入渗率也愈大；相反，土壤中细粒（＜0.05mm）组成的百分数愈大，土壤孔隙愈小，其持水性增大，而透水性降低，入渗率也变小。土壤团粒结构愈好，孔隙度愈大，入渗性能愈高。此外，表面结皮也是影响入渗不可忽视的因素，易产生表面结皮的土壤，入渗性能差。例如，雨滴击溅侵蚀使细小土粒堵塞表层大孔隙，形成地表结皮，显著降低入渗能力。据周国逸等的研究，在其他条件相同的情况下，地表结皮形成后，渗透系数降低到原来的 46%～83%。相反，有森林枯落物的林下土壤，地表结皮很少发生，有效保护了土壤结构，提高了土壤入渗量。

从土壤的化学性质来看，有机质含量高，有利于团粒结构的形成，土壤入渗率高；土壤中的矿物质，如果是可溶性的，遇水后被水溶解，有利于入渗，当遇水发生凝结作用时，则入渗率减小。

3. 降雨特性　包括降雨强度、历时、降雨过程、空间等。降雨强度的大小直接影响入渗率和入渗量。当降雨强度小于入渗率时，降雨全部渗入土壤，入渗过程受降雨过程制约。当降雨强度大于入渗率时，则产生超渗雨，形成径流。在相同土壤水分条件下，入渗率随降雨强度增大而减小，对有草皮覆盖的情况更为明显，这与地表滞水及积水有关。对于裸露土壤，降雨弡度增大，雨滴也相应增大，雨滴以较大能量击溅地面土壤微粒，随着入渗水流充填及阻塞土壤孔隙，从而使入渗率减小，对无植被的松散结构土壤（如西部黄土高原），这种现象比较明显。

降雨历时分布特征不同，对入渗也有一定的影响。对两次降雨量相同，但历时分布相反的降雨，一次是降雨强度前段小，后段大；另一次相反。试验结果表明，在休闲耕地，前段两者入渗量相等，而后段则前者的入渗量较后者小；在草地，由于土壤含水量接近于田间持水量，两种情况的入渗量几乎完全相同。这表明当土壤含水量较小时，降雨的历时分布影响比较显著。

连续降雨和间歇降雨，其入渗过程是不同的。因为在每次间歇期间，土壤水分仍继续进行分布，一部分深入下层，一部分耗于蒸发，因此表层入渗能力得到不同程度的恢复。在每一次后继降雨的初期，入渗强度有所恢复，然后迅速下降，其入渗率较前次小。

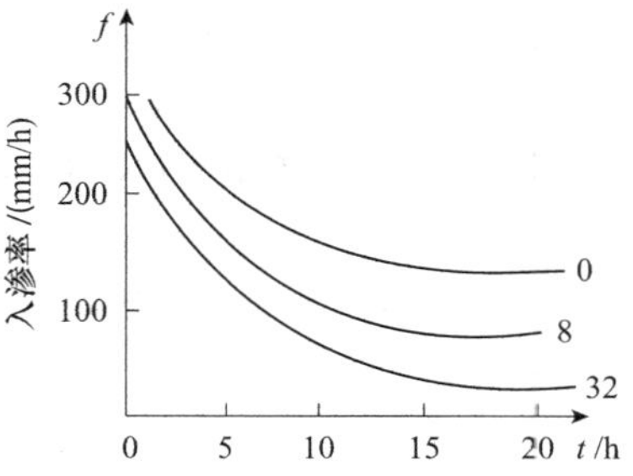

图 12-5　不同坡度对下渗的影响（王治国等，2000）

4. 流域地形　同一地面的土壤入渗率随坡度、坡向、坡位、土层深度等的不同而存在着较大差异。

坡度是主要的地貌形态示量之一，历来是土壤侵蚀学的重要研究领域。不同坡度对下渗的影响见图 12-5。坡度对降水入渗的影响表现在两个方面，一是降水在坡面上发生再分配；二是随着地面坡度的变化，降水入渗率呈现明显变化。有研究表明，在一定坡度范围内，坡度越大，稳渗速率越小，而且两者之间存在一定的线性关系。

不同坡向也影响土壤入渗率。吴钦孝等在黄土丘陵区研究发现，土壤含水量经常表现出阴坡高于阳坡、坡下部高于坡上部的特征。由于土壤含水量是水分入渗的结果，因此，土壤的入渗率也必然表现出坡向和坡位的差异。总体来看，阴坡因土壤水分相对较高，植被发育和结构较好，其土壤入渗率高于阳坡。其中森林小流域的阴、阳坡稳定入渗率平均为 6.2mm/min 和 6.0mm/min，差异较小，只是在坡的上部，阴坡的稳定入渗率为 7.8 mm/min，阳坡为 7.0 mm/min，差异较明显。在荒坡草灌小流域，阴坡的初始和稳定入渗率均比阳坡高，其中初始入渗率高 1.96～2.85 倍，稳定入渗率高 2.78～9.50 倍。

从坡位来看，表现出从坡上部到坡下部，土壤入渗率呈逐渐降低的趋势。其中两小流域的初始入渗率坡上部平均为 7.2mm/min，坡中部为 5.7m/min，坡下部为 5.1mm/min；而稳定入渗率坡上部平均为 5.0mm/min，坡中部为 3.9mm/min，坡下部为 3.6m/min，造成入渗率坡上部＞坡中部＞坡下部的原因是，坡上部径流产生的泥沙在其下部逐渐沉积，堵塞了坡下部的土壤孔隙，在表层形成一个致密层，从而降低了土壤的入渗率。唯一不同的是在荒坡草灌小流域的阳坡上部，由于植被覆盖度过小，其土壤入渗率比中部和下部更低。

土壤入渗率除随坡向和坡位变化外，也随土层深度而变化。以黄土丘陵区森林小流域和荒坡草灌小流域的阴坡上部为例，林地土壤的入渗率在 0～40cm 土层内衰减很快，从 7.8mm/min 很快减小到 0.2m/min，40cm 以下土层，变化很慢，且幅度极小。荒坡土壤的入渗率也有类似的变化趋势，只是比林地入渗率小。土壤入渗率的这种垂直变化与根系分布关系密切，同时也说明，森林提高土壤入渗率的有效深度约为 40cm。

（四）林地土壤入渗特点

森林植被以其独特的方式对土壤入渗性能产生直接和间接的影响。一般来说，林地土壤疏松、物理结构好、孔隙度高，比其他土地利用类型的入渗率高，并且随着林龄的增加，这种改良作用逐渐增强。据吴钦孝在六盘山对土壤入渗能力的测定结果，乔木林地＞灌木林地＞草地＞农地。潘紫文等研究表明，林地平均入渗率是荒地的 3～4 倍。

林地土壤与非林地土壤相比，土壤的入渗能力有很大的不同。林地土壤的入渗能力一般要高于非林地，反映在入渗曲线上（图 12-6），主要表现在：一是曲线上移，林地土壤初始入渗能力和稳渗能力都要高于非林地；二是曲线的形状发生变化，有林地下渗曲线呈圆滑型，而非林地入渗率随时间增加而迅速降低，入渗曲线呈急剧转折而迅速趋于平稳，达到终期入渗能力；三是林地土壤的积水前时间 t_p 和到达稳渗时间 t_c 都明显大于非林地；四是曲线反映的下渗容量不同，即使林冠、枯枝落叶的截留作用会使到达林地地面上可供入渗的总水量有所减少，但有林地总的入渗容量不小于非林地，特别是在高强度的降雨条件下。另外，

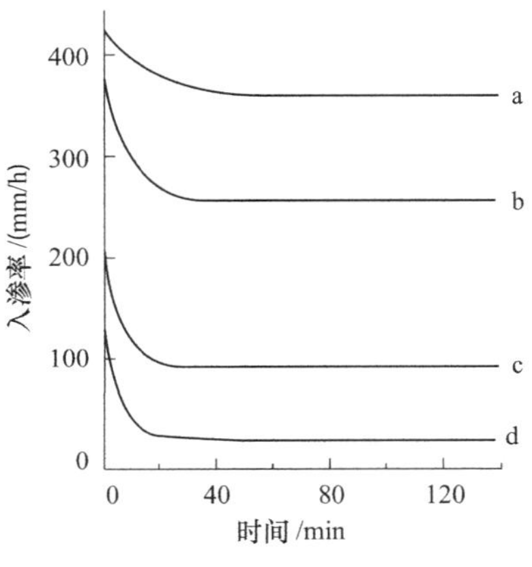

图 12-6　不同立地类型土壤入渗率曲线（高志义，1996）

a. 阔叶林；b. 赤松林；c. 草地；d. 裸地

有林地由于枯枝落叶对地表径流的滞缓作用，相应地也增加了下渗容量。

二、林地土壤水分贮存

降雨除了被林冠层、灌草层和枯枝落叶层截留之外，一部分变成地表径流，其余部分被土壤贮存。贮存的水分被植物吸收利用、蒸发，还有部分成为土内径流，最终进入河槽或变成地下水贮存起来。

具有良好结构的森林土壤，也具有良好的水文特征。反映在水分贮存上，需要具有以下能力：一是在降雨时，特别是在降暴雨时林地土壤吸收贮存水分的能力；二是在降雨停止以后，林地土壤吸收水分的保持能力及多余水分的排除能力。前者可以减少地表径流、防止土壤侵蚀、削弱洪峰，后者可以涵蓄水源、延长洪峰历时、补充地下水。近几年来，随着对森林水源涵养作用和森林拦洪能力的不断深入研究，土壤水分贮存量已成为评价森林作用的一项重要指标。土壤水分贮存有以下两种形式。

一是吸持贮存。在不饱和土壤中，大孔隙基本被空气占据，而小孔隙中有无数水和空气的交界面，水依靠毛管吸持力贮存，即吸持贮存。其水分供植物根系吸收蒸腾或最后被蒸发掉，与径流和地下水供给不发生关系。吸持贮存的上限是田间持水量，即土壤在特定条件下能够抵抗重力保持水分的最大量，实际下限是永久凋萎点，即低于此值根系不再吸水的含水量。

二是滞留贮存。饱和土壤中自由重力水在非毛管孔隙（大孔隙）中暂时贮存，称为滞留贮存。这些水分属于通过深层渗透进入地下水、土内径流或深层土壤再分配的那部分水量。当土壤已经湿润到田间持水量时，滞留贮存是唯一能够存在的贮存形式。在大雨或暴雨时提供应急水分贮存，减少地表径流，降雨停止后水分逐渐向深层入渗，从而起到了保持水土和涵养水源的作用，因此，维持或改善滞留贮存方式，在森林土壤水文管理中具有十分重要的意义。

这两种形式贮存的水量分别叫作吸持贮存量和滞留贮存量，二者合称为土壤贮存水量或森林蓄水量，它们共同反映了森林的贮水能力。

从水土保持角度来看，吸持贮存和滞留贮存都有助于减少地表径流和防止冲刷，吸持贮存则更能反映土壤保水性能及土壤水分对林木生长的有效性，所以习惯上把土壤吸持贮存量用“田间持水量”或“最大毛管持水量”来表达。从水源涵养角度来看，滞留贮存更有意义，用“最大非毛管持水量”来表达。

土壤水分贮存的多少，取决于土壤孔隙度的大小。降雨初期的土壤贮水主要靠毛管孔隙，后期主要靠非毛管孔隙；降雨停止后，土壤保持水分的能力主要取决于土壤的毛管孔隙度；降雨过程中和降雨后重力水的排除则取决于非毛管孔隙度。

影响土壤贮水量的主导因素是土壤的持水孔隙。林地土壤通常孔隙度大，持水能力强，故土壤的持水潜力大。据测定，油松林地的最大持水量，即田间持水量为22.0%。黄土高原2m厚土层的最大持水量为576.4mm，其中土壤非毛管孔隙的滞留贮存量，是在它达到饱和时的瞬间滞水量，在重力的作用下，可不断向土层深层渗透，向坡下排泄，成为地下水或壤中流。因而它是一种短期的滞留贮存量（滞蓄量），在排除以后，仍能继续保持滞蓄降水的能力，对调节暴雨径流具有很大的作用。但由于林地树木蒸腾强烈，吸水多，其土壤贮水被不断利用。根据资料，2002～2003年油松林地2m厚土层的平均土壤贮水量为 302.6mm，相当于最大持水量的 52.5%，比同期荒山贮水量少 14.2%。可见，不同地类因植被类型、土壤质地、结构等不同，土壤贮水量相差较大。以六盘山为例，该区属土石山区，土层一般较薄，测定结果表明，乔木林下土层厚 0.9～1.1m，土壤贮水量为 104.6～185.1mm；灌木林下土层厚 0.4～0.8m，土壤贮水量为 51.7～131.2mm；草地土层厚 0.2～0.6m，土壤贮水量为 32.4～96.1mm；农地则由于人为耕作，土层厚 0.8～1.1m，土壤贮水量也相应达到 102.8～137.8mm。

总之，森林具有良好的土壤结构，毛管孔隙和非毛管孔隙都较无林地高，所以也具有较高的吸持贮存量和滞留贮存量。林地土壤与非林地土壤相比更有利于水土保持和水源涵养，即更加有利于对降雨的吸收和吸收后重力水的排除。

（一）土壤吸持贮存量

$$W_s = 1000 \times h_z \times (\theta_{max} - \theta_{min}) \times r_d$$

式中，W_s 为土壤吸持贮存量（t）；h_z 为入渗锋面深，土壤有效深度（m）；r_d 为土壤干容重（g/cm^3）；θ_{max} 为土壤毛管最大持水量，一般取田间持水量（%）；θ_{min} 为毛管最小持水量，一般取土壤凋萎湿度（%）。

（二）土壤滞留贮存量

$$W_g = 1000 \times h \times S$$

$$W_g = 1000 \times h \times (\theta_o - \theta_p) \times r_d$$

式中，W_g 为土壤滞留贮存量（t）；h 为土壤厚度（m）；S 为土壤非毛管孔隙度（%）；r_d 为土壤干容重（g/cm^3）；θ_o 为土壤饱和含水量（%）；θ_p 为土壤田间持水量（%）。

（三）土壤实际贮水量

$$W_a = (\theta_{后} - \theta_{前}) \times h_m \times r_d \times 1000$$

式中，W_a 为土壤实际贮水量（t）；$\theta_{后}$为降水后的土壤含水量（%）；$\theta_{前}$为降水前的土壤含水量（%）；h_m 为土壤湿润深度（m）；r_d 为土壤干容重（g/cm^3）。

以上是静止状态下的计算公式。在实际中，水分的贮存状态是动态变化的，受到蒸腾、蒸发、土内径流等因素的影响，所以在评价森林土壤水分贮存时，还应结合具体情况，考虑到其他因子的影响。实际工作中，常用环刀法测定土壤持水量。

资源 12-4

三、林地土壤水分动态

土壤的水分状况受降雨、植被、土壤及其他因素的影响，处于经常的变动当中，它集中反映了土壤、植物、气候三者之间相互作用的综合效应。这种动态变化规律隐含了其他土壤水文性质的作用效果，是各水量平衡要素相互作用结果的直接表现。通过对土壤水分动态的研究，可以提示不同森林植被条件下，土壤水分的存贮和消耗规律。土壤水分在年周期内随深度和时间发生的变化，称为土壤水分的季节动态，也叫土壤水文状况。不同自然条件下，林地土壤水文状况明显不同。

森林是土壤水分产生动态变化的主要原因。第一，森林使土壤的入渗能力得到了改善和维持，水分进入土壤中的范围更加深广，更多的降雨转变成土壤水分。第二，林冠和枯枝落叶层的存在，形成了独特的森林小气候，降低了林分的蒸腾和蒸发，减小了土壤水分的直接损失。第三，森林的存在也会使林地土壤水分减少。例如，林冠、枯枝落叶层的截留作用使降雨到达土壤的总量有所减少，无雨期林木的蒸腾作用要消耗大量水分等。这种正负作用就会导致森林土壤的水分产生动态变化。

林地土壤水分动态一般性的规律是初春开始融雪，雪水徐徐渗入土中，使土壤水分达到最大值，在夏季生长旺盛季节，森林蒸散大，土壤含水量可降到最低水平，这一时期为失水期；秋末植物生长逐步趋于停止，水分消耗降低，土壤水分补充聚集，含水量回升，如果此时得到雨水的补给，含水量可恢复到原来的水平，这一时期为补充聚水期；冬季，植物完全停止生长，土壤含水量处于稳定状态，这一时期为稳定期（图 12-7）。这一规律在降水量小于蒸发量的地区表现较为明显，而在降水量大于蒸发量的地区则表现得不明显。例如，东北小兴安岭红松林下的暗棕壤，地表具有粗腐殖质——泥炭层，水分含量高，6～10 月表土层大部分时间含水量在 70% 以上，只有 6 月末和 9 月末才稍有降低；川西高山冷杉林下的漂灰土，表层 0～15cm 的含水量终年超过 80%，有藓类覆盖的地方达 200%～300%，20～50cm 土层中也保持在 40%～60%。

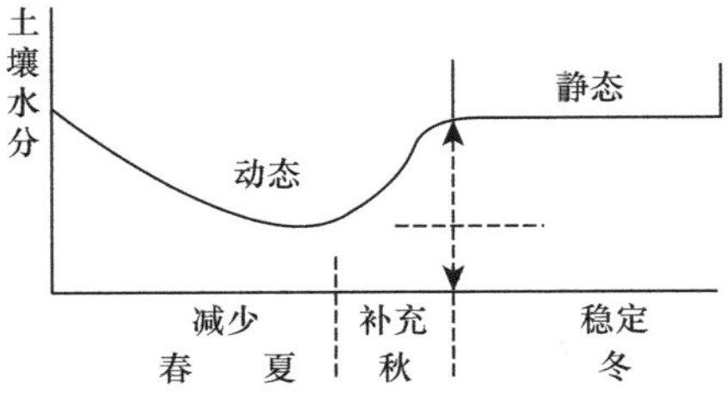

图 12-7　林地土壤水分的季节模式
（杨文治和邵明安，2000）

森林土壤水分在垂直空间上的分布特征也比较明显。从地表到根系层的整个土层的含水量（田间持水量以下的水分），一般是林地土壤比其他土壤少。但是在其土壤剖面上的分布又有所不同。一般在林地表土层的含水量较高，根系层含水量较低，变化幅度也大，主根系层以下的林地土壤含水量迅速回升，也比较稳定。上层含水量的变化主要取决于降雨和蒸发受抑制的程度，下层含水量的变化主要取决于降雨和根系的吸收情况，这与植被状况有关。

森林土壤水分分布也受坡向、坡位影响。黄土高原阴坡的水分条件好于阳坡，坡下部的水分条件好于坡上部。吴钦孝等于 2002～2003 年在森林小流域的横断面，选择阴坡、阳坡，以及不同坡向的上部、中部和下部，每月 2 次定期测定 2m 土层深度的土壤水分含量，分析小流域林地（油松）土壤水分的时空变化和分布特征。测定结果表明，在小流域空间上，阴坡的土壤水分条件总体上好于阳坡，这是由光照和热量分布决定的。在土层 0～40cm 深处阴坡的土壤水分含量大于阳坡，且无论阴坡还是阳坡，其坡下部的土壤水分大于坡中部，坡中部大于坡上部。但是，由于试验区位处由落叶阔叶林带向森林草原带的过渡地带，植被在阴坡和阳坡上存在一定的差异，使在土层 60cm 以下区段的土壤水分没有出现类似的规律性变化。其中阴坡下部乔灌植被发育好，根系对土壤水分利用多，导致 60～200cm 土层深度的土壤水分含量不及中部和上部。阳坡上部因乔木层发育较差而多灌木，致使 100cm 以下深层土壤水分含量反而比中部和下部高。

第三节　森林涵养水源作用及其对水质的影响

一、森林对径流的调节作用

降雨往往伴随着产流，产流的机理一般可分为两种类型：蓄满产流和超渗产流。蓄满产流是指包气带未达到蓄水容量以前不产流，达到蓄水容量以后全部产流，受控条件为包气带的水分亏缺量。超渗产流是指降雨强度超过土壤入渗能力时就产流，否则不产流，受控条件为降雨强度和入渗能力的大小。

河川径流的形成在经历降雨初损阶段后，一般要经过两个阶段，一是产流阶段，二是从坡面漫流到汇流阶段。径流可以简单地分为地表径流和地下径流。

由于森林植被的存在，产流的下垫面发生了改变，森林的水文过程也相应发生改变。森林的水文效应的实质是对森林水量平衡的影响，是森林对降雨、下渗、径流、蒸发散等水分循环要素产生的影响。它对这些要素进行改变、调控，最终改变地下水与地表水的分配比例，从而改变水文过程，调节地表径流，起到了消减洪峰、涵养水源的作用。森林对径流的调节作用是森林水文效应的中心。

（一）地表径流

在坡度为 θ 的坡面上，当降水强度 P 大于入渗强度 F，或亚表层存在饱和气体而产生水头高度为 h 的薄层坡面均匀流，其逐渐汇集就会形成坡面（地表）径流 Q。

资源 12-5

坡面径流是一种空间渐变的不恒定流，水流呈片状紊流态。根据明渠均匀流计算，坡面径流流速（V）的关系式为

$$V=\frac{1}{n}h^{2/3}J^{1/2}$$

式中，V 为平均流速（m/s）；n 为曼宁阻力系数（糙率）；J 为水力梯度（m/m）；h 为水深（m）。

由于坡面流可近似看作一种薄层均匀流，坡度（S）与水力梯度基本相等，因而得出坡面流

$$V=\frac{1}{n}h^{2/3}S^{1/2}$$

若有一断面宽为 B 的坡面，则流量为 $Q=VBh$，则 $\frac{Q}{Bh}=\frac{1}{n}h^{2/3}S^{1/2}$，那么 $Q=\frac{B}{n}h^{5/3}S^{1/2}$。若以单宽计，则单宽流量为 $q=\frac{1}{n}h^{5/3}S^{1/2}$。

从上述公式可以解释水土保持林调节地表径流的作用机理：坡面漫流主要受糙率 n、水深 h 和坡度 S 的影响，森林对坡面流的作用，也是通过这些要素来实现的。

水土保持林枯枝落叶、整地、树干及林下植被使下垫面更粗糙，使糙率 n 增大；林冠、枯枝落叶具有截留作用、林地土壤入渗量及贮水量增加、整地洼蓄、林内雨强降低、降雨历时延长、林分蒸发散耗水等原因导致水深 h 减小；鱼鳞坑、水平阶、水平沟、梯田等造林整地方法间接改变了坡形，使坡形变缓，降低了坡度 S；水土保持林水文效应的核心是对地表径流的调节作用，该调节作用就是通过改变糙率 n、水深 h 和坡度 S 这些要素实现的，这些水文要素的改变直接降低了单宽流量 q。继而，可以解释森林对水蚀的控制作用。结合动能公式 $E=\frac{1}{2}mv^2$ 分析，流速 v 越小，流量越小（与质量 m 成正比），则地表径流的冲刷力越小，控制水蚀、保持水土的功能越强。当然，影响地表径流的因素十分复杂，除植被类型（包括森林类型）外，还有地形、土壤、前期降雨和降雨特性等。

（二）森林对径流的影响

多年来，国内外学者对不同林型的径流调节作用、机理、调节数量都做了大量研究，结论也各有不同。但对于林分影响径流的肯定结论是一致的。森林对径流的影响表现在径流量、流速、地表水与地下水的比例、径流历时等方面，其中径流量是核心。森林通过其丰富的层次对径流量产生重要影响，主要体现在以下几个方面。

1. 林冠截留　由于林冠截留作用，林内雨量减少，降雨强度也有所减小，因此到达地面可供产流的降雨量减少，降雨强度减小，这样就减小了降雨的径流量。国外的研究结果表明，温带针叶林林冠截留率一般在 20%～40%。国内也做了大量的研究，结论为林冠一般可以截留全年降雨的 15%～30%。据王佑民的总结，全年林冠截留率一般在 20% 左右，热带雨林和川西高山原始林可达 30% 以上。

2. 地被物截留　地被物有活地被物和死地被物之分。它们会截留部分降雨，减少到达地面的净雨量。国外的研究表明，水分在地被物层的传输机制类似于林冠截留过程，其截留量与地被物的种类、贮水能力有关，与林地单位面积地被物成正比。国内对死地被物持水能力的研究相对要充分得多，研究表明枯落物的吸水率多为其干重的 2～3 倍，有的阔叶树种可达 4 倍以上，多的可达 10 倍左右。

此外，林下的枯枝落叶层、树干及地被物，能够增加地表糙率。增加地表糙率可以增加对水流的剪切力，能降低地表径流速度，延长流域汇流历时，同时也相应地增加了土壤的入渗量，把地表径流减小到最低程度。

3. 林分蒸发散　国内外关于森林植被对流域总蒸散量的影响，结论基本一致，就是森林植被能增加流域蒸散量，从而影响径流量。森林地与无林地的蒸散量的对比分析结果表明，森林蒸散量与皆伐迹地及无林地蒸发量相比明显增大，在土壤水分充足条件下的森林蒸散量接近于水面蒸发。另外，森林地区蒸散与非森林地面蒸发的差别具有季节变化，这与森林植被生长的季节变化有关。

4. 土壤入渗与贮水　森林植被使林地土壤入渗能力及贮水能力改变，从而影响径流量。随着林分的生长发育，林地土壤的理化性质得到了改良。土壤中腐殖质丰富、土壤疏松、孔隙多，不仅具有相当高的持水能力，还能促进降雨向土层渗透，提高森林土壤吸收降雨的能力。根据调查，25 年生的天然林，每小时可以吸收降雨量 15mm，草地每小时吸收降雨量 10mm 左右，裸露地每小时吸收降雨量还不到 5mm。林地的降雨，25% 被林冠截留或蒸发，35% 变为地下水，徐徐补充为河道水。在荒废的裸露地，约有 5% 的降雨变为地表水很快流走，40% 暂时保留或蒸发，贮存到土壤中用于补充水源的水仅占 5%。林地涵养水源的能力为裸露地的 7 倍。

5. 人工造林　对于人工林来说，在造林前一般都有适当的人工整地措施，如水平梯田、水平沟、鱼鳞坑等，这些整地措施使林地增加了产流的洼蓄量，也相应起到了减小径流深的作用。

6. 土内径流（壤中流或亚地表径流）　森林的年龄、覆盖特性、枯落物厚度、土壤母质类型等，都会影响土壤剖面孔隙状况，从而影响土内径流。

一般来说，林地土壤有机质含量高、土壤孔隙度发达、结构稳定，整个剖面上渗透能力比较高，死亡或腐烂的根系能形成各个方向的重要孔隙，特别是垂直向下的孔隙。生长发育的根系和动物的活动也能形成重要的垂直孔隙通道。在降雨形成土内径流时，其主要特征是发生的深度增加，土壤剖面上的饱和导水率提高，流路变得更为复杂，径流量减小，土壤剖面蓄水能力提高，垂直渗透能力增加，水分可进入更深的土层。这样，林地土内径流的形式就完全不同于非林地，使降雨进入地下水的机会增加，对水源涵养、暴雨削洪都起到了非常重要的作用。

二、消减洪峰的作用

降雨时，林冠层、枯枝落叶层和森林土壤对雨水的截留、吸持渗入、蒸发，减小了地表径流量，降低了径流速度，增加了土壤拦蓄量，将地表径流转化为地下径流，从而起到了滞洪和减少洪峰流量的作用。目前大多数森林和水文工作者都认为森林消减洪峰的作用主要有森林能减小洪峰流量、改变地表水和地下水的比例、增加地下径流、使河流水量变化平缓稳定。

美国通过对比造林前后的方法，在松树河流域的试验中，从造林到20年后完全郁闭的过程，降雨径流和洪峰流量都明显减少。在一次31～32mm的降雨中，郁闭林的直接径流量只有荒地的11%～48%，而且洪峰流量减少到10%～30%（图12-8）。

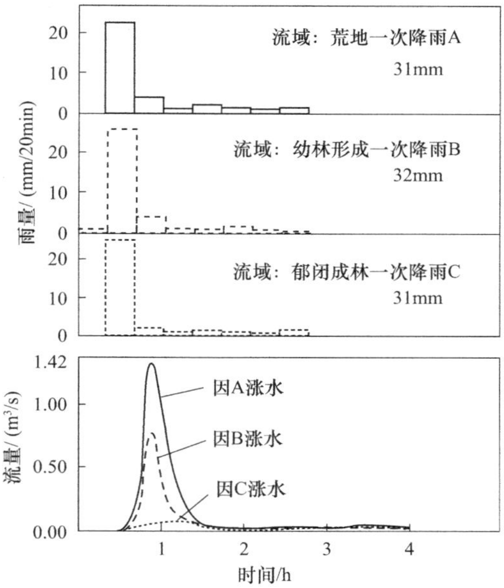

图12-8　荒地流域造林后直接径流量减少和径流历时延长（高志义，1996）

采伐森林会导致直接径流量和洪峰流量的增加，据世界各地的资料，森林采伐后直接径流量为伐前的1.5～2.0倍，洪峰流量为伐前的1.05～1.09倍。据中国林业科学研究院在丽林实验场的研究，红松林水量平衡场年均径流系数仅为2.3%，而采伐迹地水量平衡场的则达12.4%，在春季融雪中，皆伐迹地融雪径流总量为14.5mm，占融雪水量的23.9%，红松林水量平衡场融雪总量为0.3mm，不到融雪水量的1%，前者约为后者的48倍。

刘昌明等采用比较现有植被的方法，对黄土高原森林拦蓄洪水的研究结果表明，单位面积的洪峰流量，林区比非林区小10倍，小流域甚至小到百倍以上；有林区比无林区的汇流历时延长2～6倍；峰前历时滞后3～15倍，且洪峰消减平均也在90%以上。

广州市流溪河林场森林覆盖率超过70%，在降雨量较小的情况下，森林对洪水汇集过程的缓冲作用显著，森林流域的洪水历时一般比无林流域延长2倍以上，且流域面积增大，延长倍数也随之增大，同时可消减洪峰70%～95%。但对长时间的大雨，水源涵养林的作用相对减弱。范世香等的研究显示，当连续降雨量超过400mm时，森林仍能消减洪峰流量的35%左右。但日本森林水文学家中野秀章却认为，当连续降雨量超过400mm时，森林对洪水的调节作用基本消失。

森林的缓洪作用是森林水文效应的综合发挥。概括起来有四个方面：①通过林冠截留减少流域降雨量；②通过枯枝落叶层、土壤入渗及贮存、森林蒸发散的作用，减少流域的地表径流量；③通过枯枝落叶层的阻延流速、土壤的入渗及贮存，部分地表径流转变为土内径流，因而减缓了流速，延长了汇流历时；④延长融雪时间，使流域各部分的融雪时间不一致，防止融雪水在时间上和地域上过分集中。

当然，森林在缓洪方面也存在一些不利因素，包括：①森林具有增加降水的功能（水平降水）；②森林对林地地面蒸发的抑制作用，地被物和土壤表层保持较多的水分，使土壤前期含水量提高；③森林可以使积雪保持到春天，当积雪受到急剧的温暖降雨的侵袭时，积雪骤然融化，有时会产大洪水流量。但是这些负效应与正效应相比，数值上要小得多，而且有些可以通过某种经营措施得到一定程度的改善。从目前的研究来看，多数学者认为森林具有明显的减少洪水径流量、消减洪峰流量及延长汇流历时的功能；也有一些学者认为森林对前期洪水有益，对后期洪水影响较小；还有人认为降雨量小，森林对洪水的影响大，大雨、持续强降雨则影响较小。

不过，洪水形成过程及其影响因素是十分复杂的。暴雨是形成洪水径流的最主要因素。森林蓄水容量与森林类型、特征、土壤层厚度及地质、地貌等条件有关，不同自然地理区及不同水文区，森林与洪水的关系仍不能一概而论。在对森林消减洪水灾害作用的定量分析方面也有不同的观点。

总体来说，森林能够减小洪峰流量，改变地表水和地下水的比例，增加地下径流，改变径流分布过程，使河流水量变化缓和稳定。但森林对洪水的削弱作用并不是无限的，如对 1981 年 7～9 月四川特大暴雨分析，森林只不过消减洪峰 10%～20%，最大也不超过 25%。森林对孤立洪峰效应明显，而对连续洪峰调蓄作用不明显。因此，对森林的减洪缓洪的作用既不可忽视，也不可过分夸大。

三、水源涵养作用

水源涵养作用是指将暂时贮存水分的一部分以土内径流方式或地下水的方式补充给河川，起到调节河流流态和季节性河川水文状况的作用。因此森林调节径流的实质就是它的水源涵养作用的表现。

森林具有涵养水源的功能。森林和水的关系十分密切，许多河流都发源于高山密林之中。例如，松花江、牡丹江发源于长白山林区，闽江发源于武夷山林区。

实际上，森林涵养水源的功能，不能只是从它对河流的年径流量的增减评定，而主要是看其增加枯水量、减少洪水量方面的作用。减少洪水量方面的作用在前文消减洪峰内容中已有叙述，下面重点叙述森林对枯水流量的影响和对流域径流总量的影响。

（一）森林对枯水流量的影响

枯水期径流是当进入冬春旱季时，地表径流中断，此时河流的流量是年内的最小流量，称为枯水流量。

森林对枯水期径流的影响主要是因为森林可以减少地面蒸发，增加水分入渗，减少地表径流，使降水有效地进入土壤层，同时通过林冠截留、枯落物持水和林地土壤的入渗来改变流域内的水分在时空上分布的变异性。

枯水量的大小与当地气候、地形、地质、土壤及森林植被状况都有密切的关系。在降水量多而时间分配均匀的地域，枯水量相应就较大；在基岩渗透性强的流域，地下水量较丰富；在节理、龟裂发达和断层破碎带区域，裂隙地下水比较多；在土层富含孔隙、透水性能强的区域、中海拔地区、具有凹凸形的斜坡、地表坡度中等的山腹和山脚缓坡地带，枯水量比较丰富；在森林植被生长良好的地区，入渗性强，枯水量较大。森林涵养水源的作用之一，就是增加干旱季节河流的径流量，并使河流流量保持稳定。

影响枯水流量的因素仍然是气候、下垫面和人为因素。枯水流量与枯水期的降水量、流域的水文地质条件、人工修建的调蓄水工程等有着极为密切的关系，森林植被仅仅是下垫面中的一个重要因素。因此，森林对枯水流量的影响，是一个十分复杂的问题。

森林是影响枯水流量不可忽视的、敏感的、活跃的因素。森林增加枯水流量，使流量保持稳定，主要原因有：①增加流域的降水量，特别是在少雨季节；②减少地面蒸发，增加水分入渗，减少地表径流，使降水有效地进入土壤层，同时林地大孔隙的增加，有助于水分以重力水的形式向深层入渗，不断补充地下水；③有效控制地表径流量，增加亚表层流或土内径流，延长径流持续时间；④在降水以雪为主、夏季少雨的地区，森林具有改变积雪和融雪过程、延长融雪期的功能。但是森林具有截留降水和蒸散量大的特点，对枯水流量也有负效应，研究得出的结论是有时森林能补枯，有时也可能减枯。因此，森林的水源涵养效果，实际取决于正负效应在数量上的平衡。

（二）森林对流域径流总量的影响

森林对流域径流总量的影响由于自然地理条件、研究方法、研究区域面积等不同而异，加之森林与径流的关系错综复杂，国内外并未得出统一的研究结论，因此森林对流域径流总量的影响也成为学术界长期争论的焦点。森林对径流的影响，各国学者虽然有不同的看法，但对于森林减少地表径流、增加地下径流（含土内径流）、调节河川径流、消减洪峰、增大枯水流量的观点基本上是一致的。

水源地区的森林，通过截留、渗蓄等途径吸收降水，减少地表径流。土壤滞留贮存水分，并以土内径流或地下水的方式补给河川，从而起到调节径流流态、消减洪峰流量、延长径流历时、增加枯水流量的功能，这也是森林涵养水源的实质所在。归纳起来，森林涵养水源模式如图 12-9 所示。

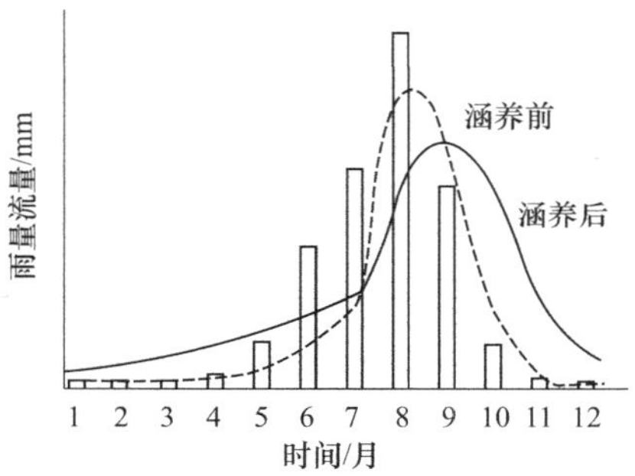

图 12-9　森林涵养水源模式
（王治国等，2000）

从国内外的研究资料和结论来看，森林对流域径流总量影响的研究方法主要有两种。第一种是标准流域法，是指在一个流域内进行造林或采伐，研究其处理方法对径流总量变化的影响作用。第二种是对比流域法，即选择两个基本未受干扰、流域参数、植被、气候条件基本一致的流域，一个作为对照，对另一个进行处理，研究处理措施对径流总量的影响。目前来看，森林对流域径流总量的影响有三种观点：①森林对流域年径流量的影响不大，如匈牙利西部阿巴拉契山坡，生长枫树和橡树的集水区，在 1957 年实行强度为 13% 的择伐，伐区和未经采伐的对照区，在径流量、洪水性质、水质等方面没有发生实质性变化。②森林增加年径流量，苏联和我国的很多研究者持此观点。有资料分析，在半干旱地区，森林覆盖率的增加将导致流域产水量（年径流总量）有所减少，相反，森林植被覆盖率的减少则可以增加流域年径流总量。③森林减少年径流量，持这种观点的国家和学者较多，以美国和欧洲一些国家为代表。

综合目前的研究结果，关于森林与径流的关系，既不能以流域大小为依据来确定其对径流量的影响，也不能以覆盖率、采伐强度及研究地区的降雨特征来轻易外推，这一争论仍将是今后长期存在的议题。

四、森林改善水质的作用

降水是水分进入森林生态系统的主要途径，而地表径流和地下径流则是液态水分输出的主要形式，森林流域水质的研究分析主要集中在降水形成径流过程中水质的变化。降水携带的各种物质进入森林生态系统后，第一个作用面为林冠层，一部分水化学物质会被林冠截留，另一部分物质（包括沉积在林层表面的及植物体本身分泌出的）将会被雨水淋溶；当降水到达林地后，地被物和土壤层对水化学物质的影响作为第二层界面，其影响因素有活地被物和枯枝落叶层的截留；微生物对化合物的分解、对离子的摄取；土壤颗粒的物理吸附、土壤对金属元素的化学吸附和沉淀等。与无林地流域对比，森林除了有庞大的林层外，林地土壤有良好的团粒结构、利于微生物生长的湿润条件、完整的地被物层，使得森林生态系统比空旷地具有更强的净化水质的功能。

据张平等的研究结果表明，大岗山人工林区天然水质良好，溶解氧充足，水质软，是优质的水资源，各项指标均符合国家饮用水标准（表 12-2）。大岗山林区天然水中微量元素平均含量见表 12-3。

表 12-2　江西大岗山人工杉木林水系背景区理化性质

项目 单位	pH	硬度 / （°）	浊度 / （°）	DO/ （mg/L）	COD/ （mg/L）	BOD/ （mg/L）	悬浮物 / （mg/L）	氟化物 / （mg/L）	NO_3^-	SO_4^{2-}
检出 范围	6.3～7.1	0.43～ 3.15	1.0～3.8	4.09～ 5.14	0.47～ 1.78	0.05～ 1.78	7.5～ 41.5	0.03～ 0.08	0.08～ 2.53	0.0～ 14.24
均值	6.67	1.32	1.8	4.54	1.14	0.89	17.7	0.05	1.31	6.2

资料来源：张萍等，1994

注：中亚热带常绿阔叶林，土壤主要为红壤、黄壤，森林覆盖率为 37.6%

表 12-3　大岗山林区天然水中微量元素平均含量　　（单位：μg/L）

元素	As	Hg	Cr^{6+}	Cu	Pb	Zn	Cd
均值	＜7.0	＜1.0	＜4.0	＜50.0	＜10.0	＜50.0	＜1.0
世界天然水环境背景值	0.2～230	0.000 1～ 2.8	0.1～6	0.2～30	0.06～120	0.2～100	0.01～3
《生活饮用水卫生标准》 GB5749—85	50	1	50	1 000	50	1 000	10

从表 12-3 中可以看出，该水系中各微量元素背景值含量水平均在《生活饮用水卫生标准》规定的范围内，且均不超过世界天然水的环境背景值。

刘煊章对湖南省会同县杉木人工林生态系统的大气降水、地表水和地下水中的有机化合物研究表明，有机化合物的浓度按降水、穿透水、茎干流、地表水和地下水的顺序递减，大多数化合物经过林冠后，浓度降低 50% 以上，经林地地被物和森林土壤的吸附与过滤后，有机化合物的浓度已低于 0.001μg/L，甚至从森林生态系统的输出水中消失。有害金属元素 Pb、Cd 分别表现为 Pb 在穿透水中降低 94%，Cd 略有增高，而径流水中降低相对较少；林冠层对营养元素的影响正好与对降水污染物质的影响相反，除 Cu 外，其余营养元素在穿透水中的含量均大于降水中的含量，这些元素参与了植物的新陈代谢过程，在植物叶面或叶表面细胞内相对比较活跃，易被雨水淋溶；进入林地的水化学元素，同样受到地被物层和土壤层的淋溶和截留过滤作用，径流水中各营养元素的含量均低于降水及穿透水中的含量，说明森林生态系统虽然对降水中各营养元素同样具有较强的截留过滤作用，但雨水对这些营养元素的淋溶作用相对地强于污染物质，所以它们被净化的程度就相应地低。由此可见，森林生态系统因为有林层、地被物层和土壤层，不仅对污染物质有较强的截留过滤作用，还能有效地减少地表径流，使得输出的水质具有较高的净化效果。

森林能有效地防止水资源的物理、化学和生物的污染，首先是减少进入水体的泥沙，降水通过林冠或沿树干流下，渗入土壤，由壤中或地下流出，这一过程中降水的化学成分发生变化。例如，湖南省生态学会和省林学会对湘西八大公山林区的水质状况进行了调查和测定分析，各项指标，如 CO_2、溶解氧、Ca^{2+}、Mg^{2+}、K^+、Na^+等含量指标均低于常规指标，符合饮水标准，由此可见，森林具有很强的净化水质的作用。

同时，集水区域森林植被分布均匀，生长良好且覆盖率高，具有防止水资源污染、改善水质的强大作用。张子安等对广东粤北地区北江干流几个森林覆盖率较高的流域水质的测定结果表明，森林覆盖率高、植被生长好的支流区，水质状况良好。这一方面是由于森林群落对水质元素净化或吸滤所起的积极作用；另一方面支流流程短，承受的水质污染程度轻。而在森林覆盖率低而且水流流程长的谭江的氨、氮含量和北江干流水的硬度明显增高，且谭江的氨、氮含量已超出水质标准。

第四节　森林对水蚀的控制作用

水蚀是由于雨水降落在地面并以径流的形式离开地面时，经过水的分散和搬运而造成的一种土壤侵蚀，包括击溅侵蚀、面蚀和沟蚀，实质是降雨侵蚀能力大于土体抗侵蚀能力的结果。引起土壤水蚀的基本动力主要有两个：降雨雨滴打击地表土壤颗粒，促使其结构分散的雨滴动能；剥蚀地表土壤颗粒，同时搬动已分散的土粒到沉积区的地表径流的切应力和搬运力。

森林防止水蚀的机理是森林植被的地面覆盖，减弱降雨动能，防止地面击溅侵蚀；截留降雨增加入渗，减少地面径流量，增加地表粗糙度，滞缓流速，降低径流冲蚀力，控制面蚀和沟蚀；改良土壤，提高土壤的抗蚀和抗冲性。森林的存在，不断改善了降雨侵蚀力和土体抗侵蚀力的对比关系，能够有效地控制水蚀。

一、森林对击溅侵蚀的影响

降雨到达地面时，雨滴打击地面，造成土壤分散和溅蚀。现代侵蚀理论证明，降雨的侵蚀力受雨滴大小、雨滴终极速度、形态、暴雨历时、风速等影响。美国通用流失方程中，降雨侵蚀力（R）为降雨动能（E）与 30min 最大雨强的乘积。在一定雨强条件下，降雨动能为全部雨滴动能的和。雨滴的动能取决于雨滴质量。

$$E_k=\frac{1}{2}mV_k^2$$

式中，E_k 为雨滴动能；m 为雨滴质量；V_k 为雨滴终极速度。

任何一次降雨，都是由大小不同的雨滴组成。雨滴质量的大小，一般用雨滴中径 D_{50} 来表达，它表示以该直径为界，大于或等于该直径的雨滴总体积与小于等于该直径的雨滴总体积相等，即各占总雨量（体积）的 50%。Laws 和 Parsons 通过实测得出 D_{50} 与降雨强度（I）的关系为 $D_{50}=0.23I^{0.123}$，我国学者在黄土高原也得出了类似的关系：

$$D_{50}=aI^{b}$$

或

$$D_{50}=a+b\log I$$

式中，a，b 为取决于雨型的常数；I 为降雨强度。

降雨落到树冠上，雨滴直径发生较大变化，体现在林内与林外雨滴组成的差异上。林外降雨的 D_{50} 与 I 关系密切，如上述公式所示，呈正相关关系，D_{50} 受雨型影响大。林内降雨的 D_{50} 与林内降雨强度 I 关系不密切，雨滴直径分布范围比林外大，易产生极大、极小的雨滴。

雨滴终极速度（V_k）是雨滴降落过程中，当雨滴重力与空气阻力平衡时的速度，一般用实际观测值计算。

（一）林冠对降雨动能的影响

雨滴的动能取决于雨滴的质量和终极速度，而雨滴的质量又取决于雨滴直径，终极速度取决于降落高度，所以根据雨滴降落及终极速度的原理，雨滴的动能 E 是雨滴直径 d 和降落高度 h 的函数。

$$E=f(d,\ h)$$

可以推理，在雨滴大小基本相似时，不同降雨的雨滴动能的差别，就主要取决于雨滴的降落高度，而在降落高度相同时，则主要取决于雨滴直径的大小。

假设人为地将某雨滴置于某一高度 H，当 H 足够高时，雨滴降落速度就会达到终极速度 V_k。雷瑞德、余新晓等计算当树高达到 7m 以上时，冠雨雨滴就能达到终极速度。达到终极速度后，不同雨型的降雨雨滴动能就主要取决于雨滴的大小。

林内降雨，由于林冠截留作用的影响，其雨滴降落的高度和雨滴的大小都发生了变化。雨滴的大小除了受降雨条件影响外，受林型的影响也很大，变化比较复杂。普遍的看法是自然降雨通过林冠后，由于叶面表面张力的作用，滴下雨的雨滴直径会增大，冠雨雨滴的 D_{50} 大于林外降雨雨滴的 D_{50}。因此，任何植被冠层包括林冠截留作用是否可以起到削弱降雨动能的作用，主要取决于它对冠雨滴下的雨滴直径分布的影响和林冠本身的高度。

Chapman 在赤松林内观测证实，在林冠截留的作用下，林内单位降雨量的动能基本稳定在某一个数值上，特别是林冠截留达到饱和后，这种规律更为明显（图 12-10）。从图 12-10 可以看出，林外雨的动能随降雨强度的增加而增加，且呈线性关系，林内雨则稳定在 26.8J/（m^2·mm）。同时还能发现，当雨强小于 50mm/h 时，森林有增加降雨动能的作用；当雨强大于 50mm/h 时，森林才有消减降雨动能的作用。原西北林学院对华山松林研究的结果表明，当雨量小于 5mm 时，林冠截留作用可减少降雨动能的 35%，当雨量再增加时，林内林外降雨动能接近，当降雨大于 20mm 时，雨滴中径达 1.8mm，如果树高大于 7m，林冠截留不能降低

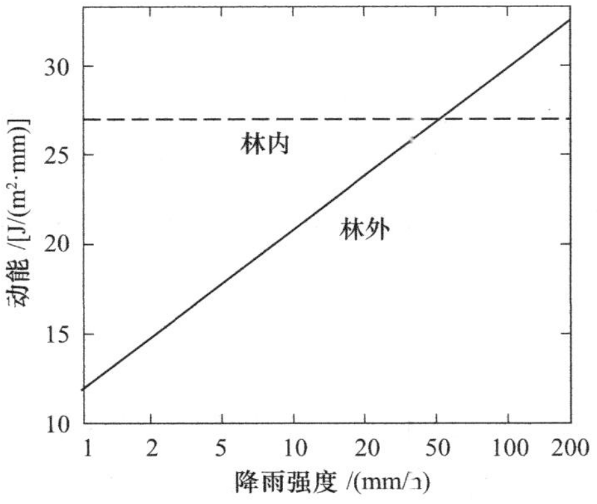

图 12-10　林内外降雨动能与雨强的关系（高志义，1996）

降雨动能，反而有增加的作用。但是，当树木或植株很低时，如灌木或草本，林内雨雨滴不可能达到终极速度，因此，降雨动能会明显消减。

所以，林内外降雨动能的差别主要在于：林外降雨的雨滴动能与雨强关系密切，而林内降雨的雨滴动能受雨滴组成、分布、林冠高度、终极速度的影响，与雨强关系不密切。

（二）枯枝落叶层对降雨动能的影响

枯枝落叶层覆盖于林地地表，防止了雨滴击溅。其原因，一是雨滴不能直接接触土壤；二是枯枝落叶层具有弹性，当雨滴打击到其上时会受到反弹，降雨动能大部分转化为弹性能量而被消减。枯枝落叶层达到一定的厚度时，能够消灭降雨动能，消除击溅侵蚀。

韩冰采用 Ellison 土壤溅蚀板法研究了枯枝落叶层防止土壤溅蚀的效应。试验结果表明，枯枝落叶层的覆盖起着决定性的作用，它通过阻隔雨滴打击地面，降低了降雨动能，从而有效地防止了土壤溅蚀。林地土壤的溅蚀量随枯落物厚度的增加迅速减少，其中有、无枯枝落叶层覆盖的土壤溅蚀量的差异比其不同覆盖厚度的差异大。例如，油松和山杨林内，覆盖 0.5cm 枯枝落叶层，其溅蚀量可比无覆盖地减少 60.7% 和 76.4%，而覆盖 1cm 枯枝落叶层仅比 0.5cm 的溅蚀量分别减少 8.9% 和 21.1%。两林分覆盖 2cm 枯枝落叶层时已无溅蚀发生。

从上述分析可以看出，为了防止林内降雨动能对地表的强烈侵蚀，人工林应形成复层结构，并做到乔灌草结合；在水蚀严重、立地恶劣的地区，尽量降低林分高度，以营造纯灌木林为主；当森林为纯林时，必须有效保护下层植被和枯枝落叶层，才能消灭降雨动能，根除地表侵蚀的动力因素。

二、森林对径流侵蚀的影响

黄土地区径流对土壤的侵蚀过程表现为：第一，质地松散的黄土在雨滴的击溅和浸泡下会引起分散和迁移；第二，在径流的作用下，分散的土粒随水运动；第三，挟沙水流在运动过程中随流程的增加，流量愈来愈集中、形成细沟和沟蚀，直到径流的挟沙能力达到饱和之后，侵蚀作用才会停止。可见，径流侵蚀力主要包括其对泥沙的搬运能力和对土壤的切应力，其大小主要取决于径流的流量和流速。

片流对泥沙的搬运能力，迈耶和威斯奇迈尔采用下列公式来描述：

$$T_c = a\theta_s^{\frac{5}{3}} q^{\frac{5}{3}}$$

式中，T_c 为片流的泥沙输送量；θ_s 为径流的正弦值；q 为单宽流量；a 为取决于土壤的可搬运性能、地表条件和覆盖物对挟沙水流的水力特性的系数。

地表径流作用于土壤的切应力与径流流速的平方成正比：

$$\tau_{es} = r \cdot V^2 \cdot f_s/8g$$

式中，τ_{es} 为径流作用于土壤的切应力；r 为径流的重量密度；V 为径流的流速；f_s 为土壤因子；g 为重力加速度。

只要能有效地降低地表径流的流速和流量，就能降低地表径流对泥沙的搬运能力和对土壤的切应力。实践证明，林冠及林下灌草植物能截留降雨，增加水分入渗及滞留贮存等，减少了地表径流；同时增加了地表粗糙度和改变了局部坡度，降低流速。同时森林土壤良好的水分渗透性能及林木根系强大的固土作用，可有效地控制土壤侵蚀的发生和发展。

北京林业大学在密云水库上游水源涵养林生态系统与防止土壤侵蚀效益的研究中得

出：水源涵养林防止水库流域内土壤侵蚀的作用非常显著。在天然降水下，荒坡产沙量是刺槐林地的4.10～12.40倍，是油松林地的19.16～44.76倍，林地对坡面产沙的消减率平均为79.7%，对小流域产沙的消减率平均为65.6%。另据研究，流经不同乔木或灌木林带的水，其含沙量不同。如果把来自无林地的水中含沙量作为100%，那么流经松树林带后的水中含沙量能减少20%，流经榆树林的水中含沙量能减少15%。

三、森林对土壤抗侵蚀能力的影响

国外文献中将土壤抗侵蚀性笼统地定义为可蚀性，表示土壤对侵蚀营力分离和搬运作用的敏感程度。朱显漠在20世纪60年代初期将土壤抗侵蚀性能区分为抗蚀性能和抗冲性能两个方面，并指出抗蚀性是指土壤抵抗水流的分散和悬浮能力，主要与土壤内在的物理化学性质有关；抗冲性是指土壤抵抗水流的机械破坏和推移能力，主要与土壤的物理性质结构和外在的生物因素有关。

由于森林具有改良土壤物理化学性质以及结构的效应，因此林地土壤的抗侵蚀能力较裸地强。大量的研究表明，土壤的抗侵蚀能力不仅受土壤本身的影响，还受地形、土壤耕作方式、土地利用方式和水土保持治理措施的影响。

（一）土壤抗蚀性

土壤的抗蚀性主要取决于土粒和水分子的亲和力。亲和力越大，土壤越易分散悬浮，团粒结构受到破坏，土壤透水性变小，土壤表面变得泥泞。在这种情况下，即使流速很小，也会由于悬移作用而发生侵蚀。土壤抗蚀性指标很多，主要有土壤腐殖质的含量、水稳性团粒结构、土壤分散性和土壤侵蚀系数。王佑民等把表示土壤抗蚀性能的指标按性质归为四类，即土壤的化学性质、土壤的颗粒成分、水稳性团聚体的含量和土壤的分散性与持水特性，并认为决定黄土高原土壤抗蚀性的主导因子是土壤中的有机质及黏粒含量或胶体性质。例如，刺槐林地和草地的有机质和水稳性团聚体的含量分别比农地高2.0倍、1.1倍和1.4倍、2.0倍，土壤分散率和侵蚀率则分别减小5.9%、6.5%和10.4%、7.3%。张金池等对苏北海堤林带树木根系的固土作用研究结果表明，土壤抗蚀性指数与土壤中有机质含量呈正相关，且同一地段的土壤由上而下其抗蚀性指数随有机质含量的减少而降低。刘国彬等的研究认为，植被恢复可显著改善土壤结构、增加2mm以上的水稳性团聚体含量及其平均直径；天然恢复的草地在改善水稳性团聚体的数量、质量和提高土壤的抗蚀性能力上高于同期人工建造的草地。

下面主要介绍土壤腐殖质、水稳性团聚体及风干率、以微团聚体含量为基础所表示的抗蚀性指标和土壤侵蚀系数。

1. 土壤腐殖质　土壤水稳性团聚体的形成，要求有一定数量的胶结物质，又要求这种胶结物质遇到水后分散性小，腐殖质就是具有这种性能的胶结物质。王佑民等对渭北刺槐林地土壤腐殖质含量的研究表明，林地表层腐殖质含量可从农田的1%提高到3%～6%，中、下层的含量依次递减。多年生茂密的草地也可明显提高土壤腐殖质的含量，其作用大体与15～20年生刺槐相当。林地腐殖质层随林龄增加而增厚，栽植4年的刺槐林，即可有明显的效果。

2. 水稳性团聚体及风干率　黄土结构在水中易崩解，是造成严重水土流失的重要原因。森林由于其提高了土壤腐殖质的含量，必然会提高水稳性团聚体的含量。王佑民等研究表明，4～7 年生的刺槐林地，表层水稳性团聚体含量可达 16.9% 以上，较农田高 5.6%～10%；15 年生以上的刺槐林地水稳性团聚体含量可提高到 24.6%～47.6%；农田下层水稳性团聚体含量仅为 5% 左右，基本上代表了本地区黄土母质的水稳性结构状况。就表层而言，林地风干率较农田高，茂盛草地风干率多较林地高，而且不同地类、不同林龄之间风干率的差异，较水稳性团聚体含量的差异大。水稳性团聚体及其风干率，均与腐殖质含量密切相关，相关系数均达显著水平。

3. 以微团聚体含量为基础所表示的抗蚀性指标　微团聚体一般指小于 1mm 粒径的团聚体。各国学者将不同粒径团聚体含量与相应机械分析值相比较，提出过多种抗蚀性的指标。

（1）团聚状况和团聚度

$$\text{团聚状况}=\text{大于 0.05mm 微团聚体分析值}-\text{大于 0.05mm 机械分析值}$$

$$\text{团聚度}=\frac{\text{团聚状况}}{>0.05\text{mm 微团聚体分析值}}\times 100\%$$

（2）土壤分散率　简称 $D \cdot R$，计算公式为

$$D \cdot R=\frac{<0.05\text{mm 微团聚体分析值}}{<0.05\text{mm 机械分析值}}\times 100\%$$

（3）土壤侵蚀率　简称 $E \cdot R$，计算公式为

$$E \cdot R=\frac{D \cdot R}{\text{coe}/M \cdot E}$$

式中，coe 为胶体含量；$M \cdot E$ 为水分当量。

（4）土壤分散系数

$$\text{分散系数}=\frac{<0.001\text{mm 微团聚体分析值}}{<0.001\text{mm 机械分析值}}\times 100\%$$

分散率和分散系数越大，土壤抗蚀性越弱；土壤侵蚀率越大，土壤越易受侵蚀。王佑民等研究显示，刺槐林地、密草地的团聚状况比农田高 1 倍左右。但是，团聚度指标反映刺槐林地提高土壤抗蚀性的方面，没有团聚状况灵敏。林地的分散系数、分散率和侵蚀率均低于农田，一般差别较为明显。密草地的数值一般均较农田低，与林地相比则互有高低，在提高土壤抗蚀性方面大体相当。田积莹等对甘肃子午岭土壤的研究表明，土壤越黏重，分散率及侵蚀率越小；灌木林地分散率及侵蚀率最小，草地及林地居中，农田最大；土壤表层小于下层。根据汪仁真的研究，土壤分散系数除与有机质含量有关外，还与黏粒含量有关。黏粒含量愈高，分散系数愈低，砂性土壤易分散而受到侵蚀。因此，在研究森林和草被对土壤抗蚀性的影响时，还必须注意土壤本身的性质。

4. 土壤侵蚀系数　A.Varma 通过对土壤侵蚀历时和土壤物质重量之间关系的研究，发现侵蚀率与侵蚀土壤物质之间存在下列关系：

$$\frac{\mathrm{d}x}{\mathrm{d}t}=k\,(x-x')$$

式中，$\frac{\mathrm{d}x}{\mathrm{d}t}$为侵蚀速率；$x$ 为被侵蚀前土壤样品的重量；x' 为被侵蚀后土壤样品的重量；t 为侵蚀历时；k 为侵蚀系数。

对上式进行积分变换后，可得：

$$k=\frac{1}{t}\ln\frac{x}{x-x'}$$

$$k=\frac{2.303}{t}\lg\frac{x}{x-x'}$$

余新晓认为，土壤侵蚀系数是表征土壤抗蚀性的较佳指标。黄土高原沟壑区不同地类的抗蚀性能有显著差异，依 k 值排序为农田＞泡桐林地＞刺槐林地＞草地。草地土壤侵蚀系数比刺槐林地、泡桐林地和农田土壤分别小 3 倍、3.5 倍和 8.5 倍。由此可见，土壤抗蚀性能的大小为草地＞林地＞农田，说明林草覆盖的土壤，具有较强的抗蚀能力。从整个剖面来看，表层土壤抗蚀性比下层强，即越向深层，土壤越易遭到侵蚀。从不同地类的同一层次比较，林地和草地均大于农田，即林草措施防治侵蚀的作用，不仅体现在表层，还对下层土壤有良好的影响和作用。吴钦孝采用土壤结构体在静水中分散的时间作指标，对林地和农地土壤进行了抗蚀性比较试验。测定结果表明，林地土壤表现出很强的抗分散能力，0～20cm 的表层土壤在浸水 24h 后，仍不能完全崩解、分散，远远大于农地的 5.2min，但随土层加深，根量减少，其分散需时急剧降低，两者差异也逐渐缩小。研究的 3 种林地中，以油松的抗分散能力最强，山杨次之，沙棘较弱。

（二）土壤抗冲性

土壤的抗冲性则是指土壤抵抗径流的机械破坏和搬运作用的能力，是一个动态的水力学特征指标，多用单位水量冲刷的土量来表示，也有用冲刷 1g 土壤所需的时间表示。

土壤抗冲性能的强弱，与土壤的质地、结构、植被覆盖等有关。李云涛等采用原状土冲刷水槽法，对长江中上游地区 9 个省 50 个测试点的土壤抗冲性进行了野外测试，结果表明，土壤抗冲性随土壤类型变化由大到小依次为红壤、黄壤、棕壤、石灰土、紫色土、褐土。刘秉正等用该法对刺槐林地土壤抗冲性的研究表明，抗冲性为林地＞草地＞农地，同类土地，表层的抗冲性最强，底层最差，且随冲刷流量的增大，抗冲性渐小，随冲刷历时的增大，其抗冲性相对提高。张建军等用野外实地放水冲刷的方法，以地表径流含沙量为指标，研究了不同植被条件下土壤的抗冲性。汪有科等的抗冲试验研究表明，有林地枯落物厚度为 1cm 和 2cm 时，土壤冲刷量分别减少 80.8% 和 92.8%，枯落物厚度为 3cm 的刺槐林没有土壤冲刷产生。

土壤抗冲性的评价指标比较多，主要有以下几种。

1. 土体崩解率　土体崩解，在土工上叫作湿化，实质上是一定体积的土体在静水中发生碎裂塌落或强度减弱，是评价土壤侵蚀严重程度的一项重要指标。有人认为，它可以作为土壤抗冲性指标；但也有人认为，它与抗冲性指标不同。根据水利部《土工试验规程》（SL 237—1999），试验最长时间确定为 30min。计算公式为

$$V=a\frac{l_0-l_t}{t}$$

式中，V 为单位时间内所崩解的试样体积（试样可采用 5cm×5cm×5cm）；l_0 为试样浸入水中时，浮筒的起始读数或浮筒稳定沉降时的最大读数；l_t 为试样完全崩解时或第 30min 时浮筒的读数；t 为土样完全崩解的时间。

黄土及其所形成的土壤，由于它们所含颗粒的性质和富有 $CaCO_3$ 等，团聚作用较强，抗蚀性较强，因此不易在水中分散悬浮。但其崩解率很高，如果没有植物根系的作用，即使是在静水中，也很容易崩解碎裂成细小颗粒，这就容易被流失冲刷。这个情况说明

了容易分散悬浮的红土，由于抗冲性较强，受到侵蚀的程度反而没有黄土严重。对西北黄土区一些土壤的研究表明，森林由于有根系对土壤固结，崩解率基本为零，即基本不崩解。

2. 不同学者提出的土壤抗冲性指标　蒋定生在试验中先后提出了3个评价指标：①单位体积水体对土壤的冲刷量（g/L）；②每平方米面积上所需的冲刷力（N/m^2）；③土壤抗冲刷系数 C［（L·s）/g］，为冲走1g土壤所需的水量和时间。以第一种指标比较常用。蒋定生在甘肃子午岭的测定结果表明，表层土壤抗冲性为林地＞草地＞农耕地。

周佩华等采用径流小区方法，提出以径流小区为研究单元，以次降雨为研究对象，用单位面积上单位径流深度冲走的土量 K_W［kg/（m^2·mm）］，作为描述抗冲性的指标。

$$K_W = \frac{W}{AH}$$

式中，A 为径流小区面积（m^2）；H 为次降雨径流深（mm）；W 为与次降雨相对应的径流小区冲刷量（kg）。

不同土地利用方式的试验研究同样表明，林地的抗冲性高于草地和农耕地。

李勇提出在一定坡度、一定雨强（或冲刷流量）下，冲刷1g土所需时间的抗冲性AS（antiscouribility）指标（单位：s/g）。AS值愈大，土壤抗冲性愈强。这就引入了一个时间概念，使抗冲性具有了动力学的性质。

考斯加柯夫提出土壤抗冲性指标，即指单位面积的土体，抗拒水流推动搬运作用的能力（kg/m^2），指示土壤抗冲性。古萨克提出进行水槽冲刷试验时，采用冲走100cm^3土壤所需水量的指标来评价土壤抗冲性；进行人工降雨冲刷试验时，采用每平方米面积冲走的土壤克数来评价抗冲性。

四、森林对泥石流的抑制作用

泥石流是土石山区常见的一种水土流失形式，它具有突发性和巨大的冲击力、破坏力，危害性极大。泥石流发生必须具备三个条件：一是动力条件，即有短历时、高强度的暴雨，形成有巨大能量的径流（有持续的前期降雨，危险性更大）；二是地形条件，即上游有较大的汇水面积和陡峻的地形，流域汇流历时短；三是物质来源，即沟道内堆积大量的松散岩土物质。

泥石流流域可分为形成区、通过区和沉积区三段。森林对泥石流的影响，主要表现在形成区和通过区：①森林通过较大的蒸腾蒸发，减少了岩石土体内部的含水量，提高了岩土物质的抗剪强度，使不透水层潜流大大减少，控制了滑坡面的形成，减少了泥石流产生的物质来源；②林木根系的网络、固持作用，树干的支撑、阻挡作用，稳定了坡面，同时，坡体下部和坡麓地带的森林，对上方的崩塌、崩落岩土有阻拦作用，也起到了减少泥石流物质来源的作用；③通过林冠截留、强化入渗及滞留贮存等功能，延长径流历时，消减洪峰，控制泥石流形成的动力条件；④当泥石流在其发展过程中，遇到足够强大的林分时，移动就会减慢，破坏力也就会减弱。因此，在泥石流形成区和通过区两侧坡麓营造森林，就显得特别重要。

日本和欧洲一些国家的研究表明，壮龄林缓和并控制泥石流的效果最佳。日本下川，通过航片判读对122例泥石流进行分析发现，在其他条件相当时，流通区两侧由于采伐更新形成的幼龄林，其泥石流的运动距离为568m，要比壮龄林的431m远。当然，泥石流是一种破坏性相当强的超饱和固体径流，森林形成的周期，根系分布的深度及其抗拉强度等功能都是有一定限度的。所以，森林在控制泥石流方面的作用是有限的。要达到完全消除重力侵蚀和泥石流，还必须采取工程措施，做到工程和生物措施相结合，起到安全保障作用。

第五节　林木根系固持土体的作用

一、树木根系的固土护坡作用

根系是植物直接与土壤接触的器官，根系在不断从土壤中获得养分和水分的同时，还具有支撑树体与固持土体的重要作用。根系支撑作用主要体现在根系能够直接支撑与固定树体，保持树体稳定性，林木本身的重量载荷也有利于增加摩擦力和抗滑力；固持土体的水土保持作用非常重要，已有研究表明，根系的固土作用主要表现为以下几种方式。

（1）网络作用　根系的交织穿插，把较小结构的土块组成大的土块，在水流冲击作用下，不易被分散解体。

（2）牵拉作用　土层有滑动移位倾向时，根系牵拉产生的弹性阻力会转变为抗剪力，增强土体稳定性。

（3）根楔的作用　部分主根能够深入岩隙，起到桩与锚杆的作用，对控制滑坡具有一定的作用。

（4）护挡作用　受水流的冲刷而导致部分外露的根系，对上面冲来的土块起阻挡缓冲的作用。

（5）土壤水分的减少作用　根系吸收水分用于树木生长，降低土壤水分，增加土粒间的黏结力。

林木的根系可以分为三种：主根、侧根和须根。一般来说，须根系比主根系更有利于土壤加固和抗剪强度的提高，提高抗浅位滑坡的能力更强；而主根可以穿过边坡的可能滑移面，伸进基岩的裂缝中，起到桩与锚杆的作用，可将土层中的剪应力变换成植物根的拉应力。姜志强等将根系分为深粗根和浅细根，认为植物的深粗根本身具备一定的强度和刚度，当其穿过坡体浅层的松散风化带，深入深处坚硬的土层中，将会起到锚固体系的作用。植草的浅细根系在坡体浅层错综盘结，可视为带预应力的三维加筋材料。

根系能够提高斜坡稳定性，对控制滑坡具有一定的作用。但根系固土效果仅限于浅层滑坡，对于深层滑坡作用有限。所以要正确评价根系的固土作用。

据王礼先等的研究，虽然有些根系的深度可以达到几米甚至几十米，但是在绝大多数的情况下，根系的分布深度为 1～3m。对土体固持作用最大的密集分布层次为 60cm，一些浅层根系分布层次为 40cm 左右，所以根系范围（一般为 40～60cm）为固持土壤的范围，对更深层则无能为力；对较小的浅层滑动体的固持作用较明显，对深层或大的滑动体不明显；地上部分的重量荷载如果遇到陡峭斜坡、地表几十厘米以下的基岩不透水或高海拔地区的冻融层等情况，树体对坡面的稳定反而产生负面作用，所以不要盲目追求栽植高大树木；另外在水库土坝外侧也不能栽植高大及深根性树种，其树大招风威胁坝体稳定，根系也有穿透坝体而造成漏水、管涌的危险。

二、树木根系固持土体的原理

林木根系对土体的固持作用，从根本上讲就是要将土体网络固定，使其不发生滑动或移动。在没有林木生长的边坡上，土体下滑除了首先克服土壤粒子间的黏结力以外，还必须克服滑动时产生的摩擦力。很容易理解，如果把克服黏结力和摩擦力统一理解为破坏时对土体的剪切，则这时的黏结力和摩擦力即为土体的抗剪力。

无林边坡土体下滑要克服的剪切力用库仑定律理论模型计算：

$$\tau_f = c + \delta \tan\phi$$

式中，τ_f 为土壤破坏时的剪切力；c 为壤粒间的黏结力；δ 为剪切面上的正应力；ϕ 为土壤内摩擦角。

有林地边坡土体滑动时除了克服上述两种力外，还必须克服根系的固持力——根系与土体间的摩擦阻力或根系的抗拉力（下文式中 t_R）。坡体滑动时，根系受拉位移而导致根系表面与土粒之间发生摩擦，这种摩擦产生的摩擦力阻止根系位移，并通过根系表面把摩擦阻力传递给树根，如果树根的抗拉力大于根系表面与土体间的摩擦阻力，则根系被滑动体在滑动时从滑动面以下的土体中抽拉出来。如果根系的抗拉力小于这个摩擦阻力，根系便被拉断而不会抽出。

资源 12-6

我们可以用库仑定律来探寻有林与无林相比增强剪切力的机理。

无林时的抗剪力 τ_{f1} 为

$$\tau_{f1} = c + \delta \tan\phi$$

有林时的抗剪力 τ_{f2} 为

$$\tau_{f2} = c + (t_R \cos\theta + \delta)\tan\phi + t_R \sin\theta$$

增强的抗剪力 Δq 为

$$\Delta q = \tau_{f2} - \tau_{f1} = t_R(\cos\theta \cdot \tan\phi + \sin\theta)$$

在有林边坡，如果把根系的固持力和土体本来的黏结力及摩擦力一起考虑，便增强了土体抗剪强度，所以根系对土体的固持力实际上是对土壤抗剪强度的增强。土壤抗剪强度的增强，改变了抗剪力与剪切力的比值，从而起到了防止边坡土体滑动、增强边坡稳定性的作用。这是树木根系对土体固持的实质。

解明曙采用全根系拉拔试验法，研究了白榆根系的固土能力，结果表明，有根系土的抗剪强度远高于无根系土，即使变形后的残余强度，也高于无根系土，因此根系土壤含水量饱和后，往往能够保持土体不崩塌。刘国彬等对黄土高原 12 种常见牧草直径为 0.1～1.0mm 毛根的生物力学特性研究表明，牧草毛根具有强大的抗拉能力，直径为 0.1～0.2mm 的禾本科根系抗拉力达 1.37N，毛根抗拉力随直径增加而增大。

三、影响根系固土作用的因素

（一）树木的生物学特性

1. 根系类型　根据树木根系的外部形态，大体可以分为下列三种类型：主直根型（图 12-11A），散生根型（图 12-11B），水平根型（图 12-11C）。

（1）主直根型（深根型）　树种具有明显的主根，而且主根表现出明显的向地性，即使遇到土层中的石块或其他坚硬障碍物，主根受阻后便拐弯迂回，随后又垂直向地心

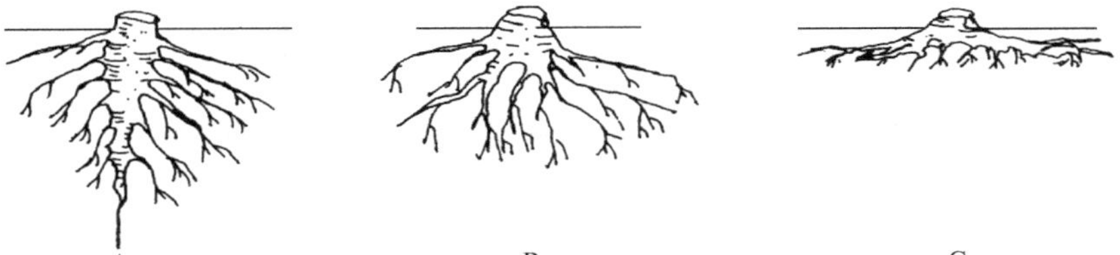

图 12-11 树木根系的形态类型（高志义，1996）

伸入。这类根型因其分布深度较大，所以也可称为深根型。例如，马尾松、栓皮栎、麻栎、臭椿、骆驼刺、柠条等，在大多数情况下，油松也明显地表现为主直根型。

（2）散生根型 树种没有明显的主根，而是由若干原生和次生根向地层各个方向呈辐射状伸展，并由此扩展成网状结构的、比较纤细的吸收根群。比较常见的有槭、水青冈、冷杉、杉木、侧柏等，刺槐在大多数情况下也表现为散生根型。

（3）水平根型（浅根型） 树种没有明显的主根，根系伸展无明显向地性，在地表40cm 以上的地层中，以根颈为中心大体呈水平状向四周伸展，因为此类根型分布较浅，所以有时也叫浅根型。例如，云杉、铁杉、华北落叶松等属于水平根型。

实际上，自然界的树木并不总是明显地表现出属于三种根型中的某一种，如果环境条件适宜，根系主要表现自己的遗传特性，如果条件不适宜（比如干旱、贫瘠、土壤深度、坡度等），则根系产生一定的变异性来适应环境。但根系的适应性有一定限度，即使同一种类型的根系，在不同立地条件下表现出来的形态也不同。就分布的深浅来说，一般根系的 80%～90% 分布在 70cm 以上的地表层。

根系在斜坡上的生长表现影响其固土范围和固土效果。斜坡上的树木和生长于平地上的树木一样，其根系也分布在地表下相同深度的层次。不同的是，根系在土壤中分布的深度与坡度关系不大；无论坡度怎样变化，根系总是沿垂直于坡面的方向生长，而不是铅直于地心；根系的数量朝坡下部伸展较多，而向坡上部伸展较少；根系对坡面土壤的固持范围是以垂直于坡面的而非垂直于地心的（图 12-12）。

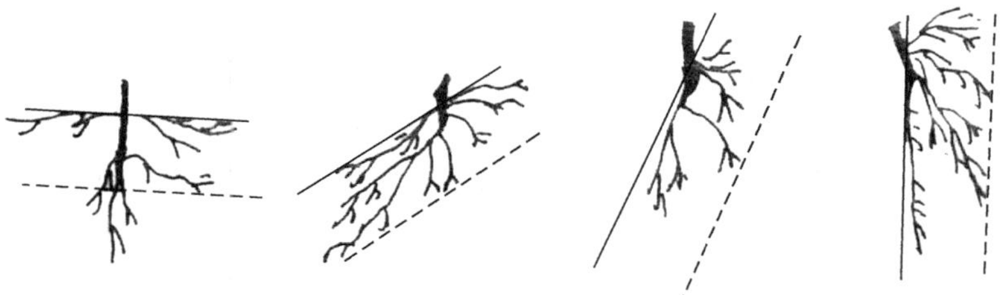

图 12-12 根系在不同坡度坡面上的表现及其固土范围（高志义，1996）

树种不同，其根型、根的物理性质（如粗度、抗拉强度）、根表面积等都不相同，所以固土作用也不相同。深根性树种，主直根常常可以穿透表土下面的夹层或黏质土层，形成更深的根系，侧根也发达，具有更好的固土作用。水平根型的树种，因根系分布层次浅，树木根系往往处于滑动面以上，虽然对浅层滑坡具有一定的抑制作用，但对于稍深一些的土体滑动就显得无能为力。水平根型的树种在固持土体方面不如主直根型和散生根型树种效能高，而散生根型树种又不如主直根型树种。

2. 根系特性 树种抗拉强度不相同，固持力也不相同。因为当根系表面与土体间的摩擦阻力足够大时，能否阻止土体滑动，关键在于根系的抗拉强度。从不同树种根的抗拉力（表 12-4）可以看出，同一径级的根系只因为树种不同，其抗拉力相差可达两三倍之多，可见根的抗拉强度是影响树木根系固土能力的一个重要因素。

根径与根系抗拉的关系。一般来说，根的抗拉力随着直径的增大而增大。国内外许多学者都开展了根径与根系抗拉的关系的研究，主要结论是根系的抗拉力与根径成幂函数关系。但根的抗拉强度则不同，它随着根径的增大而呈减小的趋势，这说明具有同样总截面积的根，其抗拉强度是不一样的。通常小根具有比粗根更大的抗拉强度，在同样根量的情况下，须根型树木的固土作用比主根型树木要好。例如，落基山黄杉直径为 2mm 的根的抗拉强度为 231kg/cm^2，而根径为 10mm 时抗拉强度只有 151kg/cm^2，仅为前者的 65% 左右。这意味着当剪切截面上的根的总截面积相同时，由较细根构成的剪切截面比由较粗根构成的剪切截面的抗剪力要大。

表 12-4 几种树木根系抗拉力比较

树种	根径 /mm	根的抗拉力 /kg	相对油松抗拉力的比值
油松	10	118.54	1.00
山杏	10	106.01	0.89
杜梨	10	95.82	0.81
山桃	10	110.57	0.93
山荆子	10	120.96	1.02
河北杨	10	136.52	1.15
刺槐	10	193.20	1.63
柠条	10	241.84	2.04
白榆	10	281.83	2.38
落基山黄杉	10	151.00	1.27
云杉、铁杉		99.00	0.84

资料来源：杨维西，1989

根系长度与抗拉的关系。解明曙的研究表明，在根系横截面积一定的情况下，长而粗的少量根系与土体间的摩擦阻力远大于短而细的多量根系。朱清科等研究表明，在根系弹性形变范围内，在根径相同的情况下，根系的根长不同，其弹性模量不同。山杏和油松根系分枝角度大，拐点多，受力时易断裂；白榆和柠条根系通直，具有较大抗拉力；杜鹃的根系节理多，易断裂；须根发达的根系比主直根系抗拉强度大。

3. 穿过剪切面的根量 如果把滑坡看成一种剪切过程，则穿过剪切面上的根量直接决定着根的固土作用。对穿过剪切面的根量用根截面积率来描述，即穿过剪切截面的根的总截面积占剪切截面的比率。穿过剪切截面的根截面积率愈大，根系对滑坡的抑制作用就愈大。良好的固土树种必须具有大量的根系。

须根多的树种穿过剪切面的根量也大，须根增加了根系与土壤的接触面积，也就增加了根系与土壤间的摩擦阻力，并且，当须根较少的主直根系根端头受到线性拉力时，整个根系受到的是线性拉应力。由于须根在土壤中的不规则网状分布，当须根性根系根端头受到线性拉力时，网状须根却与土壤间发生了竖向的摩擦力与横向的挤压剪切力，因此，增大了根系与土壤间的作用力。

4. 树木年龄　树木年龄和根系的固土能力之间也存在着密切的关系，树龄较大，根系较多，其固土能力也大。一般树木到幼龄后期根系开始扩展，到中龄以至壮龄时，根系的发展达到全盛时期，此时固土效能最强。其后固土能力就开始下降。日本学者的研究结果表明，日本柳杉林在5～20龄时，林地中浅层滑坡率最高，中壮龄林地发生率最低，幼龄林的发生率为成熟林的5～6倍，而在100龄以上的过熟林，滑坡发生率又回升。

5. 林木采伐　当树木被砍伐以后，根系逐渐腐朽，韧性变弱，固土作用明显下降，坡面稳定性降低。杨维西等对采伐后2年、4年的单根抗拉进行了研究，得出刺槐根系单根抗拉力在采伐后明显减小，其衰减率是随着伐后时间的推延而增大的，并在伐后前两年衰退速度很快，后两年稍微缓减。伐根的抗拉力虽然减小了，但与根径仍表现出幂函数关系。20年生刺槐林伐后2年时，林地60cm、80cm、100cm三个层面上的根的固持力分别比伐前下降了0.954t/m^2、0.845t/m^{2}和0.624t/m^2，伐后4年时分别下降了1.093t/m^2、1.068t/m^{2}和0.800t/m^2。伐后2年和4年的平均衰减率为49.1%和60.15%。因此，砍伐森林是使坡面稳定性降低的重要原因。

（二）环境因素

影响林木根系固土作用的环境因素有很多，其中主要有地质和土壤因素，而土壤中除了土壤种类之外，最为重要的是土壤的含水量和土壤的紧实状态。范兴科、蒋定生等认为土壤的抗剪强度与土壤的颗粒组成、土壤容重、土壤含水率等因素密切相关。

1. 土壤种类　一般来说，砂质土壤由于根系在移动中，土壤与根系间的摩擦阻力较小，即使根系具有较强的抗拉力，也难以得到充分发挥，从而大大降低了根系对土体的固持能力。相反，较黏重的土壤由于土壤和根系表面紧紧相贴，根系在移动时产生了巨大的摩擦阻力，根系所具有的抗拉力得到充分发挥，从而增加了根系对土体的固持能力。

2. 土壤紧实度　土壤紧实度对根系固土作用的影响主要反映在随着紧实度的增大，土壤与根系间的摩擦力增大了，这为根系抗拉力的充分发挥提供了良好的外部环境。土壤紧实度除了受到来自地表压力的影响之外，在土质相同的前提下，一般随土壤水分的减少而增大。此外，土壤紧实度较大时造成树木根系伸展的困难，从而使根系拥挤地呈团块状缩为一堆，这就限制了根系在林地土壤中的广泛分布，根系的固持力作用也就减小了。例如，多年生旱生低矮灌木白刺根系分布的最适紧实度为3.05～3.66kg/cm^2，超过3.66kg/cm^{2}时，白刺根系伸展就受到抑制。

3. 土壤水分　从土壤物理学角度来看，随着土壤水分的增加，根系表面与土壤之间的摩擦力大大减小。此外，水分的增加，使土壤紧实度急剧减小，从而导致根系固土能力的减弱。

4. 地质条件　造林增加稳定性的地质条件有土层深厚，土壤对林木根系生长没有限制作用，根系分布比较深；土层薄无过渡层，岩石有裂隙的地质条件，根系可以深入基岩，森林的根系可以极大地增加土壤的稳定性，但采伐森林使坡体不稳定；土层薄，有过渡层存在，过渡层的抗剪强度大于表土，过渡层导水率低，易对表土造成孔隙水压力，此地质条件下，森林根系在表土分布密，在过渡层分布稀，根系对土体的稳定性起了很大作用，表土层与过渡层之间的抗剪强度极大地增强，采伐森林同样使坡体不稳定；最后一种地质条件是土层薄，无过渡层，岩石无裂隙，根系不能深入基岩，仅根系范围为固持土壤的范围。如遇陡峭斜坡，不要栽植高大树木，要以低矮灌草植被为主。

第六节　森林改良土壤的作用

森林改善区域水文状况的作用和防止土壤侵蚀的作用，与其改良土壤的作用是具有密切关系的。可以说，森林改善生态环境的作用是以改良土壤的作用为基础的。在水土流失严重的地区，因为多数土壤遭到严重的毁坏而退化，使多数植物生长的适宜性降低，自然植被恢复极为困难，只有通过人工措施，按照不同植物群落的生态需求性及发育规律，人为地逐步恢复植被。在这些地区随着森林的建立和生长发育，水土流失迅速得到控制，土壤的水热条件及生物活动状况逐渐得到改善。在林分生物小循环及其对环境的作用下，该地区生态系统中的物质循环和能量循环的数量和速度就发生了较大的变化。其总的特点是，该地区的生态系统趋于复杂，物流和能流的速度加快，出现了过去相当长时期未有的生物、矿质元素的循环关系，促进了土壤的发育进程，使土壤的理化性质得到改善，肥力不断提高。这样，林木生长的环境条件也不断得到改善，土壤的抗蚀性不断增强，形成了生态系统的良性循环。

一、林地土壤养分循环

（一）森林养分的生物小循环

森林枯枝落叶等凋落物的积累与腐解，增加了土壤有机质和各种矿质元素的含量；根系的纵横穿插和选择吸收，形成了良好的土壤结构；树冠截留降水及降水淋溶，调节了土壤养分。在土壤—森林—大气中存在着一种天然的养分循环关系，这就是森林植物由根系吸收土壤中的养分，根系吸收的养分，一部分通过枯枝落叶及枯倒木腐烂分解、降水对林冠及树干的淋洗等归还土壤；另一部分则被森林植物吸收存留，供个体生长发育利用。这种吸收—存留和归还—吸收的循环过程（图 12-13 和图 12-14），称为森林养分生物小循环。

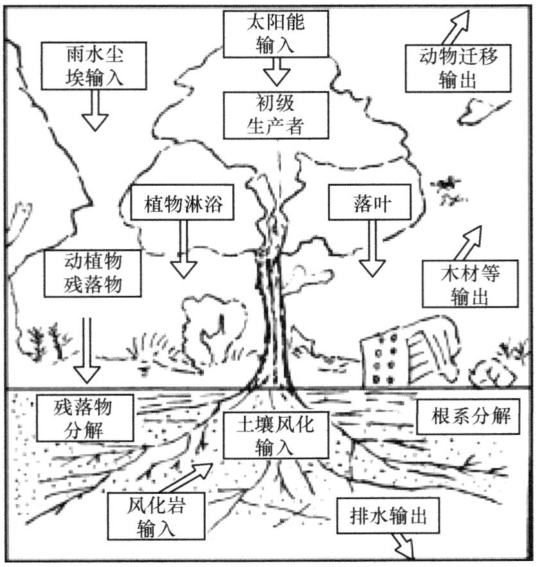

图 12-13　森林土壤养分循环过程
（王治国等，2000）

森林植物从土壤中吸收的养分为养分吸收量，理论上，吸收量是植物体内留存量和枯落物、降水淋洗等归还量的和。森林改良土壤的效应与森林土壤的养分循环量及速度有关。一般来说，森林生产量愈高、枯枝落叶量愈大的森林类型，土壤养分的循环量愈大；反之，较小。高温高湿地区的森林土壤循环最快；低温干燥地区

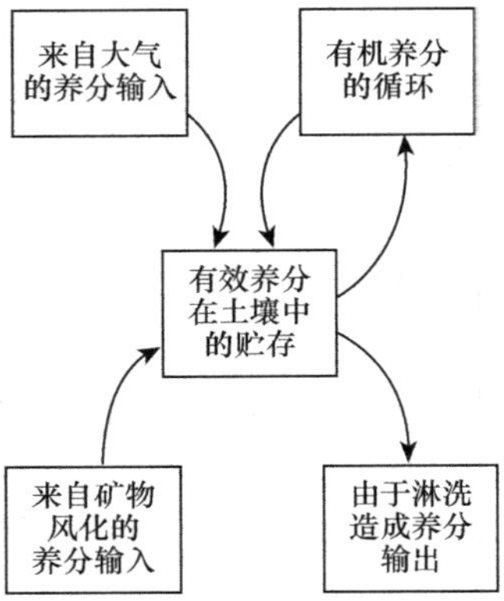

图 12-14 森林土壤养分循环简图（高志义，1996）

则较慢；循环的快慢还取决于微生物分解活动的旺盛程度，以及森林植物生长和吸收养分的速度。北方温带针阔混交林较南方热带雨林土壤养分循环量小，但因循环速度慢，森林中仍然能积累较多的养分（如森林类型下形成的暗棕壤）；南方热带雨林土壤养分循环量大，但因循环速度快，所以森林土壤中积累的养分较少（如森林类型下形成的砖红壤）。森林土壤养分的积累可用养分循环率或称归还率表达：

$$E(\%)=\frac{B+C}{D}\times 100$$

或

$$E(\%)=\frac{B+C}{B+C+A}\times 100$$

式中，E 为养分循环率（%）；B 为采伐时的养分归还量（林地上剩余的根、枝、叶等）（kg/hm^2）；C 为一个轮伐期枯枝落叶以及雨水淋洗下来的枝、叶和树体上的养分等归还量（kg/hm^2）；A 为采伐时带走的养分量以及收集枯枝落叶等运输林外的养分（kg/hm^2）；D 为一个轮伐期森林植物的养分吸收量，$D=B+C+A$（kg/hm^2）。

归还率愈大，则森林愈趋向于养分的增加和积累；归还率愈小，则森林土壤愈趋向于养分减少。间伐林地，特别是短轮伐期速生丰产林及收集枯枝落叶运出林外作肥料或燃料的林地，养分减少，逐渐趋于贫瘠。南方杉木林土地退化的原因就在于此。我国不同气候森林类型的营养元素生物小循环见表 12-5。

表 12-5 我国不同气候森林类型的营养元素生物小循环 ［单位：$kg/(hm^2\cdot年)$］

地区		森林类型	林龄 / 年	平衡参数	N	P	K	Ca	Mg	合计	资料来源
寒温带	东北帽儿山林区	白桦次生林	38	吸收	101.23	21.55	67.09	190.72	21.24	401.83	张成林和彭海田，1997
				存留	41.67	11.27	15.40	15.40	72.17	155.91	
				归还	59.56	10.28	51.40	118.55	15.56	255.35	
				循环率 /%	0.588	0.477	0.770	0.622	0.733	0.636	
		落叶松人工林	26	吸收	55.58	11.63	54.26	58.46	17.47	197.40	刘世荣等，1990
				存留	23.67	5.20	17.50	23.41	6.40	76.18	
				归还	31.91	6.42	37.76	35.05	11.07	122.21	
				循环率 /%	0.574	0.552	0.677	0.600	0.634	0.614	
温带	河北隆化	油松人工林	38	吸收	38.19	5.63	29.35	38.69	10.83	122.69	聂道平，1991
				存留	19.17	2.65	14.20	10.89	3.88	50.79	
				归还	19.02	2.98	15.15	25.80	6.95	69.90	
				循环率 /%	0.498	0.512	0.516	0.667	0.642	0.570	
亚热带	湖南会同	杉木人工林	25	吸收	61.39	3.06	30.73	62.43	21.99	179.60	潘维俦等，1988
				存留	15.40	1.48	9.94	12.58	3.58	42.98	
				归还	45.99	1.58	20.79	49.85	18.14	136.35	
				循环率 /%	0.749	0.516	0.677	0.799	0.825	0.759	

续表

地区		森林类型	林龄/年	平衡参数	N	P	K	Ca	Mg	合计	资料来源
亚热带	广西里骆	杉木成熟林	28	吸收	37.89	2.06	22.30	46.49	17.09	125.83	温肇穆，1991
				存留	5.03	0.59	5.98	12.24	1.14	24.98	
				归还	32.86	1.48	16.33	32.25	15.94	98.86	
				循环率/%	0.867	0.716	0.732	0.694	0.930	0.784	
热带	海南尖峰岭	热带半落叶季雨林	25	吸收	183.28	11.83	127.67	171.58	55.03	549.39	郑德璋等，1988
				存留	91.57	4.60	44.69	45.33	13.14	199.33	
				归还	91.71	7.23	82.98	126.25	41.89	350.06	
				循环率/%	0.500	0.611	0.650	0.736	0.761	0.637	

（二）森林养分地球化学循环

大气中的物质和地质风化的养分输入森林生态系统及随着径流输出森林生态系统的养分循环过程，称为地球化学循环。大气输入的物质是来自森林生态系统外部可溶的、微粒状的、悬浮在空气中的化学物质或气体物质，输入的途径以降水为主，其次是风。地质风化输入的养分是森林生态系统内部的原生或次生无机物风化释放出来的养分。森林养分的地球化学循环通常采用闭合集水区来研究，目的是精确了解森林生态系统养分输入和输出的量及其净变化，依此掌握各子系统的功能。地球化学循环是一个开放的循环系统，输入和输出的净变化值反映了系统的贮存功能，也就是系统养分是积累过程或者是损失过程。我国气候分带明显，不同气候带的不同森林类型的养分输入输出量不同，净变化值也不同。从表 12-6 中可以看出，除了温带和寒温带油松、白桦林中的 Ca、Mg 及落叶松中的 Ca 和油松林中的 K 的净变化值为负值，其他的净变化值均为正值。从营养元素总水平来看，除油松林外，其他森林类型净变化值均为正值，特别是森林生长最需要的 N、P、K（K 除油松外）都呈积累过程，充分说明了森林改良土壤的功能。同时，也从地球化学循环角度反映了热带和亚热带的森林具有较大的养分积累。

表 12-6 我国不同气候森林类型营养元素的地球化学循环 ［单位：kg/（hm^2·年）］

地区		森林类型	林龄/年	平衡参数	N	P	K	Ca	Mg	合计	降水量/mm	资料来源
寒温带	东北帽儿山林区	白桦次生林	38	降水输入	11.35	1.54	8.34	2.54	1.44	25.21	816.7	张成林和彭海田，1997
				降水输出	2.97	0.11	0.94	7.34	1.82	13.18		
				净变化值	8.38	1.43	7.40	−4.80	−0.38	12.03		
		落叶松人工林	26	降水输入	12.89	1.07	5.63	8.47	3.00	31.06	666.0	刘世荣等，1990
				降水输出	4.07	0.28	1.51	11.07	2.49	19.42		
				净变化值	8.82	0.79	4.12	−2.60	0.51	11.64		
温带	河北隆化	油松人工林	38	降水输入	3.04	0.61	0.80	2.43	0.20	7.08	816.7	聂道平，1991
				降水输出	0.26	0.36	2.96	4.25	1.75	9.58		
				净变化值	2.78	0.25	−2.16	−1.82	−1.55	−2.50		

续表

地区		森林类型	林龄 / 年	平衡参数	N	P	K	Ca	Mg	合计	降水量 /mm	资料来源
亚热带	湖南会同	杉木人工林	28	降水输入	4.90	0.52	9.65	13.92	3.19	32.18	1062.7	潘维俦，1988
				降水输出	0.83	0.13	1.75	2.94	3.15	8.80		
				净变化值	4.07	0.39	7.90	10.98	0.04	23.38		
热带	海南尖峰岭	热带半落叶季雨林	25	降水输入	5.59	1.69	12.02	13.03	7.71	40.04	1692.6	郑德璋等，1988
				降水输出	2.70	0.44	2.90	5.60	3.00	14.64		
				净变化值	2.89	1.25	9.12	7.43	4.71	25.40		

（三）森林养分循环与水分循环

水是森林生态系统中最活跃的因素，是森林植物必需的，并且是系统内部养分循环以及溶解物质和悬浮微粒转运的载体，在森林养分循环中占有重要位置。水作为养分循环中营养元素的携带者和溶解剂，直接或间接地参与了养分循环。水循环与营养物质的外界输入、淋溶增值、生物循环吸收有着密切的关系。总的来说，除少数情况外，一般降水量愈大，营养元素总淋溶量愈大。对于降水对森林生物循环中营养元素的吸收量的影响，也是降水量愈大，循环吸收量愈大。

森林养分循环的积累过程，实际上就是森林改良土壤的过程，包括森林对林地土壤养分状况和土壤物理性质的改良作用。

二、改善土壤养分状况

（一）枯枝落叶层及腐殖质层的改良作用

森林土壤与其他土壤相比，最大的特点就是地面覆盖枯枝落叶层。我国大量森林改良土壤效应的研究表明，寒温带针叶林凋落物为 0.78～1.67t/（hm^2·年），温带阔叶红松林为 4～4.5t/（hm^2·年），亚热带阔叶林为 4～5t/（hm^2·年），热带雨林为 11t/（hm^2·年）左右。通过微生物的分解矿化过程，这些凋落物逐渐转化为土壤有机质及植物营养元素，成为土壤养分的主要来源。

根据 Wells 等在北美对火炬松人工林的定位研究，一片 40 年生的林分，8 年间凋落物的总量为 49.17kg/hm^2，其中有 58% 因分解而消失。每年因凋落物而到达地面的 N，可以有 70%～80% 保留在森林腐殖质层中，P 则有 30%～50% 被保留，但 K 的损失量达 80% 以上（图 12-15）。温带阔叶红松林每年以凋落物形式归还给土壤的 N 为 30.5～40.1kg/hm^2，P（P_2O_5）为 3～3.1kg/hm^2，K（K_2O）为 11.3～17.6kg/hm^2。

森林凋落物分解转化形成腐殖质，它是有机质存在的主要方式，森林腐殖质层对营养元素的保存和释放，改变了森林土壤营养元素的循环和供应。森林腐殖质层中营养元素的含量取决于林分组成、土层和母岩的性质以及腐殖质的形态。一般来说，耐阴树种腐殖质层中的营养元素含量高于喜光树种；基性岩浆岩发育的土壤上的凋落物矿质元素含量高；软腐殖质的碳氮比率比粗腐殖质的碳氮比率小，但有效氮素含量高。腐殖质不但以有机形态贮存和吸附一部养分，而且还能有规律地释放林木需要的养分。据 Wittich

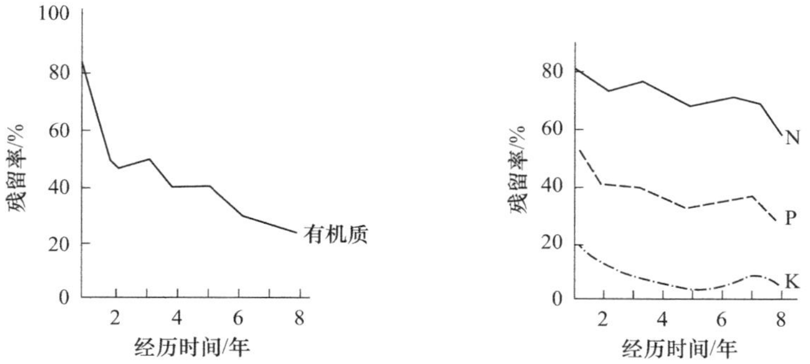

图 12-15 凋落物到达地面后有机质及氮、磷和钾逐年变化（高志义，1996）

在德国的研究，对于未经干扰的软腐殖质层的 I 地位级水青冈林，在每年清除当年全部枯枝落叶的基础上，定位观测其生长情况，在 30 年内林分的生长量比对照区低了 11%。证明在此期间，林分主要是靠腐殖质提供养分的。软腐殖质释放养分的节奏，符合林木生长的规律，即在林木生长旺盛时，软腐殖质中的微生物活动也最强烈，因而能把林木所需要的速效养分释放出来，并提供给林木生长。

（二）林木根系、根际微生物及菌根对土壤养分供给的影响

林木根系对土壤营养元素具有选择吸收的功能，使某些营养元素富集于土层上部，从而改变土壤的营养状况。根系死亡腐烂也是土壤有机质的重要来源。更重要的是，林木根系可分泌各种水溶性的低分子有机物，如氨基酸、低分子有机酸、单糖、低聚糖、核苷酸等（表 12-7），有助于吸引和刺激微生物大量聚集在根际，直接改变根际化学环境，从而有利于根的生长和对水分、养料的吸收利用。根际微生物群能够增加土壤养分的供给。例如，某些能分泌 2-氧代酰胺酸的微生物，能够使根从不溶性磷酸钙中获取更多的磷，当介质缺磷时，根分泌的氨基酸和酰胺酸数量增加，进一步促进这类溶磷微生物的活动，从而使土壤磷供给状况得到改善。菌根菌对矿物质的溶解和环境的酸化具有很大的作用，菌根菌产生的化合物在溶解和浸提能力方面往往超过酸的作用。

表 12-7 树根的分泌物（10d 内每克根所分泌的毫克数）

分泌物种类	辐射松	糖松	刺槐
乙酸	31	34	15.4
羟基乙酸	1.6	-	-
丙二酸	-	1	1.4
乙二酸	56	21	1.4
丁二酸	-	0.3	1.4
碳水化合物	3.6	3.5	2
氨基酸和酰胺	41	31	10
根的长度 /（cm/mg）	1.1	0.6	1.2

资料来源：王治国等，2000

注："-" 表示未测

赵鸿雁等研究发现，林地根系对土壤化学性质的改善，除表现在其垂直分布上的差异外，与不同地类的比较，也进一步表明了根系对土壤养分的影响。他们对黄土高原油松林地与对照的荒坡进行土壤主要化学性质比较发现，林地土壤的化学性质和营养元素含量与荒坡相比差异显著，其中有机质、全氮、碱解氮、全磷、速效磷、全钾、速效钾等含量，分别比荒坡提高 3.4 倍、2.5 倍、4.2 倍、5.1 倍、2.0 倍、1.4 倍和 1.5 倍，阳离子代换量则由荒坡的 34.8cmol/kg 增加为林地的 117.2cmol/kg，从而大大提高了土壤肥力水平，改善了林分的环境质量。

（三）灌草及固氮植物在森林 N 循环中的作用

在森林养分的生物循环中，N 循环过程极为重要。土壤 N 循环与枯枝落叶的归还和分解有很大的关系，灌木和草本的 N 循环速度快。以草本为例，其每年吸收的 N 量占总吸收量的 16%，每年吸收量的 95% 当年凋落归还，而林木的 N 循环要慢得多。因此，必须注重乔灌草的结合，对于纯林应采取疏伐措施，促进林下灌草植被的生长，以缓解土地生产力的衰退。

土壤氮素主要依靠降水和生物固氮作用来补充。根据测定，在北方温带地区，每年降水输入土壤中的氮素可达 0.8～4.9kg/hm^2。土壤 N 的另外一个来源就是植物的固氮作用，固氮植物大部分是豆科类植物，还有其他科的少数植物，如胡颓子科的沙棘，它们成为改善 N 循环的重要因素。据调查，大豆固氮量为 80～105kg/hm^2，而红桤木固氮量高达 325kg/hm^2。刺槐林地（0～15cm）土壤含 N 量比非林地增加 2400kg/hm^2，沙棘、柠条林地含 N 量是裸地的几倍到几十倍。

总之，森林在防止水土流失的同时，也避免了土壤养分的流失。森林具有显著的改良土壤效应。在山西太行山区研究的结果表明，森林土壤的养分状况与裸地（对照）比较，有机质含量、全 N、速效 P 、速效 K 都有不同程度的提高（表 12-8）。

表 12-8 不同植被类型土壤养分状况对比（山西平顺）

地类	有机质 /（g/kg）	全 N/（g/kg）	速效 P /（mg/kg）	速效 K/（mg/kg）
油松	39.1	1.65	6	192
草地	53.8	2.29	6	188
灌木	18.9	1.00	3	150
农地	21.7	1.39	3	231
对照	15.0	0.98	1.5	115

资料来源：王治国等，2000

三、改良土壤物理性质

森林改良土壤的作用，对于林木生长发育和水土流失控制来说，最有直接意义的就是土壤物理性质的改良作用。林地与无林地比较，一般规律是林地土壤容重降低、孔隙度增大，具有较大数量的水稳性团粒结构，土壤持水性和导水性好，入渗量大，透气性好，塑性指数提高。例如，山西省太行山区和黄土区不同植被类型土壤物理性质的测定结果见表 12-9～表 12-12。可以看出，有林地（油松林、刺槐林、灌木林等）的土壤物理性质明显好于无林地（草地、农地和裸地等），而且有机质含量与土壤物理性质的改良有着密切的关系。

表 12-9　不同植被类型土壤物理性质（山西平顺）

地类	土壤容重 /（g/cm³）	土壤孔隙度 /%			流限 /%	塑限 /%	塑性指数 /%
		总孔隙度	非毛管孔隙度	毛管孔隙度			
油松	1.03	56.62	8.83	47.79	40.54	30.26	10.28
灌木	0.86	66.38	11.84	54.54	43.57	29.25	14.32
草地	1.06	59.35	7.08	52.27	38.36	22.67	15.69
农地	1.04	62.52	6.80	55.72	40.27	31.17	9.10
对照	1.13	54.79	6.07	48.72	37.50	27.78	9.72

表 12-10　不同植被类型土壤物理性质（山西隰县）

地类	土层深 /cm	土壤容重 /（g/cm³）	总孔隙度 /%	有机质 /（g/kg）
刺槐	0～20	1.18	55.0	20.2
	20～40	1.20	53.1	18.6
柠条	0～20	1.15	57.1	21.1
	20～40	1.19	55.4	18.9
荒草地	0～20	1.25	50.5	10.6
	20～40	1.30	50.0	9.87

表 12-11　黄土区油松林地与荒草地土壤物理性质比较

地类	土层深 /cm	土壤容重 /（g/cm³）	总孔隙度 /%	非毛管孔隙度 /%	有机质含量 /%
油松	0～15	1.07	57.16	6.91	1.72
	15～30	1.18	52.71	4.03	0.93
	30～50	1.21	52.65	3.74	0.73
荒草地	0～15	1.16	52.20	2.00	0.90
	15～30	1.27	52.00	2.10	0.85
	30～50	1.27	51.70	1.20	0.59

资料来源：高志义，1996

表 12-12　黄土区刺槐林地与荒草地土壤物理性质比较

地类	土层深 /cm	土壤容重 /（g/cm³）	总孔隙度 /%	有机质含量 /%
刺槐	0～10	1.187	58.98	4.51
	10～40	1.211	56.75	4.05
	40～80	1.246	56.68	3.87
荒草地	0～10	1.330	52.33	3.03
	10～40	1.314	50.96	3.75
	40～80	1.442	50.81	2.75

资料来源：王治国等，2000

刘向东等研究了六盘山区各主要森林类型的土壤容重、土壤总孔隙度、毛管孔隙度和非毛管孔隙度在 1m 土层剖面的分布，发现各森林类型中以华北落叶松林表层土壤容重最大，辽东栎林次之，山杨林最小。在孔隙度方面，特别是总孔隙度和非毛管孔隙度，阔叶林通常高于针叶林，说明前者的改土作用要优于后者。

大量的研究表明，土壤物理性质主要受土壤中增加的有机质含量、土壤微生物活动、土壤中动物的活动，以及林木的生长等方面因素的影响。林地有机质含量的增加，促进了土壤微生物的活动，微生物的活动又加速了有机质的转化过程。微生物分解产生的相当稳定的有机酸，具有极大的胶结作用，有助于团粒结构的形成，可以防止团聚体消散，从而增加了团聚体的水稳性。大量的观测研究也证实，根系对改善土壤结构有着重要的意义。根系的生长，可以增加土壤的孔隙度，降低土壤容重，特别是增加非毛管孔隙度和深层土壤孔隙度，有利于土壤的气体交换和渗透性的提高。但是，根系对形成团聚体的确切机制还没有被证实，一般认为有这样几方面的原因：①根系对土壤所施加的压力，引起附近的土粒分离，并使土壤单体挤压在一起形成团聚体。换句话说，穿过大量团聚体的每一个根毛都造成一个脆弱点，当根毛穿透得够多时，即产生团粒。②当根系附近的水分被植物吸收时，土壤的脱水作用相当于干湿交替的作用。③可能是根系分泌物对土壤的胶结作用。在根系附近较小的团聚体形成较大的团聚体，一般认为是根产生的胶结物质和伴随细菌或真菌造成的。④林木根系的分泌物和活根残根的微生物转化产物，也具有胶结作用。活性腐殖质和稳定的团聚体的形成，主要是生长着的林木根际的细菌活动的结果。

土壤中动物活动的影响，是土壤物理性质改变的另一个重要原因。在林地土壤中，活动着的动物群主要有啮齿类、无脊椎动物、蜘蛛纲和昆虫纲及其他无节足的动物，其中最突出的是蚯蚓的活动。蚯蚓咽下土壤和部分已分解的有机质并加以混合，然后排泄出来作为地表泥或亚表土，并形成一些孔隙。这些活动的结果，促成了良好土壤结构的形成。

思 考 题

1. 简述森林截留降水效应。
2. 枯枝落叶有哪些水文效应？
3. 试述森林对土壤水分的影响。
4. 森林为什么能涵养水源？
5. 试述森林的水土保持作用。
6. 试述林木根系的固土护坡作用。
7. 森林怎样改良土壤？

主要参考文献

安和平，金小麒，杨成华，等. 1994. 流域生态经济与防护林体系建设（贵州南北盘江流域）. 贵阳：贵州民族出版社

白晋华，郭晋平. 2008. 流域森林植被水文生态效应研究展望. 山西水土保持科技，(3)：1-5

宝力特，方彪，郭孟霞，等. 2006. 国内外水土保持林研究进展浅析. 内蒙古林业科技，32(2)：28-30

鲍文，包维楷，何丙辉，等. 2004. 森林生态系统对降水的分配与拦截效应. 山地学报，22(4)：483-491

北京林学院. 1981. 造林学. 北京：中国林业出版社

毕辛华，戴心维. 1993. 种子学. 北京：中国农业出版社

曹裕民，于铁树，杨春和，等. 1981. 山西西山地区造林立地类型划分及适生树种初步研究. 水土保持通报，(2)：49-56

《长江流域水土保持技术手册》编辑委员会. 1999. 长江流域水土保持技术手册. 北京：中国水利水电出版社

长江上游水土保持委员会办公室，长江水利委员会水土保持局. 1997. 长江上游水土保持重点防治工程科学研究论文集. 北京：中国水利水电出版社

陈楚莹，汪思龙. 2004. 人工混交林生态学. 北京：科学出版社

陈建刚，李启军，侯旭峰，等. 2004. 妫水河流域不同植被覆盖条件下土壤入渗及模型的比较分析. 中国水土保持科学，2(3)：22-26

陈丽华，余新晓. 1995. 晋西黄土地区水土保持林地土壤入渗性能的研究. 北京林业大学学报，17(1)：42-47

陈明华，黄炎和. 1995. 坡度和坡长对土壤侵蚀的影响. 水土保持学报，9(1)：31-36

陈渠昌，雷廷武，赵淑银，等. 2006. 坡地水平截流沟的设计方法与工程应用. 中国水土保持科学，4(3)：70-73

陈伟，李山东，薛立. 2004. 水源涵养林的功能和效益综述. 山西林业科技，(2)：17-20

陈晓阳，沈熙环. 2005. 林木育种学. 北京：高等教育出版社

陈云明，吴饮孝，刘向东. 1995. 黄土丘陵区油松人工林水热效应的研究. 水土保持学报，9(4)：69-76

成子桥. 2007. 客土喷播技术在泌桐高速公路的应用. 隧道建设，27(1)：80-83

程根伟，余新晓，赵玉涛. 2004. 山地森林生态系统水文循环与数学模拟. 北京：科学出版社

程洪，张新全. 2002. 草本植物根系网固土原理的力学试验探究. 水土保持通报，22(5)：20-23

程积民. 1987. 子午岭森林植被控制水土流失的作用. 中国水土保持，(5)：8-10

程家胜. 2003. 植物组织培养与工厂化育苗技术. 北京：金盾出版社

储小院，王玉杰，王云琦，等. 2008. 重庆缙云山典型林分3种时间尺度下产流特征研究. 北京林业大学学报，30(4)：103-108

丹尼尔 T W，海勒姆斯 J A，贝克 F S. 1986. 森林经营原理. 赵克绳，王业速，宫连城，等译. 北京：中国林业出版社

邓辅唐，邓辅商. 2005. 植生袋在高速公路石质边坡生态防护中的应用. 中国水土保持，(1)：42-43

丁继伟，张芸香，郭跃东，等. 2018. 华北落叶松天然林密度对林木生长的影响. 山西农业科学，46（6）：981-985
范世香，蒋德明，阿拉木萨，等. 2001. 论森林在水源涵养中的作用. 辽宁林业科技，（5）：22-25
方华，林建平. 2004. 植被护坡现状与展望. 水土保持研究，11（3）：283-285，292
封金财，王建华. 2004. 乔木根系固坡作用机理的研究进展. 铁道建筑，（3）：29-31
付生艳，马明呈. 2019. 不同造林密度对紫桦幼林生长的影响. 青海大学学报，37（3）：23-27
高井康雄. 1982. 施肥原理与技术. 金安世译. 北京：农业出版社
高志义. 1996. 水土保持林学. 北京：中国林业出版社
郭浩，范志平. 2004. 水土保持林体系研究的回顾. 中国水土保持科学，2（1）：97-101
郭明春，王彦辉，于澎涛. 2005. 森林水文学研究述评. 世界林业研究，18（3）：6-11
国家林业局. 2003. 造林作业设计规程（LY/T 1607—2003）. 北京：中国标准出版社
国家林业局. 2001. 名特优经济林基地建设技术规程（LY/T 1557—2000）. 北京：中国标准出版社
国家林业局造林绿化管理司，国家林业局调查规划设计院. 2018. 造林技术规程解读：《造林技术规程》（GB/T 15776—2016）实施技术指南. 北京：中国林业出版社
何小武. 1999. 油松枯落物对高含沙股流的作用研究. 杨凌：中国科学院水利部水土保持研究所
侯彦林，刘兆荣. 2000. 生态平衡施肥模型理论与应用. 土壤通报，31（1）：33-35
胡晋. 2015. 种子学. 2 版. 北京：科学出版社
黄乾，杨海龙，朱柱，等. 2019. 青海云杉造林密度与水源涵养功能的响应关系. 水土保持学报，33（4）：279-286
黄枢，沈国舫. 1993. 中国造林技术. 北京：中国林业出版社
黄云鹏. 2007. 林木栽培技术. 北京：中国林业出版社
贾志清，郭保贵，李昌哲. 2004. 太行山石质山地植被结构优化评价. 林业科学研究，17（2）：226-230
江建华. 2008. 水电站绿化规划与建设措施探讨. 湖北林业科技，（3）：48-50
姜志强，孙树林. 2004. 堤防工程生态固坡浅析. 岩石力学与工程学报，23（12）：2133-2136
姜志强，孙树林，程龙飞. 2005. 根系固土作用及植物护坡稳定性分析. 勘察科学技术，（4）：12-14
蒋定生，黄国俊. 1986. 黄土高原土壤入渗速率的研究. 土壤学报，23（4）：299-305
蒋丽娟. 2000. 国内外防护林研究综述. 湖南林业科技，27（3）：21-27
景维杰，韩蕊莲，侯庆春，等. 2004. 不同间距水平阶集水及造林效果的研究. 西北林学院学报，19（3）：38-40
康绍忠，张书函，史世赋，等. 1996. 内蒙古敖包小流域土壤入渗分布规律的研究. 土壤侵蚀与水土保持学报，2（2）：38-46
寇韬，李春燕，官照红，等. 2009. 水源涵养林研究现状综述. 防护林科技，92（5）：59-62
蓝崇钰，束文圣. 1996. 矿业废弃地植被恢复中的基质改良. 生态学杂志，15（2）：55-59
雷瑞德. 1988. 华山松林冠层对降雨动能的影响. 水土保持学报，2（2）：31-38
里德尔 O，扎卡尔 D. 1990. 森林土壤改良学. 王礼先，洪惜英，陈利华，等译. 北京：中国林业出版社
李二波，奚福生，颜慕勤，等. 2003. 林木工厂化育苗技术. 北京：中国林业出版社
李广毅，高国雄，尹忠东. 1995. 国内外关于防护林体系结构研究动态综述. 水土保持研究，2（2）：70-78
李青芳，何宜典. 2006. 公路边坡防护与生态恢复. 水土保持研究，13（6）：273-275
李树志，周锦华，张怀新. 1998. 矿区生态破坏防治技术. 北京：煤炭工业出版社.

李万鹏，孙玉海，付仁华．2006．骨架植物防护在路基边坡中的应用研究．路基工程，(5)：119-122
李贻铨，杨承栋．1998．中国林木施肥与营养诊断研究现状．世界林业研究，(3)：58-65
李毅功．1992．我国防护林的发展趋势．水土保持学报，6(3)：91-96
李勇，朱显谟，田积莹．1990．黄土高原土壤抗冲性机理初步研究．科学通报，(5)：390-393
李裕元，邵明安．2004．降雨条件下坡地水分转化特征实验研究．水利学报，(4)：48-53
李云涛，唐峰．2006．土壤类型与抗冲性关系特性分析．国外建材科技，27(4)：117-119
李中魁．1998．世界水土保持现状与展望——面向21世纪的林业．北京：中国农业科技出版社
林业部科技司．1994．中国森林生态系统定位研究．哈尔滨：东北林业大学出版社
刘国彬，蒋定生，朱显谟．1996．黄土区草地根系生物力学特性研究．土壤侵蚀与水土保持学报，2(3)：21-28
刘建军．2002．秦岭油松、锐齿栎根系生态研究．西安：西北大学出版社
刘世荣，蔡体久，柴一新，等．1990．落叶松人工林群落能量积累、分配、固定和转化的研究．生态学杂志，(6)：9-12
刘世荣，温远光，王兵，等．1996．中国森林生态系统水文生态功能规律．北京：中国林业出版社
刘文宏，赵安成，张西宁．2006．黄土高原沟壑区集水造林整地形式试验研究．中国水土保持，(10)：62-64
刘向东，吴钦孝，苏宁虎．1989．六盘山林区森林树冠截留、枯枝落叶层和土壤水文性质的研究．林业科学，(3)：220-227
刘向东，吴钦孝，汪有科，等．1994a．油松林枯枝落叶层截留与蒸发的研究．水土保持研究，(3)：19-23
刘向东，吴钦孝，赵鸿雁．1991．黄土高原油松人工林枯枝落叶层水文生态功能研究．水土保持学报，5(4)：87-92
刘向东，吴钦孝，赵鸿雁．1994b．森林植被垂直截留作用与水土保持．水土保持研究，1(3)：8-13
刘煊章，田大伦，周志华．1995．杉木林生态系统净化水质功能的研究．林业科学，31(3)：193-199
刘勇．1999．苗木质量调控理论与技术．北京：中国林业出版社
刘震．2003．中国水土保持生态建设模式．北京：科学出版社
鲁绍伟，刘凤芹，余新晓，等．2007．华北土石山区不同造林密度的油松林结构与功能研究．干旱区资源与环境，21(9)：144-149
陆允甫，吕晓男．1995．中国测土施肥工作的进展和展望．土壤学报，32(3)：241-252
路宗智，梁全宝．2006．黄土丘陵半干旱区集流整地模式．宁夏农林科技，(6)：58，75
栾宁．2019．鞍山地区造林密度对林木生长的影响研究．林业科技通讯，(12)：44-45
马连斌，王生明，王云毅．2014．达拉特旗黄土丘陵区不同造林配置模式的生长状况研究．内蒙古水利，(1)：17-18
马雪华．1993．森林水文学．北京：中国林业出版社
孟平，张劲松，樊巍．2003．中国复合农林业研究．北京：中国林业出版社
孟平，张劲松，樊巍，等．2004．农林复合生态系统研究．北京：科学出版社
聂道平．1991．森林生态系统营养元素的生物循环．林业科学研究，(4)：435-440
宁金谋．2010．公路边坡植物防护技术．中国新技术新产品，(1)：83
潘维俦，田大伦，文仕知．1988．集水区内森林生态系统的养分分析．中南林学院学报，8(2)：115-121
任海，彭少麟．2001．恢复生态学导论．北京：科学出版社
阮建云，吴洵．1997．土壤水分和施钾对茶树生长及产量的影响．土壤通报，28(5)：232-234
陕西省水土保持局，西北水土保持生物土壤研究所．1979．水土保持林草措施．北京：农业出版社

沈国舫. 2001. 森林培育学. 北京：中国林业出版社
沈国舫. 1987. 对《试论我国立地分类理论基础》一文的几点意见. 林业科学，23（4）：463-467
沈国舫，翟明普. 2011. 森林培育学. 2版. 北京：中国林业出版社
沈海龙. 2009. 苗木培育学. 北京：中国林业出版社
沈慧，姜凤岐. 1999. 水土保持林效益评价研究综述. 应用生态学报，10（4）：492-496
石家琛. 1988. 论森林立地分类的若干问题. 林业科学，24（1）：57-62
石思信. 1988. 植物种子的低温和超低温保存. 世界农业，（2）：52-54
宋维峰，陈丽华，刘秀萍. 2008. 树木根系固土力学机制研究综述. 浙江林学院学报，25（3）：376-381
苏金乐. 2003. 园林苗圃学. 2版. 北京：中国农业出版社
孙洪祥. 1991. 干旱区造林. 北京：中国林业出版社
孙立达，朱金兆. 1995a. 森林体系综合效益研究与评价. 北京：中国科学技术出版社
孙立达，朱金兆. 1995b. 水土保持林体系综合效益研究与评价. 北京：中国科学技术出版社
孙时轩. 2013. 林木育苗技术. 2版. 北京：金盾出版社
孙时轩. 1992. 造林学. 2版. 北京：中国林业出版社
唐克丽. 2004. 中国水土保持. 北京：科学出版社
田佳秋，兰伟，李树森，等. 2005. 整地深度对土壤物理性质的影响. 防护林科技，（3）：28-29
汪有科，吴钦孝，韩冰，等. 1994. 森林植被水土保持功能评价. 水土保持研究，（3）：24-30
汪有科，吴钦孝，赵鸿雁，等. 1993. 林地枯落物抗冲机理研究. 水土保持学报，7（1）：75-80
王爱娟，章文波. 2009. 林冠截留降雨研究综述. 水土保持研究，16（4）：55-59
王百田. 2010. 林业生态工程学. 3版. 北京：中国林业出版社
王迪海，唐德瑞. 2000. 小流域防护林对位配置优化模式研究. 山东农业大学学报（自然科学版），31（1）：68-71
王进鑫，黄宝龙，罗伟祥. 2004. 反坡梯田造林整地工程对坡面产流的作用机制. 农业工程学报，20（5）：292-296
王进鑫，余清珠，高文秀，等. 1992. 半干旱黄土丘陵沟壑区造林整地工程集流分析. 西北林学院学报，7（2）：45-49
王九龄. 1992. 中国北方林业技术大全. 北京：北京科学技术出版社
王礼先，Brooks K N. 1995. 长江中上游水土保持及环境保护. 北京：中国林业出版社
王礼先，孙保平. 1990. 森林水文研究及流域治理综述. 水土保持科技情报，（2）：10-15
王礼先，王斌瑞，朱金兆，等. 2000. 林业生态工程学. 2版. 北京：中国林业出版社
王礼先，朱金兆. 2005. 水土保持学. 北京：中国林业出版社
王丽华，崔振宇. 2004. 采用鱼鳞坑治理水土流失应注意的几个问题. 吉林水利，（7）：28，32
王兴仁，陈兴平，张福锁，等. 1998. 施肥模型在我国推荐施肥中的应用. 植物营养与肥料学报，4（1）：67-74
王永安. 1989. 论我国水源涵养林建设中的几个问题. 水土保持学报，3（4）：73-82
王佑民. 1982. 淳华县刺槐幼林生长情况与立地条件相关分析. 陕西林业科技，（1）：25-33
王佑民. 2000a. 我国林冠对降水再分配的研究（Ⅱ）. 西北林学院学报，（4）：1-5
王佑民. 2000b. 我国林冠降水再分配研究综述（Ⅰ）. 西北林学院学报，15（3）：1-7
王佑民，刘秉正. 1994. 黄土高原防护林生态特征. 北京：中国林业出版社
王玉杰，王云琦，齐实，等. 2006. 重庆缙云山典型林地土壤分形特征对水分入渗影响. 北京林业大学学报，28（2）：73-78

王治国，张云龙，刘徐师，等．2000．林业生态工程学．北京：中国林业出版社
魏涛，张兰军，张华君．2005．植被混凝土坡面防护技术应用及防护效果生态调查．公路交通技术，（5）：123-129
魏天兴，朱金兆，张建军，等．2007．水分平衡基础上的小流域水土保持林配置模式探讨．水土保持研究，14（1）：179-183
温肇穆，梁宏温，黎跃．1991．杉木成熟林乔木层营养元素生物循环的研究．植物生态学与地植物学学报，15(1)：36-45
吴长文，王礼先．1995a．林地土壤的入渗及其模拟分析．水土保持研究，2（1）：71-75
吴长文，王礼先．1995b．林地坡面的水动力学特性及其阻延地表径流的研究．水土保持学报，(2)：32-38
吴发启．2003．水土保持学概论．北京：中国农业出版社
吴发启，朱首军．2016．水土保持学概论．2 版．北京：中国农业出版社
吴明伟．2006．澜沧江小湾水电站环境绿化规划设计．林业建设，(4)：17-19
吴钦孝．2005．森林保持水土机理及功能调控技术．北京：科学出版社
吴钦孝，丁汉福，刘克俭．1989．黄土丘陵半干旱地区柠条根系的研究．水土保持通报，9（3)：45-49
吴钦孝，韩冰，李秧秧．2004．黄土丘陵区小流域土壤水分入渗特征研究．中国水土保持科学，2（2)：1-5
吴钦孝，杨文治．1998．黄土高原植被建设与持续发展．北京：科学出版社
吴饮孝，赵鸿雁，韩冰. 2001．黄土高原森林枯枝落叶层保持水土的有效性．西北农林科技大学学报，29（5)：95-98
吴增志，杨瑞国，王文全．1996．植物种群合理密度．北京：中国农业大学出版社
肖飞鹏，康永辉．2009．森林枯落物持水特性研究进展．中国科技博览，(30)：215-216
谢钢，李克俭．2005．客土喷播技术在高速公路边坡防护中的运用．公路与汽运，(3)：80-82
解明曙．1990a．林木根系固坡土力学机制研究．水土保持学报，4（1)：17-24
解明曙．1990b．乔灌木根系固坡力学强度的有效范围与最佳组构方式．水土保持学报，4(1)：17-24
辛树帜，蒋德麟．1982．中国水土保持概论．北京：农业出版社
辛永隆．1992．水土保持林学．北京：中国水利水电出版社
薛朝阳，胡军祥，徐军生．2009．种子包衣技术及其研究进展．农业科技信息，(11)：5-6，16
杨承栋，罗承德．1997．第六次全国森林土壤学术讨论会论文选编．北京：中国科学技术出版社
杨维西．1989．黄土高原几种水土保持树种根系的抗拉力．中国水土保持，(9)：47-49
杨维西，赵廷宁．1990．人工刺槐林采伐后根系固土作用的衰退状况．水土保持学报，4（1)：6-10
杨文斌，王晶莹，王晓江，等．2005．科尔沁沙地杨树固沙林密度、配置与林分生长过程初步研究．北京林业大学学报，27（4)：33-38
杨文治，邵明安．2000．黄土高原土壤水分研究．北京：科学出版社
杨新民，杨文治．1989．黄土丘陵区人工林地土壤水分平衡初探．林业科学，25（6)：549-553
杨佑明．1993．科学施肥指南．北京：科学技术文献出版社
叶仲节．1985．浅谈杉木育苗造林中的施肥问题．浙江林学院学报，2（1)：13-20
于静洁，刘昌明．1989．森林水文学研究综述．地理研究，8（1)：88-98
于志民，王礼先．1999．水源涵养林效益研究．北京：中国林业出版社
余新晓．1992．水土保持科学研究与进展．北京：中国林业出版社
余新晓．1988．森林植被减弱降雨侵蚀能量的数理分析．水土保持学报，2（2)：24-30

余新晓，陈丽华，张志强，等．2014．水源涵养林——技术、研究、示范．北京：科学出版社
余新晓，王雄宾，张晓明．2008．北京山区防护林适宜林分结构研究．北京林业大学学报，30（S2）：103-106
余新晓，张志强，陈丽华，等．2004．森林生态水文．北京：中国林业出版社
翟明普，沈国舫．2016．森林培育学．3 版．北京：中国林业出版社
张萍，杨光滢．1994．大岗山林区水体、空气、噪声环境背景值研究．林业科学研究，7（1）：38-43
张成林，彭海田．1997．天然次生白桦木质部及韧皮部营养元素含量的分布及动态特性．林业科技，（6）：20-22
张光灿，刘霞，赵玫．1999．水土保持林体系结构及其保持水土功能综论．福建水土保持，11（3）：18-20
张建国，李吉跃，彭祚登．2007．人工造林技术概论．北京：科学出版社
张建军，毕华兴，魏天兴．2002．晋西黄土区不同密度林分的水土保持作用研究．北京林业大学学报，24（3）：50-53
张建军，张宝颖，毕华兴，等．2004．黄土区不同植被条件下的土壤抗冲性．北京林业大学学报，26（6）：25-29
张康健．1988．森林立地定量评价与分类．西安：陕西科学技术出版社
张一平，王馨，刘文杰．2004．热带森林林冠对降水再分配作用的研究综述．福建林学院学报，24（3）：274-282
张增哲，余新晓．1988．中国森林水文研究现状和主要成果．北京林业大学学报，10（2）：79-87
张子安，齐雨藻，林宗振．1987．应用系统聚类分析的方法评价珠江流域北江水系的水质状况．生态学报，7（1）：1-11
赵鸿雁，吴饮孝，刘国彬．2003．黄土高原人工油松林枯枝落叶层的水土保持功能研究．林业科学，39（1）：168-172
赵鸿雁，吴钦孝，刘向东，等．1994．人工油松林根系层的水文作用．中国水土保持，（6）：21-23，32
赵世伟．2006．园林植物种植设计与应用．北京：北京出版社
赵世伟，张佐双．2004．中国园林植物彩色应用图谱．北京：中国城市出版社
赵艳云，程积民，万惠娥，等．2007．林地枯落物层水文特征研究进展．中国水土保持科学，5（2）：130-134
赵忠．2007．造林规划设计教程．北京：中国林业出版社
赵忠．2003．现代林业育苗技术．杨凌：西北农林科技大学出版社
郑德璋，李立，蒋有绪．1988．海南岛尖峰岭热带林型的主分量排序．林业科学研究，（4）：418-423
中国科学院水利部西北水土保持研究所．1992．黄土高原小流域综合治理与发展．北京：科学技术文献出版社
中国林学会．1991．长江中上游防护林建设论文集．北京：中国林业出版社
中国林学会．1987．森林与水．北京：中国林业出版社
中国农业百科全书总编辑委员会林业卷编辑委员会，中国农业百科全书编辑部．1989．中国农业百科全书：林业卷（上）．北京：农业出版社
《中国森林立地分类》编写组．1989．中国森林立地分类．北京：中国林业出版社
中国水土保持学会水土保持规划设计委员会，水利部水利水电规划设计总院．2018a．水土保持设计手册　生产建设项目卷．北京：中国水利水电出版社
中国水土保持学会水土保持规划设计委员会，水利部水利水电规划设计总院．2018b．水土保持设计手册　规划与综合治理卷．北京：中国水利水电出版社

中国水土保持学会水土保持规划设计委员会，水利部水利水电规划设计总院. 2018c. 水土保持设计手册　专业基础卷. 北京：中国水利水电出版社
中华人民共和国国家质量监督检验检疫总局，中国国家标准化管理委员会. 2016. 造林技术规程（GB/T 15776—2016）. 北京：中国标准出版社
中华人民共和国国家质量监督检验检疫总局，中国国家标准化管理委员会. 2006. 造林技术规程（GB/T 15776—2006）. 北京：中国标准出版社
中华人民共和国国家质量监督检验检疫总局，中国国家标准化管理委员会. 2001. 生态公益林建设技术规程（GB/T 18337.3—2001）. 北京：中国标准出版社
中华人民共和国住房和城乡建设部，中华人民共和国国家质量监督检验检疫总局. 2015. 水土保持林工程设计规范（GB/T 51097—2015）. 北京：中国计划出版社
中华人民共和国住房和城乡建设部，中华人民共和国国家质量监督检验检疫总局. 2013. 水源涵养林工程设计规范（GB/T 50885—2013）. 北京：中国计划出版社
钟继洪，唐淑英，谭军. 1991. 南方山区花岗岩风化壳崩岗侵蚀及其防治对策. 水土保持通报，11（4）：25-28
钟祥浩，何毓成，刘淑珍，等. 1998. 长江中上游江岸带防护林建设研究. 成都：成都科技大学出版社
周蓓蓓，邵明安. 2007. 不同碎石含量及直径对土壤水分入渗过程的影响. 土壤学报，44（5）：801-807
周昌涵. 1998. 我国南方典型水土流失的防治对策. 武汉：华中理工大学出版社
周凌云. 1997. 土壤供水量对氮肥吸收的影响. 土壤通报，28（3）：103-104
周佩华，武春龙. 1993. 黄土高原土壤抗冲性的试验研究方法探讨. 水土保持学报，7（1）：29-34
周心澄，高国雄，张龙生. 1995. 国内外关于防护林体系效益研究动态综述. 水土保持研究，2（2）：79-84
朱金兆. 2000. 林业生态工程技术体系. 中国农业科技导报，2（1）：27-31
朱金兆，贺康宁，魏天兴. 2010. 农田防护林学. 2 版. 北京：中国林业出版社
邹年根，罗伟祥. 1997. 黄土高原造林学. 北京：中国林业出版社